职业教育课程改革规划新教材
机电类专业教学与考工用书

机械加工技能训练基础

主　编　吴光明
参　编　刘惠强　孔　君　马　广　缪遇春
主　审　胡松涛

机 械 工 业 出 版 社

本书是根据当前职业教育的教学需求，围绕中高级机械制造工（含钳、车、铣、钻、磨等工种）的职业岗位要求，邀请具有丰富教学经验和企业实践经验的专家参与研讨，并结合编者多年在机械加工、数控、模具制造方面的教学与工作经验编写的，内容包括钳工技能训练基础、车削加工技能训练基础、铣削加工技能训练基础、孔加工技能训练基础和磨削加工技能训练基础共五章。

本书可作为各类职业院校机械类专业的教学用书，也可以作为国家职业技能鉴定培训用书。

图书在版编目（CIP）数据

机械加工技能训练基础/吴光明主编. —北京：机械工业出版社，2011.8（2015.8重印）

职业教育课程改革规划新教材

ISBN 978-7-111-35685-1

Ⅰ.①机… Ⅱ.①吴… Ⅲ.①金属切削-职业教育-教材 Ⅳ.①TG506

中国版本图书馆CIP数据核字（2011）第179214号

机械工业出版社（北京市百万庄大街22号 邮政编码100037）

策划编辑：汪光灿 责任编辑：汪光灿

版式设计：霍永明 责任校对：程俊巧

封面设计：王伟光 责任印制：刘 岚

北京京丰印刷厂印刷

2015年8月第1版·第3次印刷

184mm×260mm·18.75印张·460千字

4 001—6 000册

标准书号：ISBN 978-7-111-35685-1

定价：35.00元

凡购本书，如有缺页、倒页、脱页，由本社发行部调换

电话服务

社服务中心：（010）88361066

销售一部：（010）68326294

销售二部：（010）88379649

读者购书热线：（010）88379203

网络服务

门户网：http://www.cmpbook.com

教材网：http://www.cmpedu.com

封面无防伪标均为盗版

前言

机械制造业是国民经济中一个十分重要的产业，是国家制造业的中流砥柱。从轻工业机械到重工业机械，从机械产品到电子电器、仪表产品，从汽车制造业到航空航天业，都离不开机械制造业。在工业高度发达的国家，机械工业的产值常常占整个工业总产值的40%甚至更多。本书是为了满足国家对机械制造、模具加工、数控加工的迫切需要，根据当前职业教育的教学需求，邀请具有丰富教学和企业实践经验的专家参与研讨，并结合编者多年在机械加工、模具制造方面的教学与工作经验编写的。

本书共分五章，内容包括钳工技能训练基础、车削加工技能训练基础、铣削加工技能训练基础、孔加工技能训练基础和磨削加工技能训练基础，各章的主要内容都结合加工实例进行了细致的分析。

本书从培养机械加工、数控、模具制造专业技能人才的角度出发，坚持以就业为导向、以职业能力的培养为核心的原则。在内容的安排上，基本理论叙述以够用为度，突出实用性和可操作性，强化实践动手能力，将必要的专业理论知识融合贯穿于技能操作全过程，将机械制造加工工艺融合到一个个实例中，让学生在学习过程中潜移默化地掌握专业理论知识和机械制造工艺。

本书围绕中高级机械制造工（含钳、车、铣、钻、磨等工种）的职业岗位要求进行内容的安排，针对性、实用性强，适合职业院校机械类专业学生的专业学习和国家职业技能鉴定培训使用。本书的教学目标是：培养学生掌握机械零件加工的基本知识，了解机械加工的发展方向，初步形成应用机械加工技术解决生产实际问题的能力。

本书由东莞市职业技能鉴定指导中心组织编写，吴光明任主编，胡松涛任主审。参加编写的人员及分工如下：孔君编写第一章，缪遇春编写第三章的第二、三节，马广编写第四章，刘惠强编写第五章，其余章节由吴光明编写，李伯宗也参与了部分章节的编写工作，全书由吴光明统稿。在编写过程中，东莞市职业技能鉴定中心、东莞理工学校、长安职业高级中学、东莞联合技工学校、东莞市高级技工学校、常平黄水职业中学、育才职业技术学校、智通职业技术学校、华粤职业技术学校、南华职业技术学校、东莞职业技术学院、东莞理工学院及东莞模具制造相关企业也给予了大力支持，在此一并表示衷心的感谢。

限于编者的水平，书中难免有错误和不妥之处，恳请广大读者批评指正。

编者

目　录

第一章

钳工技能训练基础

【学习目标】

1. 熟练掌握钳工的常用设备及基本操作。
2. 熟悉钳工的加工方法及范围，了解钳工基本工艺。
3. 掌握常用的钳工加工和装配的方法。

第一节 钳工基础知识

【本节学习要点】

1. 熟悉钳工的基本操作及工作范围。
2. 熟悉钳工的加工特点。
3. 熟悉钳工常用设备的名称和作用。
4. 掌握常用设备的使用方法。

一、钳工概述

1. 钳工基本操作

钳工基本操作包括划线、錾削、锯削、锉削、钻孔、扩孔、锪孔、铰孔、攻螺纹、套螺纹、装配、刮削、研磨、矫正和弯曲、铆接、粘接、测量以及作标记等。

2. 钳工基本操作的分类

钳工的基本操作按照性质可分为以下几类：

（1）辅助性操作　辅助性操作即划线，它是根据图样在毛坯或半成品工件上划出加工界限的操作。

（2）切削性操作　切削性操作有錾削、锯削、锉削、攻螺纹、套螺纹、钻孔（扩孔、铰孔）、刮削和研磨等多种操作。

（3）装配性操作　装配性操作即装配，是将零件或部件按图样技术要求组装成机器的工艺过程。

（4）维修性操作　维修性操作即维修，是对在役机械、设备进行维修、检查、修理的操作。

3. 钳工的工作范围

钳工的工作范围主要如下：

1）加工前的准备工作，如清理毛坯和毛坯或半成品工件上的划线等。

2）单件零件的修配性加工。

3）零件装配时的钻孔、铰孔、攻螺纹和套螺纹等。

4）加工精密零件，如刮削或研磨机器、量具和工具的配合面，夹具与模具的精加工等。

5）零件装配时的配合修整。

6）机器的组装、试车、调整和维修等。

4. 钳工的加工特点

钳工是一个技术工艺比较复杂、加工程序细致、工艺要求高的工种。它具有使用工具简单、加工多样灵活、操纵方便和适应面广等特点。目前，虽然有各种先进的加工方法，但很多工作仍然需要钳工来完成，所以钳工在保证产品质量中起着重要作用。

二、钳工常用的设备和工具

钳工常用的设备有钳工工作台、台虎钳、砂轮机、钻床和手电钻等；常用的手用工具有划针盘、錾子、手锯、钢锉、刮刀、扳手和螺钉旋具等。钳工常用的设备和工具见表1-1。

表1-1　钳工常用的设备和工具

名称	实　物　图	名称	实　物　图
钳工工作台	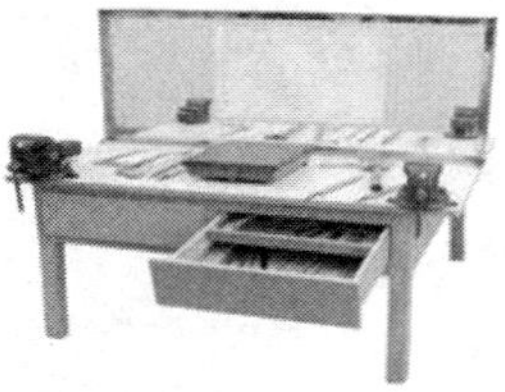	台虎钳	
砂轮机		钻床	
手电钻		划针盘	
錾子		手锯	

（续）

名称	实　物　图	名称	实　物　图
钢锉		刮刀	
螺钉旋具		扳手	

1. 钳工工作台

钳工工作台简称钳台，用于安装台虎钳，进行钳工操作。钳台有单人使用的和多人使用的两种，用硬质木材或钢材做成。钳工工作台要求平稳、结实，台面高度一般以装上台虎钳后钳口高度恰好与人手肘平齐为宜，台面上装台虎钳和防护网，其抽屉用来放置工、量具，如图 1-1 所示。

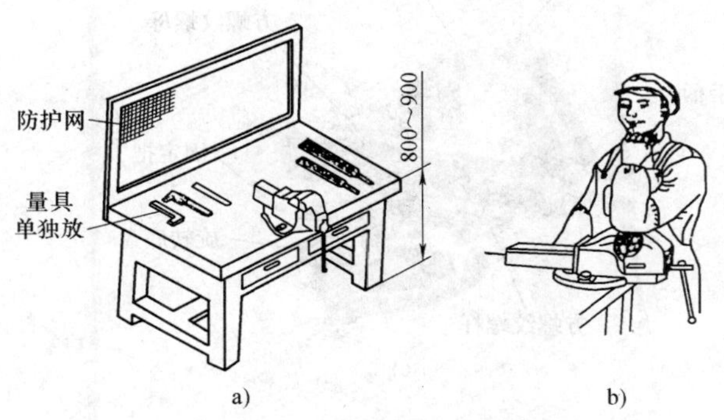

图 1-1　钳工工作台
a）工作台　b）台虎钳的合适高度

2. 台虎钳

台虎钳是钳工最常用的一种夹持工具，錾削、锯削、锉削以及许多其他钳工操作都是在台虎钳上进行的。台虎钳的规格以钳口的宽度来表示，常用的有 100mm、125mm 和 150mm 三种。使用台虎钳时应注意：

1）工件尽量夹在钳口中部，以使钳口受力均匀。

2）夹紧后的工件应稳定可靠，便于加工，并不产生变形。

3）夹紧工件时，一般只允许依靠手的力量来扳动手柄，不能用锤子敲击手柄或随意套上长管子来扳手柄，以免螺杆、螺母或钳身损坏。

4）不要在活动钳身的光滑表面进行敲击作业，以免降低其配合性能。

5）加工时的用力方向最好是朝向固定钳身。

钳工常用的台虎钳有固定式和回转式两种，如图 1-2a、图 1-2b 所示。图 1-2c 所示为回转式台虎钳的结构图。台虎钳的主体用铸铁制成，由固定部分和活动部分组成，固定部分由转盘锁紧螺钉固定在转盘座上，转盘座内装有夹紧盘，放松转盘锁紧手柄，固定部分就可以在转盘座上转动，以变更台虎钳的方向；转盘座用螺钉固定在钳台上，连接手柄的螺杆穿过活动部分旋入固定部分上的螺母内，扳动手柄使螺杆从螺母中旋出或旋进，从而带动活动部分移动，可使钳口张开或合拢，以放松或夹紧零件。

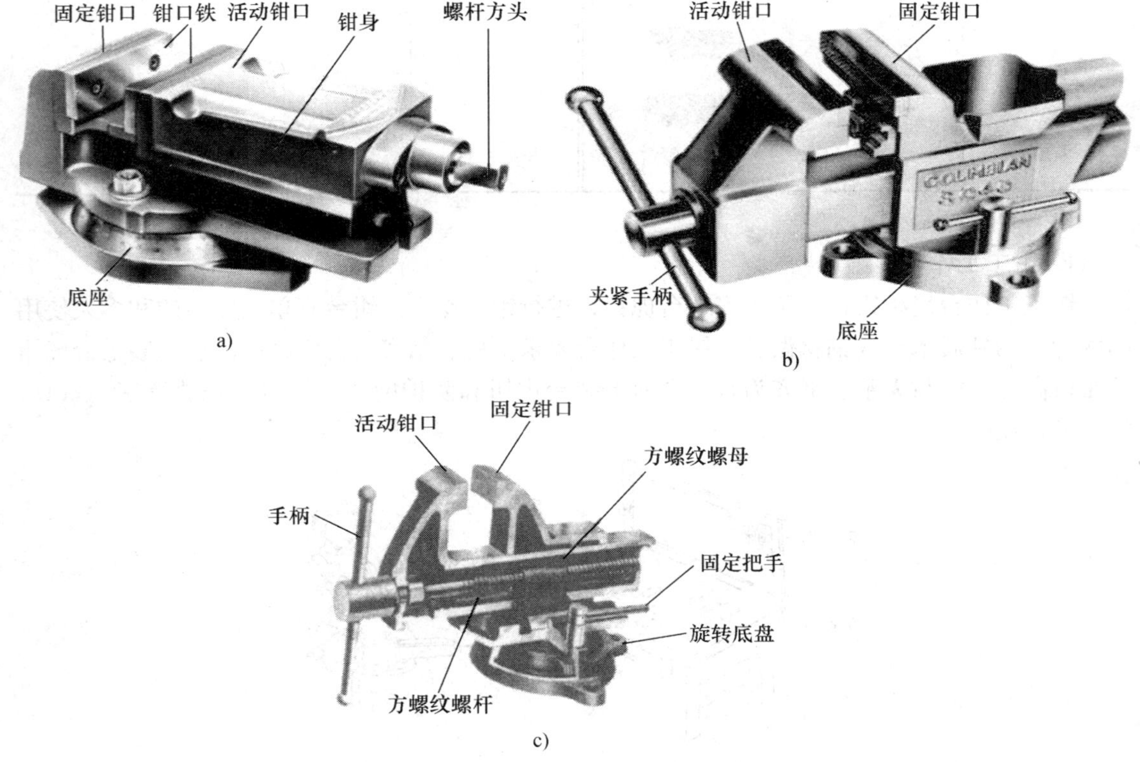

图 1-2 台虎钳类型及结构

a）固定式台虎钳 b）回转式台虎钳 c）回转式台虎钳的结构

为了延长台虎钳的使用寿命，台虎钳上端咬口处用螺钉紧固着两块经过淬硬的钢质钳口。钳口的工作面上有斜形齿纹，使零件夹紧时不致滑动。夹持零件的精加工表面时，应在钳口和零件间垫上纯铜皮或铝皮等软材料制成的护口片（俗称软钳口），以免夹坏零件表面。

3. 钻床

钻床是用于孔加工的一种机械设备，其规格用可加工孔的最大直径表示。钻床的品种和规格颇多，其中最常用的是台式钻床（台钻），如图 1-3 所示。这类钻床小型轻便，安装在台面上使用，操作方便且转速高，适于加工中、小型零件上直径在 16mm 以下的小孔。

4. 手电钻

图1-4所示为两种手电钻的外形图，主要用于钻直径12mm以下的孔，常用于不便使用钻床钻孔的场合。手电钻的电源有单相（220V、36V）和三相（380V）两种。根据用电安全条例，手电钻的额定电压只允许36V。手电钻携带方便、操作简单、使用灵活、应用较广泛。

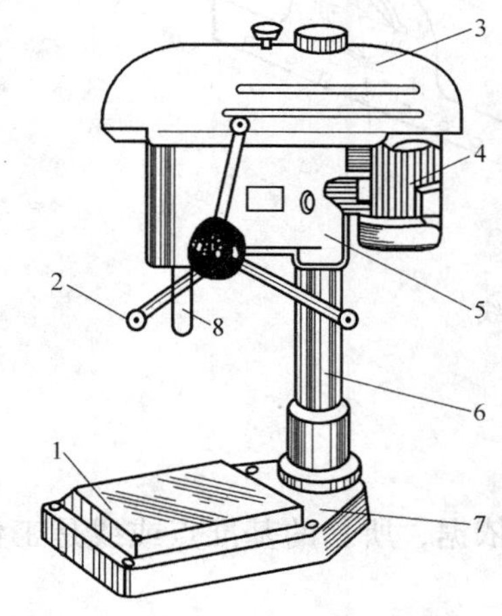

图1-3　台式钻床

1—工作台　2—进给手柄　3—带罩　4—电动机　5—主轴架　6—立柱　7—机座　8—主轴

图1-4　手电钻

第二节　钳工划线

【本节学习要点】

1. 了解钳工划线的作用和意义。
2. 熟悉划线工具的选用。
3. 掌握钳工划线的正确操作方法。

根据图样要求在毛坯或半成品上划出加工图形、加工界限或加工时找正用的辅助线称为划线，如图1-5所示。划线分平面划线和立体划线两种，如图1-6所示。平面划线是指在工件的一个平面上划线后即能明确表示加工界限，它与平面作图法类似。立体划线是平面划线的复合，是在工件的几个相互成不同角度的表面（通常是相互垂直的表面）上都划线，即在长、宽、高三个方向上划线。

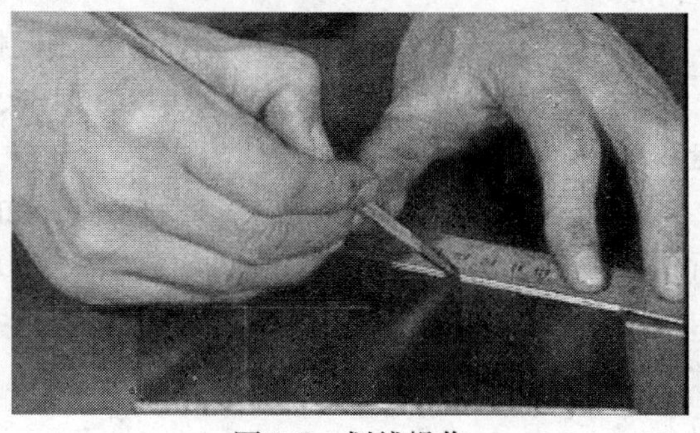

图1-5　划线操作

划线多数用于单件、小批生产，新产品

试制和工、夹、模具制造。划线的精度较低，用划针划线的精度为0.25～0.5mm，用高度尺划线的精度为0.1mm左右。

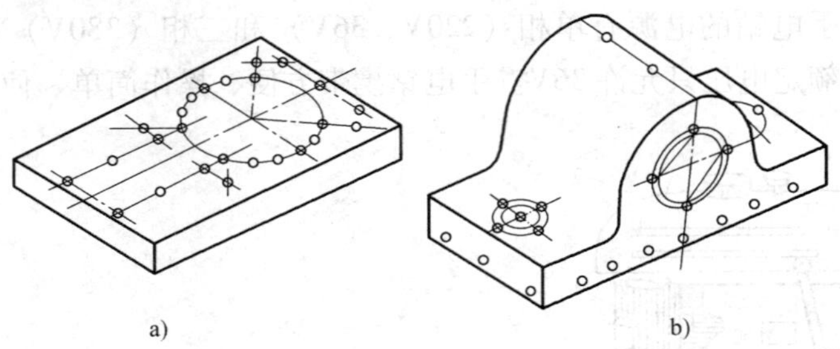

图1-6 划线的种类
a）平面划线 b）立体划线

一、划线的目的

1）所划的轮廓线即为毛坯或半成品的加工界限和依据，所划的基准点或线是工件安装时的标记或找正线。

2）在单件或小批量生产中，用划线来检查毛坯或半成品的形状和尺寸，可合理地分配各加工表面的余量，及早发现不合格品，避免造成后续加工工时的浪费。

3）在板料上划线下料，可做到正确排料，使材料合理使用。

划线是一项复杂、细致的重要工作，如果划错，就会造成加工工件的报废。所以，划线直接关系到产品的质量。对划线的要求是：尺寸准确、位置正确、线条清晰、冲眼均匀。

二、划线的工具及其使用

按用途不同，划线工具分为基准工具、直接划线工具、量具和支承装夹工具等。

1. 基准工具——划线平台

划线平台又称划线平板，用铸铁制成，如图1-7所示，其上平面经过精刨或刮削，是划线的基准平面。使用划线平台时要注意如下问题：

1）安放时要平稳牢固、上平面应保持水平。

2）不准碰撞和用锤子敲击平板，以免使其精度降低。

3）长期不用时，应涂油防锈，并加盖保护罩。

图1-7 划线平台

2. 直接划线工具——划针、划规、划卡、划针盘和样冲

划针是在零件上直接划出线条的工具，如图1-8所示，由工具钢淬硬后将尖端磨锐成15°～20°的尖角，并经过热处理，硬度达55～60HRC或焊上硬质合金尖头，直径为$\phi3\sim\phi6$mm。弯头划针可用于直线划针划不到的地方和找正工件。使用划针划线时必须使针尖紧贴钢直尺或样板。

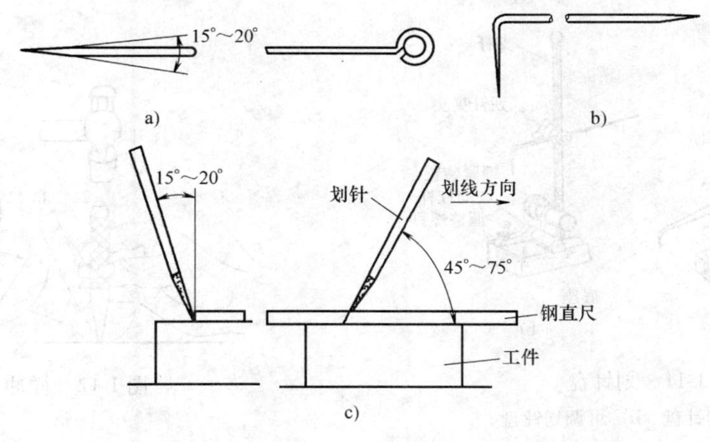

图 1-8　划针

a）直线划针　b）弯头划针　c）使用划针划线的方法

划卡也称为单脚划规，用来确定轴和孔的中心位置，其使用方法如图 1-9 所示，先划出四条圆弧线，再在圆弧线中冲一个样冲点。

划规是划圆或划弧线、等分线段及量取尺寸等操作所使用的工具，如图 1-10 所示，其用法与制图中圆规的用法相同。

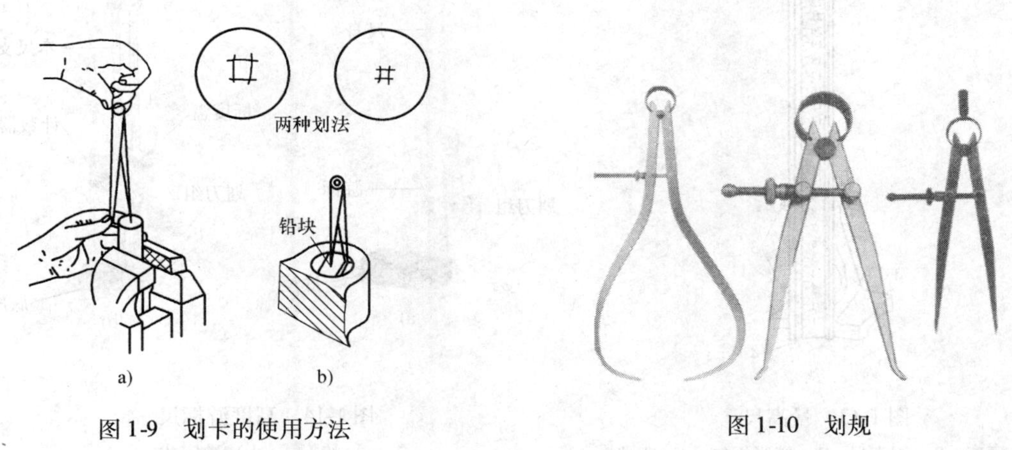

图 1-9　划卡的使用方法

a）定轴线　b）定孔中心

图 1-10　划规

划针盘主要用于立体划线和工件位置的找正。如图 1-11 所示，它由底座、支杆、划针和锁紧装置等组成。用划针盘划线时，应注意划针装夹要牢固，伸出不宜过长，以免抖动，且底座要保持与划线平板紧贴，不能摇晃和跳动。

样冲如图 1-12 所示，用工具钢制成并经淬硬，硬度高达 55 ~ 60HRC，尖端磨成 60°左右。样冲用于在划好的线条上打出小而均匀的样冲眼，以免零件上已划好的线在搬运、装夹过程中因碰、擦而模糊不清，影响加工。在划圆和钻孔前，应在其中心打样冲眼，以便定心。

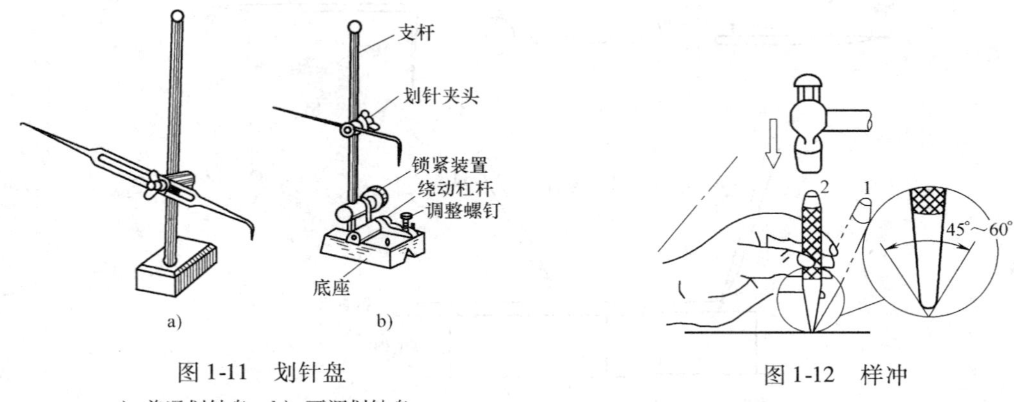

图 1-11　划针盘

a）普通划针盘　b）可调划针盘

图 1-12　样冲

3. 量高尺、高度游标尺与直角尺

（1）量高尺　量高尺如图 1-13 所示，是用来校核划针盘划针高度的量具，其上的钢直尺零线紧贴平台。

（2）高度游标尺　高度游标尺如图 1-14 所示，实际上是量高尺与划针盘的组合，其划线脚与游标连成一体，前端镶有硬质合金，一般用于已加工面的划线。

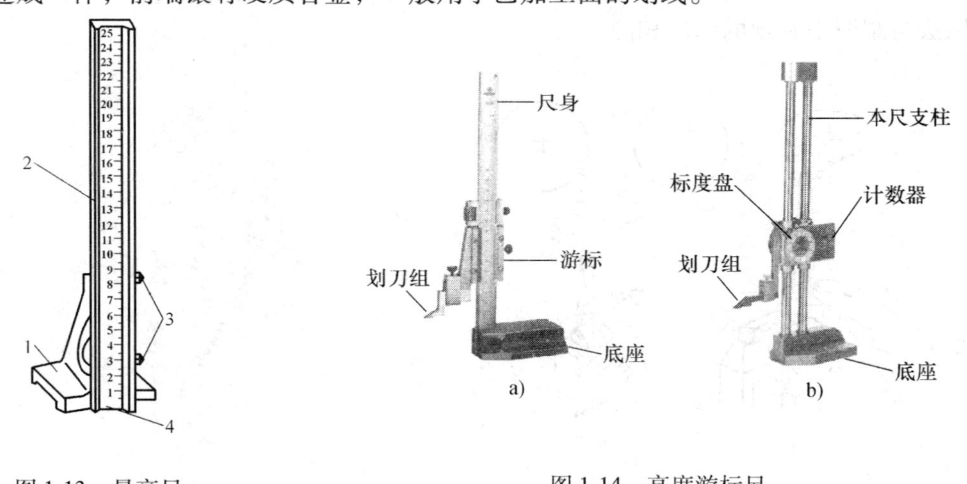

图 1-13　量高尺

1—底座　2—钢直尺　3—锁紧螺钉　4—零线

图 1-14　高度游标尺

a）游标式　b）数字式

（3）直角尺（90°角尺）　直角尺简称角尺，它的两个工作面经精磨或研磨后呈精确的直角。90°角尺既是划线工具又是精密量具。90°角尺有扁 90°角尺和宽座 90°角尺两种，前者用于平面划线中在没有基准面的零件上划垂直线，如图 1-15a 所示；后者用于立体划线中，用它靠住零件基准面划垂直线，如图 1-15b 所示，或用它找正零件的垂直线或垂直面。

4. 支承装夹工具

（1）方箱　如图 1-16 所示，方箱是铸铁制成的空心立方体，各相邻的两个面均互相垂直。方箱用于夹持、支承尺寸较小而加工面较多的工件。通过翻转方箱，便可在工件的表面上划出互相垂直的线条。检验方箱上面带有十字架，用于检验或划精密工件的任意角度线，适用于测量和刻标记的固定器。

检验方箱有如下的规格（单位：mm）：

100 × 100 × 100；

150 × 150 × 150；

200 × 200 × 200；

250 × 250 × 250；

300 × 300 × 300。

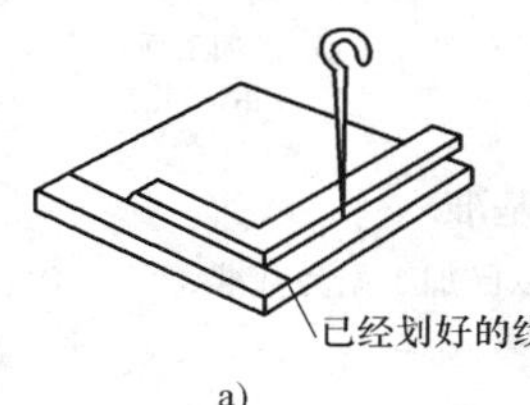

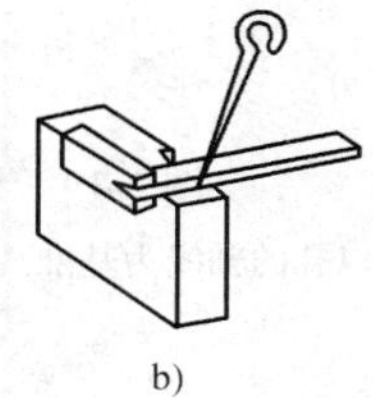

图 1-15　用 90°角尺划线

a）扁 90°角尺　b）宽座 90°角尺

图 1-16　方箱

（2）V 形铁　如图 1-17 所示，V 形铁主要用于安放轴和套筒等圆形零件。一般 V 形铁都是两块一副，即平面与 V 形槽是在一次安装中加工的，V 形槽夹角为 90°或 120°。V 形铁也可当方箱使用。

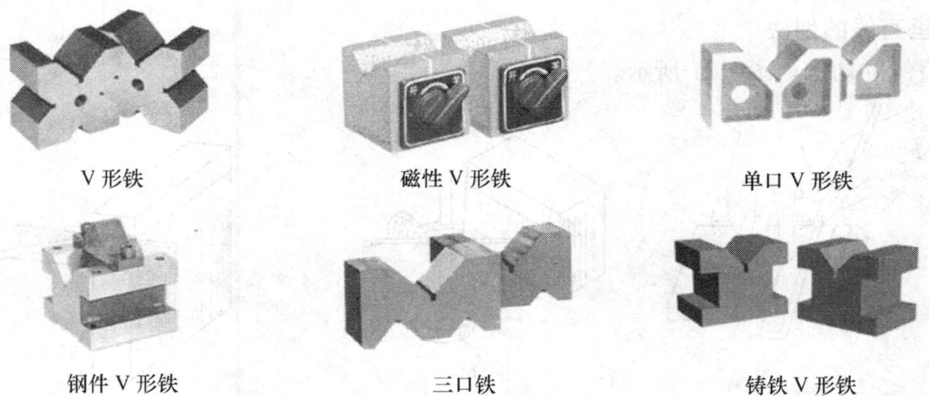

图 1-17　V 形铁

（3）千斤顶　千斤顶如图 1-18 所示，常用于支承毛坯或形状复杂的大零件划线。使用千斤顶时，三个一组顶起零件，调整顶杆的高度便能方便地找正零件。

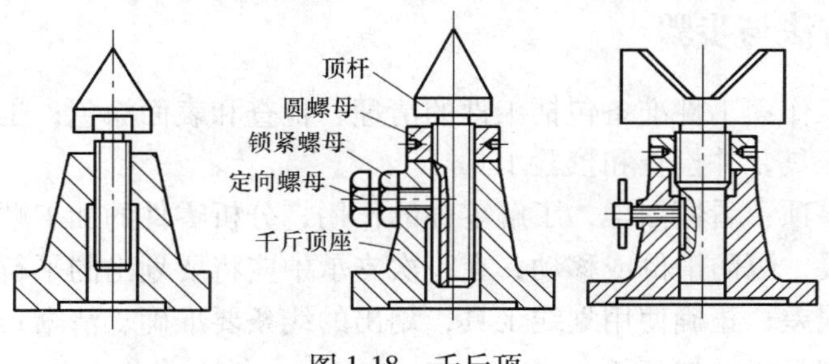

图 1-18　千斤顶

三、划线基准

用划针盘划各种水平线时，应选定某一基准作为依据，并以此来调节划针每次的高度，这个基准称为划线基准。

如图 1-19 所示，一般划线基准与设计基准应一致，常选用重要孔的中心线或零件上的尺寸标注基准线为划线基准；若工件上个别平面已加工过，则以加工过的平面为划线基准。常见的划线基准有下面三种类型：

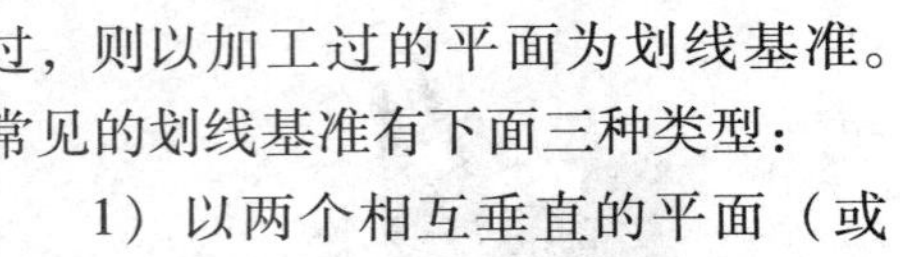

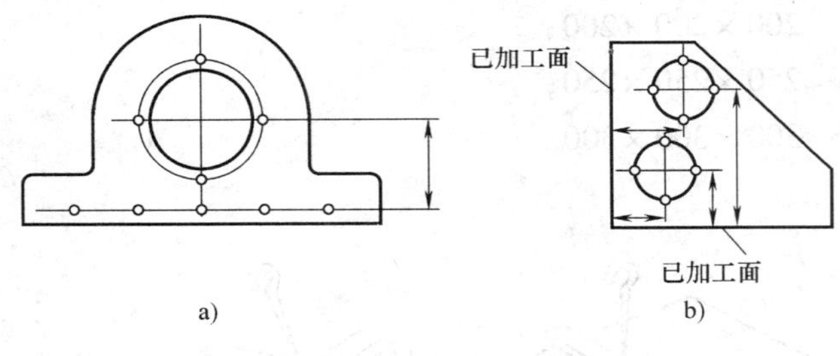

图 1-19　划线基准
a）以孔的轴线为基准　b）以已加工面为基准

1）以两个相互垂直的平面（或线）为基准。

2）以一个平面与对称平面（和线）为基准。

3）以两个相互垂直的中心平面（或线）为基准。

四、基本线条的划法

1. 平行线的划法

平行线的划法如图 1-20 所示。

2. 垂直线的划法

垂直线的划法如图 1-21 所示。

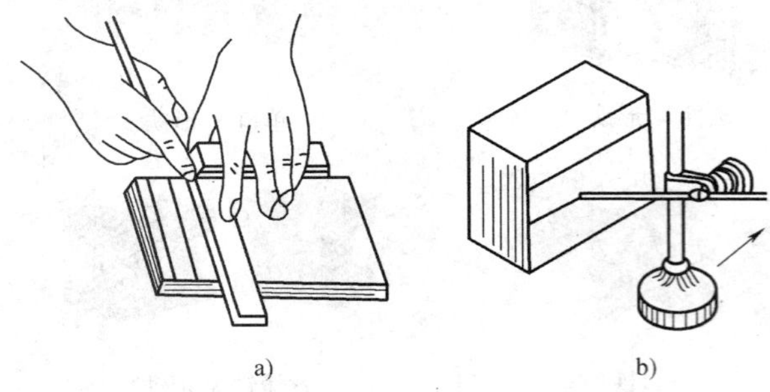

图 1-20　平行线的划法
a）在平面上划平行线　b）在立体上划平行线

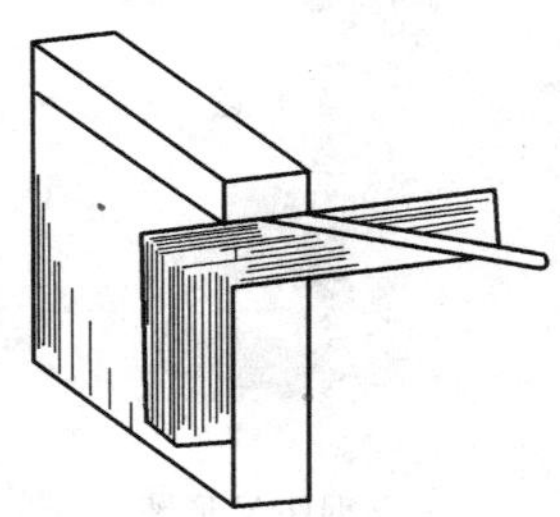
图 1-21　垂直线的划法

五、划线的方法与步骤

划线前的准备工作：工件准备包括工件的清理、检查和表面涂色；工具准备按工件图样的要求，选择所需工具，并检查和校验工具。

操作时的注意事项：看懂图样，了解零件的作用，分析零件的加工顺序和加工方法；工件夹持或支承要稳妥，以防滑倒或移动；在一次支承中应将要划出的平行线全部划全，以免再次支承补划造成误差；正确使用划线工具，划出的线条要准确、清晰；划线完成后，要反复核对尺寸，才能进行机械加工。

1. 平面划线的方法与步骤

平面划线的实质是平面几何作图问题。平面划线是用划线工具将图样按实物大小划到零件上去的，其具体步骤如下：

1）根据图样要求，选定划线基准。

2）对零件进行划线前的准备（清理、检查、涂色，在零件孔中装中心塞块等）。在零件上划线部位涂上一层薄而均匀的涂料（即涂色），使划出的线条清晰可见。零件不同，涂料也不同，一般在铸、锻毛坯件上涂石灰水，小的毛坯件上也可以涂粉笔，钢铁半成品上一般涂龙胆紫或硫酸铜溶液，铝、铜等有色金属的半成品上涂龙胆紫或墨汁。

3）划出加工界限（直线、圆及连接圆弧）。

4）在划出的线上打样冲眼。

2. 立体划线的方法与步骤

立体划线是平面划线的复合运用。它和平面划线有许多相同之处，如划线基准一经确定，其后的划线步骤大致相同；不同之处在于一般平面划线应选择两个基准，而立体划线要选择三个基准。立体划线的方法与步骤见表 1-2。

表 1-2　立体划线的方法与步骤

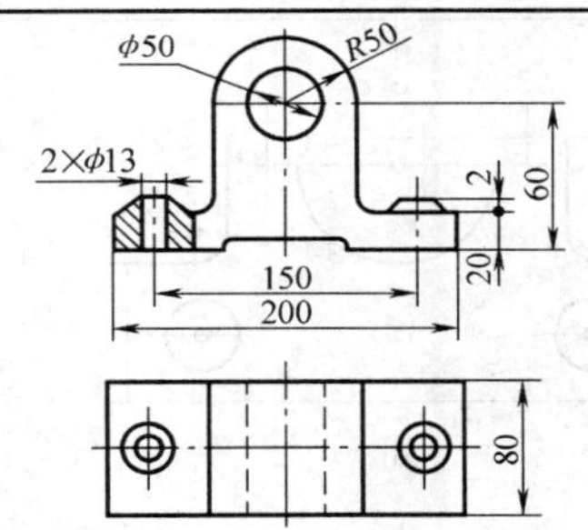 1. 看懂轴承座零件图	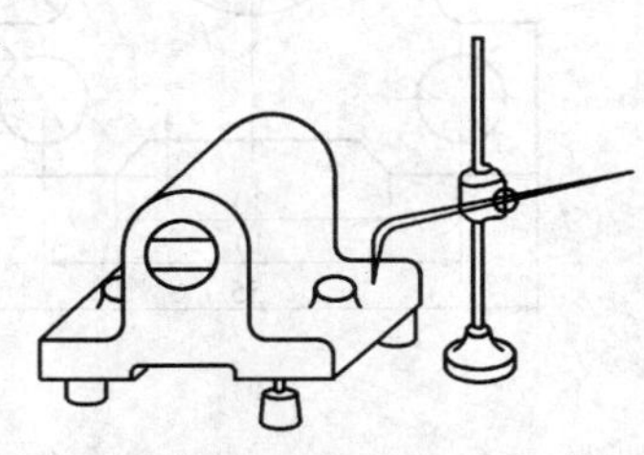 2. 根据孔中心和上平面调节千斤顶，使工件水平
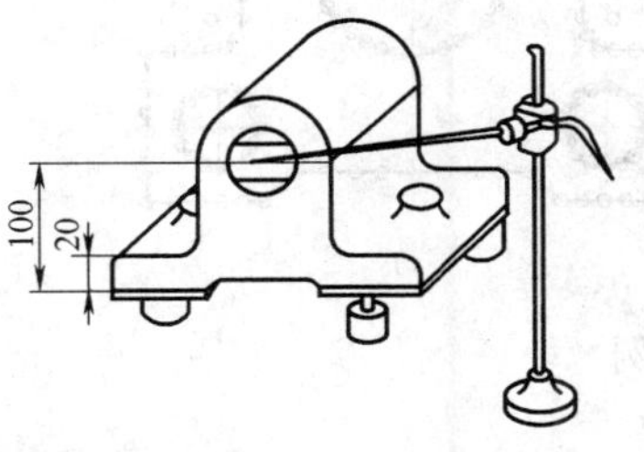 3. 划底面加工线和大孔的水平中心线	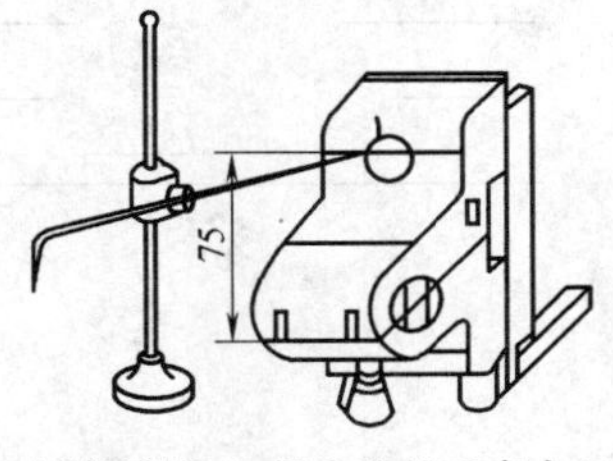 4. 旋转 90°，用角尺找正，划大孔的垂直中心线及螺孔的中心线
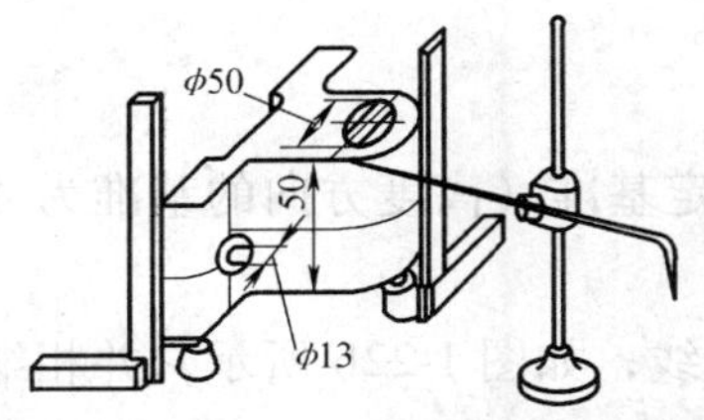 5. 再翻转 90°，用钢直尺两个方向找正，划螺孔另一方向的中心线及端面加工线	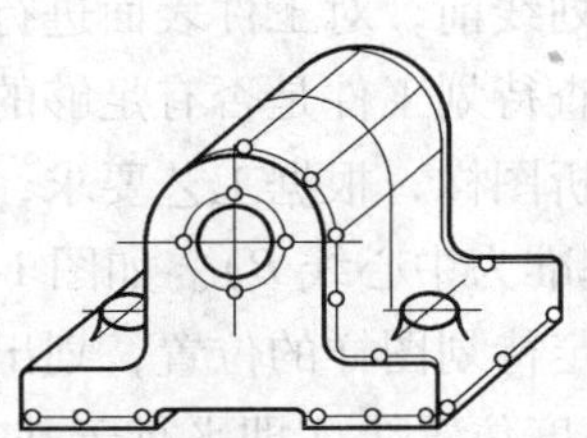 6. 打样冲眼

六、平面划线实例

1. 技能训练要求

1）正确使用划线工具。

2）掌握平面划线的基本操作方法。

3）线条清晰、粗细均匀、平面划线尺寸误差不大于0.30mm。

4）正确识读钢直尺刻度。

2. 使用的量具和辅助工具

钢直尺、划针、划规、样冲和锤子等。

3. 工件图样

如图1-22a所示为工件图样。

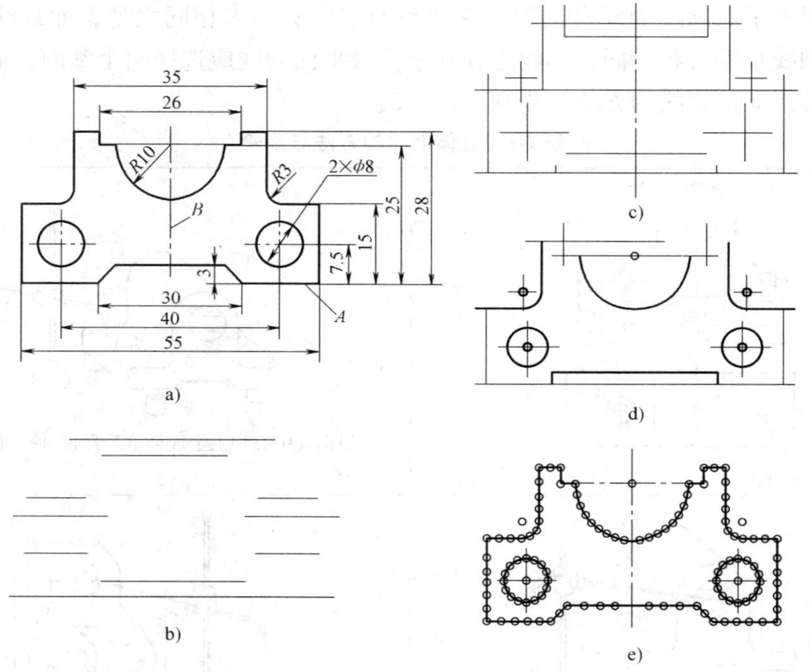

图1-22 平面划线实例

4. 参考步骤

1）在划线前，对工件表面进行清理，并涂上涂料。

2）检查待划工件是否有足够的加工余量。

3）分析图样，根据工艺要求，明确划线位置，确定基准（高度方向的基准为*A*面，宽度方向的基准为中心线*B*）。如图1-22a所示。

4）确定待划图样的位置，划出高度基准*A*的位置线，如图1-22b所示，并相继划出其他要素的高度位置线（即平行于基准*A*的线，仅划交点附近的线条）。

5）划出宽度基准*B*的位置线，同时划出其他要素的宽度位置线，如图1-22c所示。

6）用样冲打出各圆心的样冲眼，并划出各圆和圆弧，如图 1-22d 所示。

7）划出各处的连接线，完成工件的划线工作。

8）检查图样各方向划线基准选择的合理性、各部尺寸的正确性、线条是否清晰、有无遗漏和错误。

9）打样冲眼，显示各部尺寸及轮廓，如图 1-22e 所示，工件划线结束。

第三节　锯　　削

【本节学习要点】

1. 了解锯削的作用和意义。
2. 熟悉锯弓及锯条的正确选用。
3. 掌握锯削的正确操作方法。

利用锯条锯断金属材料（或工件）或在工件上进行切槽的操作称为锯削，如图 1-23 所示。虽然当前各种自动化、机械化的切割设备已广泛地使用，但锯削还是常见的，因为它具有方便、简单和灵活的特点，在单件小批生产、临时工地以及切割异形工件、开槽、修整等场合应用较广，因此手工锯削是钳工需要掌握的基本操作技能之一。如图 1-24 所示，锯削的工作范围包括：

1）分割各种材料及半用品，如图 1-24a 所示。

2）锯掉工件上多余部分，如图 1-24b 所示。

3）在工件上锯槽，如图 1-24c 所示。

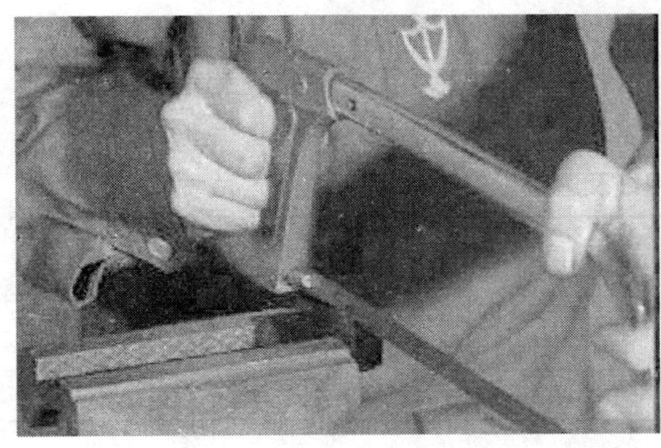

图 1-23　锯削操作

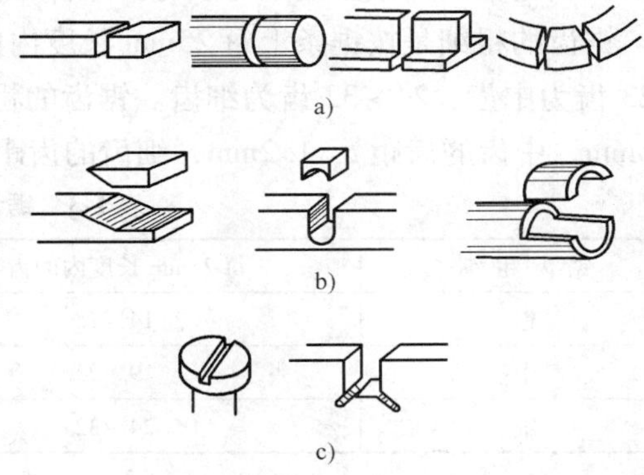

图 1-24　锯削的工作范围

一、锯削工具——手锯

手锯由锯弓和锯条两部分组成。

1. 锯弓

锯弓是用来夹持和拉紧锯条的工具，有固定式和可调式两种。如图 1-25 所示，固定式锯弓的弓架是整体的，只能装一种长度规格的锯条；可调式锯弓的弓架分成前后两段，由于前段在后段的套内可以伸缩，因此可以安装几种长度规格的锯条。目前广泛使用的是可调式锯弓。

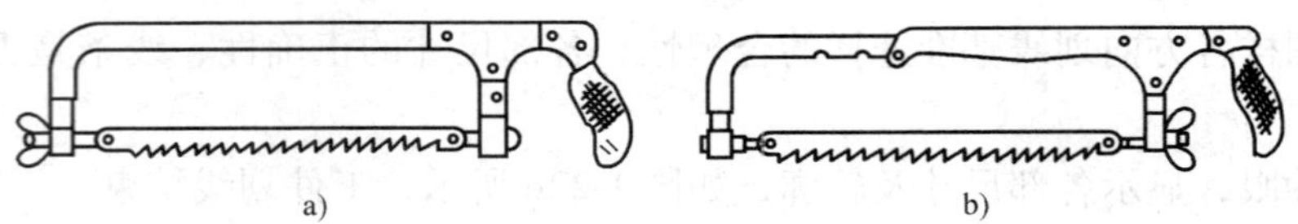

图 1-25　锯弓
a）固定式锯弓　b）可调式锯弓

2. 锯条

（1）锯条的材料与结构　锯条是用碳素工具钢（如 T10 或 T12）或合金工具钢并经热处理制成的。锯条的规格以锯条两端安装孔间的距离来表示（长度有 150～400mm）。常用的锯条是长 300mm、宽 12mm、厚 0.8mm 的锯条。

如图 1-26 所示，锯条的切削部分由许多锯齿组成，每个齿相当于一把錾子，起切割作用。常用锯条的前角 γ 为 0°、后角 α 为 40°～50°、楔角 β 为 45°～50°。

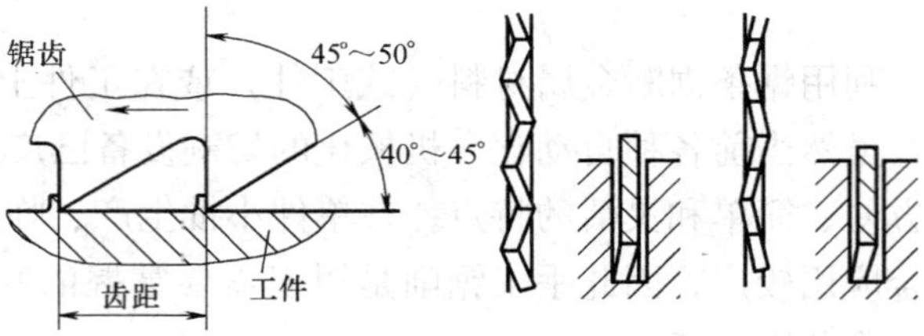

图 1-26　锯齿

锯条的锯齿按一定形状左右错开，排列成一定形状称为锯路。锯路有交叉、波浪等不同的排列形状。锯路的作用是使锯削宽度大于锯条背部的厚度，防止锯削时锯条卡在锯缝中，并减少锯条与锯缝的摩擦阻力，使排屑顺利、锯削省力。

锯齿的粗细是按锯条上每 25mm 长度内的齿数表示的，见表 1-3，14～18 齿为粗齿，19～23 齿为中齿，24～32 齿为细齿。锯齿的粗细也可按齿距 t 的大小来划分，粗齿的齿距 $t=1.6$mm，中齿的齿距 $t=1.2$mm，细齿的齿距 $t=0.8$mm。

表 1-3　锯齿的粗细及选用

锯齿粗细	每 25mm 长度内的齿数	应　用
粗	14～18	锯削铜、铝等软材料
中	19～23	锯削普通钢、铸铁等中硬材料
细	24～32	锯削硬钢板及薄壁工件

（2）锯条粗细的选择　锯条的粗细应根据加工材料的硬度和厚薄来选择。

锯削软的材料（如铜和铝合金等）或厚材料时，应选用粗齿锯条，因为此时锯屑较多，要求较大的容屑空间。

锯削硬材料（如合金钢等）或薄板、薄管时，应选用细齿锯条，因为材料硬，锯齿不易切入，锯屑量少，不需要大的容屑空间；锯削薄材料时，锯齿易被工件勾住而崩断，需要同时工作的齿数多，使锯齿承受的力减少。

锯削中等硬度材料（如普通钢和铸铁等）和中等硬度的工件时，一般选用中齿锯条。

（3）锯条的安装 手锯是向前推时进行切割，在向后返回时不起切削作用，因此安装锯条时应锯齿向前。锯条的松紧要适当，太紧失去了应有的弹性，锯条容易崩断；太松会使锯条扭曲，锯缝歪斜，锯条也容易崩断。图1-27所示为锯条的安装。

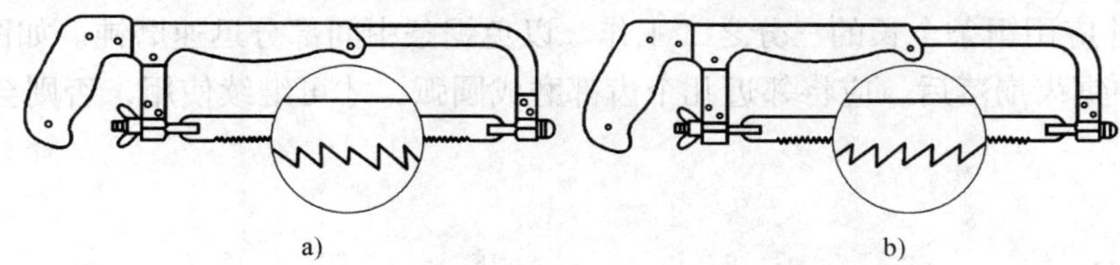

a) b)

图1-27 锯条的安装

a）正确 b）不正确

二、锯削的操作

1. 工件的夹持

工件应夹在台虎钳的左边，以便于操作，同时工件伸出钳口的部分不要太长，以免在锯削时引起工件的抖动；工件夹持应该牢固，防止工件松动或使锯条折断。

2. 起锯

如图1-28所示，起锯的方式有远边起锯和近边起锯两种，一般情况采用远边起锯，因为此时锯齿是逐步切入材料的，不易卡住，起锯比较方便。如采用近边起锯，掌握不好时，锯齿由于突然锯入且较深，容易被工件棱边卡住，甚至崩断或崩齿。无论采用哪种方法起锯，起锯角 α 都以15°左右为宜。如图1-29所示，如起锯角太大，则锯齿易被工件棱边卡住；起锯角太小，则不易切入材料，锯条还可能打滑，把工件表面锯坏。为了起锯的位置正确和平稳，可用左手大拇指挡住锯条来定位。起锯时压力要小、往返行程要短、速度要慢，这样可使起锯平稳。

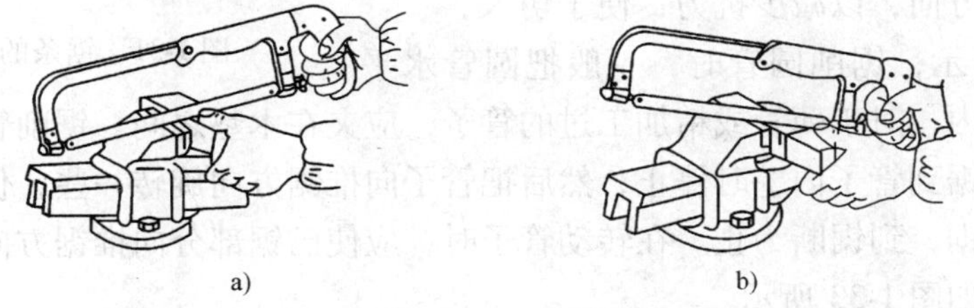

a) b)

图1-28 远边起锯和近边起锯

a）远边起锯 b）近边起锯

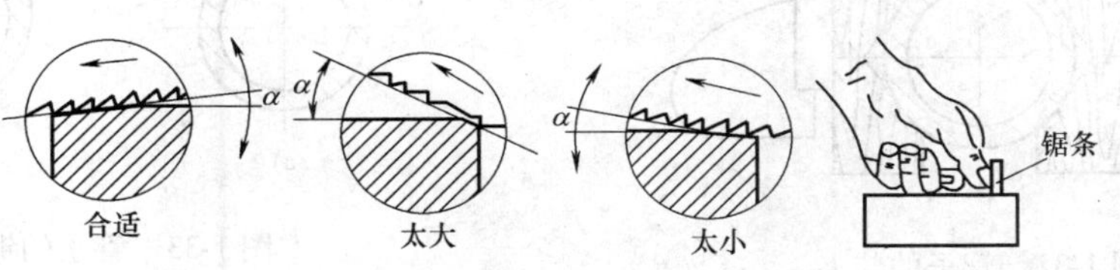

图1-29 起锯角的大小

3. 正常锯削

如图 1-30 所示，锯削时，手握锯弓要舒展自然，右手握住手柄向前施加压力，左手轻扶在弓架前端，稍加压力，人体重量均布在两腿上。锯削时速度不宜过快，以每分钟 30～60 次为宜，并应用锯条全长的三分之二工作，以免锯条中间部分迅速磨钝。如图 1-31 所示，在锯削过程中锯齿崩落后，应将邻近几个齿都磨成圆弧，才可继续使用，否则会连续崩齿直至锯条报废。

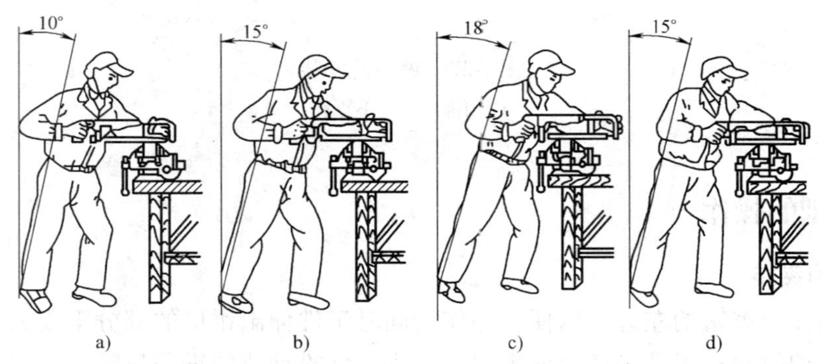

图 1-30　锯削的姿势

推锯时锯弓的运动方式有两种，一种是直线运动，适用于锯缝底面要求平直的槽和薄壁工件的锯削；另一种锯弓上下摆动，这样操作自然，两手不易疲劳。锯削到材料快断时，用力要轻，以防碰伤手臂或折断锯条。

4. 锯削示例

锯削圆钢时，为了得到整齐的锯缝，应从起锯开始以一个方向锯，直至结束；如果对断面要求不高，可逐渐变更起锯方向，以减少抗力，便于切入。

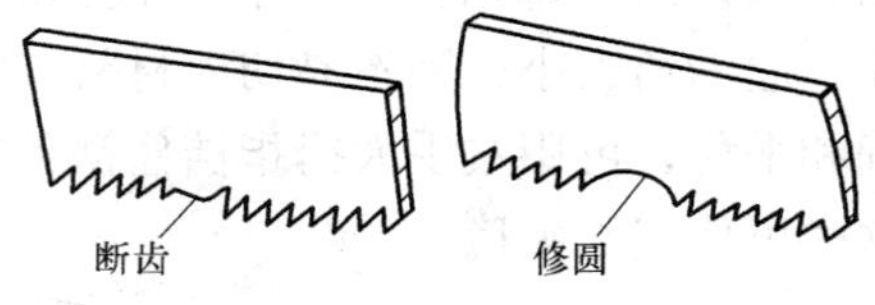

图 1-31　锯条的断齿与修圆

如图 1-32 所示，锯削圆管时，一般把圆管水平地夹持在台虎钳内，对于薄管或精加工过的管子，应夹在木垫之间。锯削管子不宜从一个方向锯到底，应该锯到管子内壁时停止，然后把管子向推锯方向旋转一些，仍按原有锯缝锯下去，这样不断转锯，到锯断为止。在转动管子时，应使已锯部分向推锯方向转动，否则锯齿会被管壁钩住，如图 1-33 所示。

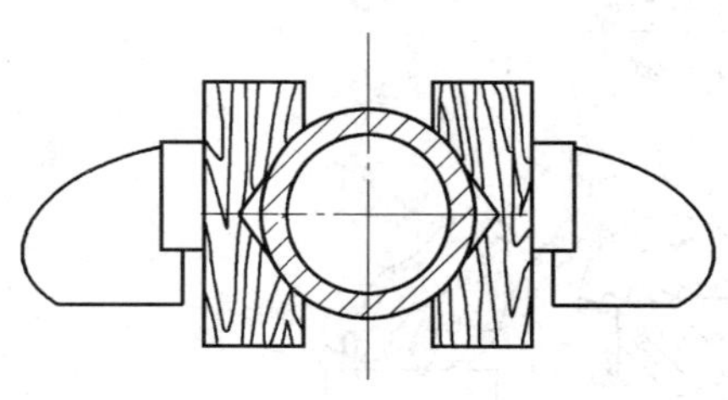

图 1-32　管子的装夹

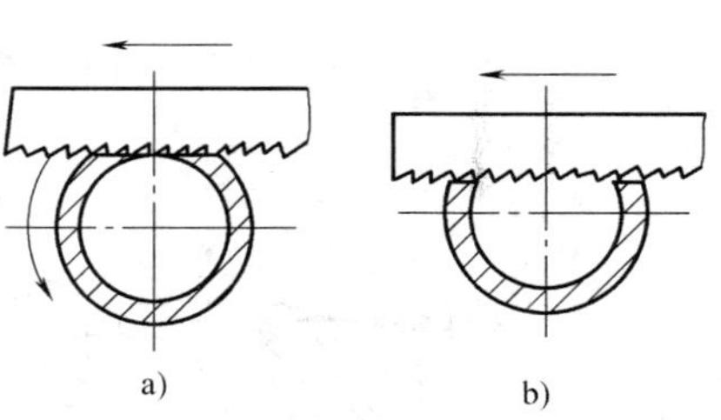

图 1-33　管子的锯削
a）转位锯削　b）不正确锯削

锯削薄板料时，可将薄板夹在两木垫或金属垫之间，连同木垫或金属垫一起锯削，这样既可避免锯齿被钩住，又可增加薄板的刚性，如图1-34所示。若将薄板料夹在台虎钳上，用手锯作横向斜推，就能使同时参与锯削的齿数增加，避免锯齿被钩住，同时能增加工件的刚性，如图1-35所示。

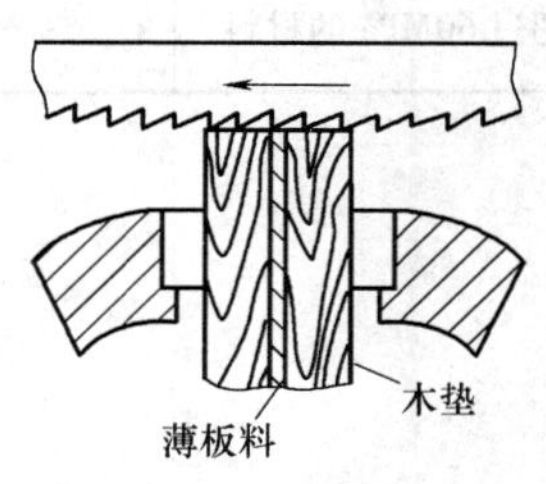

图1-34　薄板料的装夹

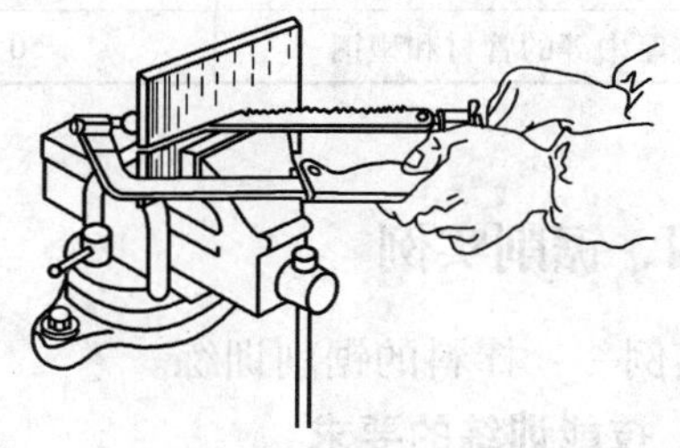
图1-35　薄板料的锯削方法

当锯缝的深度超过锯弓高度时，称这种锯缝为深缝。在锯弓快要碰到工作时（见图1-36a），应将锯条拆出并转过90°重新安装（见图1-36b），或把锯条的锯齿朝着锯弓背进行锯削（见图1-36c），使锯弓背不与工件相碰。

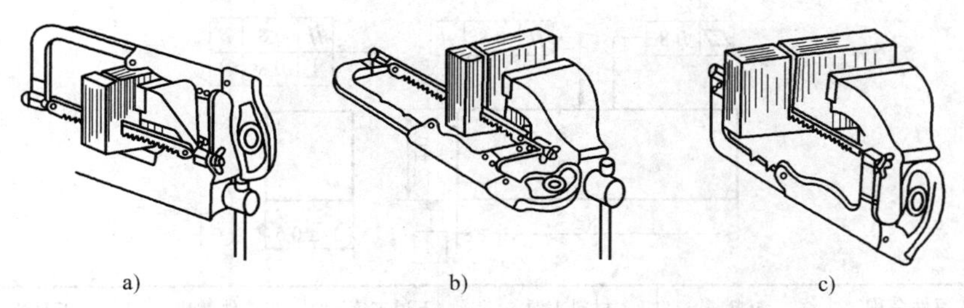

图1-36　深缝的锯削

a）正常锯削　b）转90°安装锯条　c）转180°安装锯条

三、锯削操作注意事项

1）锯条要装得松紧适当，锯削时不要突然用力过猛，防止工作中的锯条折断，从锯弓上崩出伤人。

2）工件夹持要牢固，以免工件松动、锯缝歪斜、锯条折断。

3）要经常注意锯缝的平直情况，如发现歪斜应及时纠正。锯缝歪斜过多纠正困难时，不能保证锯削的质量。

4）工件将锯断时压力要小，避免压力过大使工件突然断开、手向前冲造成事故。一般工件将锯断时，要用左手扶住工件断开部分，以免落下伤脚。

5）在锯削钢件时，可加些润滑油，以减少锯条与工件的摩擦，延长锯条的使用寿命。

6）锯削不同材料时，锯削次数的选择见表1-4。

表 1-4　不同的材料锯削次数的选择

材料种类	往复次数/min	材料种类	往复次数/min
铜、铝等软材料	80～90	薄壁管材	40
抗拉强度 σ_b 为 60MPa 以下的材料	60	塑料、合成纤维、合成橡胶等	40
工具钢及薄壁工件	40	抗拉强度 σ_b 超过 60MPa 的材料	20
壁厚中等的管材和型钢	50		

四、锯削实例

实例一：棒料的锯削训练。

1. 技能训练的要求

掌握深缝锯削的方法，要求锯缝整齐。

2. 使用的刀具、量具和辅助工具

手锯、锯条、游标卡尺、钢直尺和90°角尺等。

3. 技能训练的内容

工件图样如图 1-37 所示（锤子的备料）。

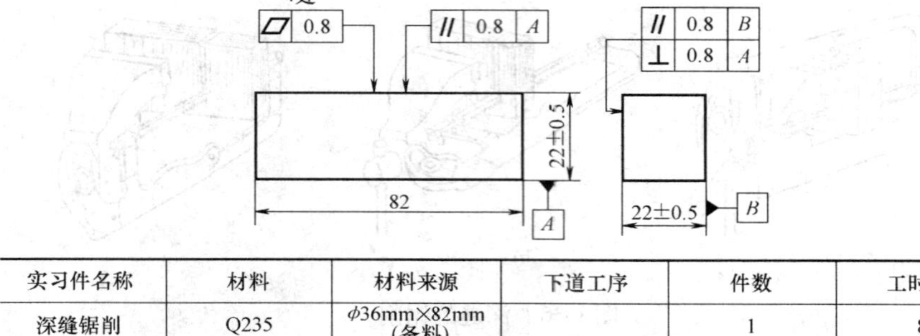

实习件名称	材料	材料来源	下道工序	件数	工时/h
深缝锯削	Q235	ϕ36mm×82mm（备料）		1	8

图 1-37　棒料的锯削

4. 参考步骤

1）检查备料尺寸并划出平面加工线 22mm×22mm。

2）锯 *A* 面，使之达到平面度及与圆柱母线的尺寸要求。

3）锯 *A* 面的对面，使之达到平面度 0.8mm、平行度 0.8mm、尺寸（22±0.5）mm 的要求。

4）锯削 *B* 面，使之达到平面度 0.8mm 和与圆柱母线的尺寸要求。

5）锯削 *B* 面的对面，使之达到平面度 0.8mm、垂直度 0.8mm、尺寸（22±0.5）mm 的要求。

6）去飞边、送检。

5. 注意事项

1）锯削练习时，必须注意工件的夹持及锯条的安装是否正确。

2）初学锯削时，对锯削速度不易掌握，往往推出速度过快，这样容易使锯条很快磨钝。

3）要经常注意锯缝的平直情况，一发现锯缝不平直就要及时纠正，否则不能保证锯削的质量。

4）在锯削钢件时，可加些润滑油，起到冷却锯条、延长锯条使用寿命的作用。

5）锯削完毕，应将锯弓上的张紧螺母适当放松。

6）划线时要注意锯条宽度对尺寸的影响，尤其当尺寸公差较小时，特别需要注意。

实例二：锯缝练习。

1. 技能训练的要求

1）锯条安装合理，锯削姿势正确。

2）初步掌握锯削的方法。

2. 使用的刀具、量具和辅助工具

手锯、钢直尺和游标卡尺等。

3. 工件图样

图 1-38 所示为锯缝练习的工件图样。

4. 参考步骤

1）检查备料尺寸，划出加工线。

2）要求每条锯缝之间互相平行，与 A 面平行，平行度控制在 0. 8mm 以内；与 B 面垂直，垂直度控制在 0. 8mm 以内。

3）每人练习的锯缝不得少于 18 条。

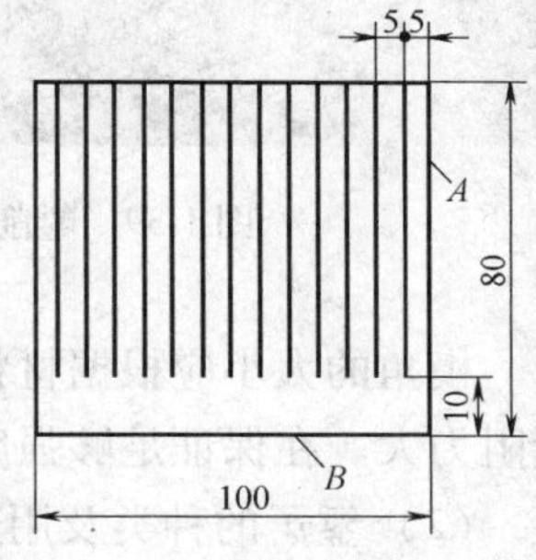

图 1-38　锯缝练习

5. 注意事项

1）锯削时锯条安装松紧要适度，以免锯条折断崩出伤人。

2）锯削时双手压力要合适，不要突然加大压力，防止工件棱边钩住锯齿而使锯条崩裂。

第四节　錾削与锉削

【本节学习要点】

1. 了解錾削和锉削的作用和意义。
2. 熟悉錾子和钢锉的选用。
3. 掌握錾削和锉削的正确操作方法。
4. 重点是平面、圆弧锉削方法的掌握及其相关量具的使用。

一、錾削

用锤子打击錾子对金属进行切削加工的操作方法称为錾削，如图 1-39 所示。錾削的作用就是錾掉或錾断金属，使其达到要求的形状和尺寸。錾削主要用于不便于机械加工的场合，如去除凸缘、飞边、分割薄板料、凿油槽等。这种方法目前应用较少。

1. 錾子

（1）切削部分的几何角度　錾子由切削部分、斜面、柄部和头部四部分组成，其长度约170mm，直径18～24mm。錾子的切削部分包括两个表面（前刀面和后刀面）和一条切削刃（锋口），切削部分要求较高硬度（大于工件材料的硬度），且前刀面和后刀面之间形成一定的楔角β。图1-40所示为錾子的组成。

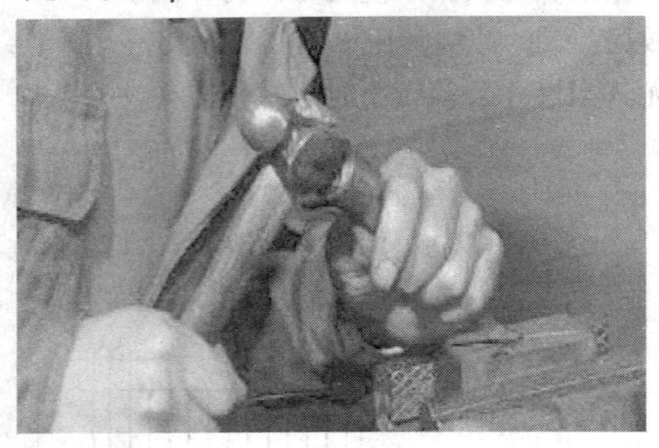

图1-39　錾削操作

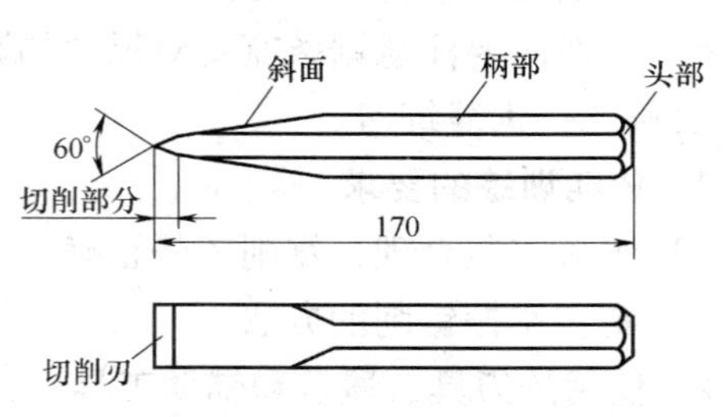

图1-40　錾子的组成

楔角的大小应根据材料的硬度及切削量的大小来选择。楔角大，切削部分强度大，但切削阻力大。在保证足够强度的前提下，尽量取小的楔角，一般取楔角$\beta=60°$。

（2）錾子的种类及用途　根据加工需要，錾子的种类主要有三种錾子的种类及用途见表1-5。

表1-5　錾子的种类及用途

錾子的种类	说　明	用　途
扁錾	切削部分扁平	用于錾削大平面、薄板料、清理飞边等
狭錾	切削刃较窄	用于錾槽和分割曲线板料
油槽錾	切削刃很短	用于錾削轴瓦和机床平面上的油槽等

2. 錾削操作

起錾时，錾子尽可能向右倾斜45°左右，从工件边缘尖角处开始，并使錾子从尖角处向下倾斜30°左右，轻打錾子，可较容易切入材料。起錾后按正常方法錾削，当錾削到工件尽头时，要防止工件材料边缘崩裂，脆性材料尤其需要注意。因此，錾到尽头10mm左右时，必须调头錾去其余部分。錾削时，操作者的步位和姿势应便于用力，身体的重心偏于右腿，挥锤要自然，眼睛要正视錾刃，而不是看錾子的头部。正确的錾削步位与姿势如图1-41所示。

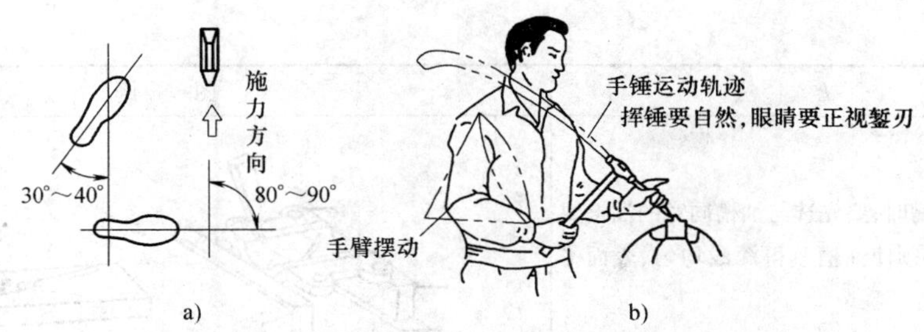

图 1-41　錾削步位与姿势
a）步位　b）姿势

錾子的握法与挥锤的方法见表 1-6。

表 1-6　錾子的握法与挥锤的方法

錾子的握法			挥锤的方法		
正握法	反握法	立握法	腕挥	肘挥	臂挥
手心向下，用虎口夹住錾身，拇指和食指自然伸开，其余三指自然弯曲靠拢，握住錾身。这种握法适于在平面上进行錾削	手心向上，手指自然握住錾柄，手心悬空。这种握法适用于小的平面或侧面的錾削	虎口向上，拇指放在錾子的一侧，其余四指放在另一侧，捏住錾子。这种握法适于垂直錾切工件，如在铁砧上錾断材料等	只是手腕的运动挥锤，锤击力较小。一般用于錾削的开始和收尾或油槽、打样冲眼等用力不大的地方	用手腕和肘部一起挥锤，它的运动幅度大，锤击力较大，应用广泛	用手腕、肘部和整个臂一起挥动，其锤击力大，用于需要大力錾削的场合

3. 錾削的方法

錾削的方法见表 1-7。

表 1-7　錾削的方法

种类	方　法	图　例
錾平面	较窄的平面可用平錾进行，每次厚度为 0.5～2mm。对于宽平面，应先用窄錾开槽，再用平錾錾平	窄錾 已錾出的槽 錾前划的线 工件调头后錾去剩余部分 平錾 前进方向 45°

（续）

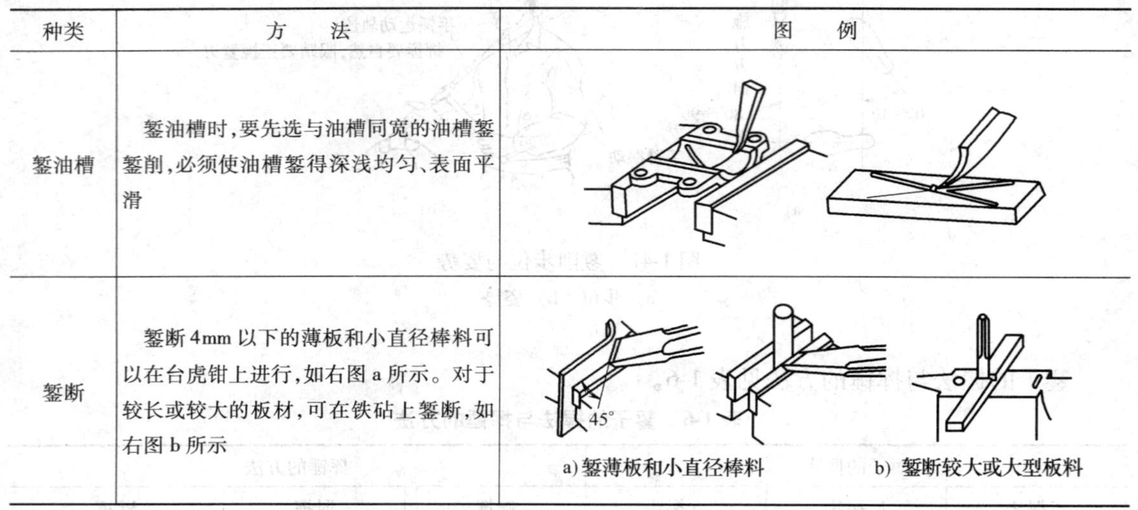

种类	方　法	图　例
錾油槽	錾油槽时,要先选与油槽同宽的油槽錾錾削,必须使油槽錾得深浅均匀、表面平滑	
錾断	錾断4mm以下的薄板和小直径棒料可以在台虎钳上进行,如右图a所示。对于较长或较大的板材,可在铁砧上錾断,如右图b所示	45° a) 錾薄板和小直径棒料　b) 錾断较大或大型板料

二、锉削

用钢锉从零件表面锉掉多余的金属，使零件达到图样要求的尺寸、形状和表面粗糙度的操作叫锉削，如图1-42所示。锉削的加工范围包括平面、台阶面、角度面、曲面、沟槽和各种形状的孔等。锉削加工简便、工作范围广，多用于錾削、锯削之后。锉削可对工件上的平面、曲面、内外圆弧、沟槽以及其他复杂表面进行加工，其最高精度可达IT7～IT8，表面粗糙度可达$Ra1.6\sim0.8\mu m$。锉削可用于成形样板、模具型腔以及部件、机器装配时的工件修整，是钳工的主要操作方法之一。

1. 钢锉

（1）钢锉的材料及结构　钢锉是锉削的主要工具，用高碳钢（T12、T13）制成，并经热处理淬硬至62～67HRC。钢锉的结构及各部分名称如图1-43所示。

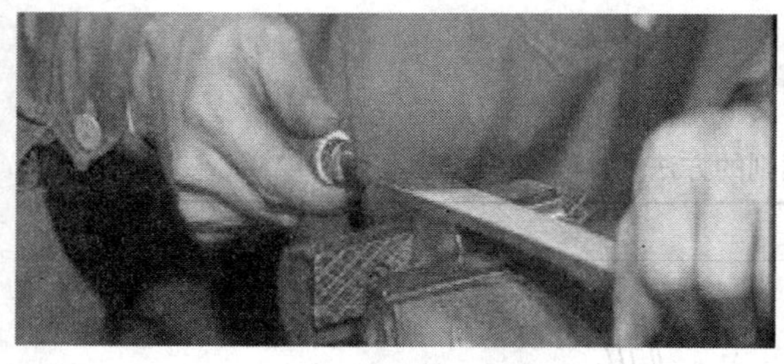

图1-42　锉削操作

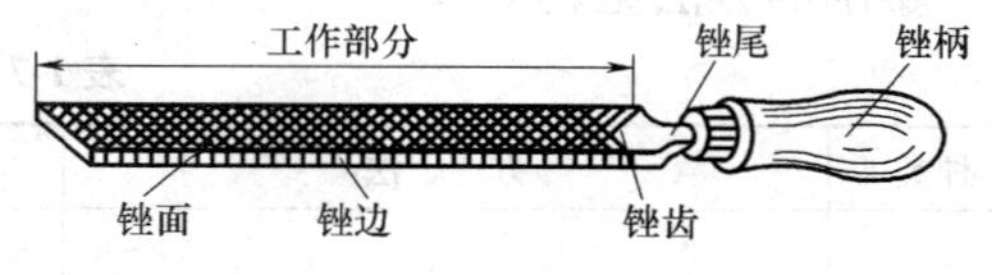

图1-43　钢锉的结构

（2）钢锉的分类

1）钢锉按锉齿的大小分为粗齿锉、中齿锉、细齿锉和油光锉等，其锉齿粗细的选择见表1-8。

表 1-8　钢锉齿粗细的选择

锉纹号	锉齿	适用场合			
		加工余量/mm	尺寸精度/mm	表面粗糙度值 Ra/μm	应用
1	粗	0.5～1	0.2～0.5	50～12.5	适于粗加工或有色金属加工
2	中	0.2～0.5	0.05～0.2	6.3～1.6	适于粗锉后加工
3	细	0.05～0.2	0.01～0.05	1.6～0.8	锉光表面或硬金属
4	油光	0.025～0.05	0.005～0.01	0.8～0.2	精加工时修光表面

2）钢锉按齿纹不同分为单齿纹锉和双齿纹锉，其特点及应用见表 1-9。

表 1-9　按齿纹分类的钢锉的特点及应用

钢锉的种类	特点及应用
单齿纹锉	齿纹只有一个方向，与钢锉中心线成 70°，一般用于锉软金属，如铜、锡、铅等
双齿纹锉	齿纹有两个互相交错的排列方向，底齿纹与钢锉中心线成 45°，齿纹间距较疏；面齿纹与钢锉中心线成 65°，间距较密。由于底齿纹和面齿纹的角度不同，间距疏密不同，所以锉削时锉痕不重叠，锉出来的表面平整而且光滑

3）钢锉按断面形状分为扁锉（平锉）、半圆锉、方锉、三角锉和圆锉，其特点及应用见表 1-10。

表 1-10　按断面形状分类的钢锉的特点及应用

钢锉的种类	特点及应用	
平锉		用于锉平面、外圆面和凸圆弧面
半圆锉		用于锉平面、内弧面和大的圆孔
三角锉		用于锉平面、方孔及 60°以上的锐角
圆锉		用于锉圆和内弧面

钳工锉的规格一般是用锉的长度、齿纹类别和锉断面形状表示的，特种锉用于加工各种零件的特殊表面。另外，由多把各种形状的特种锉所组成的整形锉，用于修锉小型零件及模具上难以机械加工的部位。

2. 锉削操作要领

(1) 握锉　钢锉的种类较多，规格、大小不一，使用场合也不同，故钢锉的握法也应随之改变。握锉的方法见表1-11。

表1-11　握锉的方法

钢锉种类	图　例	方　法
大锉	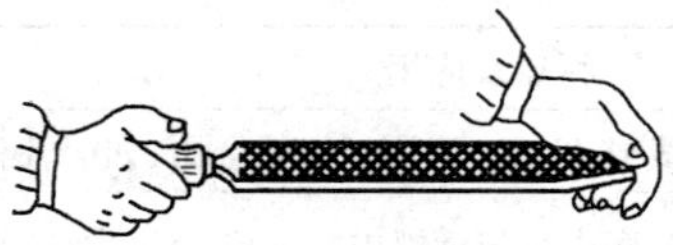	用右手握锉柄，柄端顶在拇指根部的手掌上，大拇指放在锉柄的侧上方，其余的手指由下而上握着锉柄。左手拇指根部的手掌轻压在锉头上，自然伸直，中指、无名指弯向掌心捏住锉头，其余手指自然弯向掌心
中型锉	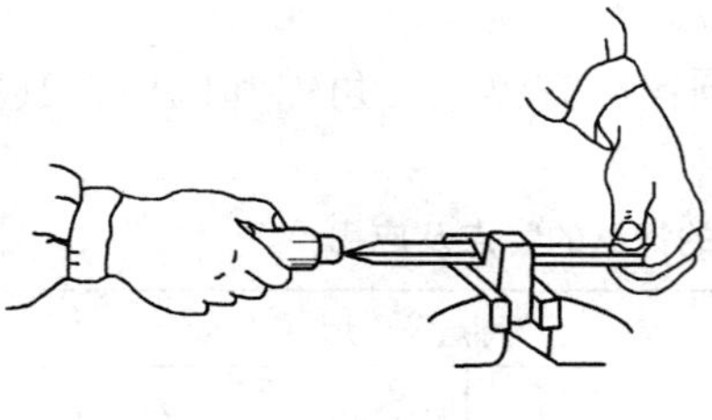	由于此类锉尺寸小，本身强度不高，锉削时所施加的力不大，因此其右手握法与大锉相同，其余四指则从下面拖着并用力紧握着锉柄；左手的持锉位置则根据锉削用力轻重而异。重锉时，左手大拇指的根部恰好放在锉尖上，其余四指弯放在下面
小型锉	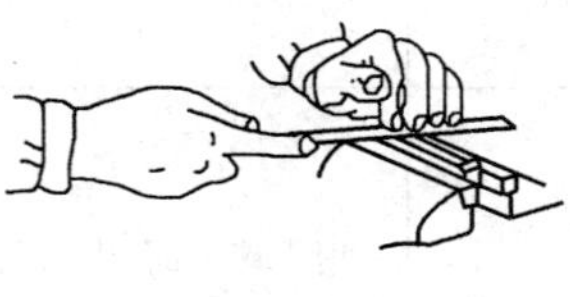	细锉时，右手握锉柄，左手除大拇指外其余四指压在锉面上，较为灵活
整形锉	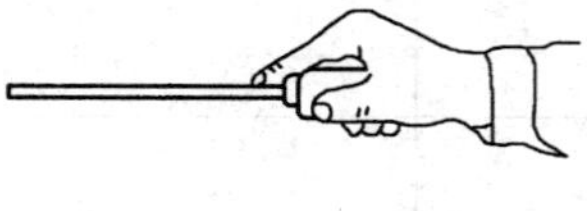	极轻微地锉削时，可不用左手持锉，只用右手食指压在锉上面

(2) 锉削姿势　锉削时人的站立位置与锯削相似。锉削姿势见表1-12。

表 1-12 锉削姿势

第一步	第二步	第三步	第四步
身体重量放在左脚，右膝要伸直，双脚始终站稳不移动，靠左膝的屈伸而做往复运动。开始时，身体向前倾斜 10°左右，右肘尽可能向后收缩	在最初 1/3 行程时，身体逐渐前倾至 15°左右，左膝稍弯曲	其次 1/3 行程，右肘向前推进，同时身体也逐渐前倾到 18°左右	最后 1/3 行程，用右手腕将锉推进，身体随锉向前推的同时自然后退到 15°左右的位置上锉削，行程结束后，把锉略提起一些，身体姿势恢复到起始位置

特别需要注意的是，锉削过程中，两手的用力也时刻在变化。如图 1-44 所示，开始时，左手压力大推力小，右手压力小推力大；随着推锉过程，左手压力逐渐减小，右手压力逐渐增大；锉回程时不加压力，以减少锉齿的磨损。锉往复运动的速度一般为 30 ~ 40 次/min，推出时慢，回程时可快些。

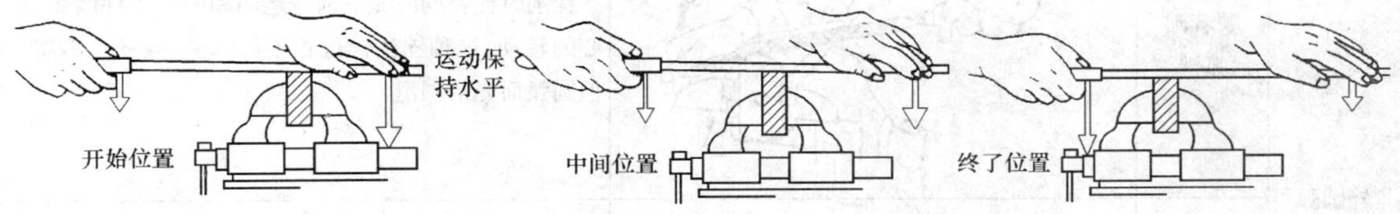

图 1-44 锉削时用力的变化

3. 锉削方法

（1）平面的锉削 锉削平面的方法有三种：顺向锉法、交叉锉法和推锉法，见表 1-13。锉削平面时，锉要按一定方向进行锉削，并在锉削回程时稍做平移，这样逐步将整个面锉平。

表 1-13 锉削平面的方法

锉削平面的方法	图 例	特点及应用
顺向锉		顺向锉法是顺着同一方向对工件进行锉削的方法。它是锉削的基本方法，其特点是锉纹顺直，较整齐美观，可减小工件表面粗糙度值

（续）

锉削平面的方法	图　例	特点及应用
交叉锉	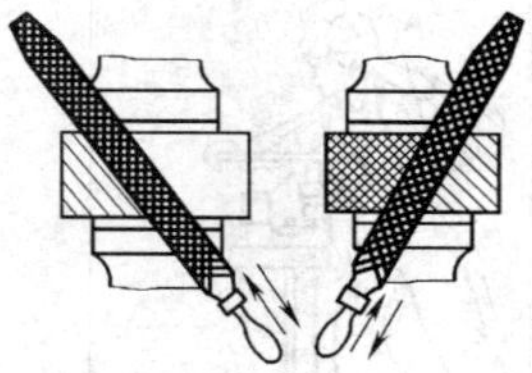	交叉锉法是从两个方向交叉对工件进行锉削，其特点是锉面上能显示出高低不平的痕迹，以便把高处锉去。用此法较容易锉出准确的平面
推锉	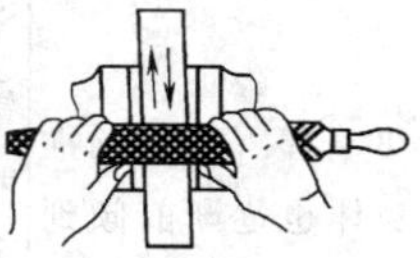	推锉法是两手横握锉身，平稳地沿工件表面来回推动进行锉削，其特点是切削量少，降低了表面粗糙度值，一般用于锉削狭长表面

（2）弧面的锉削　弧面的锉削方法见表1-14。

表1-14　弧面的锉削方法

圆弧类别	锉削方法	图　例	方 法 说 明
外圆弧	顺着圆弧锉	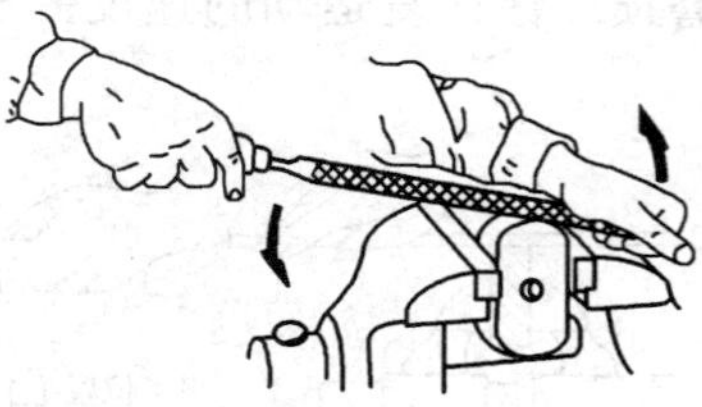	锉削时锉要同时完成前进运动和围绕工件圆弧中心的转动，这种锉法锉位置不易掌握，效率也不高，但圆弧面光洁圆滑
	横着圆弧锉	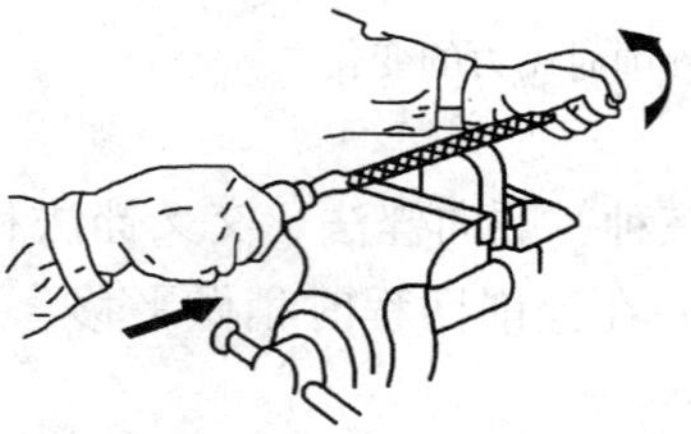	锉削时锉做直线运动，并不断随圆弧面摆动，把圆弧面锉成非常接近圆弧的多棱面，适用于圆弧面的粗加工
内圆弧	圆锉、半圆锉	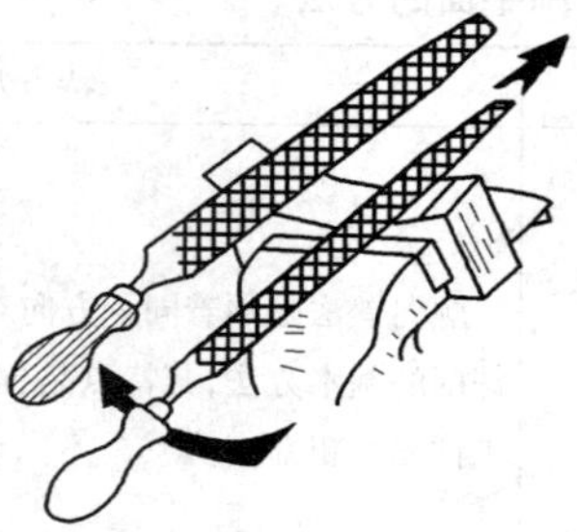	锉削时，锉要同时完成三个运动：前进运动、随圆弧面做向左或向右的微小移动、绕锉中心线移动

4. 检验工具及其使用

检验工具有刀口形直尺、90°角尺和游标角度尺等。刀口形直尺、90°角尺可检验零件的直线度、平面度及垂直度。下面介绍用刀口形直尺检验零件平面度的方法。

1）将刀口形直尺垂直紧靠在零件表面，并在纵向、横向和对角线方向逐次检查，如图1-45所示。

2）检验时，如果刀口形直尺与零件平面透光微弱而均匀，则该零件的平面度合格；如果透光强弱不一，则说明该零件平面凹凸不平，可在刀口形直尺与零件紧靠处用塞尺插入，根据塞尺的厚度即可确定平面度的误差，如图1-46所示。

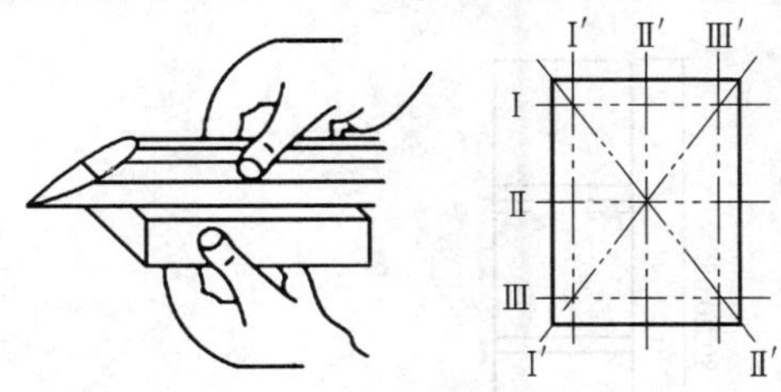

图1-45　用刀口形直尺检验平面度

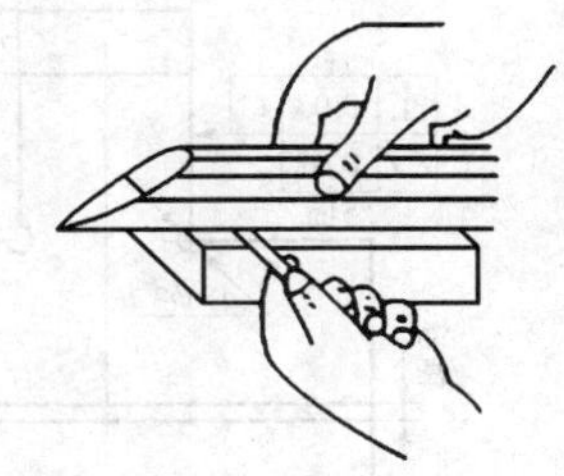

图1-46　用塞尺测量平面度误差值

5. 锉削质量

1）工件平面中凸、塌边和塌角，是由于操作不熟练，锉削力运用不当或锉选用不当所造成的。

2）形状、尺寸不准确，是由于划线错误或锉削过程中没有及时检查工件尺寸所造成的。

3）表面较粗糙，是由于锉齿粗细选择不当或锉屑卡在锉齿间所造成的。

4）锉掉了不该锉的部分，是由于锉削时锉打滑，或者没有注意带锉齿工作边和不带锉齿的光边而造成的。

5）工件被夹坏，是由于工件在台虎钳上夹持不当而造成的。

6. 锉削操作时应注意的事项

1）不准使用无柄锉锉削，以免被锉舌戳伤手。

2）不准用嘴吹锉屑，以防锉屑飞入眼中。

3）锉削时，锉柄不要碰撞工件，以免锉柄脱落伤人。

4）放置钢锉时，不要把锉露出钳台外面，以防锉落下砸伤操作者。

5）锉削时，不可用手摸被锉过的工件表面，因手有油污会使锉削时锉打滑而造成事故。

6）锉齿面塞积切屑后，应用钢丝刷顺着锉纹方向刷去。

三、锉配凹凸体实例

1. 技能训练要求

1）掌握具有对称度要求的工件的划线方法。

2）能正确使用和保养千分尺。

3）掌握具有对称度要求的工件的加工和测量方法。

4）掌握锉、锯、钻的技能，并达到一定的加工精度要求，为锉配打下扎实基础。

2. 使用的工具、量具

千分尺、游标卡尺、90°角尺、划针、刀口形直尺、塞尺、钻头、整形锉、异型锉和钳工锉等。

3. 工件图样

图 1-47 所示为凹凸体的图样。

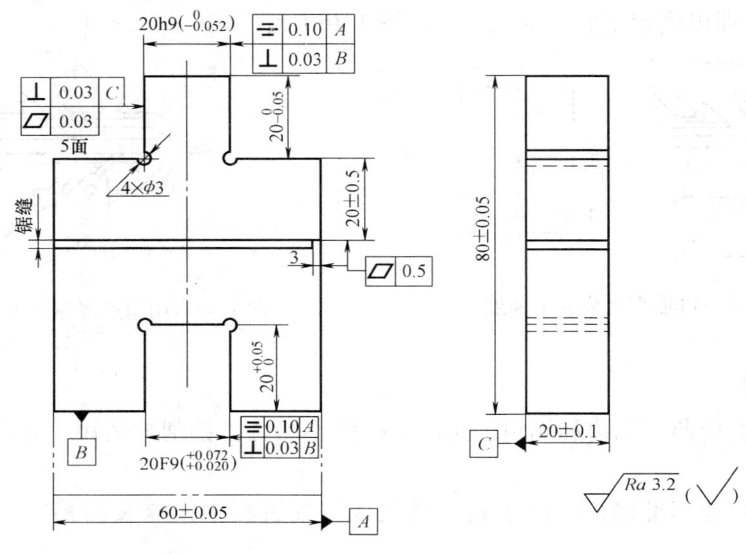

图 1-47　凹凸体

4. 参考步骤

1）按图样要求锉削好外轮廓基准面，达到外廓尺寸及垂直度和平行度要求。

2）按要求划出凹、凸体加工线，并钻工艺孔 4 × ϕ3mm。

3）加工凸形面。

4）加工凹形面。

5）加工全部锐边倒角，并检查全部尺寸精度。

6）锯削，要求达到尺寸，锯面平面度 0. 5mm，不能锯断，留有 3mm 不锯，最后修去锯口飞边。

5. 注意事项

1）为了能对 20mm 凸、凹形的对称度进行测量控制，60mm 处的实际尺寸必须测量准确，并应取其各点实测值的平均数值。

2）20mm 凸形面加工时，只能先去掉一垂直角料，待加工至所要求的尺寸公差后，才能去掉另一垂直角料。

3）采用间接测量方法来控制工件的尺寸精度，必须控制好有关的工艺尺寸。

4）当工件不允许直接锉配，而要达到互配件的要求间隙时，就必须认真控制凸、凹件的尺寸误差。

5）为达到配合后的转位互换精度，在凸、凹形面加工时，必须控制垂直度误差在最小的范围内。

6）在加工垂直面时，要防止锉侧面碰坏另一垂直侧面，因此必须将锉的一侧在砂轮上进行修磨，并使其夹角略小于90°，刃磨后用油石磨光。

第五节 攻螺纹和套螺纹

【本节学习要点】

1. 熟悉攻螺纹和套螺纹工具的选用。
2. 掌握攻螺纹和套螺纹的正确操作方法。
3. 常用的普通螺纹和管螺纹零件，除采用机械加工外，还可以用钳工攻螺纹和套螺纹的方法获得。

一、攻螺纹

攻螺纹是用丝锥加工出内螺纹，如图1-48所示。

1. 丝锥

（1）丝锥的结构　丝锥是加工小直径内螺纹的成形工具，其结构如图1-49所示，由切削部分、校准部分和柄部组成，切削部分磨出锥角，以便将切削负荷分配在几个刀齿上；校准部分有完整的齿形，用于校准已切出的螺纹，并引导丝锥沿轴向运动；柄部有方榫，便于装在铰杠内传递转矩。丝锥的切削部分和校准部分一般沿轴向开有3～4条容屑槽以容纳切屑，并形成切削刃和前角 γ，切削部分的锥面上铲磨出后角 α，是为了减少丝锥的校准部分对零件材料的摩擦和挤压。切削部分的外、中径均有倒锥度。

图1-48　攻螺纹操作

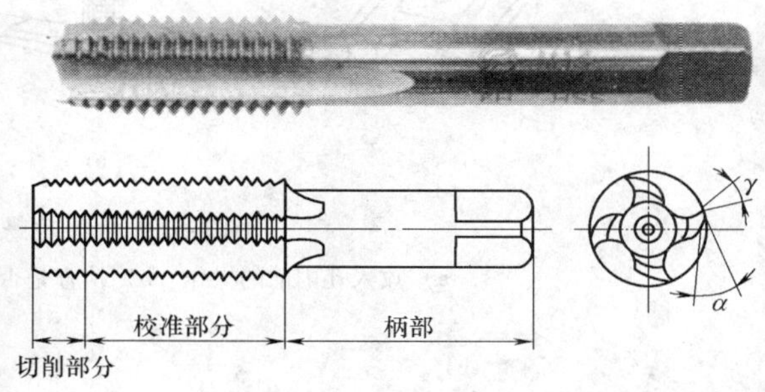

图1-49　丝锥的结构

（2）成组丝锥　由于螺纹的精度、螺距大小不同，丝锥一般为1支或2支、3支成组使用。使用成组丝锥攻螺纹时，要顺序使用来完成螺纹孔的加工。

（3）丝锥的材料　丝锥常用高碳优质工具钢或高速工具钢制造，手用丝锥一般用T12A或9SiCr制造。

2. 手用丝锥铰杠

手用丝锥铰杠是扳转丝锥的工具，如图 1-50 所示。常用的铰杠有固定式和可调节式，以便夹持各种不同尺寸的丝锥。

3. 攻螺纹的方法

1）攻螺纹前的孔径 d（钻头直径）略大于螺纹小径，其选用的丝锥尺寸可查表，也可按经验公式计算。对于攻普通螺纹，加工钢料及塑性金属时

$$d = D - P$$

加工铸铁及脆性金属时

$$d = D - 1.1P$$

式中 D——螺纹大径；

P——螺距。

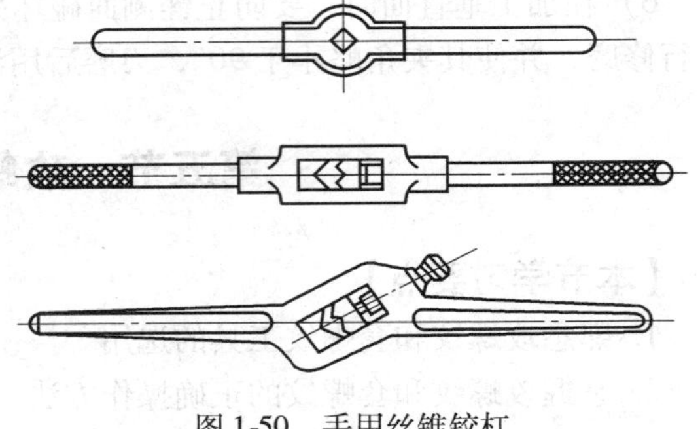

图 1-50　手用丝锥铰杠

若孔为盲孔，由于丝锥不能攻到底，所以钻孔深度要大于螺纹长度，其尺寸按下式计算

$$孔的深度 = 螺纹长度 + 0.7D$$

2）手工攻螺纹的方法，如图 1-51 所示。双手转动铰杠，并轴向加压力，当丝锥切入零件 1～2 牙时，用 90°角尺检查丝锥是否歪斜，如丝锥歪斜，要纠正后再往下攻。当丝锥位置与螺纹底孔端面垂直后，轴向就不再加压力。两手均匀用力，为避免切屑堵塞，要经常倒转 1/4～1/2 圈，以达到断屑的目的。头锥、二锥应依次攻入。在铸铁材料上攻螺纹时，加煤油而不加切削液；在钢件材料上攻螺纹时加切削液，以保证螺纹孔表面粗糙度的要求。

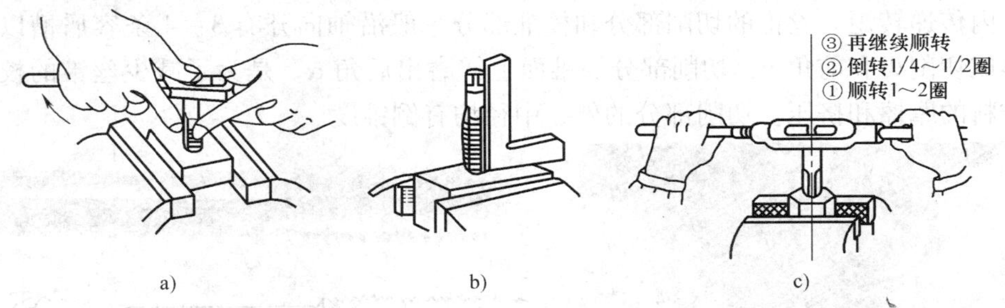

图 1-51　手工攻螺纹的方法

a）攻入孔内前的操作　b）检查是否垂直　c）攻螺纹时的方法

二、套螺纹

套螺纹是用板牙在圆杆上加工出外螺纹，如图 1-52 所示。

1. 套螺纹的工具

（1）圆板牙　圆板牙如图 1-53 所示，它就像一个圆螺母，不过上面钻有几个容屑孔并形成切削刃，其两端带 2ϕ 锥角的部分是切削部分，是铲磨出来的阿基米德螺旋面，有一定的后角，当中一段是校准部分，也是套螺纹时的导向部分。板牙一端的切削部分磨损后可调头使用。

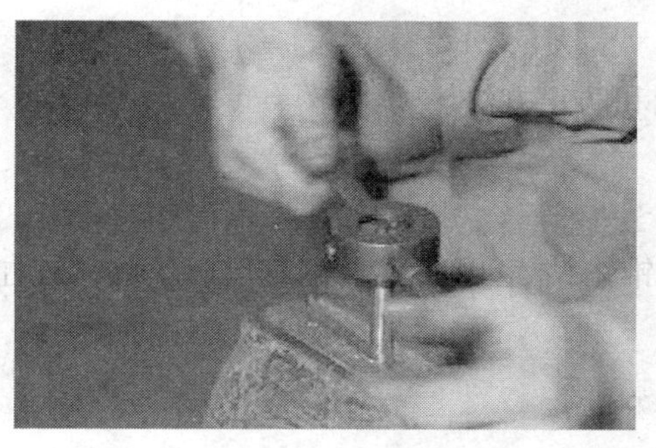

图 1-52　套螺纹操作

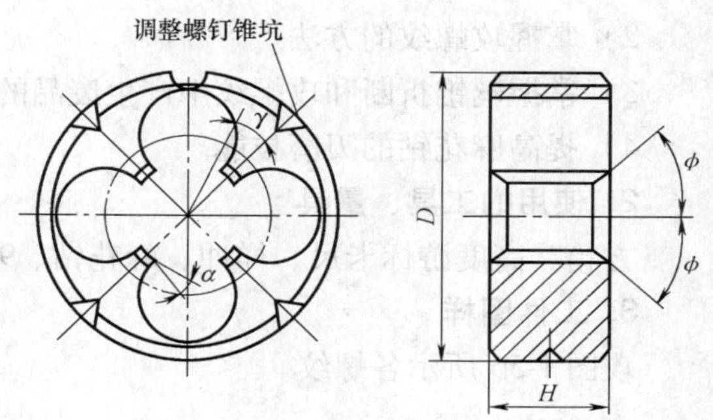

图 1-53　圆板牙

用圆板牙套螺纹的精度比较低，可用它加工 8h 级、表面粗糙度 Ra 值为 3.2 ~ 6.3μm 的螺纹。圆板牙一般用合金工具钢 9SiCr 或高速工具钢 W18Cr4V 制造。

（2）圆锥管螺纹圆板牙　圆锥管螺纹圆板牙的基本结构与圆板牙一样，但因为管螺纹有锥度，所以只在单面制成切削锥。这种板牙所有切削刃都参加切削，板牙在零件上的切削长度影响管子与相配件的配合尺寸，套螺纹时要用相配件旋入管子来检查是否满足配合要求。

（3）铰杠　手工套螺纹时需要用圆板牙铰杠，如图 1-54 所示。

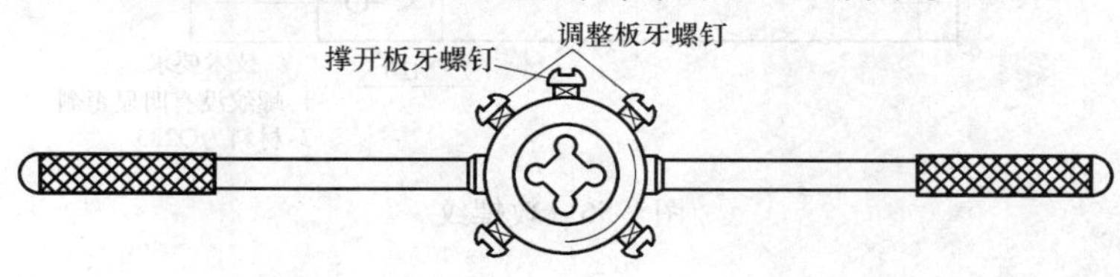

图 1-54　圆板牙铰杠

2. 套螺纹方法

（1）套螺纹前零件直径的确定　确定螺杆的直径可直接查表，也可按零件直径 $d = D - 0.13P$ 的经验公式计算。

（2）套螺纹操作　套螺纹的方法如图 1-55 所示。将板牙套在圆杆头部倒角处，并保持板牙与圆杆垂直，右手握住铰杠的中间部分，加适当压力，左手将铰杠的手柄顺时针方向转动，在板牙切入圆杆 2 ~ 3 牙时，应检查板牙是否歪斜，如发现歪斜，应纠正后再套，当板牙位置正确后，再往下套就不加压力。套螺纹和攻螺纹一样，应经常倒转以切断切屑。套螺纹应加切削液，以保证螺纹的表面粗糙度要求。

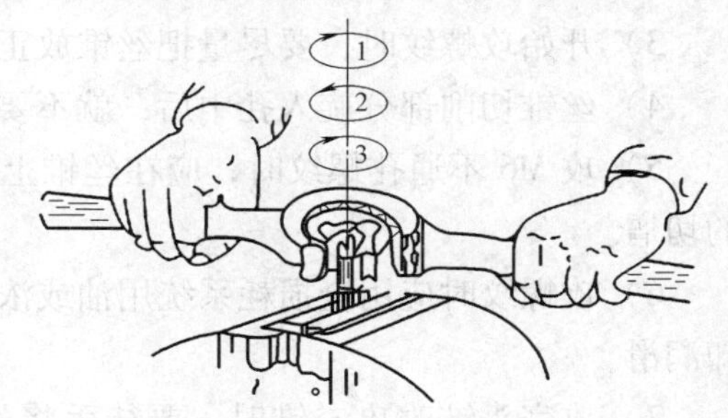

图 1-55　套螺纹方法

三、攻螺纹实例

1. 训练要求

1）掌握攻螺纹底孔直径的确定方法。

2）掌握攻螺纹的方法。

3）掌握丝锥折断和攻螺纹中产生废品的原因和防止方法。

4）提高麻花钻的刃磨技能。

2. 使用的工具、量具

方箱、高度游标卡尺、样冲、麻花钻、90°圆锥锪钻、90°角尺、钢直尺、丝锥和铰杠。

3. 工件图样

攻图1-56所示各螺纹。

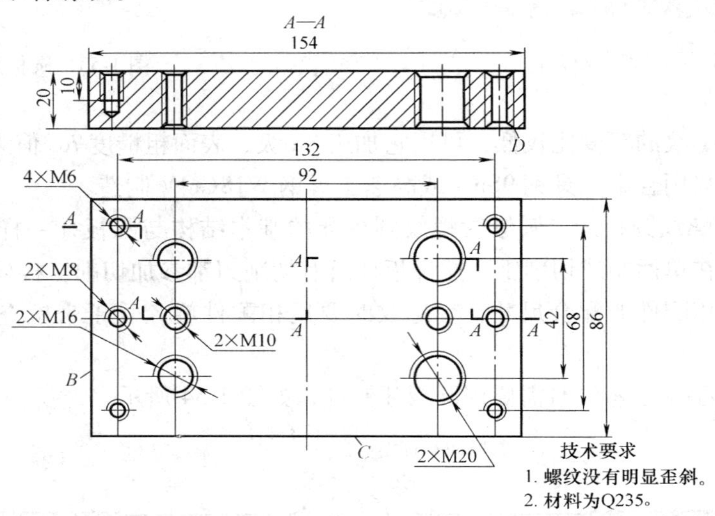

图1-56　攻螺纹

4. 参考步骤

1）螺纹底孔直径要倒角，通孔倒两端，倒角直径要稍大于螺纹直径。

2）工件的装夹位置要正确，使上下两面处于水平位置。

3）开始攻螺纹时，要尽量把丝锥放正，然后对丝锥施加轴向压力，并转动铰杠。

4）丝锥切削部分旋入孔中后，就不要再施加进给力，而靠丝锥的旋进切削。

5）攻M6不通孔螺纹时，应在丝锥上做好深度标记，并适当退出丝锥，清除留在孔内的切屑。

6）攻螺纹时应用全损耗系统用油或浓度大的乳化液（在铸铁件上攻螺纹时用煤油）冷却润滑。

7）攻完头锥改攻二锥时，要徒手将丝锥旋入已攻过的螺孔中，再套上铰杠攻，退出时，要避免快速转动铰杠。

8）铰杠的长短和所攻螺纹的规格应相适应，不准攻小规格螺纹而选用长铰杠。

9）丝锥用完后，应用防锈油将其擦拭干净，妥善保管。

10）攻螺纹时常会出现螺纹乱牙、滑牙、螺纹歪斜、螺纹高度不够、丝锥崩牙或折断的问题，要会分析产生的原因，掌握处理方法。

11）严格执行企业安全文明生产规定，做到工作场地整洁，工具、工件、量具摆放整齐，并按表 1-15 评分表进行评分。

表 1-15　评　分　表

序号	项目	考核要求	配分	评分标准	检测结果	得分
1	4×M6	1）螺纹轴线不准有明显的偏斜 2）不准乱牙 3）不准滑牙 4）螺纹表面粗糙度值为 $Ra25\mu m$	90	1）螺纹轴线有明显的偏斜不得分 2）乱牙不得分 3）滑牙不得分 4）螺纹表面粗糙度值超差不得分		
2	2×M8					
3	2×M10					
4	2×M16					
5	2×M20					
6	安全文明生产	遵守安全操作规程，正确使用工、量具，操作现场整洁	10	按达到规定的标准程度评定，一项不符合要求从总分中扣去 2～5 分，总扣分不得超过 10 分		
		安全用电，防火，无人身、设备事故		因违规操作发生重大人身或设备事故者，此题按零分计		
总分			100			

习　题

1. 钳台的高度是如何规定的？怎样正确使用台虎钳？
2. 台虎钳的用途、规格和常用类型各有哪些？
3. 怎样合理地选择钳工的工作场地？
4. 简述划线的定义、作用和要求？
5. 划线的种类有哪些？各自的定义是什么？
6. 简述划线平台的用途及正确使用和保养的方法有哪些？
7. 划针有什么用途？划针的直径、长度和尖端角度是如何规定的？
8. 划针的使用方法及使用注意事项有哪些？
9. 划规的种类及各自的用途是什么？
10. 划针盘的用途及注意事项有哪些？
11. 高度游标卡尺一般有几种？结构如何？
12. 样冲的作用是什么？样冲的使用方法和注意事项有哪些？
13. V 形架的用途是什么？
14. 千斤顶的用途及使用注意事项有哪些？
15. 划线前的准备工作有哪些？
16. 基准的定义是什么？是如何分类的？
17. 平面划线和立体划线时各有几个划线基准？
18. 划线基准的类型有哪些？
19. 錾削的定义是什么？
20. 如何定义錾削部分的两面一刃？

21. 试说明錾子的构造及种类。
22. 錾子和锤子的握法如何？
23. 起錾方法有哪些？常用的是哪种？
24. 錾平面应如何起錾？为什么？錾到尽头怎么办？为什么？
25. 锯削的定义是什么？
26. 手锯的组成如何？
27. 锯弓的用途及类型有哪些？
28. 锯条的规格及常用规格各是哪些？
29. 常用锯齿的角度是多少？
30. 锯齿的粗细用什么来表示？选择的原则是什么？粗齿、细齿如何选择？为什么？
31. 锯条安装应注意什么？
32. 工件如何夹持？
33. 锯削深度和行程是如何规定的？
34. 锯削时的运动形式有哪些？常用的是哪种？
35. 起锯方法有几种？常用的是哪种？
36. 起锯角度一般不大于多少度？为什么？
37. 试举例说明几种常见工件的锯削方法。
38. 钢锉的类型和规格有哪些？如何进行钢锉的选择？
39. 平面锉削的种类及各自的特点是什么？
40. 成组丝锥中，对每支丝锥的切削用量有哪两种分配方式？各有何优缺点？
41. 螺纹底孔直径为什么要略大于螺纹小径？
42. 套螺纹前，圆杆直径为什么要略小于螺纹大径？

第二章

车削加工技能训练基础

【学习目标】

1. 熟练掌握车床的结构及基本操作。
2. 熟悉车床的加工方法及范围，了解车工基本工艺。
3. 掌握一般回转体零件的车削加工方法。

第一节　车床基础知识

【本节学习要点】

1. 熟悉车床的结构及主要部件的名称和作用。
2. 熟练掌握主轴转速和进给速度的调整。
3. 熟练掌握车床床鞍、横滑板、小滑板的进退刀操作方法。
4. 熟练掌握车床的基本操作。

车床是最常见的金属切削机床，数量占机床总数的一半左右，在机械加工行业中具有重要的地位和作用。车床的种类很多，有卧式车床、仪表车床、立式车床和转塔车床等，其中卧式车床的应用最为广泛。

一、车床的组成

C6232A 型卧式车床的主要组成部分如图 2-1 所示，其主要部件的名称和用途如下：

1. 主轴箱

主轴箱内装主轴。通过改变设在变速箱外面的手柄位置，可使主轴得到各种不同的转速。主轴是空心结构，能通过长棒料，主轴的右端有外螺纹，用以联接卡盘、拨盘等附件。主轴右端的内表面是莫氏锥孔，可插入锥套和顶尖。主轴箱的另一重要作用是将运动传给进给箱，并可改变进给方向。

2. 进给箱

进给箱是进给运动的变速机构，它固定在主轴箱下部的床身前侧面。变换进给箱外面的手柄位置，可将主轴箱内的主轴传递下来的运动转变为进给箱输出的光杠或丝杠的不同转速，以改变进给量的大小或车削不同螺距的螺纹。

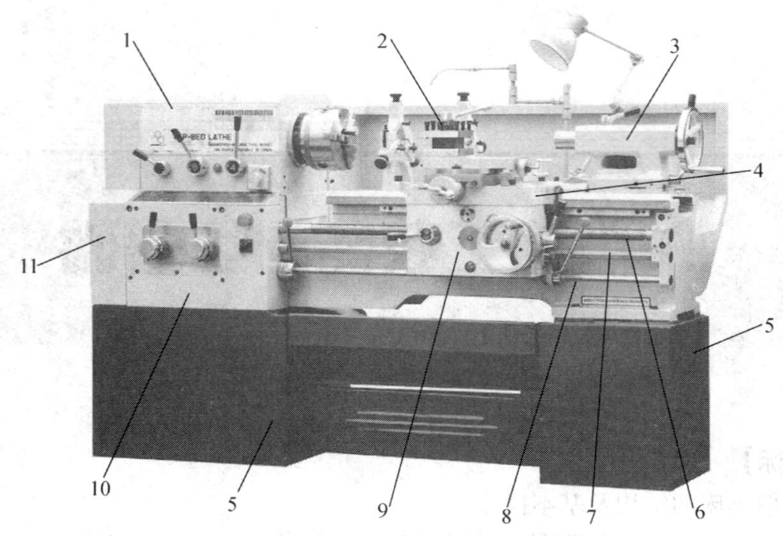

图 2-1 卧式车床的外形

1—主轴箱 2—方刀架 3—尾座 4—床鞍
5—底座 6—丝杠 7—光杠 8—操作杆
9—溜板箱 10—进给箱 11—交换齿轮装置

3. 交换齿轮装置

交换齿轮装置用于把主轴的运动传递给进给箱，调换箱内的交换齿轮，并与进给箱组合，可得到不同的进给量和螺距。

4. 溜板箱

溜板箱是驱动溜板移动的传动箱，它使光杠或丝杠的旋转运动，通过齿轮和齿条或丝杠和开合螺母，推动车刀做进给运动。溜板箱上有三层滑板，当接通光杠时，可使床鞍带动横滑板、小滑板及刀架沿床身导轨做纵向移动。横滑板可带动小滑板及刀架沿床鞍上的导轨做横向移动，故刀架可做纵向或横向直线进给运动。当接通丝杠并闭合开合螺母时，可车削螺纹。溜板箱内设有互锁机构，使光杠、丝杠两者不能同时使用。

5. 刀架

刀架是用来装夹车刀的，并可做纵向、横向及斜向运动。刀架的组成如图 2-2 所示。

（1）床鞍　它与溜板箱牢固相连，可沿床身导轨做纵向移动。

（2）横滑板　它装在床鞍顶面的横向导轨上，可做横向移动。

（3）转盘　它固定在中刀架上，松开紧固螺母后，可转动转盘，使它和床身导轨成一个所需要的角度，而后再拧紧螺母，以加工圆锥面等。

（4）小滑板　它装在转盘上面的燕尾槽内，可做短距离的进给移动。

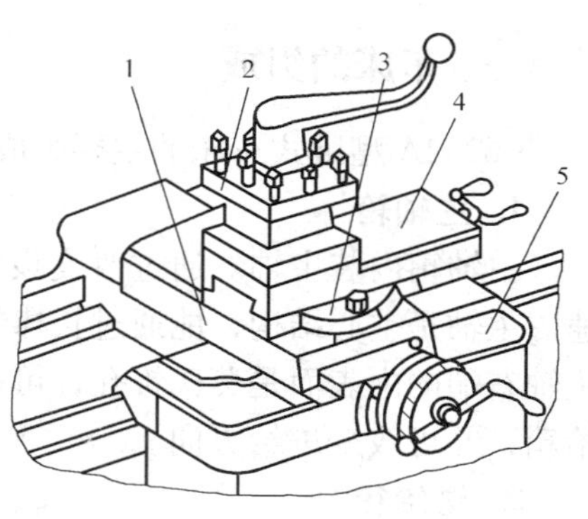

图 2-2 刀架的组成

1—横滑板 2—方刀架 3—转盘
4—小滑板 5—床鞍

（5）方刀架　它固定在小滑板上，可同时装夹四把车刀。松开锁紧手柄，即可转动方刀架，把所需要的车刀更换到工作位置上。

6. 尾座

尾座安装在床身导轨上，并可沿床身导轨纵向移动。尾座用于安装后顶尖，支承较长工件，也可安装钻夹头、钻头、铰刀和丝锥等，以进行孔和螺纹的切削加工。尾座在水平面内的横向轴线位置也可作微量调整，可用来加工带锥度的工件。

7. 床身

床身是车床的基础件，用来连接各主要部件并保证各部件在运动时有正确的相对位置，在床身上有供溜板和尾座移动用的高精度导轨。

8. 底座

底座用来支承和连接车床各零部件的基础构件，用地脚螺栓紧固在地基上。车床的变速箱与电动机安装在底座左侧的内腔中，其电气控制系统安装在底座右侧的内腔中。

9. 光杠、丝杠与操作杆

光杠用于一般车削，丝杠用于车螺纹，操作杆用于控制车床的起动和停止。

10. 冷却装置

冷却装置主要通过冷却泵将箱中的切削液加压后喷射到切削区域，以降低切削温度，冲走切屑，润滑加工表面，延长刀具的使用寿命，提高工件表面的加工质量。

二、车床的型号

车床依其类型和规格，可按类、组、系三级编成不同的型号。如 C6232 和 CA6140，其字母与数字的含义如下：

“C”为“车”字的汉语拼音的第一个字母，直接读音为“车”。

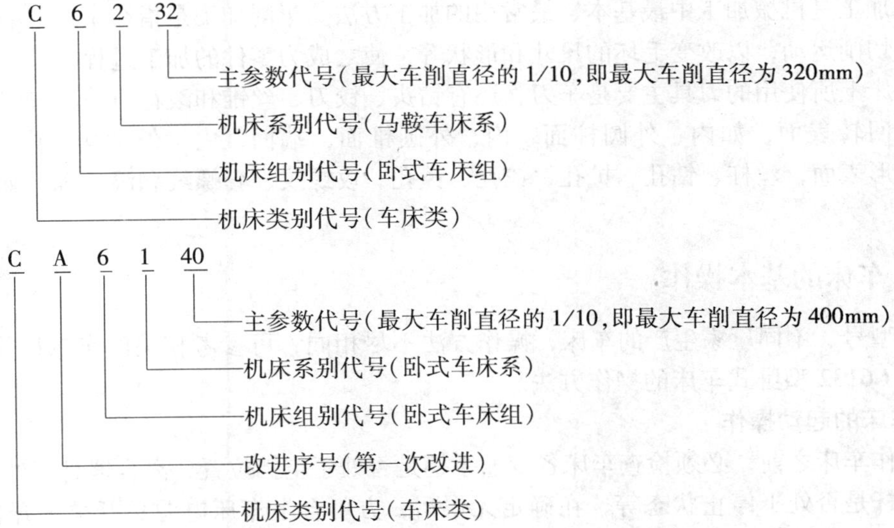

三、车床的主要技术参数

C6132 型卧式车床的主要技术参数如下：

床身上最大工件回转直径：　ϕ320mm

最大中心距：	750mm
主轴孔孔径：	ϕ52mm
主轴转速范围：	30～2000r/min
主轴转速级数：	12 级
主电动机功率：	4.5kW
横滑板行程：	240mm
小滑板行程：	140mm
尾座套筒行程：	130mm
每转进给范围（纵向）：	0.013～2.761mm
每转进给范围（横向）：	0.0066～1.24mm
螺纹车削（米制）：	0.45～20mm（30 种）
螺纹车削（模数）：	0.25～12M（25 种）
机床重量（净重）：	1400kg
主轴内孔锥度（莫氏）：	6 号
尾座内孔锥度（莫氏）：	4 号
冷却泵电动机功率：	0.125kW
圆度（加工精度）：	0.005mm
圆柱度（加工精度）：	0.008mm/300mm
精车平面度加工精度：	0.008mm/300mm
表面粗糙度 *Ra* 值：	≥1.6μm

四、车床的加工范围

车削加工是机械加工中最基本、最常用的加工方法。车削加工是指在车床上的刀具与工件做相对切削运动，以改变毛坯的尺寸和形状等，使之成为零件的加工过程。

在车床上所使用的刀具主要是车刀，还有钻头、铰刀、丝锥和滚花刀等。车床主要用来加工各种回转表面，如内、外圆柱面，内、外圆锥面，端面，内、外沟槽，内、外螺纹，内、外成形表面，丝杠、钻孔、扩孔、铰孔、镗孔、攻螺纹、套螺纹和滚花等，如图 2-3 所示。

五、车床的基本操作

不同型号、不同厂家生产的车床，操作方法不尽相同，可参考相关的车床操作说明书。下面介绍 C6132 型卧式车床的操作方法。

1. 车床的起动操作

在操作车床之前，必须检查车床各变速手柄是否处于空挡位置，离合器是否处于正确位置，操作杆是否处于停止状态等，在确定无误后，方可合上车床电源总开关，开始操纵车床。

起动车床时，先打开电源，按下床鞍上的起动按钮，使电动机起动，接着将溜板箱右侧的操作杆手柄向上提起，主轴便逆时针方向旋转（即正转）。操作杆手柄有向上、中间、向下三个挡位，可分别实现主轴的正转、停止和反转。若需较长时间停止主轴转动，必须按下

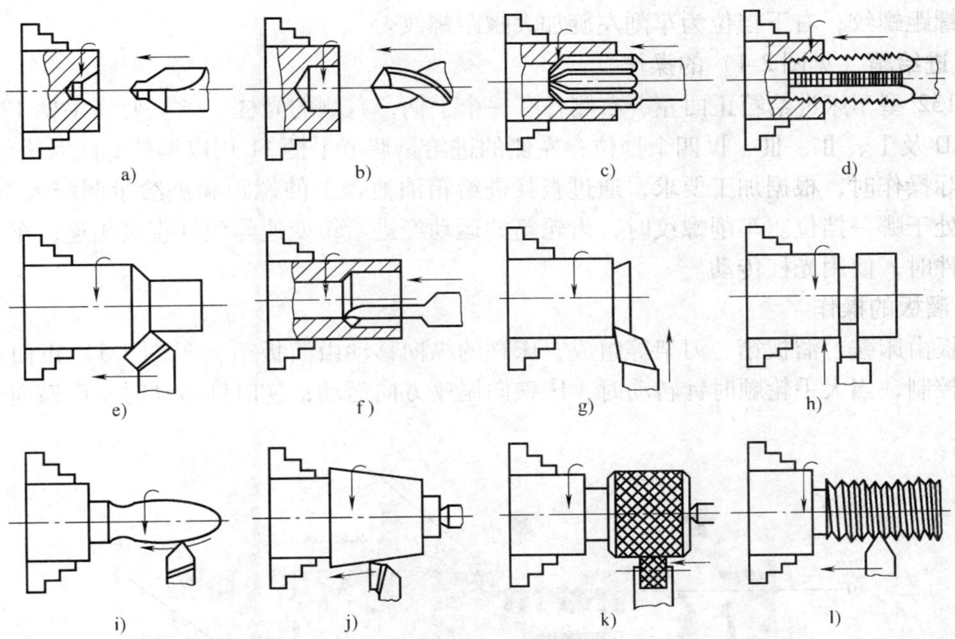

图 2-3　车床的加工范围

a）钻中心孔　b）钻孔　c）铰孔　d）攻螺纹　e）车外圆　f）镗孔　g）车端面　h）切槽　i）车成形面　j）车锥面　k）滚花　l）车螺纹

床鞍上的停止按钮，使电动机停止转动；若下班，则需关闭车床的电源总开关，并切断本车床电源的刀开关。

2. 主轴箱（见图 2-4）的变速操作

CA6132 型车床主轴的变速可通过改变主轴箱正面右侧的两个手柄 A 和 B 的位置来控制，手柄 B 有六个挡位，每个挡位上有四级转速，若要选择其中某一个转速，可通过手柄 A 来控制；手柄 A 除有两个空挡外，尚有四个挡位，只要将手柄位置拨到其所显示的颜色与手柄 B 所处挡位上的转速数字所标示的颜色相同的挡位即可。

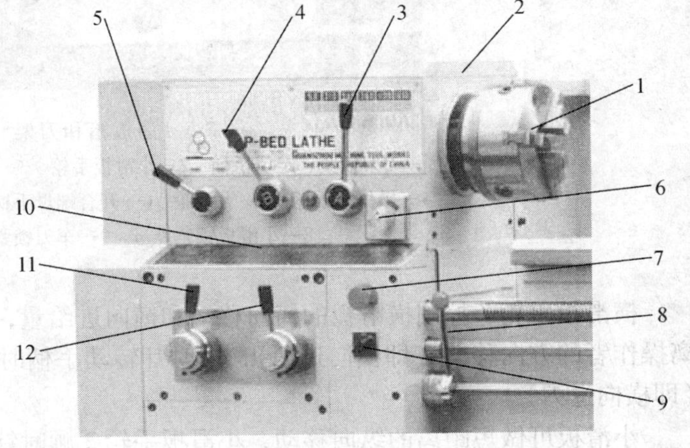

图 2-4　主轴箱和进给箱

1—自定心卡盘　2—主轴箱　3—主轴变速手柄 A　4—主轴变速手柄 B　5—左、右螺纹变换手柄　6—高、低速开关　7—紧急停止按钮　8—操作杆手柄　9—水泵起动开关　10—螺距、进给量调配表　11—进给量调节手柄　12—光杠、丝杠变换手柄

C6132 型车床主轴箱正面左侧的手柄是螺纹左、右旋向变换的操纵机构手柄，它有两个挡位，左上挡位为车削右旋螺纹，右上挡位为车削左旋螺纹。

C6140 型车床除去左上、右上挡位外，还有左下挡位，为车削右旋加大螺距螺纹；右下挡位为车削左旋加大螺距螺纹。

3. 进给箱（见图 2-4）**的操作**

C6132 型车床进给箱正面左、右侧各有一个手柄，右侧的光杠、丝杠变换手柄 12 有 A、B、C、D 及Ⅰ、Ⅱ、Ⅲ、Ⅳ四个挡位；左侧的进给量调节手柄 11 用以调整螺距及进给量。

实际操作时，根据加工要求，通过查找进给箱油池盖上的螺距和进给量调配表 10 来确定手柄处于哪一挡位。车削螺纹时，齿轮箱的运动经进给箱变速与丝杠直接相连；车削其他类型工件时，使用光杠传动。

4. 溜板的操作

溜板由床鞍、溜板箱、刀架等组成，床鞍的纵向移动由溜板箱（见图 2-5）正面左侧的大手轮控制，当大手轮顺时针转动时，床鞍向尾座方向运动；逆时针转动时，床鞍向卡盘方向运动。

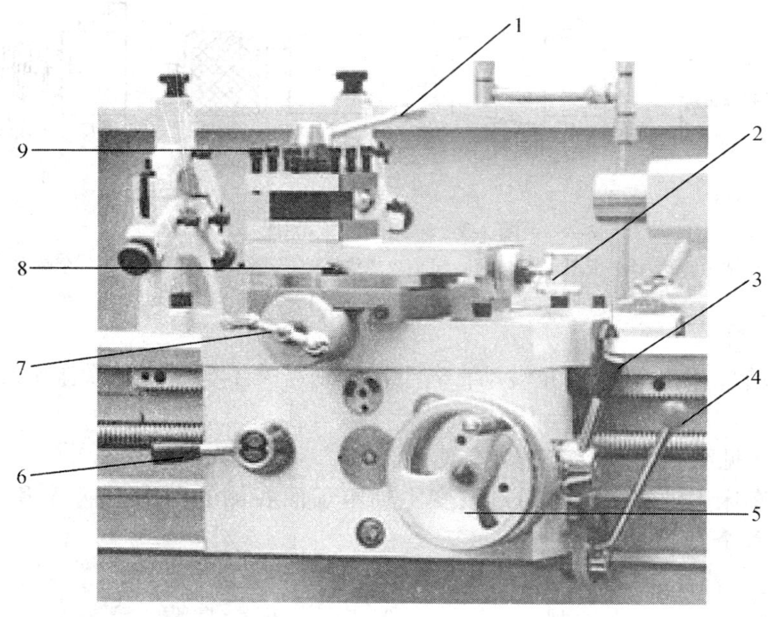

图 2-5　溜板箱和刀架

1—刀架锁紧、定位手柄　2—小滑板手轮　3—机动进给操作手柄
4—操作杆手柄　5—大手轮　6—开合螺母手柄　7—横滑板手轮
8—小滑板锁紧螺母　9—车刀锁紧螺钉

横滑板手轮 7 控制横滑板的横向移动和横向进给量，当顺时针转动手柄时，横滑板向远离操作者的方向移动（即横向进刀）；逆时针转动手柄时，横滑板向靠近操作者的方向移动（即横向退刀）。

小滑板可做短距离的纵向移动，小滑板手轮 2 顺时针方向转动时，小滑板向卡盘方向移动；逆时针转动时，小滑板向尾座方向移动。

5. 自动进给的操作（见图 2-5）

溜板箱右侧有机动进给操作手柄 3，是刀架实现纵、横向机动进给的集中操纵机构。

C6132 没有快速进给功能。

C6140 的机动进给操作手柄为一个带十字槽的扳动手柄，是刀架实现纵、横向机动进给和快速移动的集中操纵机构，该手柄的顶部有一个快进按钮，按下此钮，快速电动机工作；放开此钮时，快速电动机停止转动。该手柄的扳动方向与刀架的运动方向一致，操作方便。当手柄扳至纵向进给位置且按下快进按钮时，则床鞍做快速纵向移动；当手柄扳至横向进给位置且按下快进按钮时，则横滑板带动小滑板和刀架做横向快速进给。

操作时应特别注意，当床鞍快速行进到离主轴或尾座一定距离时，停止快进，以避免床鞍撞击主轴箱或尾座。当横滑板伸出床鞍足够远时，应立即放开快进按钮，停止快进，避免因横滑板悬伸太长而使燕尾导轨受损，影响设备精度。

6. 开合螺母手柄的操作（见图 2-5）

在溜板箱正面的左侧有一开合螺母手柄 6，用以专门控制丝杠与溜板箱之间的联系。开合螺母处于开启状态，该手柄位于上方。当需要车削螺纹时，扳下开合螺母手柄 6，将丝杠的运动通过开合螺母的闭合而传递给溜板箱，并使溜板箱按一定的螺距（或导程）作纵向进给。车完螺纹后，将该手柄扳回原位。

操作时应特别注意，螺纹加工完毕后，一定要提起开合螺母手柄。

开合螺母手柄和机动进给操作手柄互锁，不可同时扳下。

7. 刀架（见图 2-5）**的操作**

可通过操作刀架锁紧、定位手柄 1 来控制刀架的定位和紧锁，逆时针转动手柄，刀架可以逆时针转动、松开，以调换车刀；顺时针转动手柄时，刀架则被紧锁。

刀架上可同时安装四把刀，由车刀锁紧螺钉锁紧车刀。

8. 尾座的操作

尾座可在床身内侧的山形导轨和平导轨上沿纵向移动，并可依靠尾座上的锁紧螺母使尾座固定在床身的任一位置。

如图 2-6 所示，尾座上有左、右两个手柄，左边为尾座套筒固定手柄 2，顺时针扳动此手柄，可将尾座套筒固定在某一位置；右边的长手柄为尾座快速紧固手柄 3，逆时针扳动此手柄，可使尾座快速地固定于床身的某一位置。

尾座后部的手轮为尾座套筒进退手轮 4，锁紧尾座后，顺、逆时针转动该手轮，可使尾座套筒进、退移动。

尾座底部的前、后两端有两个尾座偏移螺钉 5，松开尾座锁紧螺母 6 后，转动尾座偏移螺钉 5，可使尾座左、右偏移。

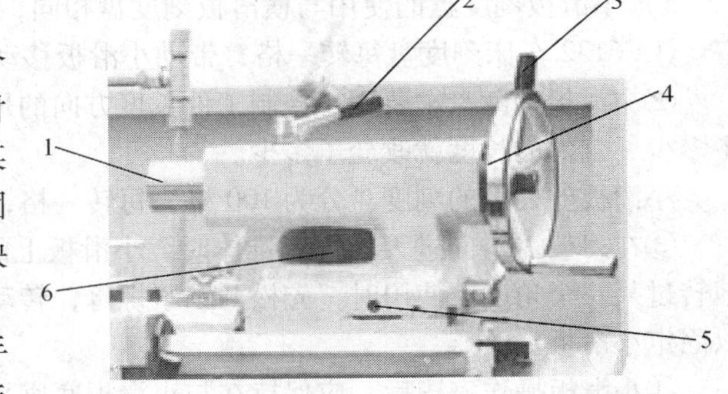

图 2-6　尾座

1—尾座套筒　2—套筒固定手柄　3—尾座快速紧固手柄
4—尾座套筒进退手轮　5—尾座偏移螺钉
6—尾座锁紧螺母

六、刻度盘及刻度盘手柄的使用

车削时，为了正确和迅速掌握切削深度，必须熟练地使用大手轮、横滑板和小滑板上的刻度盘。

1）溜板箱正面大手轮轴上的刻度盘分为300格，每转过一格，表示床鞍纵向移动1mm。

2）横滑板上的刻度盘。紧固在横滑板丝杠轴上，丝杠螺母固定在横滑板上。当横滑板上的手柄带着刻度盘转一周时，横滑板丝杠也转一周，这时丝杠螺母带动横滑板移动一个螺距。所以横滑板横向进给的距离（即切削深度）可按刻度盘的格数计算，即刻度盘每转一格，横向进给的距离 = 丝杠螺距 ÷ 刻度盘格数（mm）。

横滑板丝杠上的刻度盘分为100格，每转过一格，表示刀架横向移动0.05mm（切削加工时每转过一格，工作直径减少0.10mm）。

如C6132车床横滑板丝杠的螺距为4mm，横滑板刻度盘等分为200格，当手柄带动刻度盘每转一格时，横滑板移动的距离为4mm ÷ 200 = 0.02mm，即切削深度为0.02mm。由于工件是旋转的，所以工件上被切下的部分是车刀切削深度的两倍，也就是工件直径改变了0.04mm。

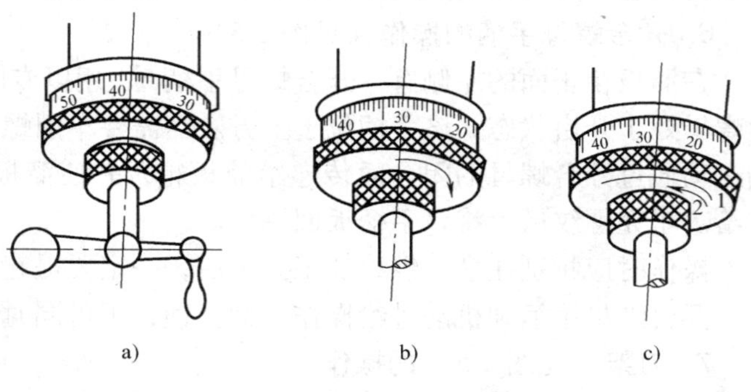

图2-7　手柄摇过头后的纠正方法

a）要求手柄转至30但摇过头成40　b）错误：直接退至30　c）正确：反转约一周后，再转至30

必须注意：进刻度时，如果刻度盘手柄进过了头，或试切后发现尺寸不对而需将车刀退回时，由于丝杠与螺母之间有间隙存在，绝不能将刻度盘直接退回到所要的刻度，应反转约一周后再转至所需刻度，如图2-7所示。

3）小滑板刻度盘的使用与横滑板刻度盘相同，应注意下列问题：

①C6132车床刻度盘每转一格，带动小滑板移动的距离为0.05mm。

②小滑板刻度盘主要用于控制工件长度方向的尺寸，与加工圆柱面不同的是小刀架移动了多少，工件的长度就改变了多少。

小滑板丝杠上的刻度盘分为100格，每转一格，表示刀架纵向移动0.05 mm。

③在刀架需斜向进刀加工短锥体时，小滑板上的刻度盘可在90°范围内顺时针或逆时针地转过某一个角度。使用时，先松开锁紧螺母，转动小滑板至所需要的角度后，再锁紧螺母以固定小滑板。

④小滑板操作完毕后，应保持在与小滑板底座平齐的位置上，避免小滑板底座与卡爪相撞。

第二节　车削加工基本常识

【本节学习要点】

1. 熟悉车削加工的三个要素。
2. 熟练掌握切削用量的选择原则。
3. 了解车床加工所能达到的精度及表面粗糙度。

一、车削表面及切削用量

1. 车削运动

为了从工件上切去多余的金属，刀具与工件之间必须有相对运动，根据其在切削过程中的作用，分为主运动和进给运动。

（1）主运动　主运动是形成车床切削速度与工件新的表面的运动，是车削的最基本运动。主运动是运动速度最高、消耗功率最多的切削运动。车削时，工件的旋转运动为主运动，如图 2-8 所示。

（2）进给运动　进给运动是使新的金属层不断投入切削的运动。车削时，车刀沿工件纵向或横向的运动为进给运动。车削时的吃刀与引刀（退刀、换刀等）是辅助运动。

2. 车削时工件上形成的表面

在整个切削过程中，工件上形成了三个不断变化的表面，如图 2-9 所示。

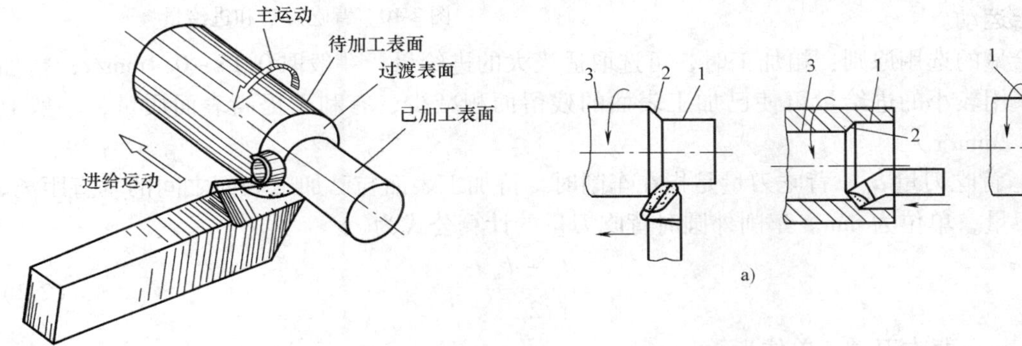

图 2-8　车削运动和工件上的表面

图 2-9　车削加工时形成的表面
a）车削时工件上形成的三个表面　b）切削层平面要素
1—已加工表面　2—过渡表面　3—待加工表面

（1）待加工表面　工件上有待被切去多余金属层的表面。

（2）过渡表面　工件上切削刃正在切削的表面，它将在工件的下一转里被切除。

（3）已加工表面　工件上已被刀具切削后形成的表面。

3. 切削用量

切削用量是衡量切削运动大小的参数，它包括切削速度、进给量与背吃刀量三要素。它们是表示主运动和进给运动最基本的物理量，是切削加工前调整机床运动的依据，并对加工质量、生产率及加工成本都有很大影响。合理选择切削用量能有效地提高生产率与加工质量。

（1）切削速度 v_c　切削速度即主运动的线速度。车削时切削速度的计算公式为

$$v_c = \frac{\pi n d_w}{1000 \times 60} \qquad (2\text{-}1)$$

式中　v_c——切削速度，单位为 m/s 或 m/min；

d_w——工件待加工表面的直径，单位为 mm；

n——主轴的转速，单位为 r/min。

切削速度的选用原则：粗车时，为提高生产率，在保证大的背吃刀量和进给量的情况下，一般选用中等或中等偏低的切削速度，如取 50 ~ 70m/min（车钢件）或 40 ~ 60m/min（车铸铁件）；精车时，为避免切削刃上出现积屑瘤而破坏已加工表面质量，切削速度取较高（100 m/min 以上）或较低（6m/min 以下）值。但采用低速切削生产率低，只有在精车小直径的工件时采用。一般用硬质合金车刀高速精车时，切削速度为 100 ~ 200m/min（车钢件）或 60 ~ 100m/min（车铸铁件）。在对车床的操作不熟练时，不宜采用高速切削。

（2）进给量 f　进给量是指工件每旋转一周，车刀沿进给方向移动的距离，单位为 mm/r，如图 2-10 所示。车削时，分为纵向进给运动和横向进给运动，与车床主轴平行的进给运动为纵向进给运动；垂直于床身导轨方向的进给运动为横向进给运动。

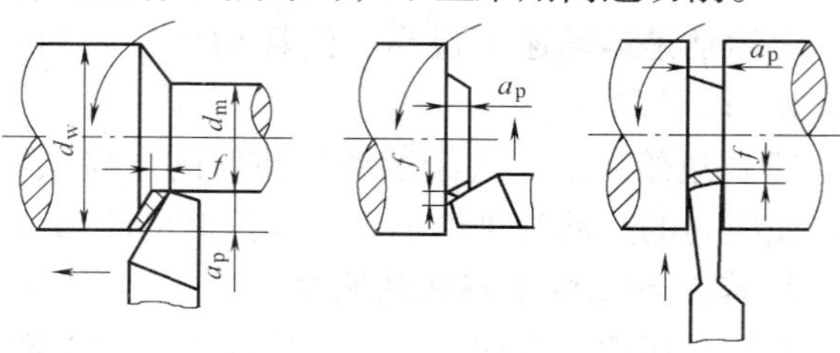

图 2-10　背吃刀量和进给量

进给量的选用原则：粗加工时，可选取适当大的进给量，一般取 0.15 ~ 0.4mm/r；精加工时，采用较小的进给量可使已加工表面的残留面积减少，有利于提高表面质量，一般取 0.05 ~ 0.2mm/r。

（3）背吃刀量 a_p　背吃刀量是指在车削时，待加工表面与已加工表面之间的垂直距离，又称吃刀量，单位为 mm。车削外圆时背吃刀量的计算公式为

$$a_p = \frac{d_w - d_m}{2} \tag{2-2}$$

式中　a_p——背吃刀量，单位为 mm；

d_w——工件待加工表面的直径，单位为 mm；

d_m——工件已加工表面的直径，单位为 mm。

背吃刀量的选用原则：粗加工应优先选用较大的背吃刀量，一般可取 2 ~ 4mm；精加工时，选择较小的背吃刀量对提高表面质量有利，但背吃刀量过小又使工件上原来凸凹不平的表面可能没有完全切除掉而达不到满意的效果，一般取 0.3 ~ 0.5mm（高速精车）或 0.05 ~ 0.10mm（低速精车）。表 2-1 为切削用量选择参考表。

表 2-1　切削用量选择参考表

加工＼参数		v_c /(m/min)	a_p/mm	f/(mm/r)	尺寸精度（范围）	表面粗糙度值 /μm
粗加工（钢件）	高速	50 ~ 70	2 ~ 5	0.15 ~ 0.4	IT12 ~ IT10	*Ra*12.5 ~ 6.3
	低速	12 ~ 40	1.5 ~ 3			
精加工（钢件）	高速	100 ~ 120	0.3 ~ 0.5	0.05 ~ 0.2	IT9 ~ IT7	*Ra*1.6 ~ 0.8
	低速	3 ~ 5	0.05 ~ 0.1			

二、车床的加工精度及表面粗糙度

车削加工的尺寸精度较宽，一般可达 IT12 ~ IT7，精车时可达 IT6 ~ IT5。表面粗糙度值 *Ra*（轮廓算术平均高度）的范围一般是 6.3 ~ 0.8μm。常用的车削精度与相应的表面粗糙度

值见表2-2。

表2-2　常用的车削精度与相应的表面粗糙度值

加工类别	加工精度	相应表面粗糙度值 Ra/μm	标注代号	表面特征
粗车	IT12 IT11	25~50 12.5	$\sqrt{Ra\ 50}$ $\sqrt{Ra\ 25}$ $\sqrt{Ra\ 12.5}$	可见明显刀痕 可见刀痕
半精车	IT10 IT9	6.3 3.2	$\sqrt{Ra\ 6.3}$ $\sqrt{Ra\ 3.2}$	可见加工痕迹 微见加工痕迹
精车	IT8 IT7	1.6 0.8	$\sqrt{Ra\ 1.6}$ $\sqrt{Ra\ 0.8}$	不见加工痕迹 可辨加工痕迹方向
精细车	IT6 IT5	0.4 0.2	$\sqrt{Ra\ 0.4}$ $\sqrt{Ra\ 0.2}$	微辨加工痕迹方向 不辨加工痕迹

三、粗车和精车

在车床上加工一个零件，往往要经过许多车削步骤才能完成。为了提高生产率，保证加工质量，生产中把车削加工分为精车和精车。如果零件精度要求高还需要磨削时，车削又可分为精车和半精车。

粗车的目的是尽快地从工件上切去大部分加工余量，使工件接近最后的形状和尺寸。粗车要给精车留有合适的加工余量，而精度要求较低。实践证明，加大背吃刀量不仅使生产率提高，而且对车刀的寿命影响又不大。因此，粗车时要优先选用较大的背吃刀量，其次根据可能适当加大进给量，最后选用中等偏低的切削速度。

粗车和精车（或半精车）留的加工余量一般为0.5~2mm，加大背吃刀量对精车来说并不重要。精车的目的是要保证零件的尺寸精度和表面粗糙度等技术要求，精加工的尺寸精度可达IT9~IT7，表面粗糙度数值 Ra 达1.6~0.8μm。精车的切削用量见表2-3，其尺寸精度主要是依靠准确的度量、准确的进给并加以试切来保证的。

表2-3　精车切削用量

		a_p/mm	f/(mm/r)	v_c/(mm/min)
车削铸铁件		0.1~0.15	0.05~0.2	60~70
车削钢件	高速	0.3~0.50		100~120
	低速	0.05~0.10		3~5

精车时，保证表面粗糙度要求的主要措施是：采用较小的主偏角、副偏角或刀尖磨有小圆弧，这些措施都会减小残留面积，可使 Ra 数值减小；选用较大的前角，并用油石把车刀

的前刀面和后刀面打磨得光一些，亦可使 Ra 数值减小；合理选择切削用量，选用高的切削速度、较小的背吃刀量以及较小的进给量，都有利于减小残留面积，从而提高表面质量。

四、切削液的选用

切削液是在车削过程中为了改善切削效果而使用的液体。在车削过程中，金属切削层发生了变形，在切屑与刀具间、刀具与加工表面间存在着剧烈的摩擦，这些都会产生很大的切削力和大量的切削热。在车削过程中合理地使用切削液，不仅能改善表面粗糙度、减小切削力、降低切削温度，而且还能提高刀具的使用寿命、劳动生产率和产品质量。

1. 切削液的作用

（1）冷却作用　切削液能吸收并带走切削区域大量的切削热，能有效地改善散热条件、降低刀具和工件的温度，从而延长了刀具的使用寿命，防止工件因热变形而产生误差，为提高加工质量和生产率创造了极为有利的条件。

（2）润滑作用　由于切削液能渗透到切屑、刀具与工件的接触面之间，并粘附在金属表面上，从而形成一层极薄的润滑膜，这可减少切屑、刀具与工件间的摩擦，减小切削力和切削热，减缓刀具的磨损，因此有利于保持车刀刃口锋利，提高工件表面加工质量。对于精加工，加注切削液显得尤为重要。

（3）清洗作用　在车削过程中，加注有一定压力和充足流量的切削液，能有效地冲走粘附在加工表面和刀具上的微小切屑及杂质，减少刀具磨损，提高工件的表面粗糙度值。

2. 切削液的种类

（1）乳化液　乳化液由乳化油加 15～20 倍的水稀释而成，主要起冷却作用，其特点是粘度小、流动性好、比热容大，能吸收大量的切削热，但因其中水分较多，故润滑、防锈能力差，若加入一定量的硫、氯等添加剂，可提高润滑效果和防锈能力。

（2）切削油　切削油的主要成分是矿物油，少数采用动物油或植物油。这类切削液的比热容小，粘度较大，散热效果稍差，流动性差，但润滑效果比乳化液好，主要起润滑作用。

常用的切削油是粘度较低的矿物油，如 10 号、20 号机油和轻柴油、煤油等。由于纯矿物油的润滑效果不理想，故通常在其中加入一定量的添加剂和防锈剂，以提高其润滑性能和防锈性能。动、植物油用作切削油虽然能形成较牢固的润滑膜，润滑效果较好，但因其容易变质，使其应用受到了限制。

3. 切削液的选用

切削液的种类繁多、性能各异，在车削过程中应根据加工性质、工艺特点、工件和刀具材料等具体条件来合理选用。

（1）根据加工性质选用切削液

1）粗加工时，为降低切削温度、延长刀具使用寿命，应选择以冷却作用为主的乳化液。

2）精加工时，为了减少切屑、工件与刀具间的摩擦，保证工件的加工精度和表面质量，应选用润滑性能较好的极压切削油或高浓度极压乳化液。

3）半封闭式加工，如钻孔、铰孔和深孔加工时，刀具处于半封闭状态，排屑、散热条件均非常差，这不仅使刀具容易退火，切削刃硬度下降、磨损严重，而且会严重拉毛加工表面。为此，须选用粘度较小的极压乳化液或极压切削油，并加大切削液的压力和流量，使切削液一方面进行冷却和润滑，另一方面又可将部分切屑冲刷出来。

(2) 根据工件材料选用切削液

1) 一般钢件，粗车时选乳化液；精车时，选硫化油。

2) 车削铸铁、铸铝等脆性金属，为了避免细小切屑堵塞冷却系统或粘附在机床上难以清除，一般不用切削液，但在精车时，为提高工件的表面加工质量，可选用润滑性好、粘度小的煤油或7%～10%的乳化液。

(3) 根据刀具材料选用切削液

1) 高速工具钢刀具粗加工时选用乳化液；精加工钢件时，选用极压切削油或浓度较高的极压乳化液。

2) 硬质合金刀具。为避免刀片因聚冷或聚热而产生崩裂，硬质合金刀具一般不使用冷却润滑液。

4. 使用切削液的注意事项

(1) 切削一开始就应该给切削液，并要求连续使用。

(2) 加注切削液的量应充分。

(3) 切削液应浇注在过渡表面、切屑和前刀面接触的区域，因为此处产生的热量最多，最需要冷却润滑。

第三节　车刀及其刃磨

【本节学习要点】

1. 了解车刀的分类及应用范围。
2. 掌握车刀的安装方法。
3. 掌握常用车刀的刃磨方法及注意事项。

在车削过程中，由于零件的形状、大小和加工要求不同，采用的车刀也不相同。如何正确地选择车刀、刃磨车刀、使用车刀是车工必须掌握的关键技术之一。

一、车刀的材料

车削过程中，车刀的切削部位是在较大的切削抗力、较高的切削温度和剧烈的摩擦条件下工作的。车刀切削部分的材料应具备如下的条件：

1. 高硬度

2. 高耐磨性

3. 高耐热性

4. 足够的抗弯强度和冲击韧性

目前，常用的车刀材料有高速工具钢和硬质合金两大类。

1. 高速工具钢

高速工具钢具有良好的可磨削性能和综合性能，适合制造各种复杂的车刀或成形刀具，应用广泛。

2. 硬质合金

硬质合金又分为下面两大类：

1）K（YG）类硬质合金，具有较好的韧性及抗弯强度，适用于铸铁和有色金属等脆性材料或冲击力较大场合的加工。

2）P（YT）类硬质合金，具有较好的耐磨性及抗粘附性，能承受较高的切削温度，适用于钢和其他韧性较大的塑性金属材料的加工。

二、车刀的结构及种类

1. 车刀的结构形式

车刀按结构不同可分为整体式、焊接式、机夹重磨式和机夹可转位式等几种。

1）整体式车刀是将车刀的切削部分与夹持部分用同一种材料制成，尺寸不大的高速工具钢车刀常用这种结构，如图 2-11a 所示。

2）焊接式车刀是在碳钢刀杆（常用 45 钢）上根据刀片的形状和尺寸铣出刀槽后将硬质合金刀片钎焊在刀槽中，然后刃磨出所需的几何参数，如图 2-11b 所示。

焊接式车刀结构简单、紧凑、刚性好、灵活性大，可根据切削要求较方便地刃磨出所需角度，故应用广泛。但经高温钎焊的硬质合金刀片易产生应力和裂纹，切削性能有所下降，并且刀杆不能重复使用，浪费较大。

3）机夹重磨式车刀的刀片与刀杆是两个可拆的独立元件，切削时靠夹紧元件将它们紧固在一起。由于机夹重磨式车刀避免了因焊接产生的缺陷，可提高刀具的切削性能，并且刀杆可多次使用。

4）机夹可转位式车刀是将压制有合理几何参数、断屑槽、并有几个切削刃的多边形刀片，用机械夹固的方法，装夹在标准刀杆上，以实现切削的一种刀具结构，如图 2-11c 所示，其结构与机夹重磨式车刀类似。当刀片的一个切削刃磨钝后，松开夹紧元件，把刀片转位换成另一新切削刃，便可继续使用。

与焊接式车刀相比，机夹可转位式车刀具有切削效率高、刀片使用寿命长、刀具消耗费用低等优点；可转位车刀的刀杆可重复使用，节省了刀杆材料，且其刀杆和刀片可实现标准化、系列化，有利用刀具的管理工作。

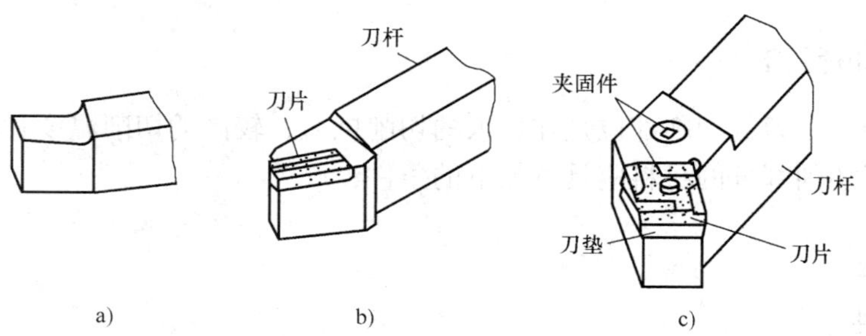

图 2-11　常用车刀结构示意图

a）整体式车刀　b）焊接式车刀　c）机夹可转位式车刀

2. 车刀的种类

车刀的种类很多、用途各异，现介绍几种常用车刀，如图 2-12 所示。

（1）外圆车刀　外圆车刀又称尖刀，主要用于车削外圆、平面和倒角。外圆车刀一般有以下三种形状：

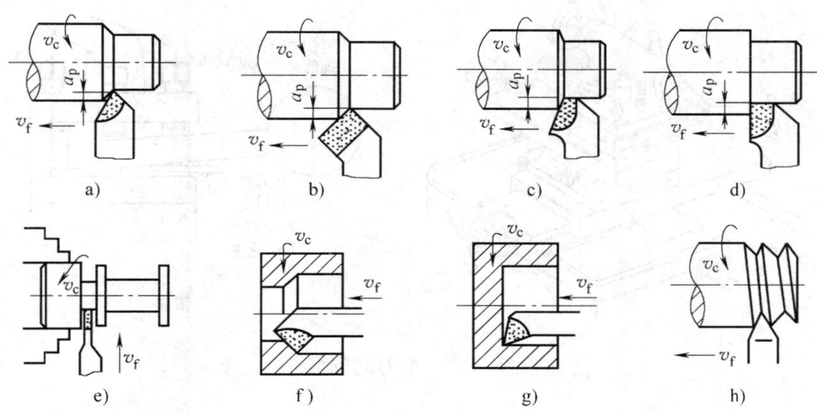

图 2-12　常用车刀的种类

a）直头车刀　b）弯头车刀　c）75°强力车刀　d）90°偏刀

e）切断刀或切槽刀　f）扩孔刀（通孔）

g）扩孔刀（不通孔）　h）螺纹车刀

1）直头车刀。直头车刀的主偏角与副偏角基本对称，一般在 45°左右，前角可在 5°～30°选用，后角一般为 6°～12°。

2）45°弯头车刀。此刀主要用于车削不带台阶的光轴，它可以车外圆、端面和倒角，使用比较方便，其刀头和刀尖部分强度高。

3）75°强力车刀。75°强力车刀的主偏角为 75°，适用于粗车加工余量大、表面粗糙、有硬皮或形状不规则的零件，它能承受较大的冲击力，刀头强度高、寿命长。

（2）偏刀　偏刀的主偏角为 90°，用来车削工件的端面和台阶，有时也用来车外圆，特别是用来车削细长工件的外圆，可以避免把工件顶弯。偏刀分为左偏刀和右偏刀两种，常用的是右偏刀，它的切削刃向左。

（3）切断刀和切槽刀　切断刀的刀头较长，其切削刃亦狭长，这是为了减少工件材料的消耗和切断时能切到中心的缘故。因此，切断刀的刀头长度必须大于工件的半径。

切槽刀与切断刀基本相似，只不过其形状应与槽一致。

（4）扩孔刀　扩孔刀又称镗孔刀，用来加工内孔。它可以分为通孔刀和不通孔刀两种。通孔刀的主偏角小于 90°，一般为 45°～75°，副偏角为 20°～45°。扩孔刀的后角应比外圆车刀稍大，一般为 10°～20°。不通孔刀的主偏角应大于 90°，刀尖在刀杆的最前端，为了使内孔底面车平，刀尖与刀杆外端的距离应小于内孔的半径。

（5）螺纹车刀　螺纹按牙型有三角形、方形和梯形等，相应使用三角形螺纹车刀、方形螺纹车刀和梯形螺纹车刀等。螺纹的种类很多，其中以三角形螺纹应用最广。采用三角形螺纹车刀车削公制螺纹时，其刀尖角必须为 60°，前角取零度。

三、车刀的安装

车削前必须把选好的车刀正确安装在方刀架上。车刀安装的好坏对操作顺利与否与加工质量都有很大关系。安装车刀时应注意下列几点，如图 2-13 所示。

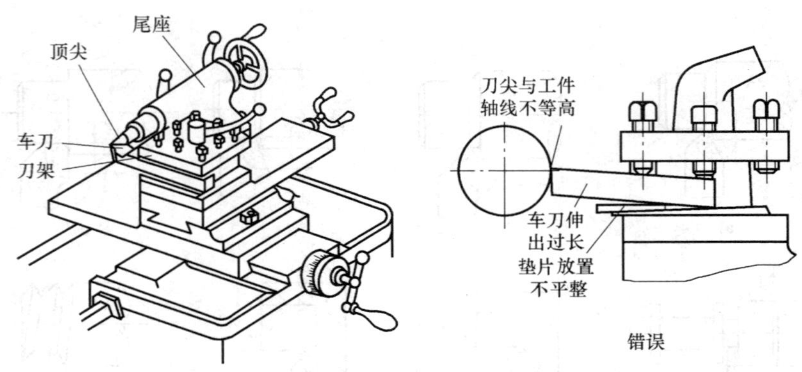

图 2-13　车刀的安装

1）车刀刀尖应与工件轴线等高：如果车刀装得太高，则车刀的主后面会与工件产生强烈的摩擦；如果装得太低，切削就不顺利，甚至工件会被抬起来，使工件从卡盘上掉下来，或把车刀折断。为了使车刀对准工件轴线，可按车床尾座顶尖的高低进行调整。

2）车刀不能伸出太长：因刀伸得太长，切削起来容易发生振动，使车出来的工件表面粗糙，甚至会把车刀折断；但也不宜伸出太短，太短会使车削不方便，容易发生刀架与卡盘碰撞。一般车刀的伸出长度不超过刀杆高度的一倍半。

3）每把车刀安装在刀架上时，不可能刚好对准工件轴线，一般会低于工件轴线，因此可用一些厚薄不同的垫片来调整车刀的高低。垫片必须平整，其宽度应与刀杆一样，长度应与刀杆被夹持部分一样，同时应尽可能用少数垫片来代替多数薄垫片的使用，将刀的高低位置调整合适。因为垫片用得过多会造成车刀在车削时接触刚度变差而影响加工质量。

4）车刀刀杆应与车床主轴轴线垂直。

5）车刀位置装正后，应交替拧紧刀架螺钉。

四、车刀的刃磨

无论硬质合金车刀或高速工具钢车刀，在使用之前都要根据切削条件所选择的合理切削角度进行刃磨；一把用钝了的车刀，为恢复原有的几何形状和角度，也必须重新刃磨。

1. 砂轮的选用

目前常用的砂轮有氧化铝砂轮和碳化硅砂轮两类。刃磨车刀时，必须根据刀具的材料进行砂轮的选择。

（1）氧化铝砂轮　氧化铝砂轮也称刚玉砂轮，多呈白色，砂粒韧性好，比较锋利，但硬度稍低，适于刃磨高速工具钢车刀和碳素工具钢刀具。

（2）碳化硅砂轮　碳化硅砂轮多呈绿色，砂粒硬度高，切削性能好，但较脆，适于刃磨硬质合金刀具。

砂轮的粗细以粒度表示，一般分为 36#、60#、80#、120#等级别，粒度越大，则表示砂轮越细。粗磨车刀时，应选择粗砂轮；精磨车刀时，应选择细砂轮。

2. 刃磨的方法和步骤

（1）粗磨前刀面　把前角和刃倾角磨正确，如图 2-14 所示。

（2）粗磨主、副后刀面　把副偏角和副后角磨正确，如图 2-15 所示。

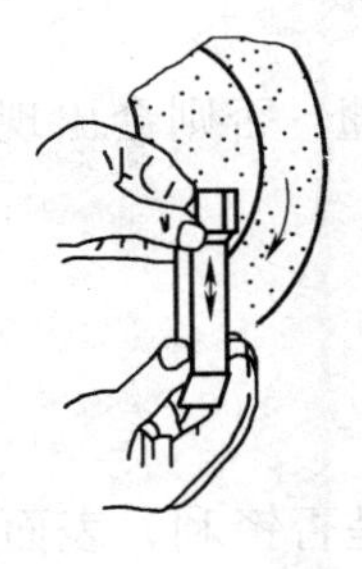

图 2-14　粗磨前刀面

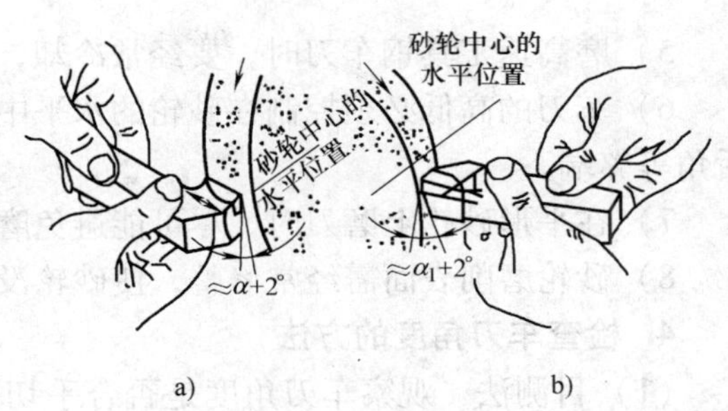

图 2-15　粗磨主后面
a）粗磨后角　b）粗磨副后角

（3）磨断屑槽　常见的断屑槽有圆弧形和直线形两种，如图 2-16 所示。圆弧形断屑槽的前角较大，比较适合切削较软的材料；直线形断屑槽的前角较小，比较适合切削较硬的材料。刃磨断屑槽的方法如图 2-17 所示。

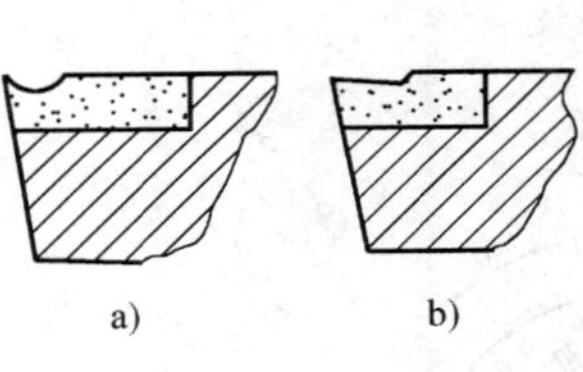

图 2-16　断屑槽的形式
a）圆弧形　b）直线形

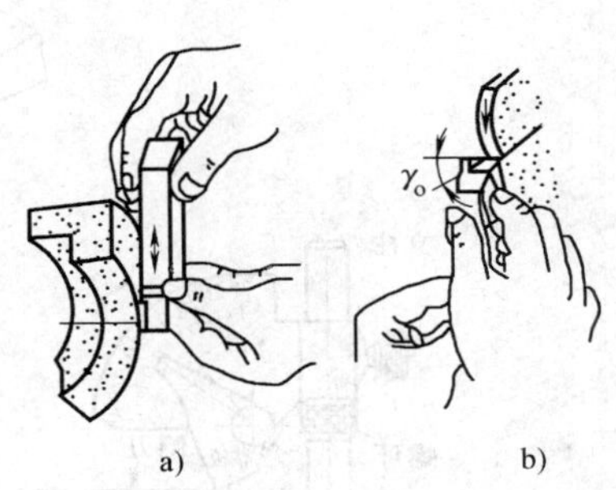

图 2-17　刃磨断屑槽的方法
a）向下磨　b）向上磨

（4）精磨主、副后刀面　如图 2-18 所示，将车刀的底平面靠在调整好角度的托架上，使切削刃轻轻地靠在砂轮的端面上并沿砂轮的端面缓慢左右移动，使砂轮磨损均匀、车刀刃口平直，将主偏角、副偏角、主后角和副后角磨正确。

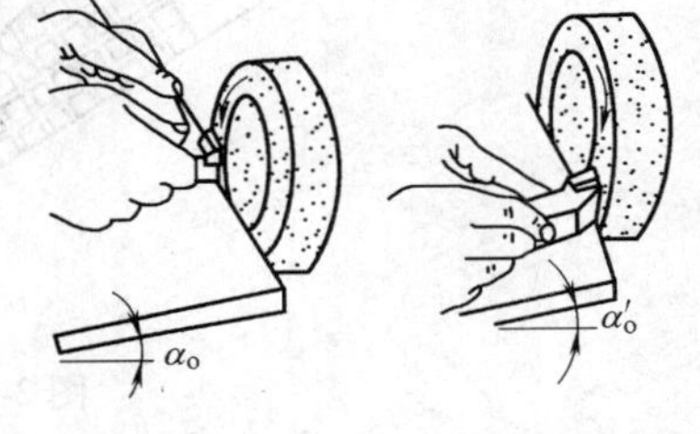

图 2-18　精磨主、副后刀面

（5）磨刀尖圆弧　刀尖圆弧半径约 0.5 ~2mm 左右。

（6）研磨切削刃　车刀在砂轮上磨好以后，再用油石加些润滑油研磨车刀的前面及后面，使切削刃锐利和光洁，这样可延长车刀的使用寿命。车刀用钝程度不大时，也可用油石在刀架上修磨。硬质合金车刀可用碳化硅油石修磨。

3. 磨刀的注意事项

1）磨刀时，人应站在砂轮的侧前方，以防砂轮碎裂时，碎片飞出伤人。

2）两手握刀的距离应放开，两肘夹紧腰部，减小磨刀时的抖动，用力要均匀。

3）刃磨时，尽量在砂轮的端面上刃磨，应将车刀左右移动着磨，否则会使砂轮产生凹槽。

4）磨硬质合金车刀时，不可把刀头放入水中，以免刀片突然受冷收缩而碎裂。

5）磨高速工具钢车刀时，要经常冷却，以免其失去硬度。

6）车刀的高低必须控制在砂轮的水平中心，刀头略向上翘，否则会出现后角过大或负后角等弊端。

7）在平形砂轮上磨刀时，尽可能避免磨砂轮侧面。

8）砂轮磨削表面需经常修整，使砂轮没有明显的跳动。

4. 检查车刀角度的方法

（1）目测法　观察车刀角度是否合乎切削要求，切削刃是否锋利，表面是否有裂痕和其他不符合切削要求的缺陷。

（2）量角器和样板测量法　对于角度要求高的车刀，可用此法检查，如图 2-19 所示。

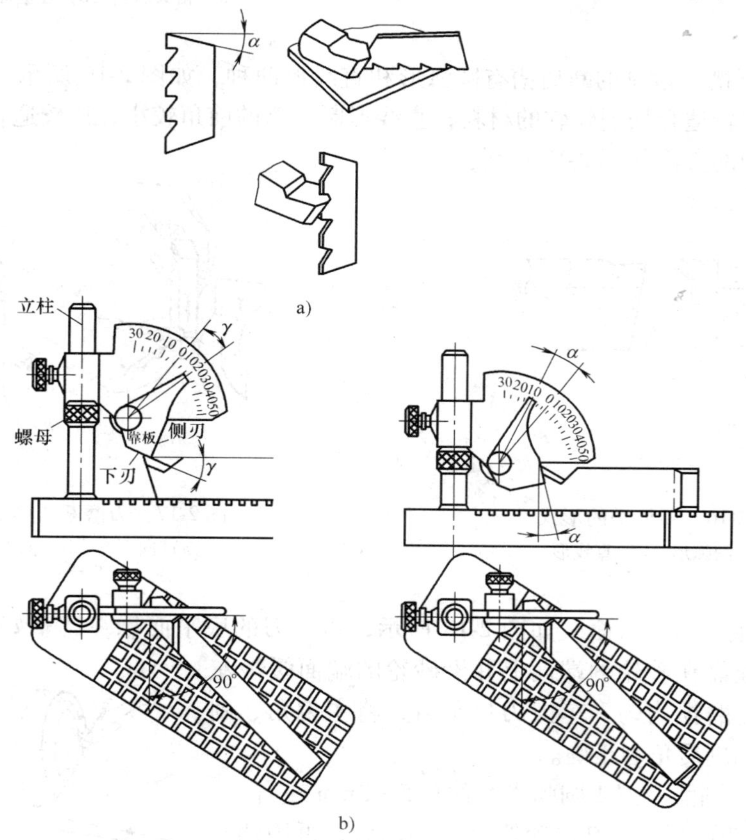

图 2-19　用样板和量角器测量车刀的角度

第四节　车床工件的装夹与找正

【本节学习要点】

1. 了解自定心卡盘及单动卡盘的应用范围及安装方法。
2. 掌握工件在自定心卡盘、单动卡盘上的找正方法及注意事项。
3. 了解使用顶尖安装工件的方法及应用范围。

4. 了解工件在心轴上的安装方法及应用范围。
5. 了解工件在花盘上的安装方法及应用范围。
6. 了解中心架和跟刀架的使用方法。

工件安装的主要任务是使工件准确定位及装夹牢固。车削加工时，工件必须在机床的夹具中定位和夹紧。由于各种工件的形状和大小不同，所以有各种不同的安装方法。

一、工件在自定心卡盘上的安装

1）自定心卡盘是车床最常用的附件，如图2-20所示。自定心卡盘上的三爪是同时动作的，可以达到自动定心兼夹紧的目的，其装夹工作方便，但定心精度不高，工件上同轴度要求较高的表面，应尽可能在一次装夹中车出。自定心卡盘传递的转矩也不大，故适于夹持圆柱形、六角形等中小工件。

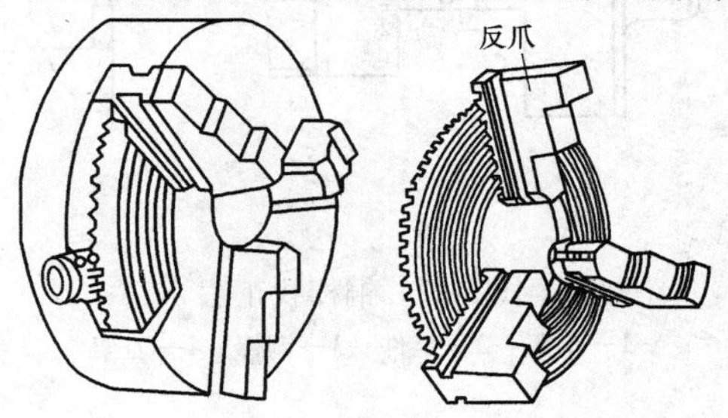

图2-20 自定心卡盘

2）自定心卡盘装夹工件的形式如图2-21所示。它夹持圆棒料比较牢固，一般无须找正。当用自定心夹盘安装直径较大的工件时，可使用反爪夹持工件外圆（见图2-21e），或利用反爪反撑内孔（见图2-21b），一般应使端面贴紧卡爪端面；当夹持外圆而左端又不能贴紧卡爪时（见图2-21d），应对工件进行找正，用锤轻击，直至工件的径向圆跳动和端面圆跳动符合要求时，再夹紧工件。经过粗车端面和外圆的工件夹紧时，可采用如图2-22所示的方法找正，在刀架上夹一铜棒（或铝棒），将工件轻轻夹持在自定心卡盘上，低速开动车床运转，使铜棒接触工件端面或外圆，并略施加压力，使工件表面与铜棒完全接触为止，停车后再夹紧工件。

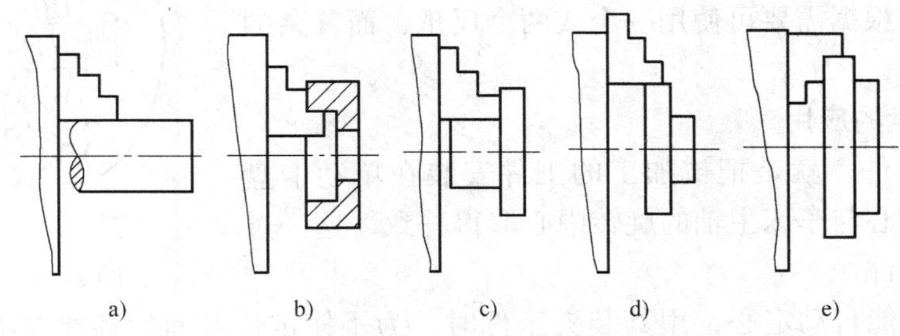

图2-21 自定心卡盘装夹工件的形式

3）零件数量较多时，为减少找正时间，可在工件和卡盘之间加一平行垫块。加工盘形或套类零件时，在车削一端面和内孔之后车削另一端面时，为保证两端面的平行度要求或内孔与端面的垂直度要求，可采用端面挡块找正。

4）如图2-23所示为端面挡块的形式，其中图2-23a所示为整体端面挡块，带有圆锥体的一端插入车床主轴孔中，另一端与轴线的垂直度偏差小于0.01mm，必要时，可将其插入主轴锥孔之后精车端面，并以此端面作为工件端面的定位元件。使用时，将工件端面贴紧挡块端面，再夹紧工件。图 2-23b 所示为可调端面挡块的结构，其特点是支承块 3 的位置可根据需要进行调整。图 2-23c 所示为挡块的使用方法，装夹时，工件 4 的左端面与支承块 3 贴紧，再夹紧工件。

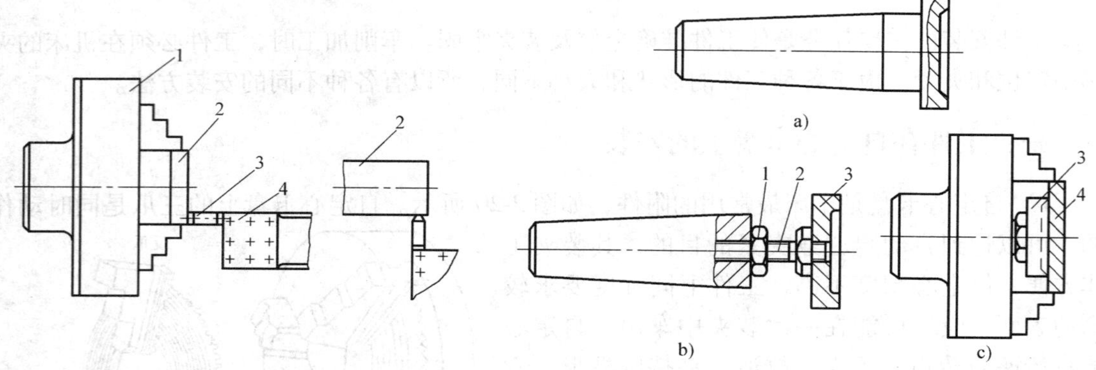

图 2-22 铜棒找正法
1—卡盘 2—工件 3—铜棒 4—刀架

图 2-23 端面挡块
a) 整体端面挡块 b) 可调端面挡块 c) 挡块的使用方法
1—螺母 2—螺杆 3—支承块 4—工件

二、工件在单动卡盘上的安装

1. 单动卡盘

单动卡盘也是车床常用的附件，如图 2-24 所示。单动卡盘上的四个爪分别通过转动螺杆而实现单动，根据加工的要求，利用划针盘校正后，其安装精度比自定心卡盘高。单动卡盘的夹紧力大，适用于夹持较大的圆柱形工件或形状不规则的工件，将卡爪调转 180°安装，即成反爪，根据需要可使用一个或两个反爪，而其余的仍用正爪。

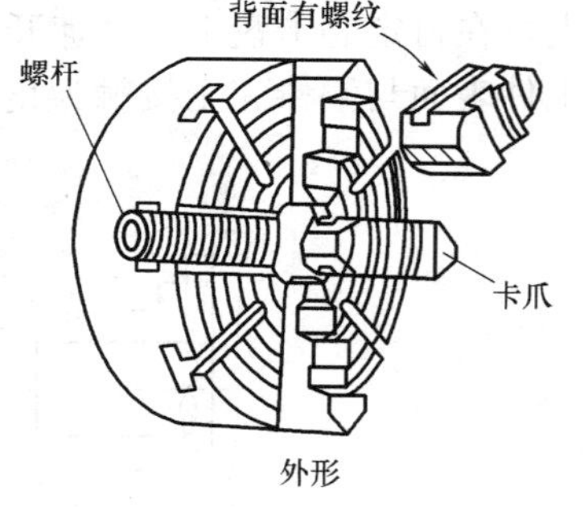

图 2-24 单动卡盘

2. 单动卡盘的应用

所谓找正工件，就是把被加工的工件安装在单动卡盘上，使工件的中心与车床主轴的旋转中心取得一致，这一过程就称为找正工件。

单动卡盘不能自动定心，用其装夹工件时，为了使定位基面的轴线对准主轴旋转中心线，必须进行找正。找正的精度取决于找正工具和找正方法。

1）用划针盘按工件、外圆表面或已划的加工线找正，如图 2-25 所示。这种找正方法的定心精度较低，约为 0.2～0.5mm。

2）用百分表按工件已精加工过的表面找正，如图 2-26 所示。这种找正方法的定心精度可达 0.02～0.01mm。用百分表找正轴类工件时，先初找靠近卡盘一端的外圆表面，旋转卡盘及调整卡爪，使百分表的读数在 0.02mm 内；然后移动床鞍，将百分表移至工件另一端，再旋转卡盘，并用铜锤敲动此端的外表面，使百分表读数在 0.02mm 内；最后，再复找靠卡盘一端的外圆表面和另一端的外圆表面，经过反复多次找正，直至符合要求为止。

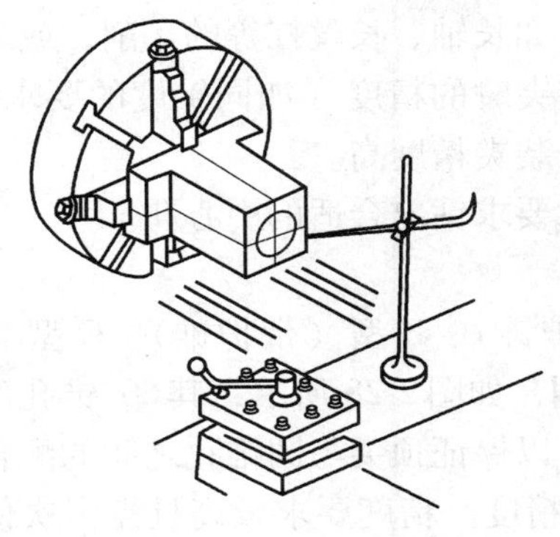

图 2-25　按划线找正

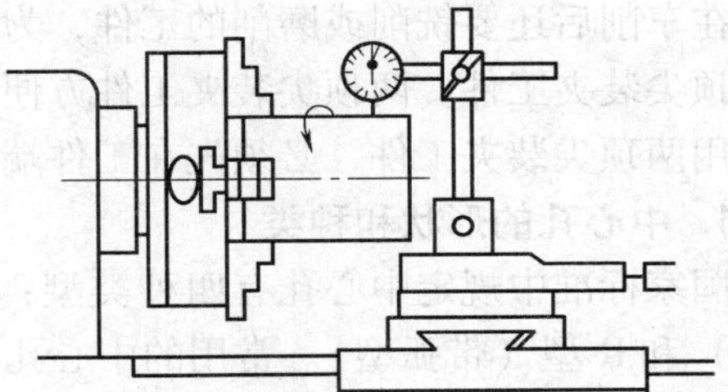

图 2-26　百分表找正

3）单动卡盘的适用范围。单动卡盘可装夹截面为方形、长方形、椭圆以及其他不规则形状的工件，如图 2-27 所示。由于其夹紧力比自定心卡盘大，亦常用来装夹较大圆形截面的工件。由于单动卡盘找正精度较高，常用来夹紧位置精度较高，而又不宜在一次装夹中完成加工的工件，但找正费时，找正效率低，因而只适宜单件、小批生产中工件的装夹。模具加工中，常用于不规则旋转类模具型芯的车削加工。

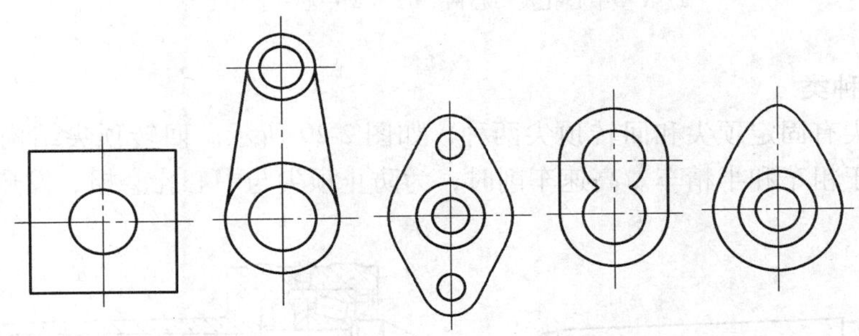

图 2-27　单动卡盘可装夹工件的类型

3. 使用单动卡盘的注意事项

1）为了防止工件被夹毛，装夹时应垫铜皮。

2）在工件与导轨面之间垫防护木板，以防工件掉下，损坏床面。

3）找正工件时，不能同时松开两只卡爪，以防工件掉下。

4）找正工件时，灯光、针尖与视线的角度要配合好，否则会增大目测误差。

5）找正工件时，主轴应放在空挡位置，否则会给卡盘转动带来困难。

6）工件找正后，四爪的紧固力要基本一致，否则车削时工件容易发生移位。

7）在找正近卡爪处的外圆时，发现有极小的径向跳动时，不要盲目地去松开卡爪，可将离旋转中心较远的那个卡爪再夹紧一些来做微小的调整。

8）找正工件时要耐心、细致，不可急躁，并注意安全。

三、用两顶尖安装工件

对于较长或必须经过多次装夹才能加工好的工件，如长轴、长丝杠等的车削，或工序较多、在车削后还要铣削或磨削的工件，为了保证每次装夹时的精度（如同轴度的要求），可用两顶尖装夹工件。两顶尖装夹工件方便、不需找正、装夹精度高。

用两顶尖装夹工件，必须先在工件端面上根据技术要求钻出合适的中心孔。

1. 中心孔的形状和种类

国家标准中规定中心孔有四种类型：A 型（不带护锥）、B 型（带护锥）、C 型（带螺纹孔）和 R 型（带弧型）。常用的中心孔为 A 型和 B 型，如图 2-28 所示，其 60°锥孔部分与顶尖贴合，起定心作用；圆柱孔可防止顶尖接触工件，以保证顶尖与圆锥孔之间的配合；护锥面可以保护 60°的锥面，使它不致被碰伤而影响定心精度。精度要求较高且需多次使用中心孔的工件，一般都采用带有护锥的中心孔。

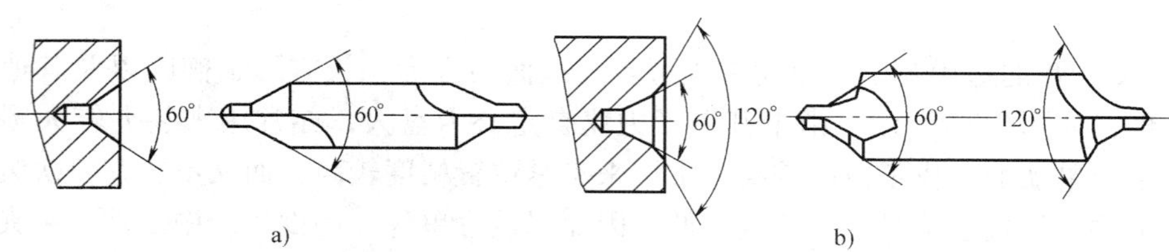

图 2-28　中心孔及中心钻

a）A 型中心孔及中心钻　b）B 型中心孔及中心钻

2. 顶尖的种类

常用的顶尖有固定顶尖和回转顶尖两种，如图 2-29 所示。回转顶尖结构复杂、旋转精度较低，多用于粗车和半精车。高速车削时，为防止顶尖与中心孔磨损、发热或烧损，常使用回转顶尖。

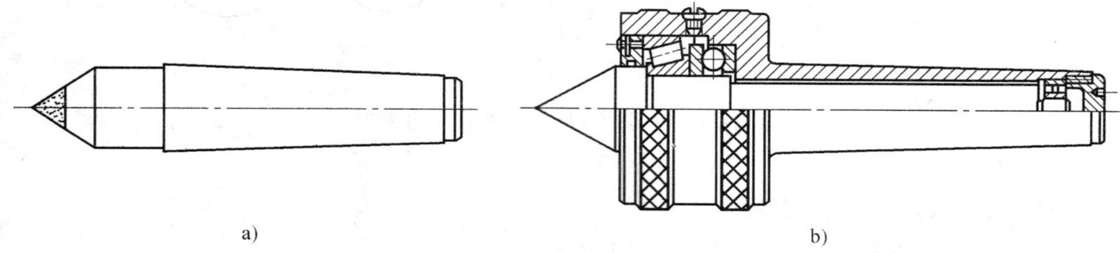

图 2-29　顶尖的种类

a）固定顶尖　b）回转顶尖

3. 用两顶尖安装工件

两顶尖安装工件的方法如图 2-30 所示，工件支承在前后两顶尖间，由卡箍、拨盘带动旋转，前顶尖装在主轴锥孔内，与主轴一起旋转；后顶尖装在尾座锥孔内，固定不转，如图 2-30a 所示。有时亦可用自定心卡盘代替拨盘（见图 2-30b），此时前顶尖用一段钢棒车成，夹在自定心卡盘上，卡盘的卡爪通过鸡心夹头带动工件旋转。

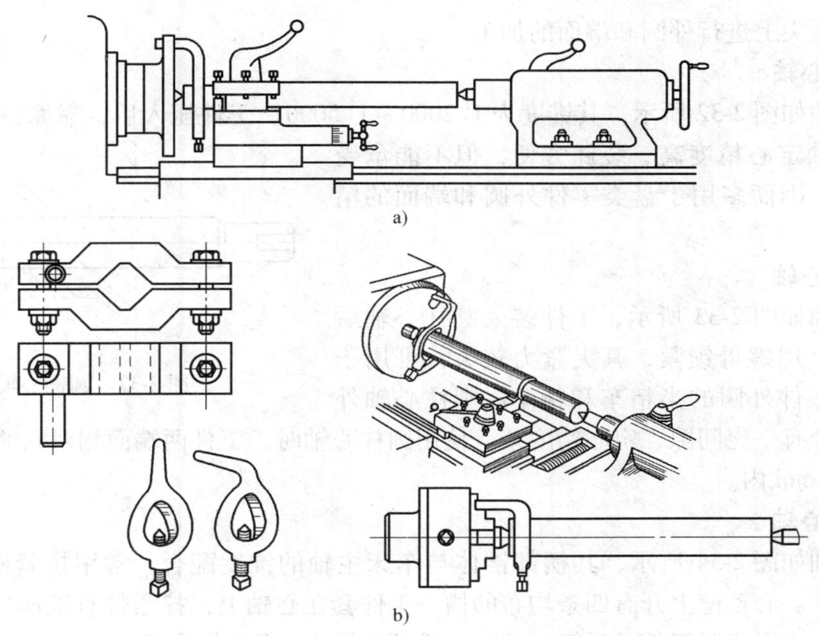

图 2-30　两顶尖安装工件

a）用拨盘两顶尖安装工件　b）用自定心卡盘代替拨盘安装工件

4. 一夹一顶安装工件

用两顶尖装夹工件虽然精度高，但刚性差，不能选用较大的切削用量。因此，车削一般轴类工件，尤其是较重的工件时，一般不用两顶尖装夹，而用一端夹住，另一端用后顶尖顶住的装夹方法，如图 2-31 所示。为防止工件由于切削力作用而产生轴向位移，必须在卡盘内安装一限位支承，或利用工件的台阶作限位。这种装夹方法比较安全，能承受较大的轴向切削力，因此应用很广泛。

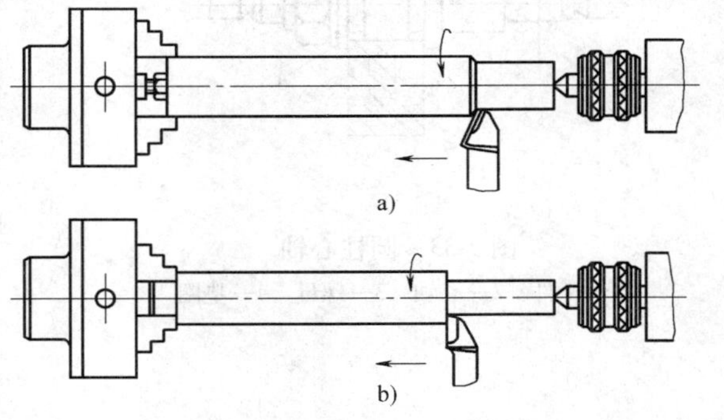

图 2-31　一夹一顶装夹工件

a）用专用限位支承限位　b）用工件台阶限位

后顶尖有固定顶尖和回转顶尖两种。固定顶尖刚性好、定心准确，但与中心孔间因产生滑动摩擦而发热过多，容易将中心孔或顶尖烧坏，因此只适用于低速、加工精度要求较高的工件。回转顶尖能在较高的转速下正常工作，克服了固定顶尖的缺点，因此应用很广泛，但回转顶尖存在一定的装配累积误差，且滚动轴承磨损后，会使顶尖产生跳动，从而降低加工精度。

四、工件在心轴上的安装

精加工盘套类零件时，如孔与外圆的同轴度以及孔与端面的垂直度要求较高时，工件需在心轴上装夹进行加工。这时应先加工孔，然后以孔定位将零件安装在心轴上，再把它们一起安装在两顶尖上进行外圆和端面的加工。

1. 圆锥心轴

圆锥心轴如图 2-32 所示，其锥度为 1∶2000 ~ 1∶5000。工件压入后，靠摩擦力与心轴固紧。圆锥心轴定心精度高、装卸方便，但不能承受过大的转矩，因而多用于盘类零件外圆和端面的精车。

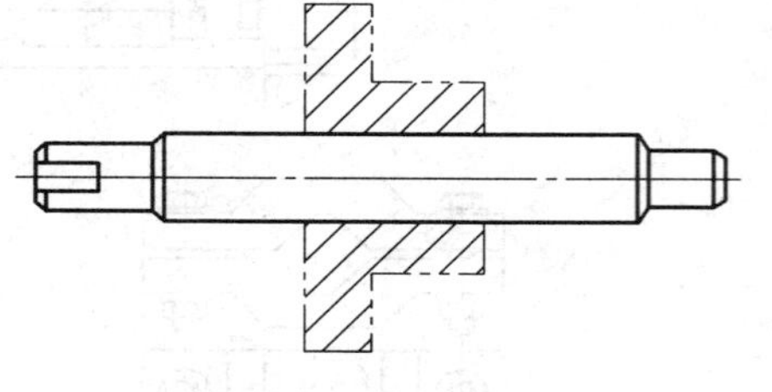

图 2-32　圆锥心轴

2. 圆柱心轴

圆柱心轴如图 2-33 所示，工件装入圆柱心轴后需加上垫圈，用螺母锁紧，其夹紧力较大，可用于大直径盘类零件外圆的半精车和精车。圆柱心轴外圆与孔的配合有一定间隙，定心精度差。使用圆柱心轴时，工件两端面相对孔的轴线端面圆跳动应在 0.1mm 内。

3. 胀力心轴

胀力心轴如图 2-34 所示，其柄部锥体与车床主轴的锥度配合，常用拉紧螺杆 5 拉紧，防止心轴转动。心轴壁上开有四条均布的槽，工件套在心轴上，拧紧带有锥面的螺钉 4，使心轴外圆胀大，以胀紧工件。拆卸工件时，松开螺钉 4，将工件取下。

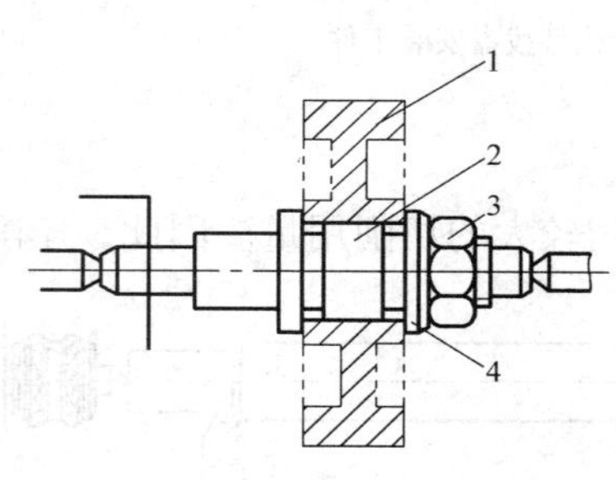

图 2-33　圆柱心轴

1—工件　2—心轴　3—螺母　4—垫圈

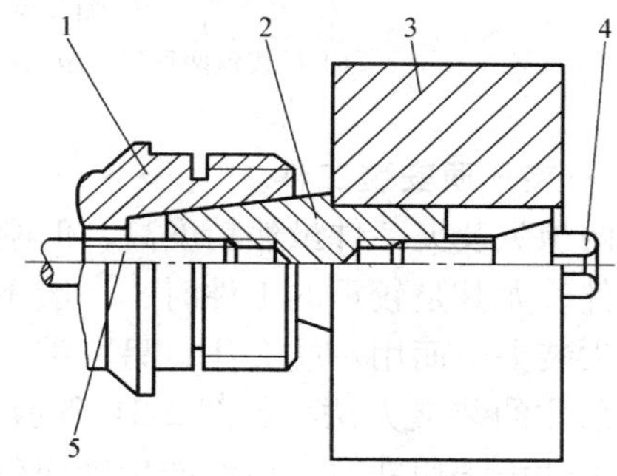

图 2-34　胀力心轴

1—主轴　2—胀力心轴　3—工件

4—螺钉　5—拉紧螺钉

五、工件在花盘上的安装

1. 花盘

花盘是安装在车床主轴上的一个大圆盘，其端面有许多长短不等的径向导槽，使用时配以角铁、压块、螺栓、螺母、垫块和平衡铁等，可将工件装夹在盘面上。花盘的端面需平整，且应与主轴轴线垂直。在车削形状不规则或形状复杂的工件时，自定心卡盘、单动卡盘或顶尖都无法装夹，必须用花盘进行装夹。装夹前，需使用百分表找正花盘的端平面，同时要注意重心的平衡，以防止旋转时产生振动。

2. 花盘、压板装夹

如图 2-35 所示，零件上需加工的平面相对于基准平面 *A* 有平行度的要求，加工孔的轴

线相对于基准平面 *A* 有垂直度的要求，因而，应以基准平面 *A* 为定位基准面的花盘装夹。在花盘上装夹工件如图 2-36 所示，连杆两端面要求平行，大头孔的轴线与端面要求垂直，因而应以连杆的一个端面为基准与花盘平面接触，加工孔及另一端面。安装时，应选择恰当的部位安放压板，以防止工件变形。若工件偏于一边，则应安放平衡块，以减少旋转时的振动。

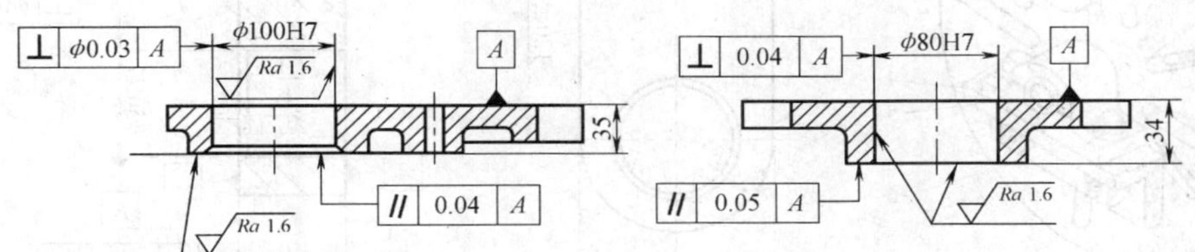

图 2-35　适合在花盘上安装的零件

3. 花盘、弯板装夹

如图 2-37 所示，零件上需加工的平面相对于基准平面 *A* 有垂直度的要求，或需加工孔或外圆的轴线相对于基准平面 *A* 有平行度的要求，则应采用以基准平面 *A* 为定位基准面的花盘、弯板装夹。在花盘、弯板上装夹工件如图 2-38 所示，弯板要有一定的刚性，用于贴紧花盘及安放工件的两个平面，还应有较高的垂直度。安装时，若工件偏于一边，则应安放平衡块，以减少旋转时的振动。

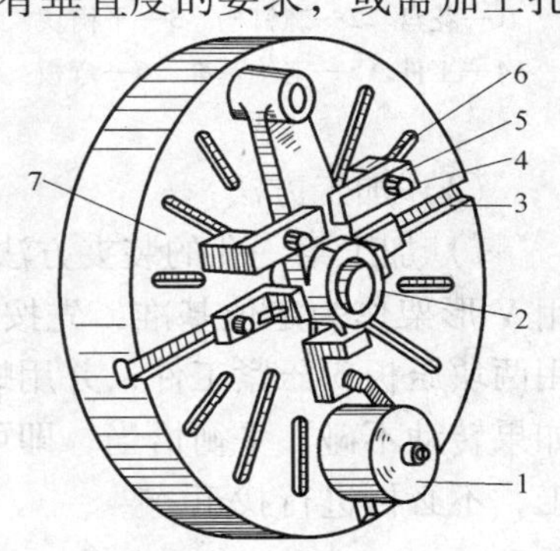

图 2-36　在花盘上装夹工件

1—平衡块　2—工件　3—螺钉槽
4—螺钉　5—压板
6—垫铁　7—花盘

4. 花盘、V 形块装夹

（1）加工要求　如图 2-39 所示的零件，上下两平面已经过铣削和平面磨削的精加工，要求车削的两孔有以下要求：

1）两孔中心距（120 ±0. 05）mm。

2）两孔轴线的平行度公差为 0. 04mm，两孔轴线与基面的垂直度公差为 0. 04mm。

3）两孔径本身的尺寸精度（*ϕ*40H7、*ϕ*50H7）。

（2）车床夹具的要求

1）花盘本身的几何公差比工件的要求高一倍以上（即垂直度公差 <0. 02mm）。

2）要有一定的测量手段来达到两孔中心距的要求。

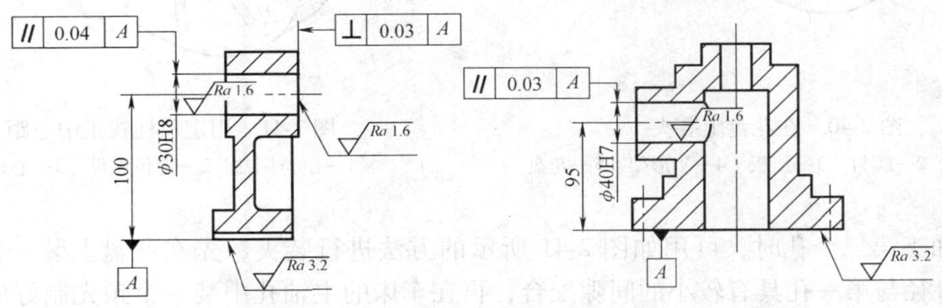

图 2-37　适合在花盘、弯板上安装的零件

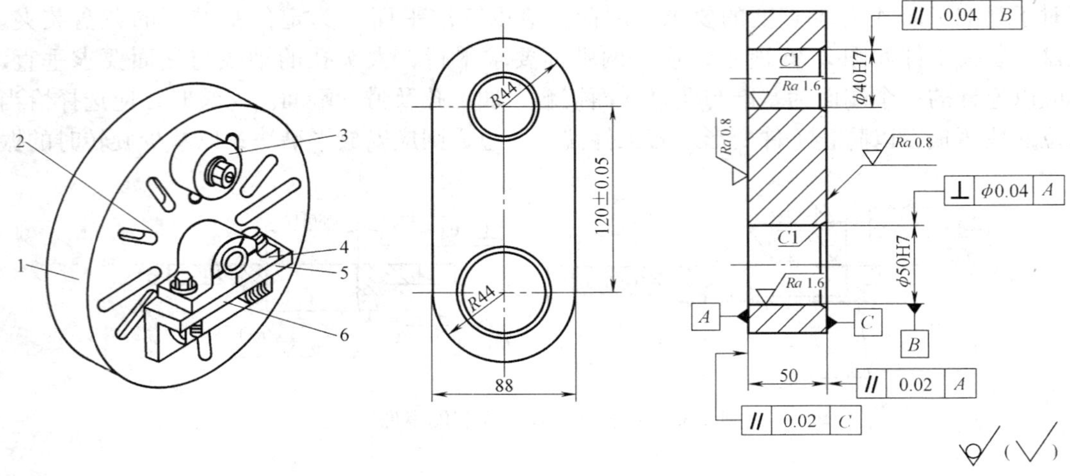

图 2-38　在花盘、弯板上装夹零件

1—花盘　2—螺钉槽　3—平衡块

4—工件　5—定位基准　6—弯板

图 2-39　双孔连杆

（3）加工方法

1）加工第一孔的装夹方法如图 2-40 所示。因为连杆 1 的两端都是圆弧形表面，可以利用 V 形架作为定位基准，先按划线找正连杆的第一个孔，并把圆弧面靠在 V 形架 4 上，再用两块压板 3 压紧工件，并用螺钉 2 利用连杆的毛坯孔压紧工件的另一端。用手转动花盘，如果转动不碰、平衡恰当，即可镗孔。第一个工件找正后，其余的工件可按 V 形架定位加工，不必再进行找正。

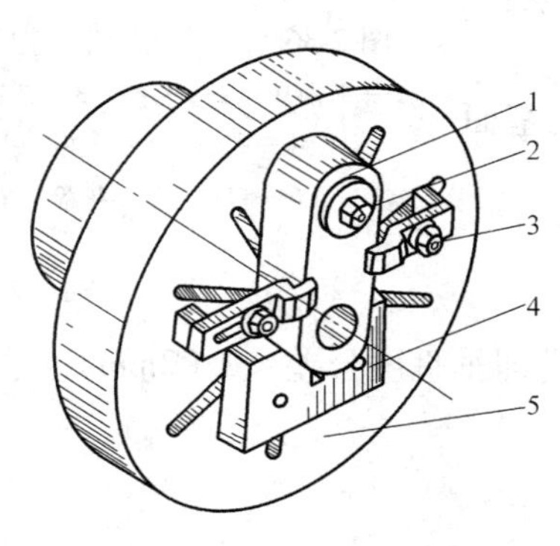

图 2-40　在花盘上装夹

1—连杆　2—螺钉　3—压板　4—V 形架　5—花盘

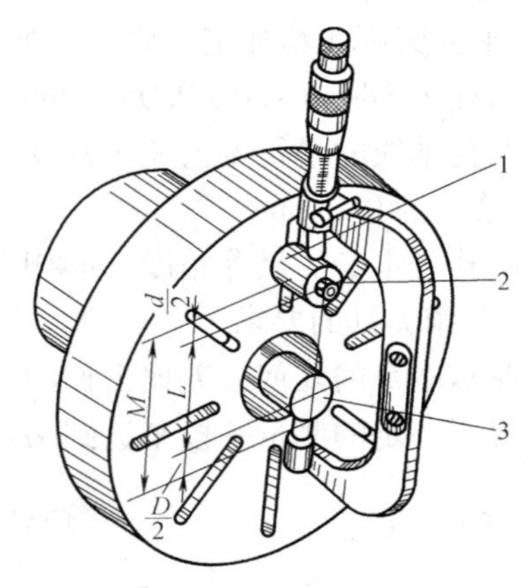

图 2-41　用定位柱找正中心距

1—定位圆柱　2—定位螺母　3—心轴

2）加工第二个孔时，可用如图 2-41 所示的方法进行装夹，先在花盘上装一定位圆柱 1，它的直径与第一孔具有较小的间隙配合；再在车床的主轴孔中装一个预先制好的心轴 3。把心轴 3 找正后，用千分尺测量出它和定位圆柱 1 之间的尺寸 M，再用下式计算中心距

$$L = M - \frac{D+d}{2}$$

式中　L——两孔中心距，单位为 mm；

M——千分尺测得的尺寸，单位为 mm；

D——车头心轴直径，单位为 mm；

d——定位圆柱的直径，单位为 mm。

如果测得的中心距 L 和计算要求不同，可微松定位螺母 2，用铜棒轻敲调整，直至找正为止。中心距找正以后，把心轴 3 取下，并把连杆已加工好的第一孔和定位圆柱 1 配合，找正外形，再夹紧工件，即可车削第二孔。

六、中心架和跟刀架的使用

当车削长度为直径 20 倍以上的细长轴或端面带有深孔的细长工件时，由于工件本身的刚性很差，当受切削力的作用时，往往容易产生弯曲变形和振动，容易把工件车成两头细中间粗的腰鼓形。为防止上述现象发生，需要附加辅助支承，即中心架或跟刀架。

1. 中心架的结构及应用

（1）中心架的结构　中心架的结构如图 2-42 所示，主要由架座 1、架盖 2、三个独立移动的支承爪 3 及紧固螺钉组成。中心架固定在床身导轨上使用。

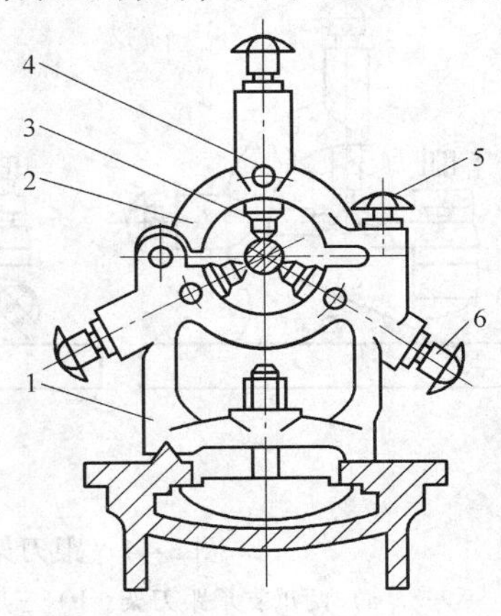

图 2-42　中心架

1—架座　2—架盖　3—支承爪　4—油孔　5—紧固螺钉　6—调整螺钉

（2）中心架的使用　使用中心架时，将工件装夹在两顶尖上，先在工件支承部位精车一段外圆表面，再将中心架固定在机床导轨适当的位置，最后调整三个支承爪，使之与工件的支承面接触，松紧适当，并加上润滑油。工件支承部位的圆度准确，是采用中心架的条件。

1）加工细长阶梯轴的外圆，如图 2-43a 所示。一般将中心架支承在轴的中间部位，先车一端外圆，再调头车另一端外圆。

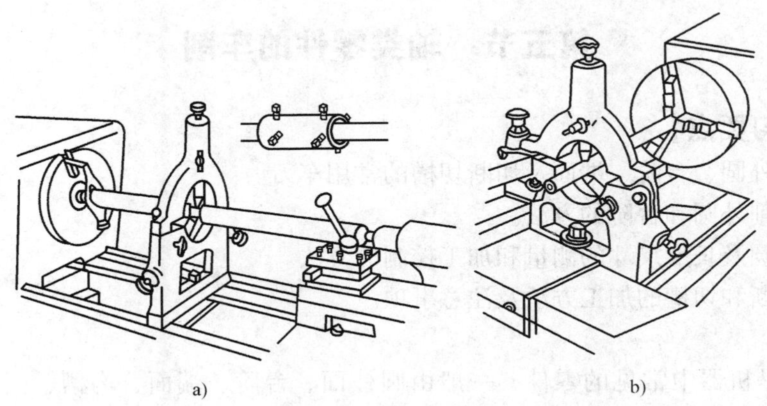

图 2-43　中心架的应用

a）中心架支承车阶梯轴　b）中心架支承车端面

2）加工细长轴或套筒的端面以及端部的内孔和螺纹等，如图 2-43b 所示，可用卡盘夹承一端，用中心架支承另一端。

2. 跟刀架的结构及应用

（1）跟刀架的结构　跟刀架的结构如图 2-44 所示，主要由架座、两个独立移动的支承爪（支承架互成 90°）及垂直方向和侧面各一个紧固螺钉组成。跟刀架固定在床鞍上，跟随床鞍做纵向移动，支承爪紧贴已加工的光轴外圆表面，起辅助支承作用，它可以跟随车刀移动，抵消径向切削力。

（2）跟刀架的使用　跟刀架主要用于对不适宜调头车削的细长轴以及不能用中心架支承时的工件的车削。使用跟刀架时，需先在工件右端车削一段外圆，根据外圆调整两个支承爪的位置和松紧，然后即可车削光轴的全长，如图 2-45 所示。

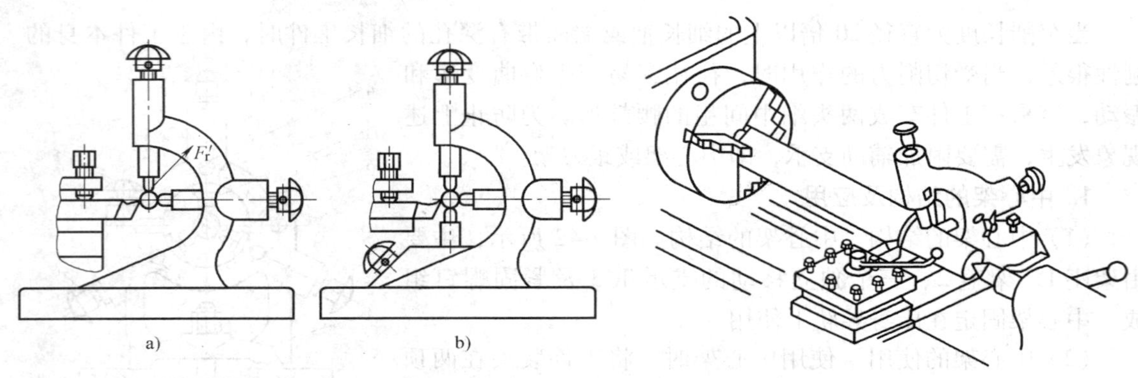

图 2-44　跟刀架
a）两爪支承跟刀架　b）三爪支承跟刀架

图 2-45　跟刀架的使用

精车光轴时，跟刀架一般应放在刀具的前面，以防止支承爪擦伤精车后的外圆表面。

使用跟刀架（中心架）时，工件的转速不宜太高，并需对支承爪加注润滑油润滑，防止工件与支承爪之间摩擦发热，使支承爪磨坏或烧损。

第五节　轴类零件的车削

【本节学习要点】

1. 了解车外圆、台阶、端面及切断切槽的常用车刀。
2. 掌握车削外圆和台阶的方法。
3. 掌握外圆及长度尺寸的测量和加工控制的方法。
4. 掌握车断和切槽的加工方法及注意事项。

轴类零件是机器中常见的零件，一般由圆柱面、台阶、端面、沟槽、圆锥面和螺纹组成。圆柱面一般用作支承传动零件和传递转矩，台阶和端面用来确定轴上零件的轴向位置，沟槽一般起加工时退刀槽的作用。因此，车削时，除了要保证图样标注的尺寸和表面粗糙度外，还要注意形状和位置精度的要求。

一、外圆、台阶和端面的加工

1. 车外圆、台阶和端面常用的车刀

（1）90°车刀及其使用　90°车刀又称偏刀，按进给方向可分为左、右偏刀两种，如图 2-46 所示。

右偏刀一般用来车削工件的外圆、端面和右向台阶，如图 2-47a 所示。因为它的主偏角较大，车外圆时作用于工件半径方向的径向切削力较小，不易将工件顶弯。

左偏刀一般用来车削左向台阶和工件的外圆，也适用于车削直径较大和长度较短工件的端面，如图 2-47b 和 2-47c 所示。

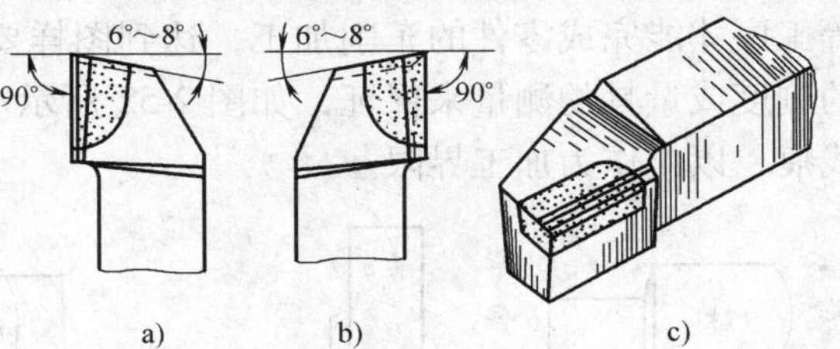

图 2-46　90°车刀
a）右偏刀　b）左偏刀　c）右偏刀外形

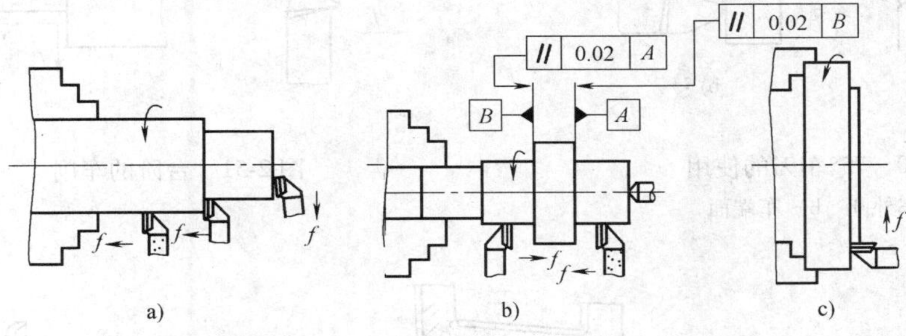

图 2-47　90°车刀的使用
a）右偏刀车削外圆、端面和台阶　b）左、右偏刀车削台阶　c）左偏刀车削端面

用右偏刀车削平面时，如果由工件外缘向中心进给，因为是副切削刃切削，当背吃刀量较大时，切削力会使车刀扎入工件，形成凹面，如图 2-48a 所示。为防止产生凹面，可改由中心向外缘进给，用主切削刃切削，如图 2-48b 所示，但背吃刀量较小。切削余量较大时，也可用如图 2-48c 所示的端面车刀车削。

（2）45°车刀　45°车刀的刀头强度和散热条件都比 90°车刀好，常用于车削工件的端面和进行 45°倒角，也可用来车削外圆，如图 2-49 所示。

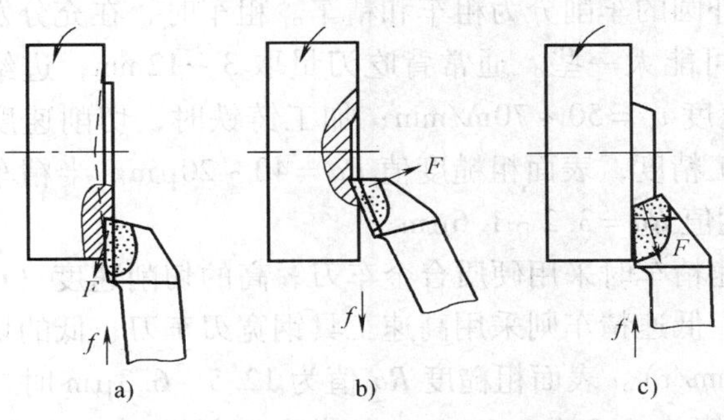

图 2-48　右偏刀车削平面

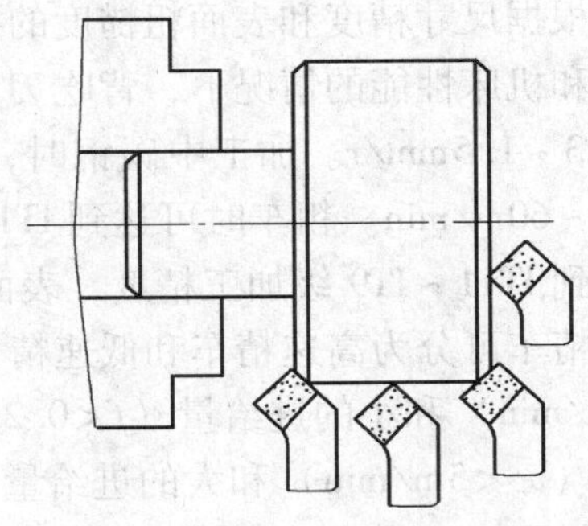

图 2-49　45°车刀的使用

（3）75°车刀　75°车刀的刀头强度好，耐用，适合轴类零件外圆的粗加工及加工余量较大的铸、锻件的粗加工，如图2-50a所示；铸、锻件端面的车削如图2-50b所示。

2. 外圆及台阶的车削

车台阶时，不仅要车削外圆，还要车削台阶端面。因此，车削时既要保证外圆及台阶面的长度尺寸，又要保证台阶平面与工件曲线的垂直度要求，一般要经过粗车、半精车、精车等工序才能完成零件的车削加工，达到图样要求，如图2-51所示。台阶的长度可通过床鞍的刻度或量具的测量来保证，如图2-52所示。为使台阶长度符合要求，可用刀尖预先刻出线痕，以此作为加工界限。

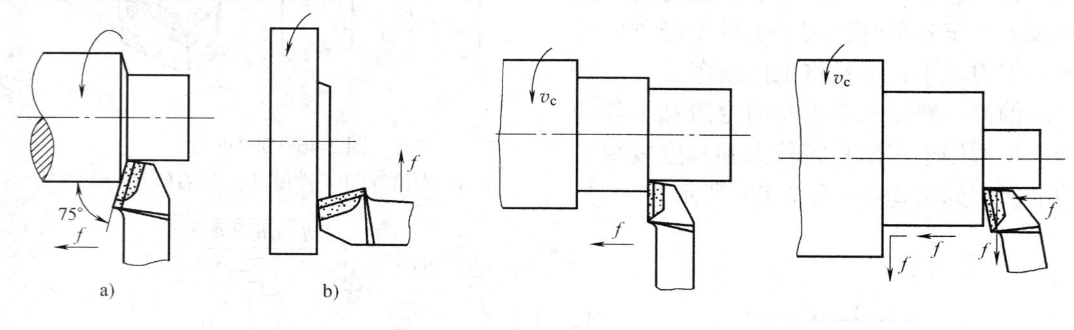

图2-50　75°车刀的使用
a）车外圆　b）车端面

图2-51　台阶的车削

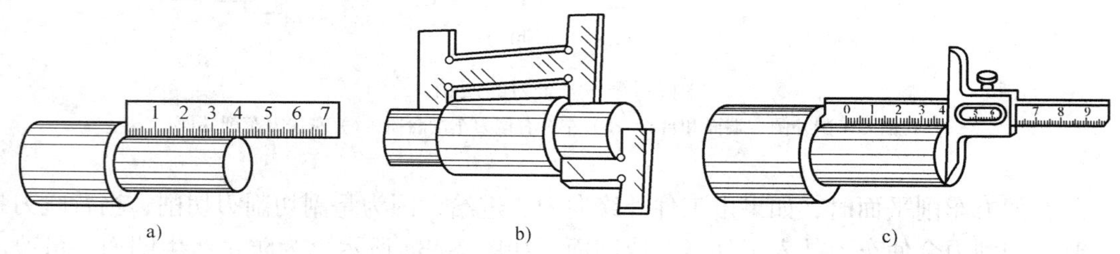

图2-52　台阶的测量
a）用钢直尺测量　b）用卡规测量　c）用游标卡尺测量

3. 外圆车削的方法

根据尺寸精度和表面粗糙度的要求，外圆的车削分为粗车和精车。粗车时，在充分发挥刀具和机床性能的情况下，背吃刀量应尽可能大一些。通常背吃刀量取3～12mm，进给量取0.3～1.5mm/r。加工中碳钢时，切削速度v_c＝50～70m/min；加工铸铁时，切削速度v_c＝40～60m/min。粗车时可达到IT12级加工精度，表面粗糙度值Ra＝40～20μm。半精车时可达到IT11～IT9级加工精度，表面粗糙度值Ra＝3.2～1.6μm。

精车可分为高速精车和低速精车。高速精车时采用硬质合金车刀、高的切削速度（v_c＞120m/min）和小的进给量（f＜0.2mm/r）；低速精车则采用高速工具钢宽刃车刀、低的切削速度（v_c＜5m/min）和大的进给量（f＝4mm/r）。表面粗糙度Ra值为12.5～6.3μm时，背吃刀量取a_p＝1～3mm；表面粗糙度Ra值为3.2～1.6μm时，背吃刀量取a_p＝0.05～0.8mm。精车时可达到IT8～IT7级加工精度，表面粗糙度值Ra＝1.6～1.8μm。

4. 试切的方法与步骤

工件在车床上安装以后，要根据工件的加工余量确定进给次数和每次进给的背吃刀量。半精车和精车时，为了准确地确定背吃刀量，保证工件加工的尺寸精度，只靠刻度盘来进刀是不行的。因为刻度盘和丝杠都有误差，往往不能满足半精车和精车的要求，这就需要采用试切的方法。如图 2-53 所示，试切的方法与步骤如下：

如图 2-53a 所示，开车对刀，使车刀与工件表面轻微接触；

如图 2-53b 所示，向右退出车刀；

如图 2-53c 所示，横向进刀 a_{p1}；

如图 2-53d 所示，切削纵向长度 1 ~ 3mm；

如图 2-53e 所示，退出车刀，进行度量；

如图 2-53f 所示，如果尺寸不到，再进刀 a_{p2}。

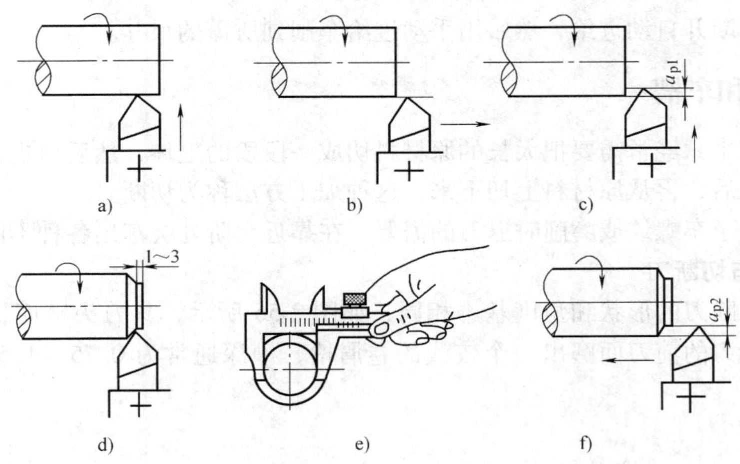

图 2-53　试切的步骤

以上是试切的一个循环，如果尺寸还大，则进刀仍按以上的循环进行试切；如果尺寸合格了，就按确定下来的背吃刀量将整个表面加工完毕。

5. 端面的车削

车削工件时，经常采用工件的端面作为测量轴向尺寸的基准，此时，必须对端面进行精加工。车削端面时，首先用移动拖板将车刀移至工件附近，靠移动小滑板来控制背吃刀量，摇动中滑板手柄做横向进给，如图 2-54 所示。

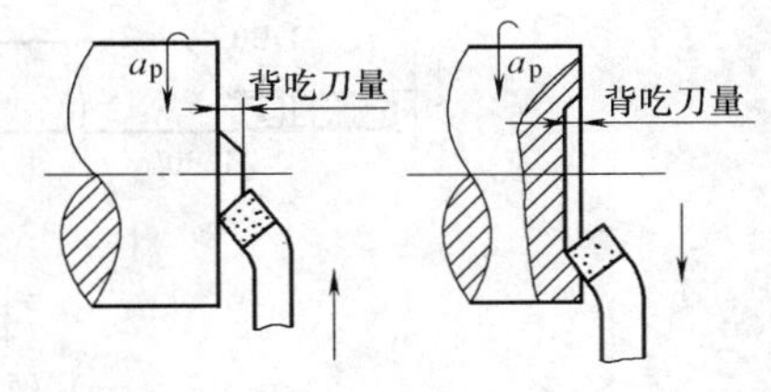

图 2-54　车端面

车削大的端面时，要防止因车刀受力而使刀架移动，在加工面上产生凹凸不平的现象，可按图 2-55 所示的方法将床鞍紧固在床身上。

车削端面时，切削速度由外向中心逐渐减小，会影响端面的表面粗糙度，因此切削速度应比车外圆时略高；精度要求高时，可在车削一半时，调整转速。

车端面时，一般采用如下的背吃刀量和进给量：

粗车时，$a_p=2\sim5\text{mm}$，$f=0.3\sim0.7\text{mm/r}$；精车时，$a_p=0.7\sim1\text{mm}$，$f=0.1\sim0.3\text{mm/r}$。

6. 外圆、台阶和端面的加工注意事项

1）工件、刀具必须装夹牢固，要注意安全。

2）使用后顶尖时，松紧要适当，并注意经常润滑。

3）注意检查加工质量，每一批产品的首件必须送检，防止出现成批废品。

4）及时排除切屑，高速车削时，要注意使用断屑车刀。

5）车端面或高台阶面时，一定要将床鞍固定，然后再横向进给。

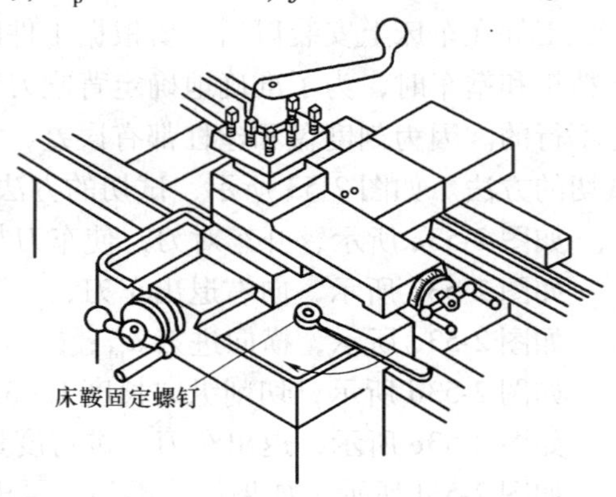

图 2-55　车大端面时锁紧床鞍

6）车台阶时，如果不用挡铁控制台阶长度，一定要注意提前断开自动进给，然后用手动进给车削到所需的尺寸。

二、切断和车槽

在车削加工中，经常需要把太长的原材料切成一段段的毛坯，然后再进行加工，也有一些工件在车好以后，再从原材料上切下来，这种加工方法称为切断。

有时工件为了车螺纹或磨削时退刀的需要，在靠近台阶处会车出各种不同的沟槽。

1. 切槽刀与切断刀

切槽刀与切断刀的形状和角度基本相同，如图 2-56 所示，其刀头窄而长。为使切削顺利，一般在切断刀的前刀面磨出一个较浅的卷屑槽，槽深通常为 0.75～1.5mm，长度要超过切入的深度。

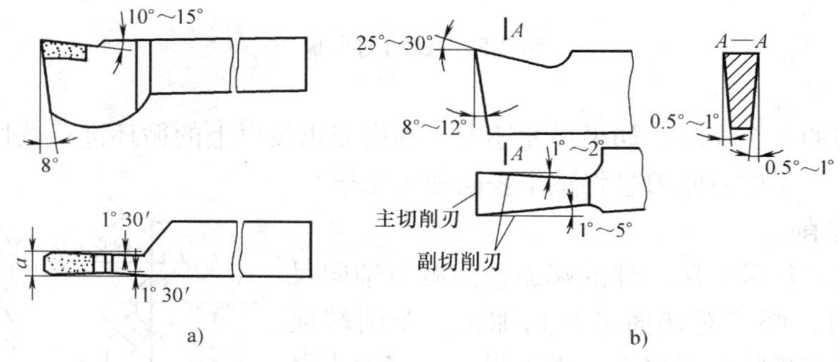

图 2-56　切槽刀与切断刀

a）硬质合金车刀　b）高速工具钢车刀

2. 刀具的安装

1）切断刀的刀尖必须与工件轴线等高，否则不仅不能把工件切下来，而且很容易使切断刀折断，如图 2-57 所示。

2）切断刀和切槽刀必须与工件轴线垂直，否则车刀的副切削刃会与工件两侧面产生摩擦，如图 2-58 所示。

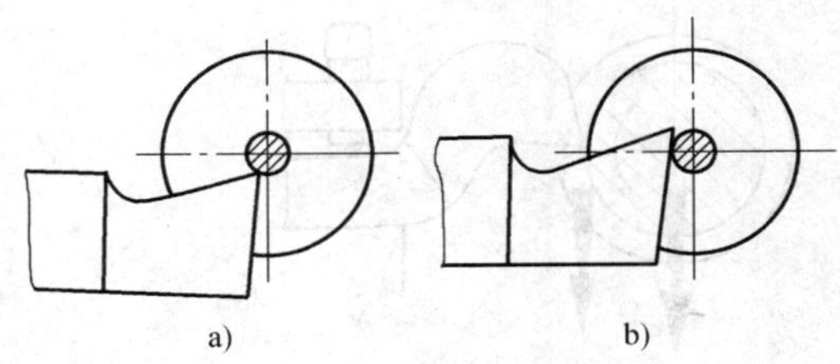

图 2-57　切断刀尖需与工件中心同高

a）刀尖过低易被压断　b）刀尖过高不易切削

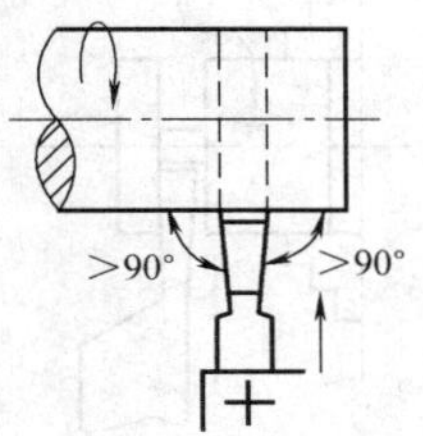

图 2-58　切槽刀的正确位置

3）切断刀的底平面必须平直，否则会引起副后角的变化，在切断时切刀的某一副后刀面会与工件强烈摩擦。

3. 切槽

车床上可切外槽、内槽和端面槽，如图 2-59 所示。切内、外槽时，刀具横向进给；切端面槽时，刀具纵向进给。

对于宽度在 5mm 以下的窄槽，可采用主切削刃与槽宽度相等的切槽刀在一次横向进给中切出；对于宽度大于 5mm 的宽槽，可按图 2-60 所示的方法切削，最后一次横向进给粗车后，再按图 2-60d 所示的 1、2、3 顺序精车槽的底部。

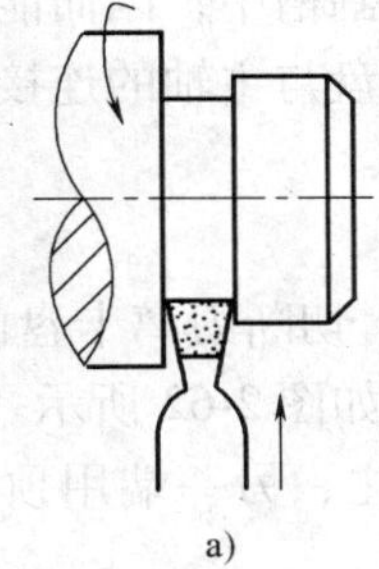

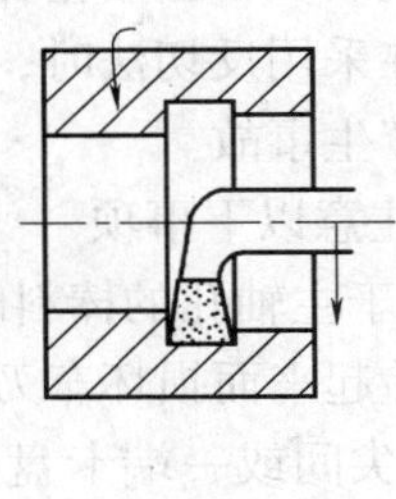

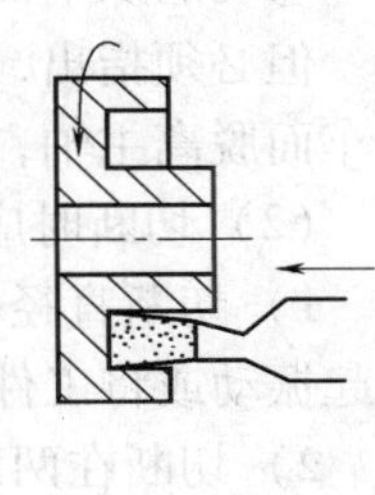

图 2-59　切槽的种类

a）切外沟槽　b）切内沟槽　c）切端面槽

4. 切断

（1）切断的方法

1）用直进法切断工件。所谓直进法，是指垂直于工件轴线方向进给切断，如图 2-61a 所示。这种方法切断效率高，但对车床、切断刀的刃磨、装夹都有较高的要求，否则容易造成刀头折断。

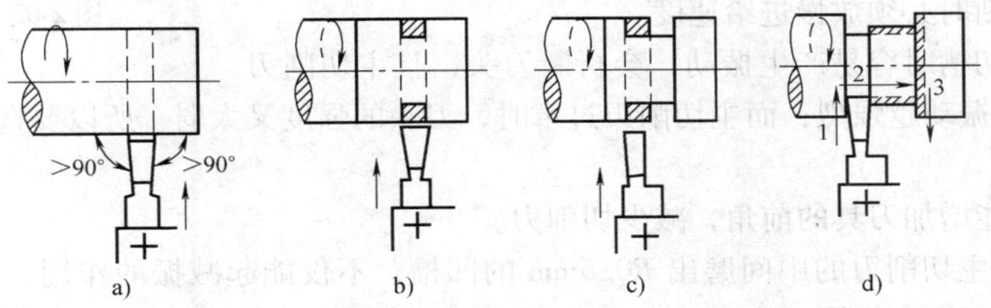

图 2-60　切宽槽的方法

2）左右借刀法切断工件。在切削系统（刀具、工件、车床）刚性等不足的情况下，可采用左右借刀法切断工件，如图 2-61b 所示。这种方法是指切断刀在轴线方向反复地往返移动，随之两侧径向进给，直至工件被切断。

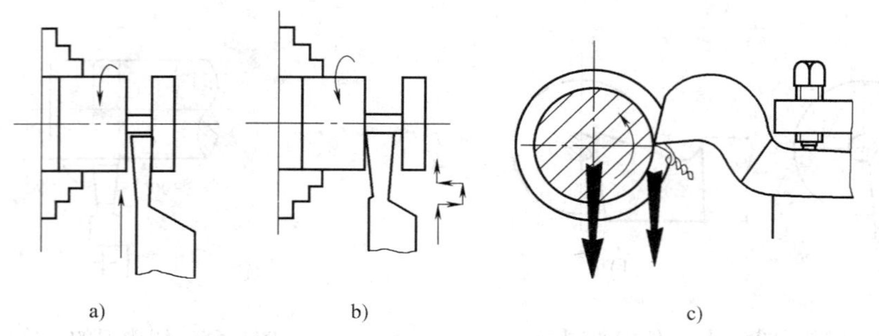

图 2-61　切断工件的三种方法

a）直进法　b）左右借刀法　c）反切法

3）反切法切断工件。反切法是指工件反转，车刀反向装夹的切断方法，如图 2-61c 所示。这种切断方法宜用于较大直径的工件，其优点如下：

①反转切削时，作用在工件上的切削力与主轴中立方向一致（向下），因此主轴不容易产生上下跳动，所以切断工件比较平稳。

②切屑从下面流出，不会堵塞在切割槽中，因而能比较顺利地切削。

但必须指出，在采用反切法时，卡盘与主轴的连接部分必须有保险装置，否则卡盘会因倒车而脱离主轴，产生事故。

（2）切断时应注意以下事项

1）切断直径小于主轴孔的棒料时，切断刀离卡盘的距离应小于工件的直径，否则容易引起振动或将工件抬起来而损坏车刀，如图 2-62 所示。

2）切断在两顶尖间或一端卡盘夹住、另一端用顶尖顶住的工件时，不可将工件完全切断。

3）在刀头的底部采用鱼肚形，装夹刀具时尽量减少刀具的悬伸量，以增加刀头的刚度。

4）切断时应采用较低的切削速度、较小的进给量。

5）切断时要调整好车床主轴和刀架滑动部分的间隙。

6）切断时要充分使用切削液，使排屑顺利。

7）快切断时必须放慢进给速度。

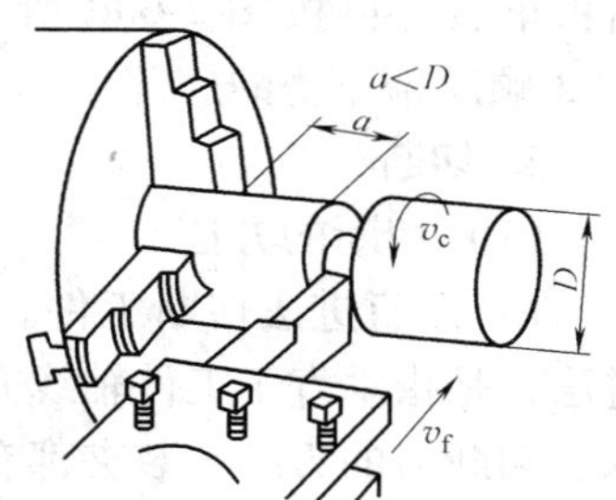

图 2-62　切断

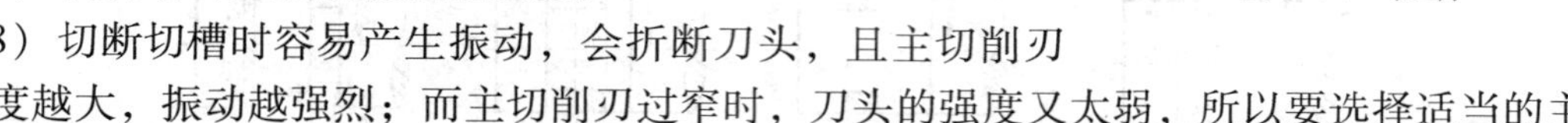

8）切断切槽时容易产生振动，会折断刀头，且主切削刃的宽度越大，振动越强烈；而主切削刃过窄时，刀头的强度又太弱，所以要选择适当的主切削刃宽度。

9）尽可能增加刀具的前角，减少切削力。

10）可在主切削刃的中间磨出 $R0.5$mm 的凹槽，不仅能起减振的作用，同时也可对刀具的横向进给起导向作用。

三、轴类零件车削实例

1. 手柄的车削

手柄的零件图样如图 2-63 所示，其加工工艺过程见表 2-4。

表 2-4　手柄加工工艺过程

加工工艺卡片		产品名称		产品数量	1000
图　　号		零件名称	手柄	第　　页	共　　页
材料种类	锻打钢	材料牌号	45 钢	毛坯尺寸	ϕ25mm × 100mm

加工简图	工序	工种	工步	加工内容	刀具	量具
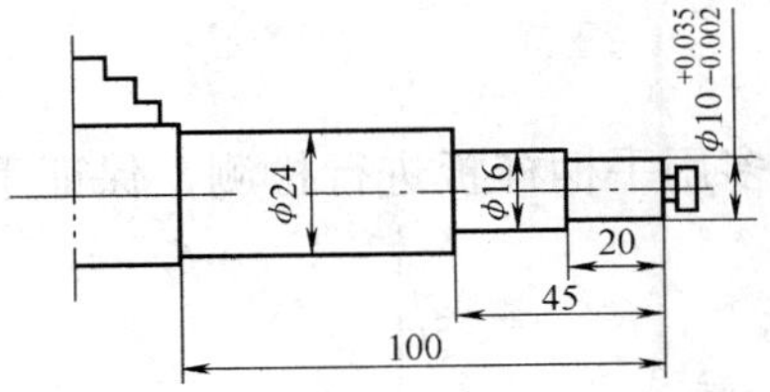	1	车	（1）	自定心卡盘装夹工件，粗、精车端面至辅助工具的外圆边处	90°车刀	游标卡尺
			（2）	钻中心孔 ϕ4mm	ϕ4mm 中心钻	
			（3）	一夹一顶，工件伸出长度 110mm，粗车 ϕ24mm 长 100mm、ϕ16mm 长 45mm、ϕ10mm 长 20mm、各留 0.1mm 精车余量	90°车刀	游标卡尺
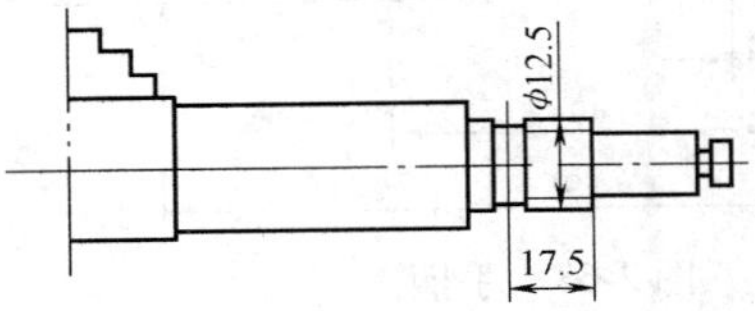	2	车	（1）	从 ϕ16mm 外圆的端面起，长 17.5mm 为中心线，用小圆头车刀车 ϕ12.5mm 的定位槽	小圆头车刀	游标卡尺
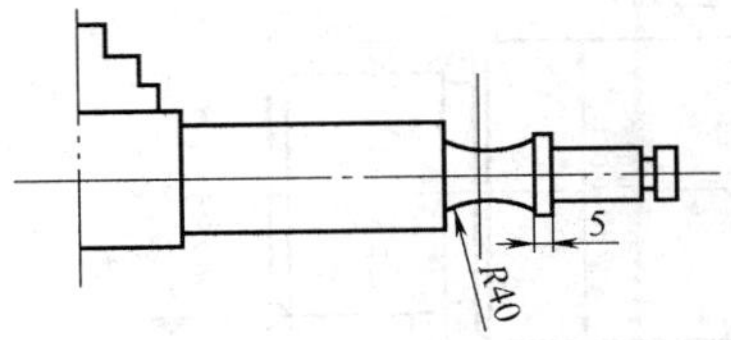	3	车	（1）	从 ϕ16mm 外圆的端面起，长大于 5mm 开始切削，向 12.5mm 定位槽处移动车 R40mm 的圆弧面	小圆头车刀	游标卡尺
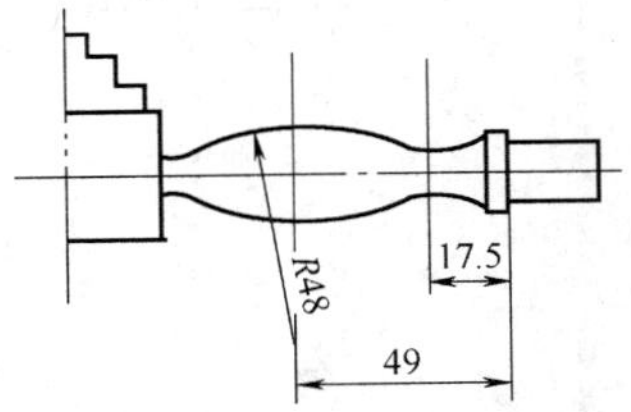	4	车、抛光	（1）	从 ϕ16mm 外圆的端面起，长 49mm 处为中心线，在 ϕ24mm 外圆上向左、右方向车 R48mm 的圆弧面	小圆头车刀	游标卡尺、手柄样板
			（2）	精车 ϕ24mm 长 20mm 至尺寸要求，精车 ϕ16mm 的外圆至尺寸要求	90°车刀	千分尺
			（3）	修整工件	锉、砂纸	手柄样板
			（4）	松开顶尖，车 R6mm，保证 96mm 尺寸	小圆头车刀	手柄样板
			（5）	切断工件	切断刀	游标卡尺

（续）

加工简图	工序	工种	工步	加工内容	刀具	量具
R6	5	车、抛光	（1）	调头，软卡爪夹持工件的 ϕ24mm 外圆，百分表找正，修整 R6mm 圆弧，并用砂纸抛光	小圆头车刀、锉、砂纸	手柄样板

工艺及图样分析：

1）手柄为工件的基准轴，加工精度要求高。

2）手柄其余部分的尺寸精度要求并不算高，加工时，多用手柄样板进行检测，保证手柄的外形要求。

3）工件较为细长，车削外形时，为保证工件的刚性、避免加工变形，采用一夹一顶方式装夹。

4）手柄的外形表面粗糙度值要求小，要用锉及砂纸进行抛光。

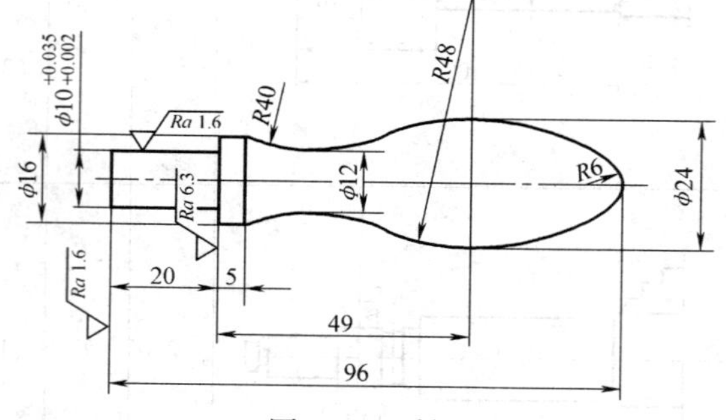

图 2-63　手柄

2. 传动轴的车削加工

传动轴的零件图样如图 2-64 所示，其加工工艺过程见表 2-5。

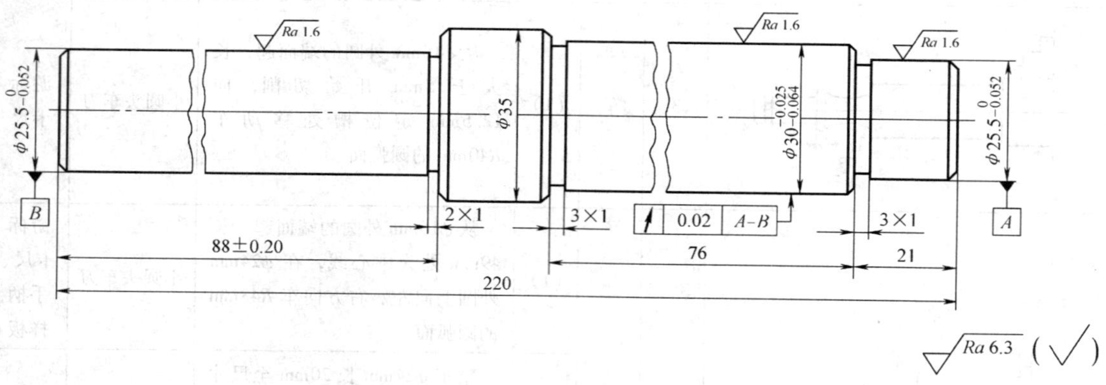

图 2-64　传动轴

工艺及图样分析：

1）为提高生产率，粗车时采用一夹一顶方法车削。

2）外圆 ϕ30mm 对外圆 A、B 轴心线的径向圆跳动为 0.02mm，为达到这一要求，精车时应将工件装夹在两回转顶尖之间，用鸡心夹头带动车削。

3）未标注倒角 C1。

4）保证轴的各尺寸公差，并注意各长度尺寸的控制。

表 2-5　传动轴加工工艺过程

加工工艺卡片		产品名称		产品数量		100
图　　号		零件名称	传动轴	第　　页		共　　页
材料种类	热轧圆钢	材料牌号	45 钢	毛坯尺寸		ϕ38mm × 225mm
加工简图	工序	工种	工步	加工内容	刀具	量具
	1	车	(1)	自定心卡盘装夹工件，粗、精车零件端面	45°车刀	
			(2)	钻中心孔 ϕ4mm	ϕ4mm 中心钻	
	2	车	(1)	一夹一顶装夹工件车外圆 ϕ35mm 至尺寸	90°车刀	游标卡尺
			(2)	粗车 ϕ25.5mm 的外圆，尺寸要求至 ϕ26.5mm，长 88mm	90°车刀	游标卡尺
			(3)	粗车 ϕ30mm 的外圆至 ϕ31.5mm	90°车刀	游标卡尺
			(4)	车油槽 3 × 1mm，控制 35mm 长度	切槽刀	游标卡尺
			(5)	倒角 $C1$	45°车刀	
	3	车	(1)	调头，自定心卡盘装夹工件 ϕ26.5mm 外圆车端面，保证总长 220mm	45°车刀	游标卡尺
			(2)	钻中心孔 ϕ4mm	ϕ4mm 中心钻	
			(3)	一夹一顶装夹工件，粗车 ϕ25.5mm 的外圆至 ϕ26.5mm、长 21mm	90°车刀	游标卡尺
			(4)	车沟槽 3 × 1mm 至尺寸，控制长度 21mm	切槽刀	游标卡尺
	4	车	(1)	将工件装夹在两回转顶尖之间，精车 $\phi25.5_{-0.052}^{\ 0}$mm 至尺寸	90°车刀	千分尺
			(2)	倒角 $C1$	45°车刀	
	5	车		调头，将工件装夹在两回转顶尖之间，精车 $\phi30_{-0.064}^{-0.025}$mm 外圆至尺寸	90°车刀	千分尺
				精车 $\phi25.5_{-0.052}^{\ 0}$mm 至尺寸	90°车刀	千分尺
				倒角 $C1$	45°车刀	

第六节　套类零件的车削与测量

【本节学习要点】

1. 了解车床上钻、扩、铰孔的方法。
2. 熟悉镗孔的方法及注意事项。
3. 熟悉保证套类零件技术要求的常用方法。
4. 熟悉零件内孔的测量工具及方法。

套类零件一般由外圆、内孔、端面、台阶和内外沟槽等表面组成，加工表面主要是孔、外圆和端面，加工方法主要包括钻孔、镗孔和铰孔等。孔的加工不仅要达到图样要求的尺寸精度和表面粗糙度，而且要保证设计的各项几何公差要求。

一、钻孔、扩孔和铰孔

1. 钻孔

用麻花钻头在实体材料上加工孔的方法称钻孔。钻孔属于粗加工，其尺寸精度一般可达IT11、IT12，表面粗糙度值 Ra12. 5 ~ 25μm。麻花钻是钻孔最常用的刀具，钻头一般用高速工具钢制成。由于高速切削的发展，镶硬质合金的钻头也得到了广泛应用。在车床上钻孔如图 2-65 所示。

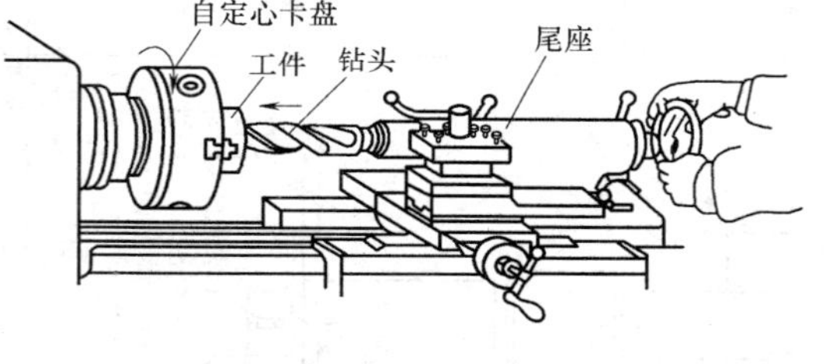

图 2-65　在车床上钻孔

2. 扩孔

对于精度要求不高的内孔，可用麻花钻直接钻出；对于精度要求较高的内孔，钻孔后还要经过切削加工或扩孔、铰孔加工才能完成。用扩孔刀具扩大工件孔径的加工方法称为扩孔。常用的扩孔刀具有麻花钻、扩孔钻等，扩孔精度一般可达 IT9、IT10，表面粗糙度值为 Ra6. 3μm 左右。一般工件的扩孔，可用麻花钻加工；对于半精加工的孔，可用扩孔钻加工。

扩孔常用于铰孔前或磨孔前的预加工，常使用扩孔钻作为钻孔后的预精加工。

3. 铰孔

铰孔是用铰刀对孔进行精加工的一种方法。铰刀是一种尺寸精确的多刃刀具。铰削加工的孔质量好，而且铰削加工的效率高、操作简单。铰孔精度可达 IT7 ~ IT9，表面粗糙度值可达 Ra1. 6 ~ 3. 2μm，甚至更高。

在车床上铰削加工的相关技术与在钻床上铰孔基本相同。

4. 麻花钻的安装

直柄麻花钻一般用钻夹头装夹，再将钻夹头的锥柄插入车尾座的锥孔内即可，如图 2-66a 所示。锥柄麻花钻可直接或用莫氏过渡套连接后插入车尾座的锥孔内，如图 2-66b 所示。

5. 钻、扩、铰孔的方法

1）在车床上加工孔时，通常将工件装夹在卡盘上，钻头安装在尾座套筒锥孔内。钻孔前先车平端面，并用中心钻加工出一个中心凹坑，调整好尾座位置并将其紧固于床身上，然后开动车床，摇动尾座手柄使钻头慢慢进给，注意经常退出钻头，以排出切屑。

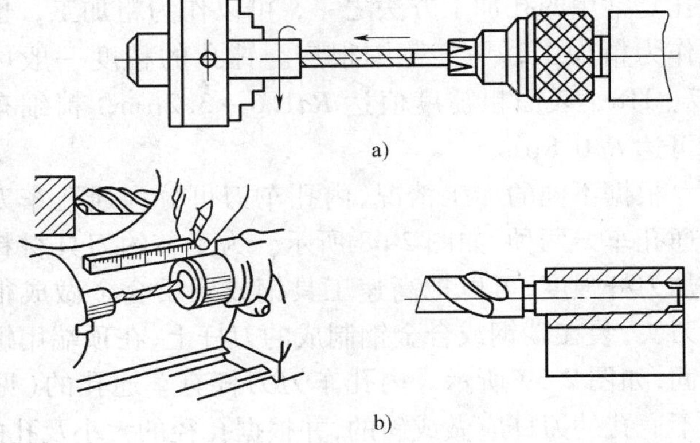

图 2-66　麻花钻的安装

a）钻夹头安装直柄钻头　b）尾座上安装锥柄钻头

2）由于在车床上钻孔时，切削液很难深入到切削区，所以在加工过程中应经常退出钻头，以利排屑和冷却。

3）钻孔进给不能过猛，以免折断钻头，一般钻头越小，进给量也越小，但切削速度可加大。钻大孔时，进给量可大些，但切削速度应放慢。

4）当孔将钻穿时，因横刃不参加切削，应减小进给量，否则容易损坏钻头。孔钻通后，应把钻头退出后再停车。钻孔的精度较低，表面粗糙，多用于对孔的粗加工。

5）用麻花钻钻孔时的切削用量选择一般为：

用高速工具钢麻花钻钻钢料工件时，$v_c = 15 \sim 30\text{m/min}$；直径为 15～25mm 的麻花钻常取 $f = 0.15 \sim 0.4\text{mm/r}$。

6. 锪孔

用锪削方法加工平底孔或锥形沉孔，叫做锪孔。车工常用的是圆锥形锪钻。有些零件钻孔后需要孔口倒角，有些零件要用顶尖顶住孔口加工外圆，这时可用锥形锪钻在孔口锪出内圆锥，如图 2-67 所示。锪内圆锥时，孔的表面粗糙度值一般要求较小，进给量应控制在 0.05mm/r 以下。

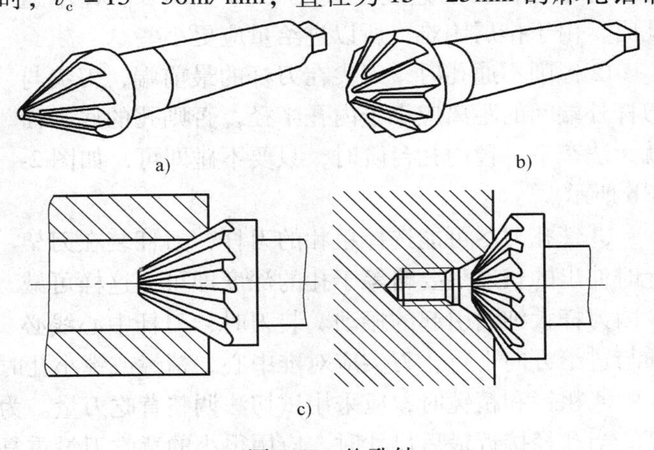

图 2-67　锪孔钻

a）60°锪孔　b）120°锪孔　c）工作情况

7. 钻孔的注意事项

1）钻孔前，必须车平端面，工件中心处不允许留有钻头，否则钻头不能定心，甚至折断钻头。

2）使用细长钻头钻孔时，为避免将孔钻歪，应先用中心钻钻出中心孔。

3）钻较深孔时，要经常把钻头退出排屑。

4）钻通孔快要钻穿时，要减少进给量，避免折断钻头。

5）钻钢料时，要充分浇注切削液，钻铸铁时可不用切削液。

6）钻长度较长但要求不高的通孔时，可以进行调头钻孔。

二、镗孔加工

1）镗孔是对钻出、铸出或锻出的孔的进一步加工，以达到图样上的精度等技术要求。镗孔是常用的孔加工方法之一，可以作为粗加工，也可以作为精加工，加工范围很广。镗孔的精度一般可达IT7、IT8，表面粗糙度值达 $Ra1.6\sim3.2\mu m$，精细车削时可达 $Ra0.8\mu m$。

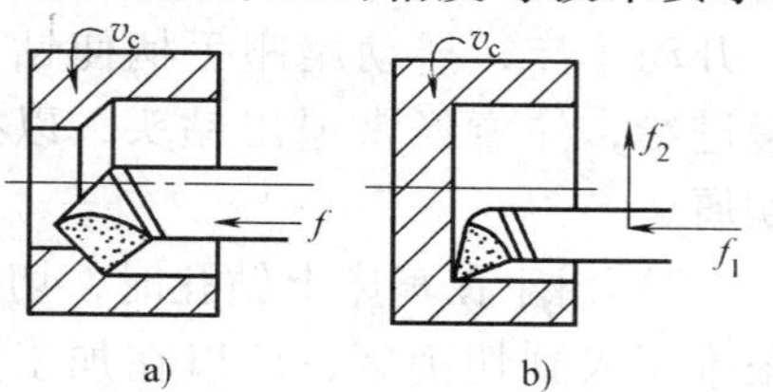

图 2-68　镗孔
a）镗通孔　b）镗不通孔

根据不同的加工情况，内孔车刀可分为通孔车刀和不通孔车刀两种，如图 2-68 所示。为了节约刀具材料和增加刀杆强度，可以把高速工具钢或硬质合金做成很小的刀头，装在碳钢或合金钢制成的刀杆上，在顶端用螺钉紧固，如图 2-69 所示。内孔车刀刀杆有车通孔的（见图 2-69a）和车不通孔的（见图 2-69b）。车不通孔的刀杆应做成斜的，并根据孔径的大小及孔的深浅将车刀刀杆做成几组，以便加工时选择。

2）镗孔的注意事项：

①在车床上镗孔要比车外圆困难，因镗杆直径比外圆车刀细得多，而且伸出很长，因此往往因刀杆刚性不足而引起振动，所以背吃刀量和进给量都要比车外圆时小些，切削速度也要小 10%～20%。镗不通孔时，由于排屑困难，所以进给量应更小些。

②镗削不通孔时，刀尖在刀杆的最前端，刀尖与刀杆外端间的距离应小于内孔半径，否则孔的底平面就无法车平。镗内孔台阶时，只要不碰即可，如图 2-68b 所示。

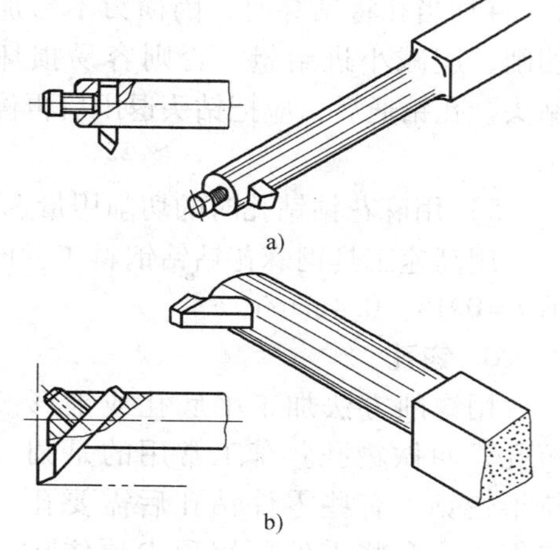

图 2-69　镗孔刀杆
a）通孔刀杆　b）不通孔刀杆

③镗孔刀尽可能选择粗壮的刀杆，刀杆装在刀架上时伸出的长度只要略等于孔的深度即可，这样可减少因刀杆太细而引起的振动。装刀时，刀杆中心线必须与进给方向平行，刀尖应对准中心，精镗或镗小孔时可略微装高一些。

④粗镗和精镗时，应采用试切法调整背吃刀量。为了防止因刀杆细长而让刀所造成的锥度，当孔径接近最后尺寸时，应用很小的背吃刀量重复镗削几次，消除锥度。另外，在镗孔时一定要注意，手柄的转动方向与车外圆时相反。

⑤为避免切屑损伤已加工面，精加工时要控制切屑的流出方向，可采用正刃倾角的内孔车刀，使切屑流向待加工表面，解决好排屑问题。

三、车内沟槽

1. 内沟槽车刀

内沟槽车刀与切断刀的几何形状相似，如图 2-70 所示，只是装夹方向相反，且在内孔中车槽。装夹内沟槽车刀时，应使主切削刃与内孔中心线等高或略高于内孔中心线，两侧副偏角必须对称。

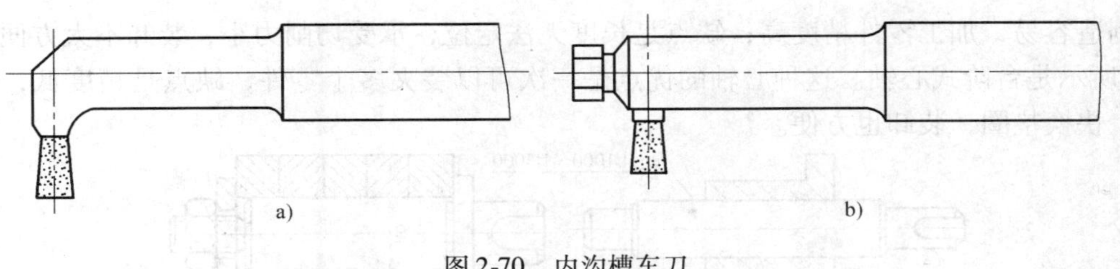

图 2-70　内沟槽车刀
a）整体式　b）装夹式

2. 车削内沟槽的方法

车削内沟槽与车削外沟槽的方法相似，具体车削方法如图 2-71 所示。宽度较小和要求不高的内沟槽，可用主切削刃宽等于槽宽的内沟槽车刀用直进法一次车出，如图 2-71a 所示；要求较高或较宽的内沟槽，可采用直进法分几次粗车，粗车时，槽壁和槽底留精车余量，然后根据槽宽、槽深进行精车，如图 2-71b 所示；若内沟槽深度较浅、宽度较大，可用内圆粗车刀先车出凹槽，最后用内沟槽刀车沟槽两端垂直面，如图 2-71c 所示。

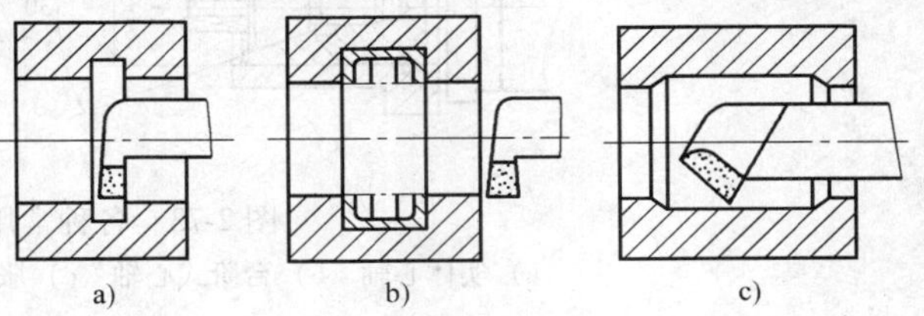

图 2-71　车削内沟槽的方法

四、保证套类零件技术要求的常用方法

1. 在一次安装中完成零件加工

单件生产套类零件时，可以在一次安装中把零件的全部或大部分加工完毕。这种方法没有重复定位误差，如果车床的精度较高，可获得较高的形位精度。但是采用这种方法需要转换刀架，如图 2-72 所示的工件需轮流使用外圆车刀、45°车刀、钻头（包括镗孔或扩孔）、铰刀和切断刀等刀具进行加工。如果刀架定位精度较差，则尺寸较难掌握，切削用量也要根据不同加工内容时常改变。

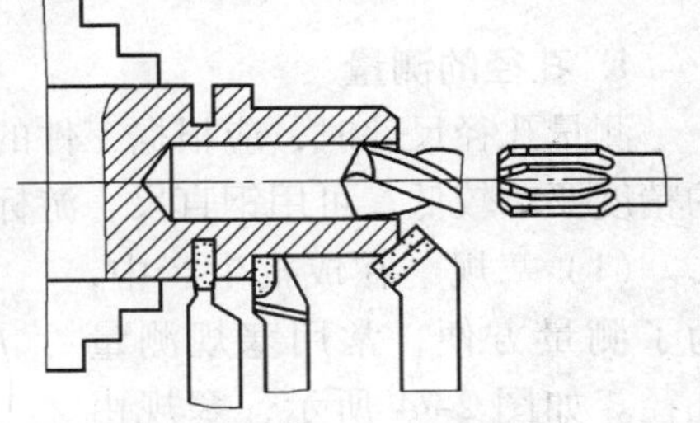

图 2-72　一次装夹加工工件

数控车床大多采用在一次安装中完成主要表面加工的方法，这样可保证加工质量和提高劳动生产率。

2. 以外圆为基准保证位置精度

套类零件以外圆为基准保证位置精度时，一般应用软卡爪装夹工件。软卡爪用未淬火的 45 钢制成，是在本车床上车削成形的，因此可确保装夹已加工表面或软金属时，也不易夹伤工件表面。

3. 以内孔为基准保证位置精度

车削中、小型轴套、带轮、齿轮等工件时，一般可用已加工好的内孔作为定位基准，并根据内孔配制一根合适的心轴，再将安装好工件的心轴支顶在车床上，用心轴来保证工件的同轴度和垂直度。常用的心轴有以下几种：

（1）实体心轴　实体心轴有 1∶1000～1∶5000 的锥度，如图 2-73a 所示。这种心轴的特点是制造容易，加工零件精度高；缺点是长度无法定位，承受切削力小，装卸不太方便。图2-73b所示是台阶式心轴。这种心轴的优点是一次可以装夹多个零件，缺点是精度低，但如果装上快换垫圈，装卸也方便。

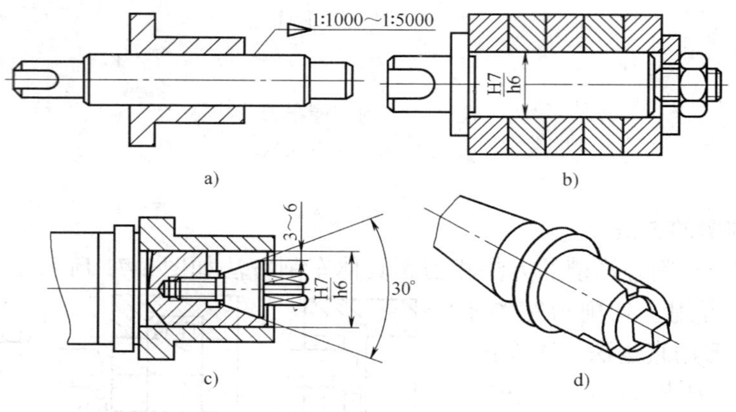

图2-73 各种常用心轴

a）实体心轴 b）台阶式心轴 c）胀力心轴 d）三等分心轴

（2）胀力心轴 胀力心轴依靠材料的弹性变形所产生的胀力来固定工件，它装卸方便、精度高、使用广泛，可装在机床主轴孔中的胀力心轴如图2-73c所示。为使胀力保持均匀，可将槽做成三等分，如图2-73d所示。

心轴制造简单、装卸方便，当需加工的外圆很大、而内孔很小时，由于定位长度短，应该以外圆为基准定位。

五、套类零件的测量

1. 孔径的测量

测量孔径尺寸时，应根据工件的尺寸、数量及精度要求，使用相应的量具进行。如果孔的精度要求较低，可用钢直尺、游标卡尺测量。精度要求较高时，可用以下几种量具测量。

（1）塞规 在成批生产中，为了测量方便，常用塞规测量孔径。如图2-74所示，塞规由通端、止端和手柄组成。通端的尺寸等于孔的下极限尺寸，止端的尺寸等于孔的上极限尺寸。为了明显区别通端与止端，塞规止端长度比通端长度要短一些。测量时，如通端通过，而止端不能通过，说明尺寸合格。测量内孔时，不可硬塞，强行使之通过，一般只能靠塞规自身的重力自由通过。测量时塞规轴线应与孔轴线一致，不可歪斜。

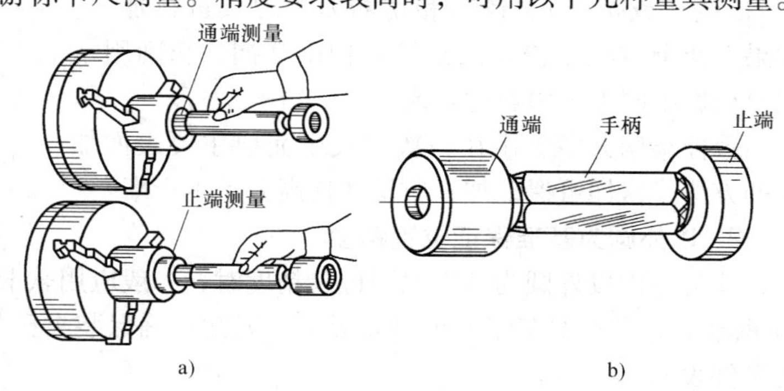

图2-74 塞规及使用

a）测量方法 b）塞规结构

（2）内径千分尺 用内径千分尺可测量孔径。内径千分尺的外形如图2-75a所示，由测微头和各种尺寸的接长杆组成。内径千分尺的读数方法和外径千分尺相同，但由于内径千分尺无测力装置，因此有一定的测量误差。

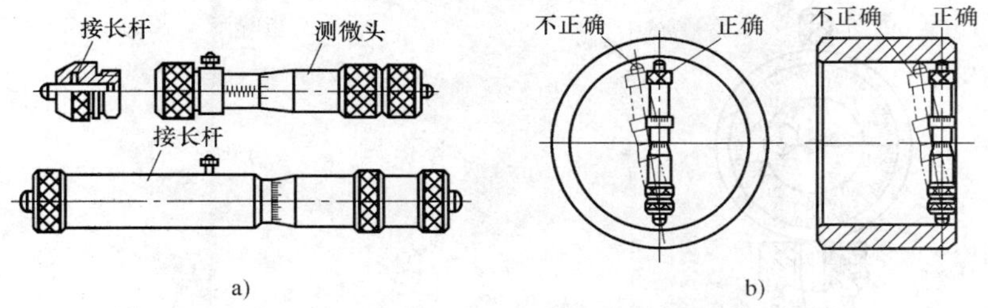

图 2-75　内径千分尺及使用

a）外形结构　b）使用方法

内径千分尺的使用方法如图 2-75b 所示。测量时，内径千分尺应在孔内轻微摆动，在直径方向找出最大尺寸，在轴向找出最小尺寸，当这两个尺寸重合时，就是孔的实际尺寸。

（3）内测千分尺　内测千分尺的使用方法如图 2-76 所示。这种千分尺的刻线方向与外径千分尺相反，当顺时针旋转微分筒时，活动爪向右移动，测量值增大。

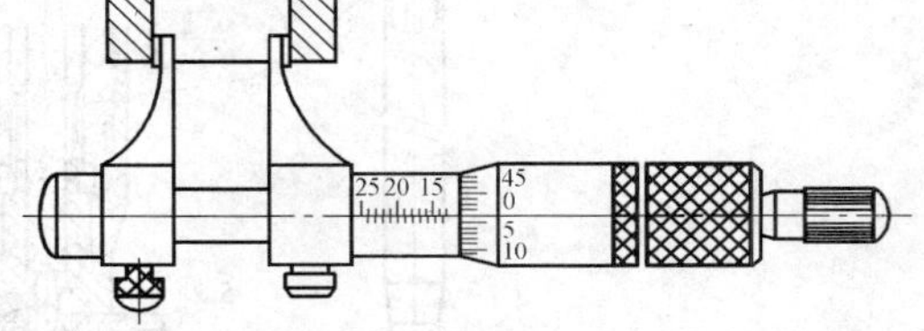

图 2-76　内测千分尺及使用

内测千分尺常用于孔深度不大的零件的测量。

（4）内径百分表　内径百分表如图 2-77 所示。在测量前，应使百分表指针对准零位；测量时，为得到准确的尺寸，活动测量头应在孔直径方向摆动并找出最大值，在孔的轴线方向摆动找出最小值，这两个尺寸重合就是孔径的实际尺寸，如图 2-78 所示。内径百分表主要用于测量精度要求较高而且又较深的孔。在规模生产测量中，内径百分表的使用最广泛。

（5）内沟槽的测量　内沟槽的深度一般用弹簧内卡钳测量，如图 2-79a 所示；内沟槽的宽度可用样板或游标卡尺（当孔径较大时）测量，如图 2-79b、图 2-79c、图 2-79d 所示。

2. 形状精度的测量

在车床上加工圆柱孔时，其形状精度一般只测量圆度和圆柱度误差。

（1）孔的圆度误差的测量　孔的圆度误差一般可用内径百分表或内径千分表测量。测量前，根据被测孔的尺寸值，借助环规或外径千分尺将内径百分表调到零位，然后将测量头伸入孔内，在孔的各个方向上测量截面内读取的最大值与最小值之差的一半即为单个截面的圆度误差。

按上述方法测量若干个截面，取其中最大的误差作为该圆柱孔的圆度误差，如图 2-78 所示。

（2）孔的圆柱度误差的测量　孔的圆柱度误差可用内径百分表在孔的全长上，取前、中、后各段测量几个截面的孔径尺寸。比较各个截面测量出的最大值与最小值，然后取其最大值与最小值之差的一半即为孔全长的圆柱度误差。

3. 位置精度测量

（1）径向圆跳动的测量　一般测量套类零件的径向圆跳动时，都可以用内孔作为基准，把工件套在精度很高的心轴上，再将心轴安装在偏摆仪的两顶尖间，用百分表（或千分表）

来检验套的外圆，如图 2-80 所示。百分表在工件转动一周所得的读数差，即为该截面的圆跳动误差，取各截面上测量得到的最大误差值，就为该工件的径向圆跳动误差。

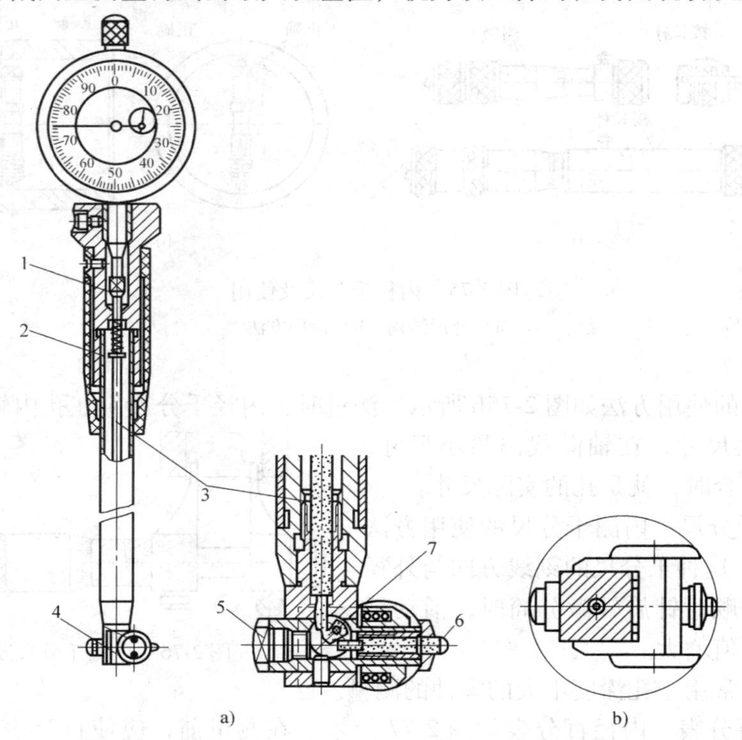

图 2-77　内径百分表

a）结构原理　b）孔中的测量情况

1—测量支架　2—弹簧　3—杆　4—定心器　5—测量头　6—测头　7—摆动块

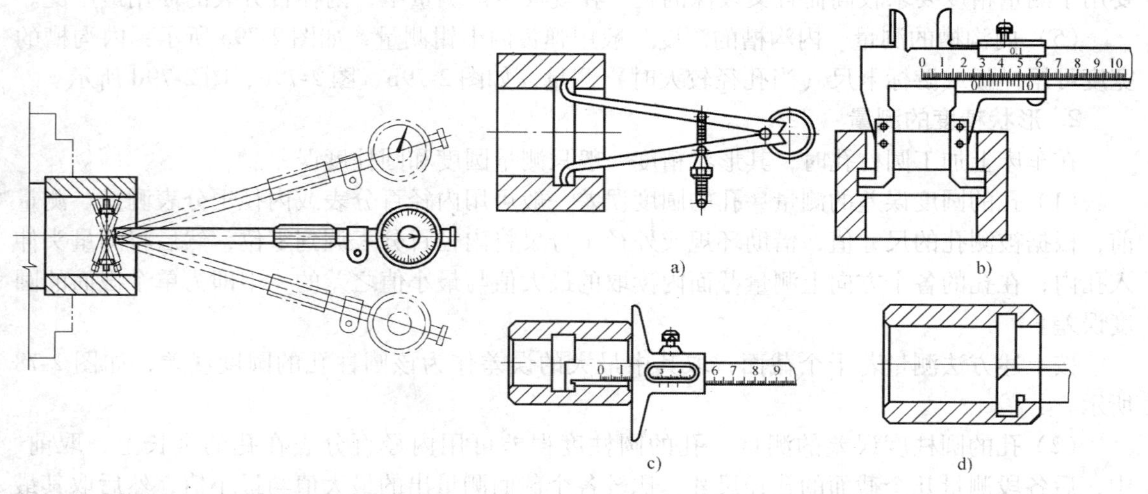

图 2-78　内径百分表的测量方法

图 2-79　内沟槽的测量

对某些外形比较简单而内部形状复杂的套筒，不能装夹在心轴上测量径向圆跳动时，可将工件放在 V 形架上，轴向定位，以外圆为基准来检验，如图 2-81 所示。测量时，将杠杆百分表的测量杆插入孔内，使测量杆圆头接触内孔表面，转动工件，观察百分表指针跳动的情况。百分表在工件旋转一周中的读数差，即为工件的径向圆跳动误差。

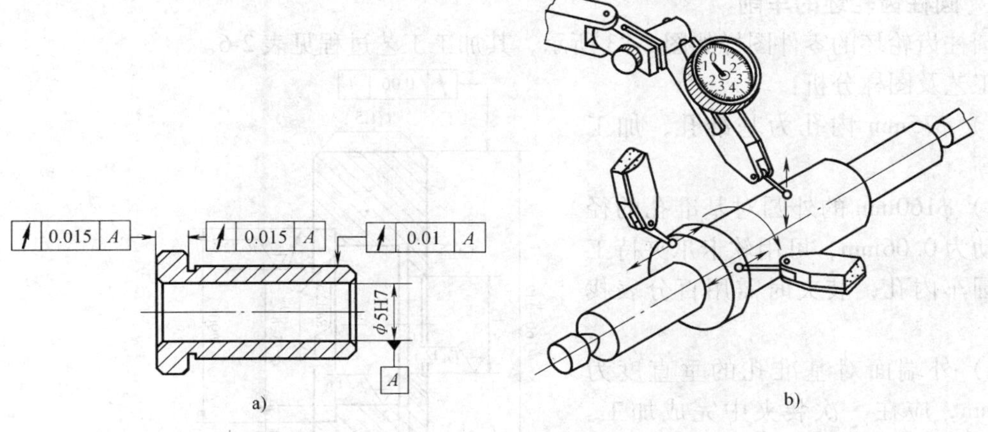

图 2-80　用百分表测量径向圆跳动

a）测量工件　b）测量方法

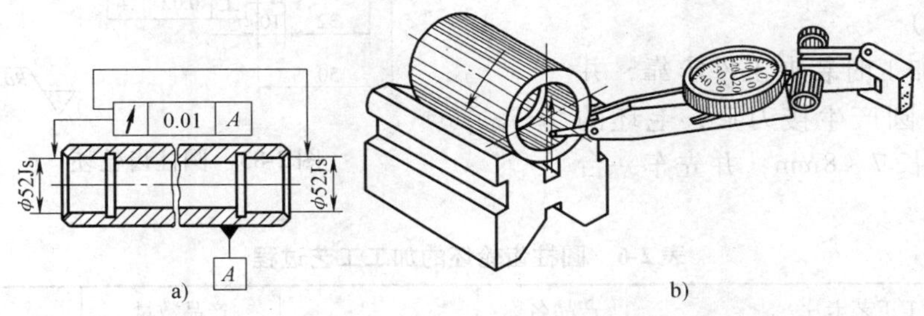

图 2-81　在 V 形架上检测工件径向圆跳动

a）工件　b）测量方法

（2）端面圆跳动的测量　套类零件端面圆跳动的测量方法如图 2-81b 所示，先将工件装夹在精度很高的心轴上，利用心轴上极小的锥度使工件轴向定位，然后将杠杆式百分表的测量头靠在所需测量的断面上，转动心轴，测得百分表的读数差，即为端面圆跳动误差。

（3）端面对轴线垂直度的测量　测量端面对轴线垂直度，首先必须测量端面圆跳动是否合格，如合格，才可继续。对于精度要求较低的工件，可用刀口形直尺从侧面透光检查；对于精度要求较高的工件，当端面圆跳动合格后，再如图 2-82 所示，将工件安装在 V 形架 1 的小锥度心轴 3 上，并放在精度很高的平板上，测量时，将杠杆百分表 4 的测量头从端面的最内一点沿径向向外拉出，百分表的读数差就是端面对轴线的垂直度误差。

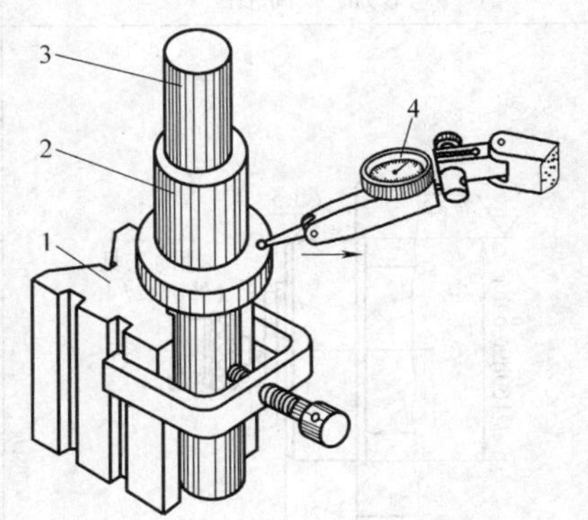

图 2-82　端面对轴线垂直度的测量

1—V 形架　2—工件　3—小锥度心轴　4—百分表

六、套类零件车削实例

1. 圆柱齿轮坯的车削

圆柱齿轮坯的零件图样如图2-83所示，其加工工艺过程见表2-6。

工艺及图样分析：

1）ϕ75mm 内孔为基准孔，加工要求高。

2）ϕ160mm 的外圆对基准孔的径向跳动为0.06mm，可用软卡爪夹持工件外圆车内孔，装夹时需用百分表找正。

3）外端面对基准孔的垂直度为0.02mm，应在一次装夹中完成加工。另一端面对基准孔的垂直度也为0.02mm，调头后用软卡爪时应用百分表找正，并随时用量具检测（检测两平面的平行度）。

4）为使加工时装夹工件牢靠，并不使工件的外圆产生接刀痕，毛坯的长度应比工件长7～8mm，并先车一台阶。

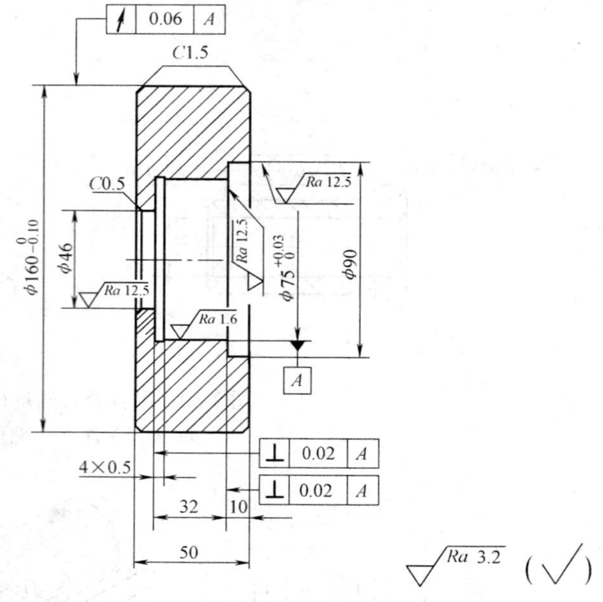

图2-83　圆柱齿轮坯

表2-6　圆柱齿轮坯的加工工艺过程

加工工艺卡片		产品名称			产品数量	1000
图　号		零件名称	定位套		第　页	共　页
材料种类	锻打钢	材料牌号	45 钢	毛坯尺寸	ϕ165mm×58mm	
加 工 简 图	工序	工种	工步	加 工 内 容	刀具	量具
Ra 3.2　C1.5　辅助工具（外圆<ϕ46）　ϕ160h9($^{0}_{-0.10}$)　>50	1	车	(1)	自定心卡盘装夹工件，夹持长度5～7mm，一端用回转顶尖配合辅助工具顶住平面，粗、精车端面至辅助工具的外圆边处	90°车刀	游标卡尺
			(2)	粗、精车 $\phi42^{\ 0}_{-0.025}$ mm 外圆至尺寸，长度大于50mm	90°车刀	游标卡尺
			(3)	外圆倒角 C1	45°车刀	

（续）

加工工艺卡片		产品名称			产品数量	1000
图　　号		零件名称	定位套		第　　页	共　　页
材料种类	锻打钢	材料牌号	45 钢	毛坯尺寸		ϕ165mm×58mm
加工简图	工序	工种	工步	加工内容	刀具	量具
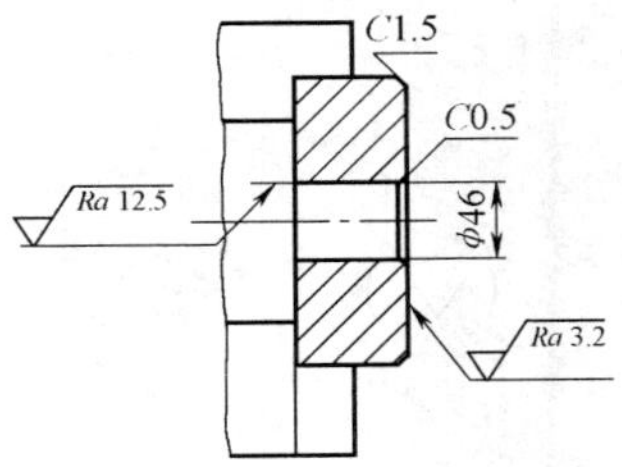	2	车	(1)	软卡爪夹持工件的外圆，车端面并留有余量	90°车刀	游标卡尺
			(2)	钻、扩孔至 ϕ40mm	ϕ18mm、ϕ40mm 钻头	游标卡尺
			(3)	镗内孔 ϕ46mm 至尺寸，镗穿工件	90°车刀	游标卡尺
			(4)	内、外圆倒角	45°车刀	
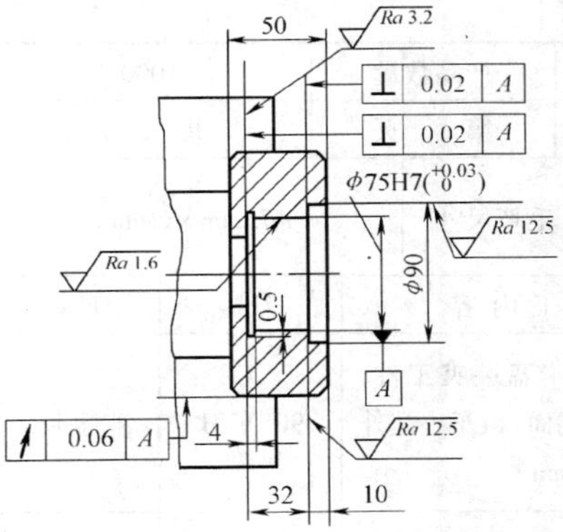	3	钻镗	(1)	调头，自定心卡盘装夹工件大外圆，百分表找正，确保外圆与内孔脚的径向圆跳动在 0.06mm 之内	ϕ18mm 钻头	游标卡尺
			(2)	车端面至尺寸	45°车刀	游标卡尺
			(3)	精镗内孔至尺寸，长度 42mm	内孔镗刀	内径千分尺
			(4)	车台阶孔 ϕ90mm 至尺寸，深度 10mm	内孔镗刀	内径千分尺
			(5)	车内沟槽 4mm×0.5mm	内沟槽刀	游标卡尺
			(6)	各部分倒角	45°车刀	

2. 定位套的车削

定位套的零件图样如图 2-84 所示，其加工工艺过程见表 2-7。

工艺及图样分析：

1）$\phi20^{+0.021}_{0}$mm 的两内孔应在一次装夹中完成，以保证同轴度。为提高生产率，采用铰孔工艺保证孔的质量。

2）$\phi42^{0}_{-0.025}$mm 的外圆对两处 $\phi20^{+0.021}_{0}$ mm 内孔中心线连线的径向圆跳动公差为 0.03mm，如单件加工，应在一次装夹中完工。此例要加工 1000 件，批量大，为提高生产率，以内孔为基准孔，采用心轴定位夹紧，将心轴装夹在两回转顶尖之间，用鸡心夹头带动车削。

3）ϕ68mm 轴肩的端面对两内孔中心线连线的垂直度公差为 0.02mm，应在一次装夹中完成加工。

4）心轴的外圆尺寸与基准孔留有 0.01mm 左右的间隙，保证图样加工精度及装卸方便。

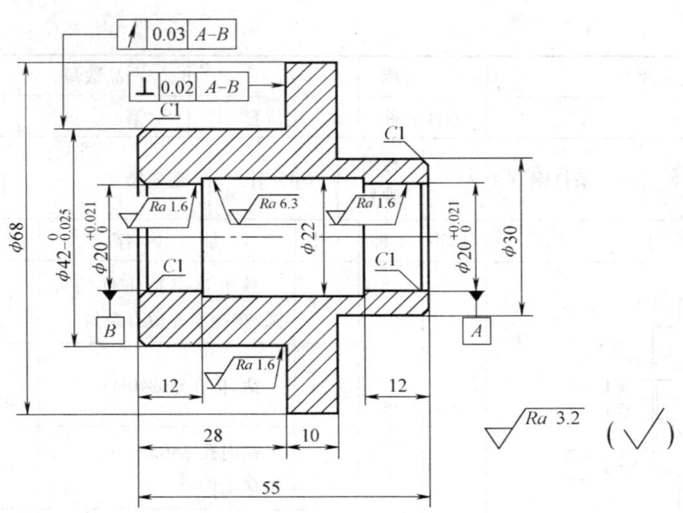

图 2-84 定位套

表 2-7 定位套的加工工艺过程

加工工艺卡片		产品名称		产品数量	1000	
图号		零件名称	定位套	第 页	共 页	
材料种类	铸铁	材料牌号	HT200	毛坯尺寸	ϕ75mm×60mm	
加工简图	工序	工种	工步	加工内容	刀具	量具
	1	车	(1)	自定心卡盘装夹工件，粗、精车端面、粗车小端外圆至 ϕ32mm	90°车刀	游标卡尺
			(2)	自定心卡盘装夹小端外圆车另一端面	90°车刀	游标卡尺
			(3)	粗、精车外圆 ϕ68mm 至尺寸	90°车刀	游标卡尺
			(4)	粗车 $\phi42_{-0.025}^{0}$ mm 外圆至 ϕ43mm，长度 28mm 至 27mm	90°车刀	游标卡尺
			(5)	外圆倒角 C1	45°车刀	
	2	车	(1)	夹 ϕ43mm 外圆，端面控制总长 55mm	90°车刀	游标卡尺
			(2)	车外圆 ϕ30mm 至尺寸，长度 17mm	90°车刀	游标卡尺
			(3)	外圆倒角	45°车刀	

（续）

加工工艺卡片		产品名称			产品数量	1000
图　　号		零件名称	定位套		第　　页	共　　页
材料种类	铸铁	材料牌号	HT200	毛坯尺寸	ϕ75mm×60mm	
加工简图	工序	工种	工步	加工内容	刀具	量具
	3	钻镗铰	(1)	自定心卡盘装夹工件，钻孔 ϕ18mm	ϕ18mm 钻头	游标卡尺
			(2)	镗孔至 ϕ19.7mm	内孔镗刀	游标卡尺
			(3)	镗内油槽至 ϕ22mm，控制两端长度 12mm	内孔镗刀	内径千分尺
			(4)	孔口倒角	45°车刀	
			(5)	铰孔至 $\phi 20^{+0.021}_{0}$ mm	ϕ20mm 铰刀	内径千分尺
	4	车	(1)	将工件装入心轴并装夹在两顶尖内，精车外圆至 $\phi 42^{0}_{-0.025}$ mm，并控制长度 28.10mm	90°车刀	千分尺
			(2)	外圆倒角	45°车刀	

第七节　圆锥面的车削与测量

【本节学习要点】

1. 了解圆锥基本知识。
2. 了解车圆锥的常用方法。
3. 熟练掌握转动小滑板法车削圆锥的方法。
4. 熟练掌握圆锥检测及尺寸控制的方法。

在机械制造业中，圆锥配合应用很广泛，例如主轴锥孔与顶尖的配合、车床尾座锥孔与麻花钻锥柄的配合等，如图 2-85 所示。

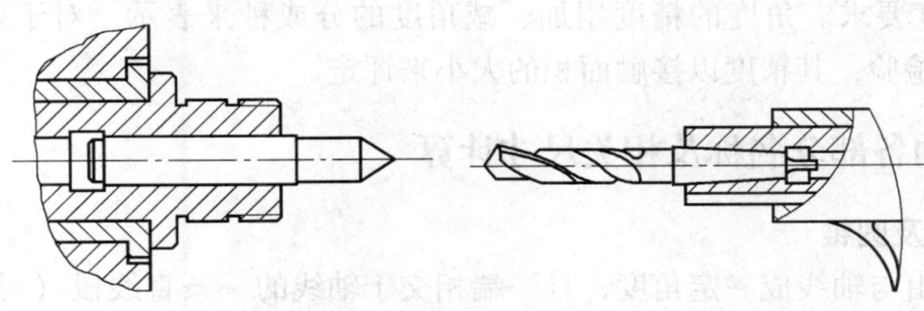

图 2-85　圆锥面零件的配合

一、圆锥基本知识

1. 常见的圆锥零件

常见的圆锥零件有锥齿轮、锥形主轴、带锥孔的齿轮和锥形手柄等，如图 2-86 所示。

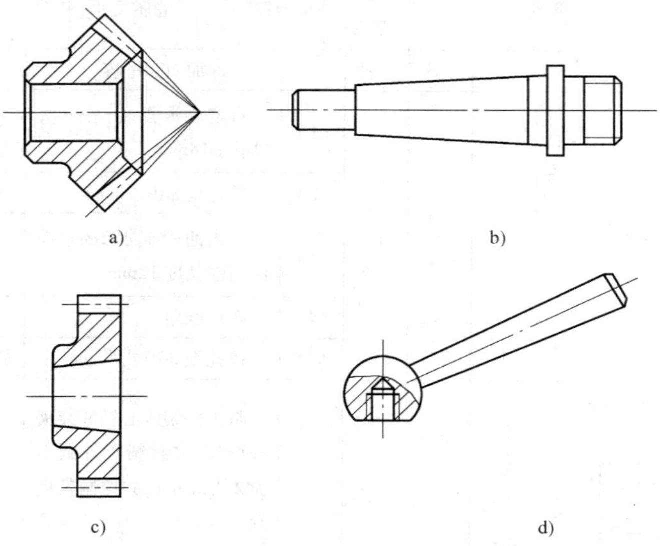

图 2-86　常见的圆锥零件
a）锥齿轮　b）锥形主轴　c）带锥孔的齿轮　d）锥形手柄

2. 莫氏圆锥

莫氏圆锥是机械制造业中应用最为广泛的一种圆锥，如车床主轴的锥孔、顶尖、钻头柄等，都是使用莫氏圆锥。莫氏圆锥分成 7 个号码：0、1、2、3、4、5、6，最小的是 0 号，最大的是 6 号，当号数不同时，圆锥的角度和尺寸都不同。莫氏圆锥是从英制换算来的，其各部分尺寸可从设计手册中查出。

3. 圆锥面配合的主要特点

圆锥面配合的主要特点如下：

1）当圆锥角较小（在 3°以下）时，可传递很大的转矩。

2）装卸方便，虽经多次装卸，仍能保证精确的定心作用。

3）圆锥面配合精度较高，并能做到无间隙配合。

加工圆锥面时，除了对尺寸精度、形位精度和表面粗糙度有较高要求外，还有角度（或锥度）的精度要求。角度的精度用加、减角度的分或秒来表示。对于要求较高的圆锥面，常用涂色法检验，其精度以接触面积的大小来评定。

二、圆锥的各部分名称及相关尺寸计算

1. 圆锥表面及圆锥

圆锥表面是由与轴线成一定角度，且一端相交于轴线的一条直线段（母线），围绕着该轴线旋转一周所形成的表面。

圆锥可分为外圆锥和内圆锥两种，如图2-87所示。

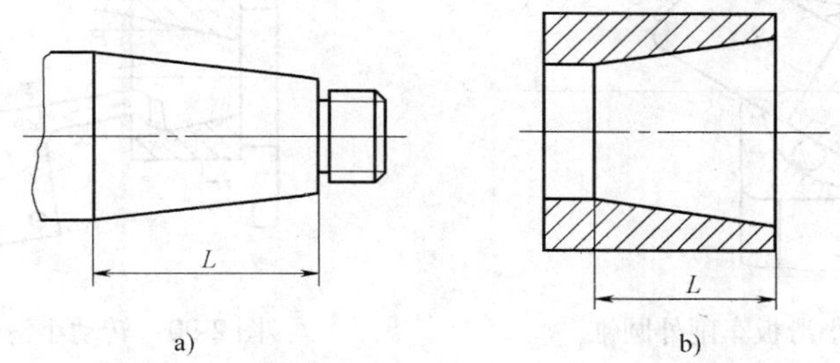

图2-87　圆锥

a）外圆锥　b）内圆锥

2. 圆锥的基本参数

圆锥的基本参数如图2-88所示。

1）圆锥角 α，指在通过圆锥轴线的截面内，两条素线间的夹角。车削时经常用到的是圆锥半角 $\alpha/2$。

2）最大圆锥直径 D，简称大端直径。

3）最小圆锥直径 d，简称小端直径。

4）圆锥长度 L，指最大圆锥直径与最小圆锥直径之间的轴向距离。

5）锥度 C，是指最大圆锥直径与最小圆锥直径之差与圆锥长度之比，即

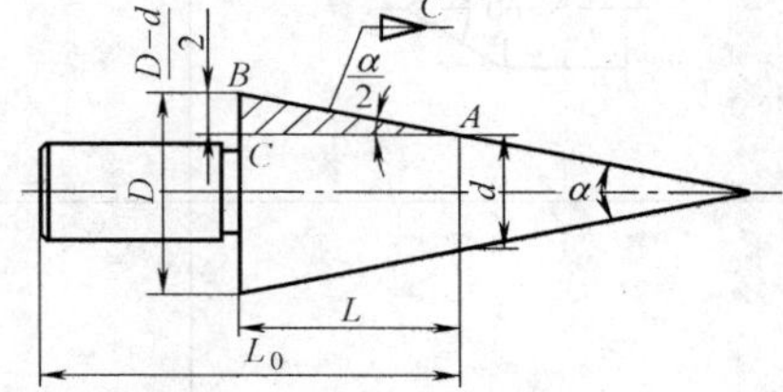

图2-88　圆锥的基本参数

$$C=\frac{D-d}{L} \tag{2-3}$$

或 $$\tan\alpha/2=\frac{D-d}{2L}\text{（工厂里常称为斜度）} \tag{2-4}$$

锥度确定后，圆锥角即能计算出来。因此，圆锥角与锥度属于同一基本参数。

三、车圆锥的方法

车圆锥主要有转动小滑板法、偏移尾座法、仿形法（靠模法）、宽刃刀车削法和铰内圆锥法五种。

1. 转动小滑板法车削圆锥

圆锥不长时，可采用转动小滑板法。车削时，将小滑板转盘上的螺母松开，把小滑板按工件的圆锥半角转动一个相应的角度，使车刀的运动轨迹与所要加工的圆锥素线平行，然后固定转盘上的螺母，摇动小刀架手柄开始车削，使车刀沿着锥面母线移动，即可车出所需要的圆锥面。

转动小滑板法车削圆锥操作简单，适用范围广，能车出整锥体和圆锥孔，可车削各种角度的内外圆锥，但一般只能用双手交替转动小滑板进给车削圆锥，零件的表面粗糙度较难控制。另外，受小滑板的行程限制，只能车削圆锥长度不大的零件，如图2-89所示。转动小滑板也可车削内圆锥，如图2-90所示。

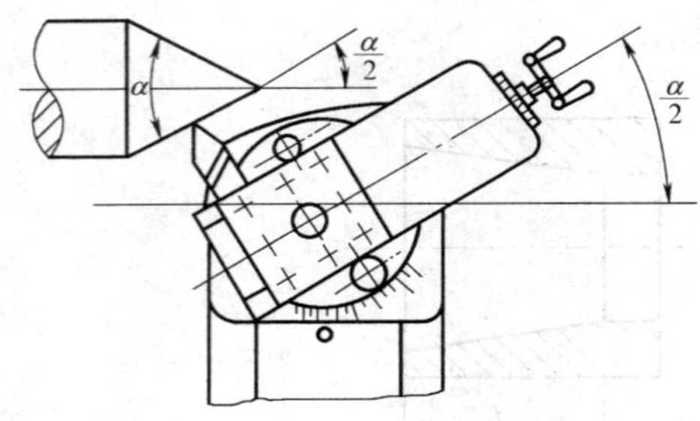

图 2-89　转动小滑板车削外圆锥

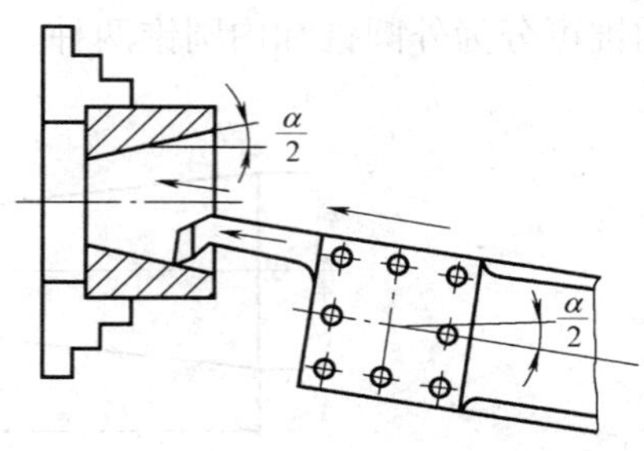

图 2-90　转动小滑板车削内圆锥

由于圆锥角度的标注方法不同，小滑板转动的角度一般需要根据图样上所标注的角度进行换算，即换算出圆锥母线与车床主轴轴线的夹角，见表 2-8。

表 2-8　图样标注的角度和小滑板应转过的角度

图　例	小滑板应转过的角度	车削示意图
60°	逆时针 30°	60° 30° 30° 30°
B A 50° 3°32′ 40° 40° C	*A* 面逆时针 43°32′	*A* 43°32′ 43°32′ 43°32′
	B 面顺时针 50°	50° 50° 50°
	C 面顺时针 50°	50° 40° 50° 50°

2. 偏移尾座法车削圆锥

在两顶尖间车削圆锥时，床鞍平行于主轴的轴线移动，但尾座横向偏移一段距离 s 后，如图 2-91 所示，工件的旋转中心与纵向进给的方向相交成一个角度 $\alpha/2$，当刀架自动或手动纵向进给时，即可车出所需的圆锥面。此法加工的表面粗糙度 Ra 值为 1.6～6.3μm，尾座偏移量可按下式计算

$$s=\frac{D-d}{2L}L_0=\frac{C}{2}L_0 \tag{2-5}$$

式中　s——尾座偏移量，单位为 mm；
　　D——最大圆锥直径，单位为 mm；
　　d——最小圆锥直径，单位为 mm；
　　L——工件圆锥部分长度，单位为 mm；
　　L_0——工件总长，单位为 mm；
　　C——锥度。

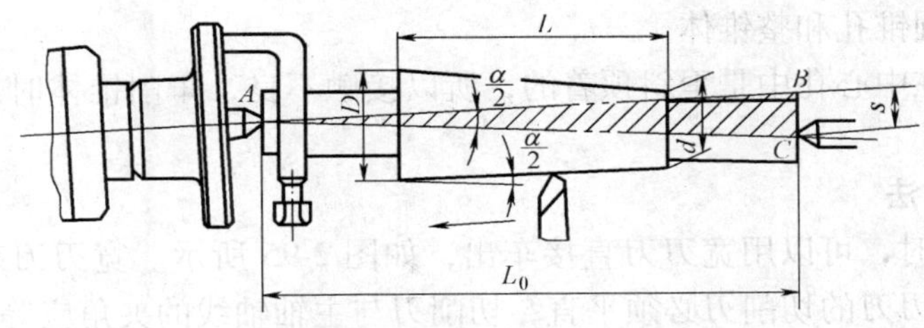

图 2-91　偏移尾座法车削圆锥

例 2-1　如图 2-92 所示的锥形心轴，$D=40\text{mm}$，$C=1:20$，$L=70\text{mm}$，$L_0=100\text{mm}$，求尾座偏移量 s。

解　根据公式（2-5）

$$s=\frac{C}{2}L_0=\frac{1/20}{2}\times 100\text{mm}=2.5\text{mm}$$

（1）后顶尖尾座偏移的方法　后顶尖尾座偏移的方法如图 2-93 所示，松开固定螺钉 5 和调节螺钉 3，再拧紧调节螺钉 6，尾座即可沿尾座导轨向右移动；反之，则向左移动。

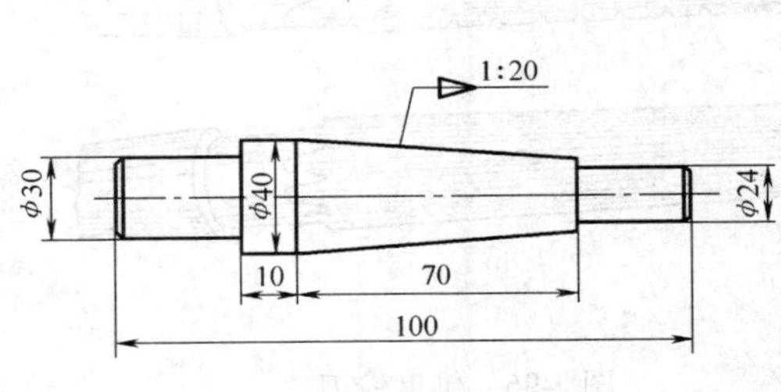

图 2-92　锥形心轴

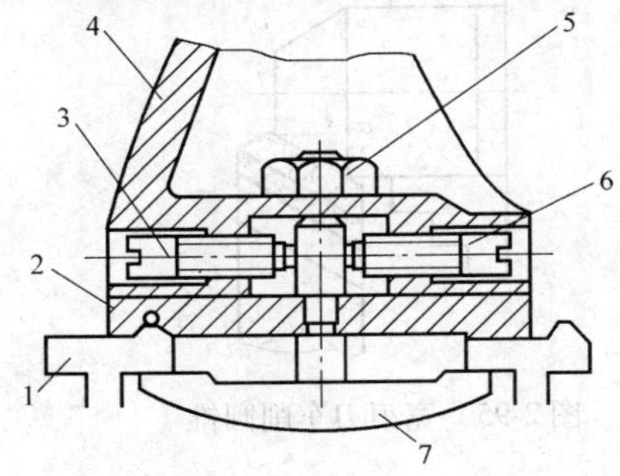

图 2-93　后顶尖尾座偏移的方法

1—床身　2—底座　3、6—调节螺钉　4—尾座体　5—固定螺钉　7—压板

（2）尾座偏移量的调整　尾座偏移量调整的方法很多，可以应用尾座的刻度进行调整，也可以应用划线的方法进行调整，这两种方法相对精度较低。

如图2-94所示的方法可精确调整尾座的偏移量，小刀架夹持一个百分表，其测头与尾座上的精确表面接触，指针对“零”位。转动尾座的调整螺钉，使指针的摆动量等于计算所得的尾座偏移量，然后紧固尾座。为确保尾座偏移量的准确调整，可在加工好零件之前进行试验。

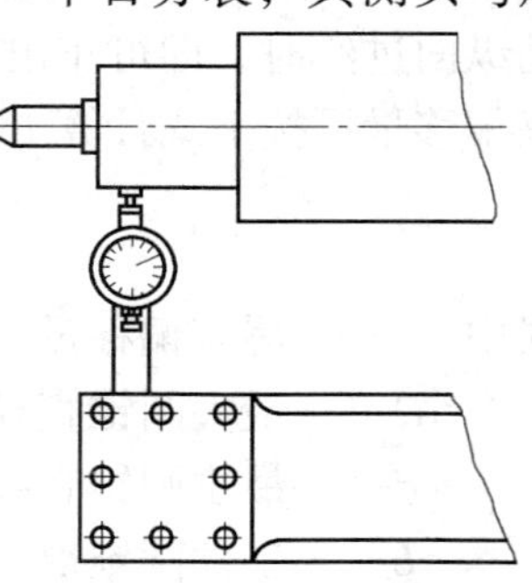

图2-94　用百分表偏移尾座的方法

（3）偏移尾座法车削圆锥要注意以下几点

1）偏移尾座法适用于加工锥度小、锥体较长的工件。

2）一般采用纵向机动进给车削加工，工件表面质量较好。

3）由于受尾座偏移量的限制，不能车削锥度较大的工件。

4）不能车削圆锥孔和整锥体。

5）由于顶尖在中心孔中是歪斜顶着的，所以接触不良，车削锥体时尾座偏移量不能过大。

3. 宽刃刀车削法

在车削短圆锥时，可以用宽刃刀直接车出，如图2-95所示。宽刃刀车削法实质上属于成形法，因此，宽刃刀的切削刃必须平直，切削刃与主轴轴线的夹角应等于工件的圆锥半角$\alpha/2$。使用宽刃刀车削圆锥时，车床必须有良好的刚性，否则容易引起振动。当工件的圆锥斜面长度大于切削刃的长度时，也可以多次接刀加工，但接刀处必须平整。

4. 铰内圆锥法

加工直径较小的内圆锥时，因刀杆强度较差，难以达到较高的精度和较小的表面粗糙度值，这时可以用锥度铰刀来加工，表面粗糙度值可达$Ra1.6\mu m$。

（1）锥度铰刀　锥度铰刀分粗铰刀和精铰刀两种，如图2-96a、图2-96b所示。粗铰刀的切削刃上有一条螺旋分屑槽，精铰刀则为锥度很精确的直线刀齿。

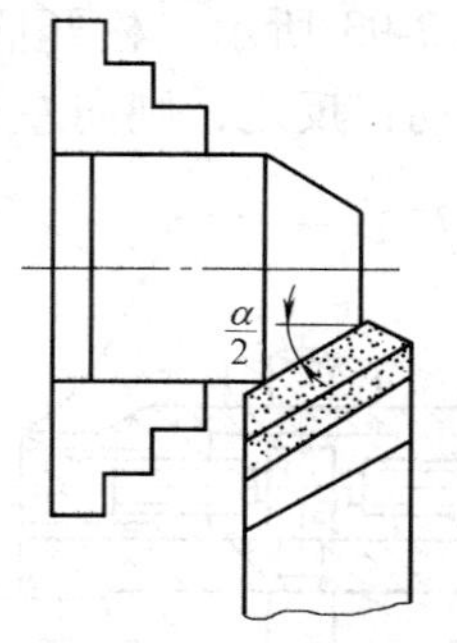

图2-95　宽刃刀车削圆锥

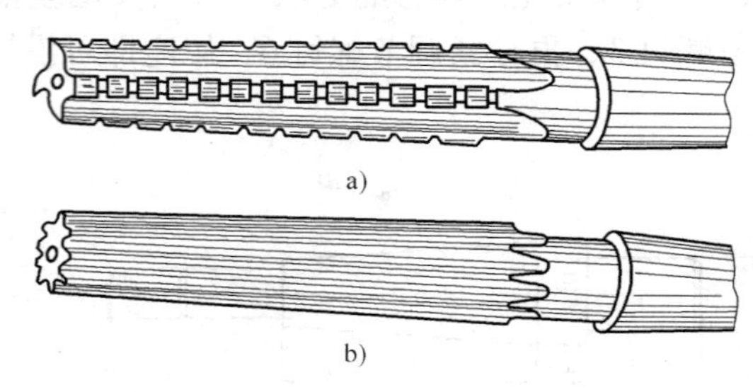

图2-96　锥度铰刀
a）粗铰刀　b）精铰刀

（2）铰内圆锥的方法

1）当内圆锥的直径和锥度较大时，钻孔后，先粗车成锥孔，并在直径上留铰削余量0.2～0.3mm，然后用精铰刀铰削。

2）当内圆锥的直径和锥度较小时，钻孔后，可直接用锥形粗铰刀粗铰，然后用精铰刀铰削成形。

铰削内孔时，工作的切削刃长，切削面积大，排屑困难，切削用量要选择小些，并加注充分的切削液。铰削钢料应使用乳化液或切削油作切削液；铰削铸铁时，可使用煤油。

四、圆锥的检测

圆锥的检测主要是指对圆锥角度和尺寸精度的检测。常用游标万能角度尺、角度样板检测圆锥角度，对于相配合精度要求较高的锥度零件，在工厂中一般采用涂色检验法，以检查接触面积的大小来评定圆锥的精度；3°以下的角度采用正弦规测量，能达到很高的测量精度。

1. 角度和锥度的检验

角度和锥度的检验方法有以下几种：

（1）用游标万能角度尺检测　游标万能角度尺可测量0°～320°范围内的任何角度。

用游标万能角度尺检测外圆锥角度时，应根据工件角度的大小，选择不同的测量方法，如图2-97所示。

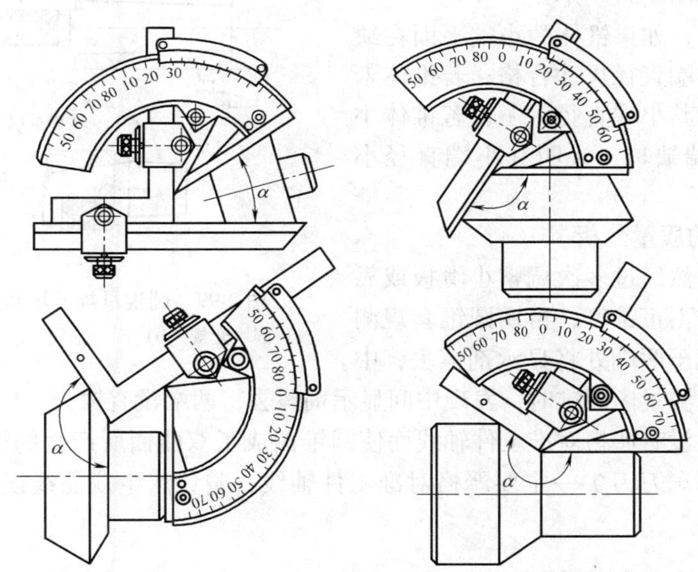

图2-97　用游标万能角度尺测量圆锥面

（2）用角度样板检测　角度样板主要用在成批和大量生产时的检测。图2-98所示为用角度样板测量齿轮角度。

（3）用涂色法检测　检验标准圆锥或配合精度要求高的工件时（如莫氏锥度和其他标准锥度），可用标准圆锥塞规或圆锥套规来测量。图2-99a所示为用圆锥套规检测外圆锥，图2-99b所示为用圆锥塞规检测外圆锥，用圆锥量规测量如图2-99c所示。

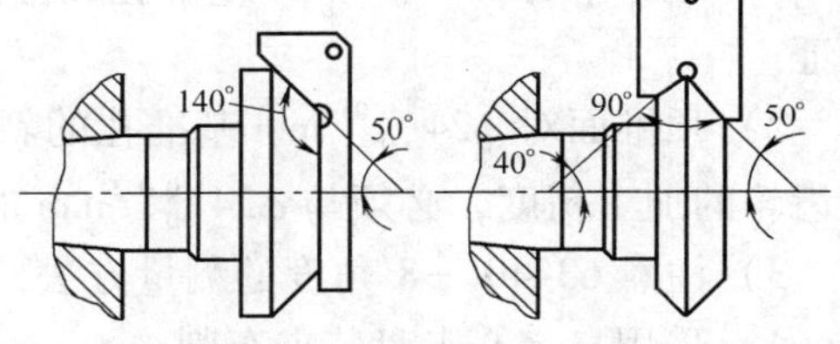

图2-98　用角度样板测量锥齿轮坯的角度

用圆锥塞规检验内圆锥时，要先在塞规表面顺着圆锥素线方向均匀地涂上三条显示剂（显示剂为印油、红丹粉、机油的调和物等，线与线相隔120°），然后把塞规放入内圆锥中转动约半周，最后取下塞规，观察显示剂擦去的情况。如果显示剂擦去均匀，则说明圆锥接触良好，锥度正确；如果小端擦着，大端没擦去，说明圆锥角大了；反之，就说明圆锥角小了。

2. 圆锥尺寸的检验

圆锥的大、小端直径可用圆锥界限量规来测量。圆锥界限量规如图2-99a、图2-99b所示。在塞规和套规的端面上分别有一个台阶（或刻线），台阶长度 m（或刻线之间的距离）就是圆锥大小端直径的公差范围。检验工件时，工件的端面位于圆锥量规台阶（两刻线）之间才算合格，如图2-99c所示。

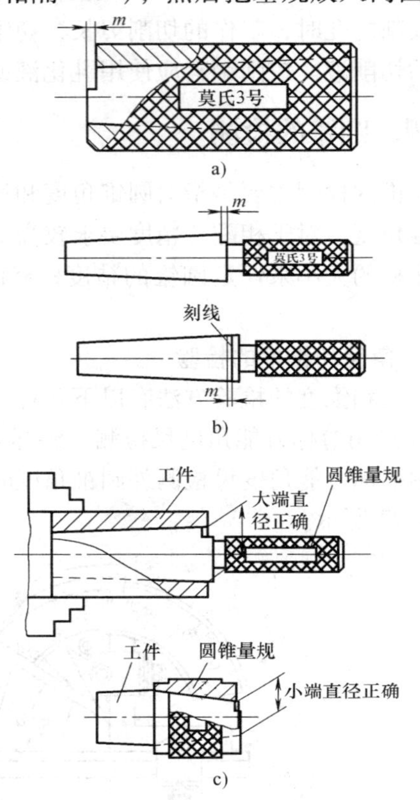

图2-99　圆锥量规及用圆锥量规测量

a）圆锥套规　b）圆锥塞规　c）用圆锥量规测量

测量外圆锥时，如果锥体的小端平面在缺口之间，说明其小端直径尺寸合格；若锥体未能进入缺口，说明其小端直径大了；若锥体小端平面超过了止端缺口，说明其小端直径小了。

3. 车圆锥时的质量分析

车圆锥时，虽然经过多次调整小滑板或靠板的转角，但仍校不正锥度；再用圆锥套规测量外圆锥时，发现于两端处将显示剂擦去，中间不接触；用塞规测量内圆锥时，发现中间显示剂擦去，两端没有擦去。以上几种情况，一般是由于车刀刀尖没有严格对准工件轴线而使圆锥面成了双曲面所产生的误差所致。因此，在车圆锥装刀时，车刀刀尖一定要严格对准工件轴线，避免产生双曲线误差，保证加工质量。

五、套类零件车削实例

锥齿轮坯的零件图样如图2-100所示，其加工工艺过程见表2-9。

锥齿轮的工艺及图样分析：

1）图样中，$\phi24^{+0.033}_{0}$mm 基准孔和锥齿轮坯的端面是零件的关键部位，工艺上必须重点保证。

2）顶锥面对 $\phi24^{+0.033}_{0}$mm 基准孔的斜向圆跳动公差为0.015mm，此公差直接影响后面锥齿轮的加工精度，必须与 $\phi24^{+0.033}_{0}$mm 的内孔一次装夹完成。

3）注意63°40′±8′角度的测量方法，角度尺寸必须符合图样要求。

4）采用自定心卡盘装夹车削。

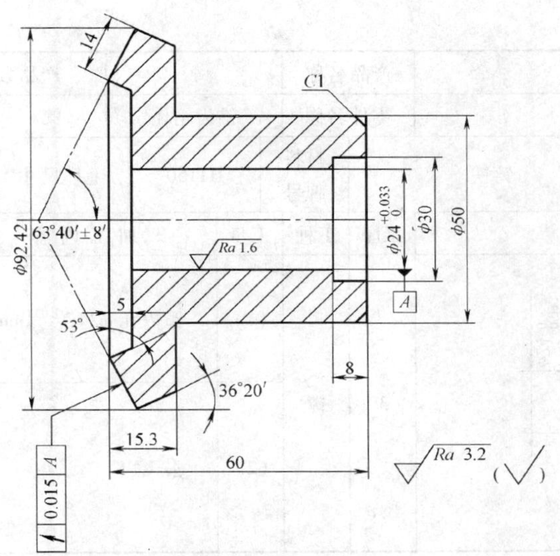

图 2-100　锥齿轮

表 2-9　锥齿轮坯加工工艺过程

加工工艺卡片		产品名称		产品数量		100
图　　号		零件名称		锥齿轮坯	第　　页	共　　页
材料种类	铸铁	材料牌号		HT150	毛坯尺寸	φ97mm×70mm
加 工 简 图	工序	工种	工步	加 工 内 容	刀具	量具
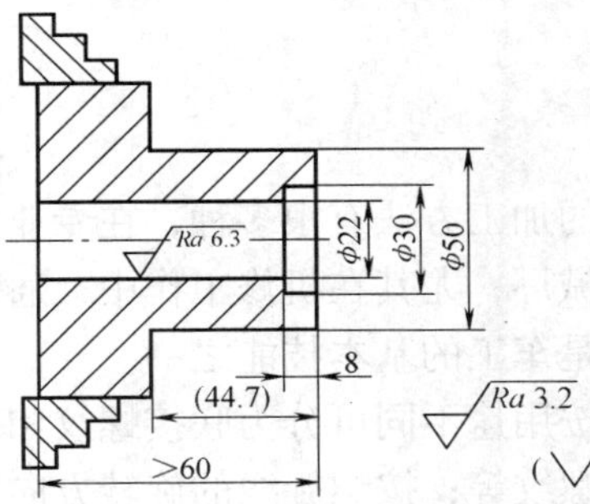	1	车钻镗	(1)	自定心卡盘装夹工件的大端面外圆，粗、精车端面，总长大于 60mm	90°车刀	游标卡尺
			(2)	粗、精车小外圆至φ50mm，控制台阶的长度(44.7±0.1)mm	90°车刀	游标卡尺
			(3)	钻孔φ22mm	φ22mm 钻头	游标卡尺
			(4)	镗φ30mm 内台阶的深度 8mm	内孔台阶镗刀	游标卡尺
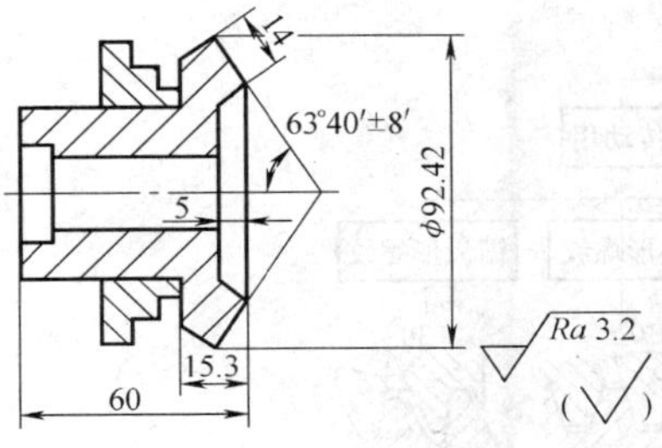	2	车	(1)	调头夹小端外圆，车端面，控制长度 15.3mm 及总长 60mm，车大外圆至φ92.42mm	90°车刀	游标卡尺
			(2)	小滑板逆时针方向旋转63°40′，车锥面至图样要求，并控制顶锥面长度14mm	90°车刀	角度尺
			(3)	小滑板顺时针方向转到36°20′(90° −63°40′)，车背锥角及内锥角，并控制深度 5mm	90°车刀	角度尺

（续）

加工工艺卡片		产品名称		产品数量	100	
图　　号		零件名称	锥齿轮坯	第　　页	共　　页	
材料种类	铸铁	材料牌号	HT150	毛坯尺寸	ϕ97mm×70mm	
加 工 简 图	工序	工种	工步	加 工 内 容	刀具	量具
$\phi 24^{+0.033}_{0}$　Ra 1.6	3	镗	（1）	镗内孔 $\phi 24^{+0.033}_{0}$ mm	内孔镗刀	内径千分尺
			（2）	去飞边	锉	

第八节　螺纹的车削与测量

【本节学习要点】

1. 了解常用螺纹的种类。
2. 熟悉普通螺纹的基本知识，并能进行螺纹尺寸的计算。
3. 了解螺纹车刀的刃磨及安装方法。
4. 掌握三角形螺纹的车削加工方法。
5. 熟悉三角形螺纹的测量方法。

在各种机械产品中，带有螺纹的零件应用很广泛。螺纹的加工方法有很多种，在专业生产中，广泛采用滚丝及搓丝等一系列先进工艺，但在一般机械厂，尤其在机修工作中，通常采用车削方法加工螺纹。车螺纹是螺纹加工的常用方法，也是车工的基本技能之一。

螺纹的种类很多，按形状可分为圆柱螺纹和圆锥螺纹；按用途不同可分为联接螺纹和传动螺纹；按牙型特征可分为三角形螺纹、矩形螺纹和锯齿形螺纹等；按螺旋线的旋转方向可分为右旋螺纹和左旋螺纹；按螺旋线的线数可分为单线螺纹和多线螺纹等。螺纹的用途和牙型分类情况如图 2-101 所示。

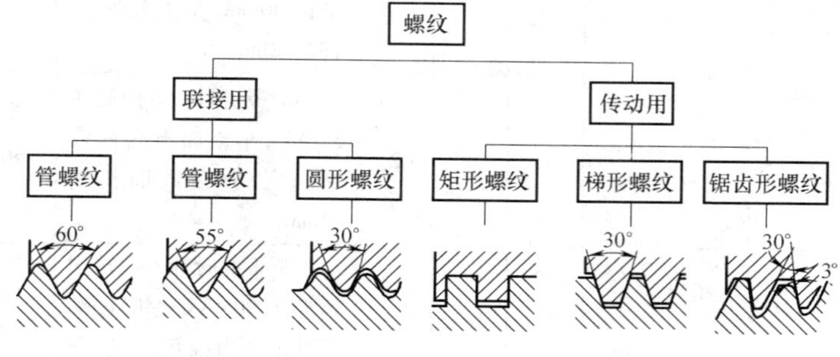

图 2-101　螺纹的用途和牙型分类

一、普通螺纹和管螺纹

1. 普通螺纹要素及各部分名称

螺纹要素由牙型、公称直径、螺距（或导程）、线数、旋向和精度等组成。螺纹的形成、尺寸和配合性能取决于螺纹要素，只有当内、外螺纹的各要素相同时，才能互相配合。

普通螺纹的各部分名称如图 2-102 所示。

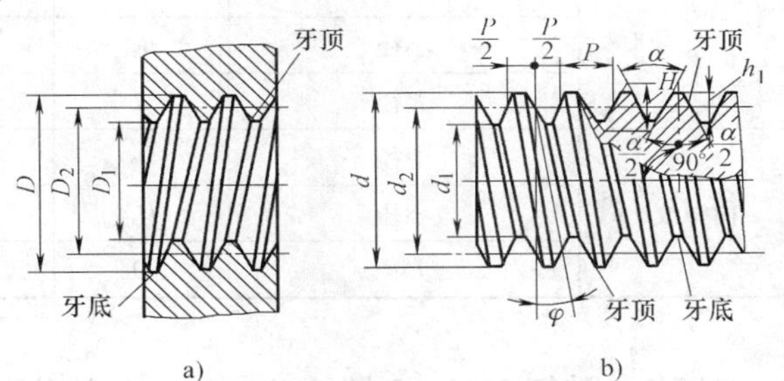

图 2-102　普通螺纹各部分的名称

1）牙型角 α：指在螺纹牙型上，两相邻牙侧间的夹角。

2）螺距 P：指相邻两牙在中径线上对应两点间的轴向距离。

3）导程 L：指同一条螺旋线上相邻两牙在中径线上对应两点间的轴向距离。

4）螺纹大径：指与外螺纹牙顶或内螺纹牙底相切的假想圆柱或圆锥的直径。外螺纹大径用“d”表示，内螺纹大径用“D”表示。国家标准规定，螺纹大径的公称尺寸称为螺纹的公称直径。

5）中径 d_2（D_2）。中径是一个假想圆柱或圆锥的直径，该圆柱或圆锥的素线通过牙型上沟槽和凸起宽度相等的地方，该假想圆柱或圆锥称为中径圆柱或中径圆锥。同规格的外螺纹中径 d_2 和内螺纹中径 D_2 相等。

6）螺纹小径 d_1（D_1）。它是与外螺纹牙底或内螺纹牙顶相切的假想圆柱或圆锥的直径，外螺纹小径用“d_1”表示，内螺纹小径用“D_1”表示。

7）顶径：与外螺纹或内螺纹牙顶相切的假想圆柱或圆锥的直径，即外螺纹的大径或内螺纹的小径。

8）底径：与外螺纹或内螺纹牙底相切的假想圆柱或圆锥的直径，即外螺纹的小径或内螺纹的大径。

9）原始三角形高度 H：指由原始三角形顶点沿垂直于螺纹轴线方向到底边的距离。

10）螺纹升角：指在中径圆柱或圆锥上螺旋线的切线与垂直于螺纹轴线平面的夹角。

2. 普通螺纹的尺寸计算

普通螺纹是我国应用得最广泛的一种三角形螺纹，牙型角为 60°。普通螺纹分粗牙普通螺纹和细牙普通螺纹，粗牙普通螺纹代号用字母“M”及公称直径表示，如 M12、M16 等。细牙普通螺纹代号用字母“M”及公称直径 ×螺距，如 M20 ×1.5，M10 ×1 等表示。细牙普通螺纹与粗牙普通螺纹的不同点是：当公称直径相同时，细牙螺纹螺距较小。

左旋螺纹在代号的末尾加注“LH”，如 M6LH、M16 ×1.5LH 等，未注明的为右旋螺纹。

普通螺纹的牙型及其主要参数的标注如图 2-103 所示，相关计算公式见表 2-10。

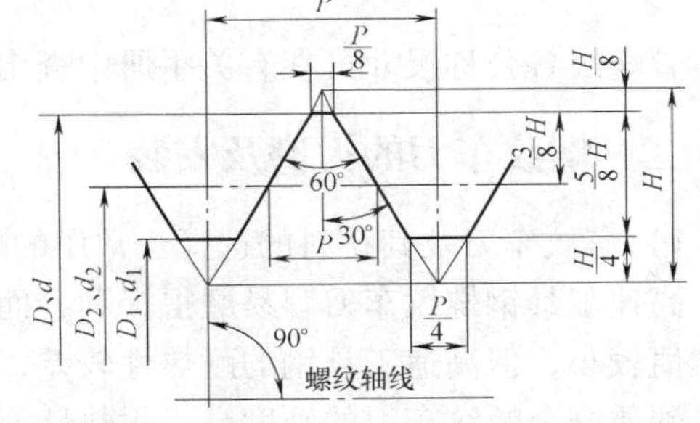

图 2-103　普通螺纹的牙型及主要参数

表 2-10 普通螺纹的尺寸计算

名称		代号	计算公式
外螺纹	牙型角	α	60°
	原始三角形高度	H	$H=0.866P$
	牙型高度	h	$H=5/8H=(5/8)\times0.866P=0.5413P$
	中径	d_2	$d_2=d-2\times(3/8)H=d-0.6495P$
	小径	d_1	$d_1=d-2h=d-1.0825P$
	大径	d	d=公称直径
内螺纹	中径	D_2	$D_2=d_2$
	小径	D_1	$D_1=d_1$
	大径	D	$D=d$=公称直径

例 2-2 计算 M24×2 螺纹 d_2、h_1、d_1 的公称尺寸。

解 已知 $d=24\text{mm}$，$P=2\text{mm}$

则 中径 $d_2=D_2=d-0.6495P=24-0.6495\times2\ (\text{mm})=22.701\ (\text{mm})$

牙型高度 $h_1=0.5413P=0.5413\times2\ (\text{mm})=1.08\ (\text{mm})$

螺纹小径 $d_1=D_1=d-1.0825P=24-1.0825\times2\ (\text{mm})=21.84\ (\text{mm})$

3. 管螺纹

管螺纹的牙型角有 55°和 60°两种。管螺纹常用于流通气体或液体的管子接头、旋塞、阀门及其他附件中。根据螺纹副的密封状态和螺纹牙型角，管螺纹可分为 55°非密封管螺纹、55°密封管螺纹和 60°密封管螺纹，如图 2-104 所示。

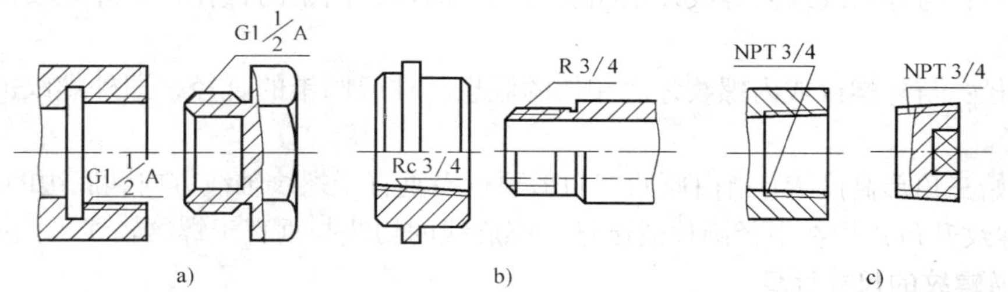

图 2-104 带管螺纹的工件

a) 55°非密封管螺纹 b) 55°密封管螺纹 c) 60°密封管螺纹

管螺纹各公称尺寸可在有关手册中查出。

二、螺纹车刀的刃磨及安装

1）螺纹车刀及其材料的选择。常用的螺纹车刀材料有高速工具钢和硬质合金两类。

高速工具钢螺纹车刀容易磨得锋利，而且韧性较好，刀尖不易崩裂，车出的螺纹表面粗造度值较小，但高速工具钢的耐热性较差，因此只适用于低速车削螺纹。

硬质合金螺纹车刀的硬度高、耐热性能好，但韧性较差，适合高速车削螺纹时使用。

2）普通螺纹车刀。高速工具钢普通螺纹车刀的几何形状如图 2-105 所示。

螺纹车刀的刀尖角直接决定螺纹的牙型角（螺纹一个牙两侧之间的夹角），对普通螺纹，其牙型角为60°，它对保证螺纹精度有很大的关系。螺纹车刀的前角对牙型角影响较大，如果车刀的前角大于或小于0°时，所车出螺纹的牙型角会大于车刀的刀尖角，且前角越大，牙型角的误差也就越大。精度要求较高的螺纹，常取前角为0°。粗车螺纹时为改善切削条件，可取正前角的螺纹车刀。

车螺纹时，因受螺旋角的影响，切削平面和基面的位置发生了变化，使车刀工作时的前角和后角与刃磨前角和刃磨后角的数值不同，普通螺纹的螺纹升角一般比较小。因此在刃磨普通螺纹车刀时应注意：刀尖角应等于牙型角；螺纹刀车两侧的切削刃必须为直线，并具有较小的表面粗糙度值；螺纹车刀两侧的后角是不相等的，刃磨时应考虑车刀进给方向的后角因受螺纹升角的影响而需加减一个角度。

3）刃磨三角形螺纹车刀时，用样板修正两刃夹角，以保证螺纹车刀的刀尖等于螺纹的牙型角，如图2-106所示。

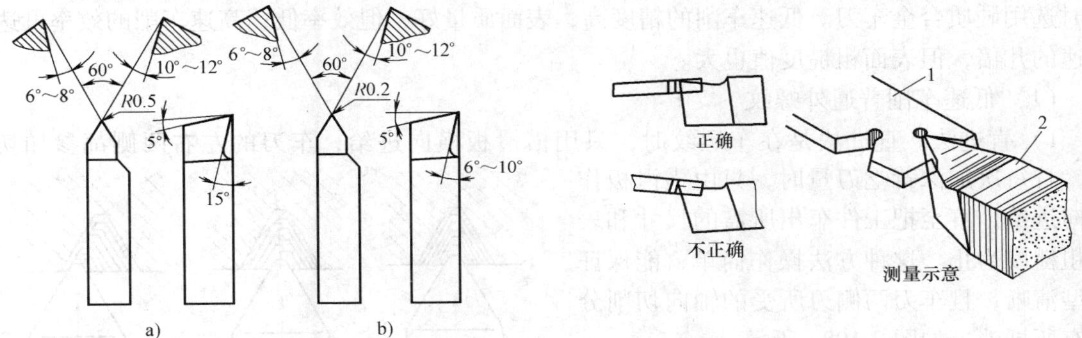

图2-105　高速工具钢普通螺纹车刀

a）粗车刀　b）精车刀

图2-106　刃磨车刀时用样板修正两刃的夹角

1—对刀样板　2—螺纹车刀

4）三角形螺纹车刀的安装。安装三角形螺纹车刀时，刀尖必须与工件的中心等高，并且刀尖的平分线要与工件轴线垂直，否则会影响螺纹的截面形状。如果车刀装得左右歪斜，车出来的牙型就会偏左或偏右。

调整车刀时，可用对刀样板保证刀尖的等分线严格地垂直于工件的轴线，如图2-107所示。

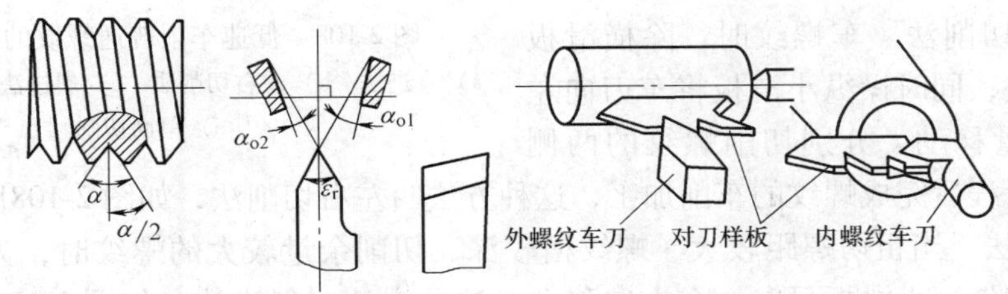

图2-107　三角形螺纹车刀及安装

三、普通螺纹的车削加工

1. 螺纹车削前的准备

1）车螺纹前把工件的螺纹外圆直径按要求车好（比规定要求应小于0.1～0.2mm）。

2）在螺纹的长度上车一条标记，作为退刀标记，然后将端面处倒角，装夹好螺纹车刀。

3）调整好车床，为了在车床上车出螺纹，必须使车刀在主轴每转一周得到一个等于螺距大小的纵向移动量。刀架是用开合螺母通过丝杠来带动的，只要选用不同的交换齿轮或改变进给箱手柄的位置，即可改变丝杠的转速，从而车出不同螺距的螺纹。

4）一般车床都有完善的进给箱和交换齿轮装置，车削标准螺纹时，可以从车床的螺距指示牌中，找出进给箱各操纵手柄应放的位置，并进行调整。

5）车床调整好后，选择较低的主轴转速，开动车床，合上开合螺母，开正反车数次后，检查丝杠与开合螺母的工作状态是否正常。为使刀具移动较平稳，需消除车床各滑板的间隙及丝杠螺母的间隙。

2. 螺纹切削的方法

车削普通外螺纹有低速和高速两种方法，低速车削时选用高速工具钢螺纹车刀，高速车削时选用硬质合金车刀。低速车削的精度高，表面质量好，但效率低；高速车削的效率可达低速的几倍，但表面粗糙度值也大。

（1）低速车削普通外螺纹

1）直进法。直进法是在车螺纹时，只用横滑板横向进给，车刀的左右两侧都参加切削，且每次加深背吃刀量时，只由横滑板作横向进给，直至把工件车出所需的尺寸和表面粗糙度为止。这种方法操作简单，能保证牙型清晰，且车刀两侧刃所受的轴向切削分力有所抵消，如图2-108a所示。

用直进法车削时，排出的切屑会绕在一起，造成排屑困难，如果进给量过大，还会产生扎刀现象，把牙型表面去掉一块。由于此时车刀的受热和受力情况严重，刀尖容易磨损，螺纹的表面粗糙度不易保证。

直进法一般用在车削螺距较小和脆性材料的工件。

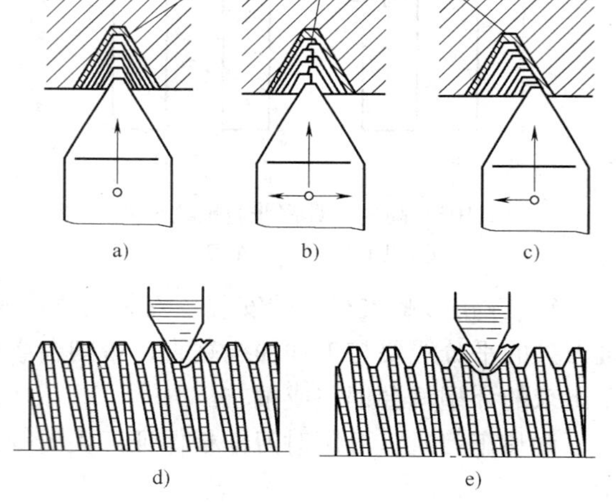

图2-108　低速车削普通螺纹的进刀方法
a）直进法　b）左右切削法　c）斜进法　d）双面切削　e）单面切削

2）左右切削法。车螺纹时，除横滑板作横向进给外，同时操纵小滑板将车刀向左或向右做微量移动，分别切削螺纹的两侧面，经几次行程后完成螺纹的车削加工，这种方法叫左右切削法，如图2-108b所示。

3）斜进法。当粗切螺距较大、螺纹槽较深、切削余量较大的螺纹时，为了操作方便，除横滑板直进外，小滑板只向一个方向移动，这种方法叫斜进法，如图2-108c所示。此法一般只用于粗车，且每边牙侧均留精车余量。精车时，则应采用左右切削法车削，具体方法是将螺纹侧车到位后，再移动车刀精车另一侧；当两侧面均车到位后，再将车刀移至中间位置，用直进法把牙底车到位，以保证牙底的清晰。

（2）高速车削普通外螺纹　用硬质合金刀高速车削普通外螺纹，可大大提高切削速度，减少进给次数，有效地提高生产率。

高速车削螺纹时，采用直进法，不宜采用左右切削法，否则会拉毛牙型的侧面，影响螺纹精度。高速车削普通螺纹时，由于车刀对工件有较大的挤压力，容易使工件胀大，所以车削外螺纹前的工件直径一般比公称尺寸小（约 $0.13P$）。

3. 螺纹车削步骤

车外螺纹的操作步骤如图 2-109 所示。

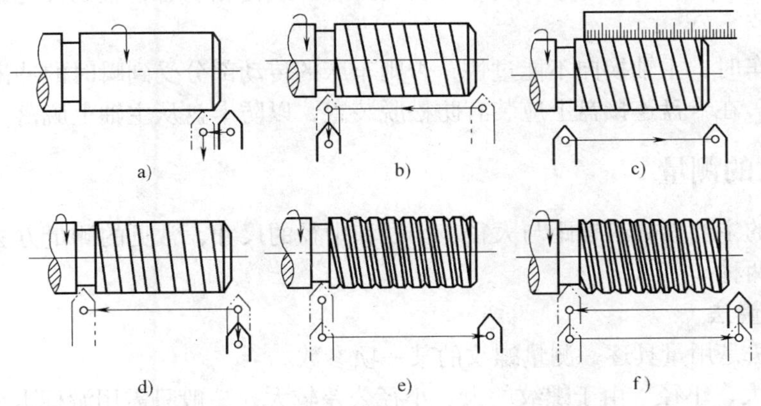

a)　b)　c)　d)　e)　f)

图 2-109　车外螺纹的操作步骤

1）开车，使车刀与工件轻微接触，记下刻度盘读数，向右退出车刀，如图 2-109a 所示。

2）合上开合螺母，在工件表面上车出一条螺旋线，横向退出车刀，停车，如图 2-109b 所示。

3）开反车使车刀退到工件右端，停车，用钢直尺检查螺距是否正确，如图 2-109c 所示。

4）利用刻度盘调整切削深度，开车切削，如图 2-109d 所示。

5）车刀将至行程终了时，应做好退刀停车准备，先快速退出车刀，开反车退回刀架，如图 2-109e 所示。

6）再次横向切入，继续切削，其切削过程的路线如图 2-109f 所示。

7）螺纹车削的特点是刀架纵向移动比较快，因此操作时既要胆大心细，又要思想集中，动作迅速协调。

四、乱扣及其预防

车削螺纹时，一般都要经过几次往复车削加工才能完成。在第二次车削时，刀尖偏离前一次车出的螺旋槽，从而把螺旋槽车乱，称为乱扣。

1. 产生乱扣的原因

产生乱扣的原因是当丝杠转一圈时，工件未转过整数圈而产生的。

车螺纹时，工件和丝杠都在旋转，如提起开合螺母后，至少要等丝杠转过一转，才能重新按下。丝杠转过一圈后，工件转了整数圈，车刀就能进入前一刀车出的螺旋槽内，就不会产生乱扣，但若丝杠转过一圈之后，工件未转过整数圈，就会产生乱扣。

2. 预防乱扣的方法

预防乱扣常用的方法是开倒顺车，即在一次行程结束后，不提起开合螺母，先将车刀沿工件径向退出，使主轴反转，让车刀沿纵向退回，然后进行第二次车削。这样，往复车削时的车刀始终在原来的螺旋槽中，就不会产生乱扣现象。

如中途需拆下刀具刃磨，磨好后应重新对刀。对刀必须在合上开合螺母使刀架移到工件的中间停车进行。此时移动刀架，使车刀切削刃与螺纹槽相吻合，且工件与主轴的相对位置不能改变。

采用倒顺车时，主轴换向不能过快，否则车床的传动部分受到瞬时的冲击，易使传动零件损坏。另外，在卡盘连接盘上应装有防松脱装置，以防卡盘从主轴上脱落。

五、螺纹的测量

测量螺纹的主要参数有螺距与大径、小径和中径的尺寸，常见的测量方法有单项测量法和综合测量法两种。

1. 单项测量法

单项测量法是用量具逐一测量螺纹的某一项参数。

（1）测量大、小径　由于螺纹的大、小径公差较大，一般只需用游标卡尺测量即可。

（2）测量螺距　在车削螺纹时，螺距的正确与否，从第一次纵向进给运动开始就要进行检查，可使第一刀在工件上划出一条很浅的螺旋线，用钢直尺、游标卡尺或螺距规进行测量，如图 2-110 所示。

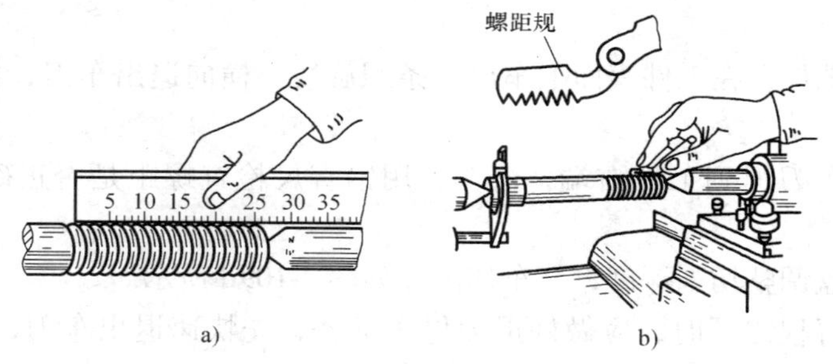

图 2-110　测量螺距

a）用钢直尺测量螺距　b）用螺距规测量螺距

（3）测量中径

1）螺纹千分尺测量。三角形螺纹的中径可用螺纹千分尺测量，如图 2-111 所示。螺纹千分尺的结构和使用方法与一般千分尺相似，其读数原理也与一般千分尺相同，只是它有两个可以调整的测量头（上测量头、下测量头）。在测量时，两个基本点与螺纹牙型角相同的测量头正好卡在螺纹牙侧，这时千分尺的读数就是螺纹中径的实际尺寸。

2）三针测量。用三针测量外螺纹中径是一种比较精密的测量方法，测量时所用的三根圆柱形量针，是由量具厂专门制造的，在没有量针的情况下，也可用三根直径相等的钢丝或新的钻头柄部代替。测量时，把三根量针放置在螺纹两侧相应的螺旋槽内，用千分尺量出两边量针之间的距离 M，如图 2-112 所示，根据 M 值可以计算出螺纹中径的实际尺寸。三针测量时，M 值和中径的计算公式见表 2-11。

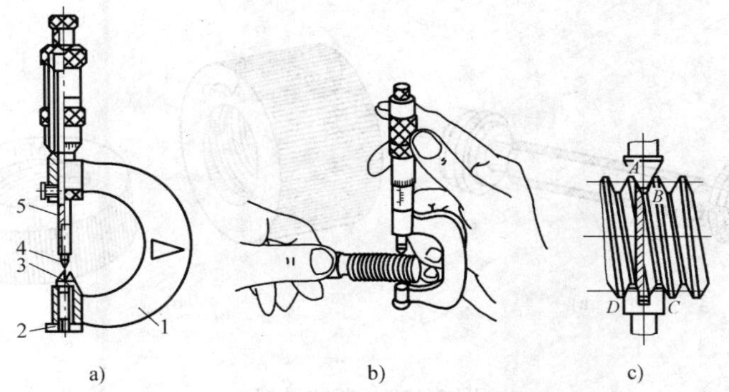

图 2-111　用螺纹千分尺测量螺纹的中径

a）螺纹千分尺　b）测量方法　c）测量原理

1—尺架　2—砧座　3—下测量头　4—上测量头　5—测量螺杆

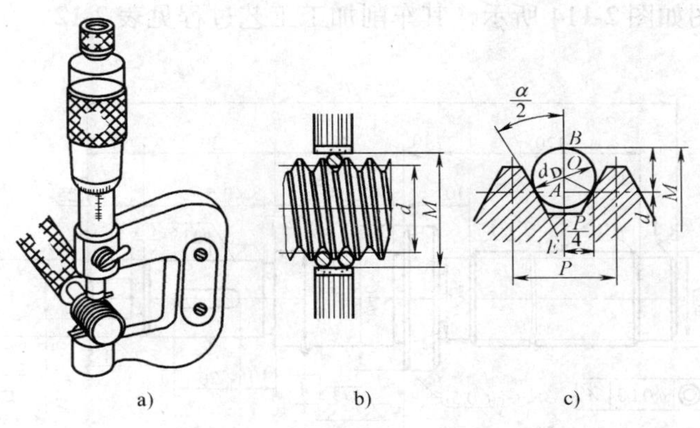

图 2-112　三针测量螺纹中径

表 2-11　三针测量螺纹中径的计算公式

螺纹牙型角 α	M 值计算公式	量针直径 d_D		
		最大值/mm	最佳值/mm	最小值/mm
60°（普通螺纹）	$M=d_2+3d_D-0.866P$	$1.01P$	$0.577P$	$0.505P$
55°（英制螺纹）	$M=d_2+3.166d_D-0.961P$	$0.894P-0.029$	$0.564P$	$0.481P-0.016$

2. 综合测量

综合测量法是采用螺纹量规对螺纹各主要的使用精度同时进行综合检验的一种测量方法。这种方法效率高，使用方便，能较好地保证互换性，广泛应用于对标准螺纹或大批量生产螺纹时的测量。

螺纹量规包括螺纹环规和螺纹塞规两种，每一种螺纹量规又有通规和止规之分，如图 2-113 所示。测量时，如果通规刚好能旋入，而止规不能旋入，则说明螺纹精度合格。对于精度要求不高的螺纹，也可以用标准螺母和螺栓来检验，以旋入工件时是否顺利和旋入后的松动程度来确定加工出的螺纹是否合格。

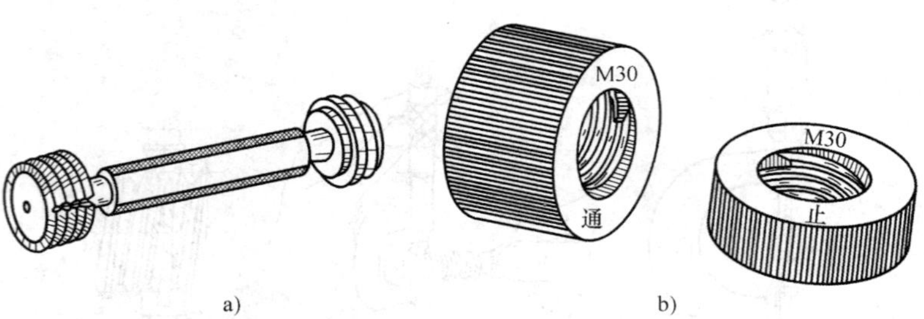

图 2-113　螺纹量规
a）塞规　b）环规

六、套类零件车削实例

螺杆轴的零件图如图 2-114 所示，其车削加工工艺过程见表 2-12。

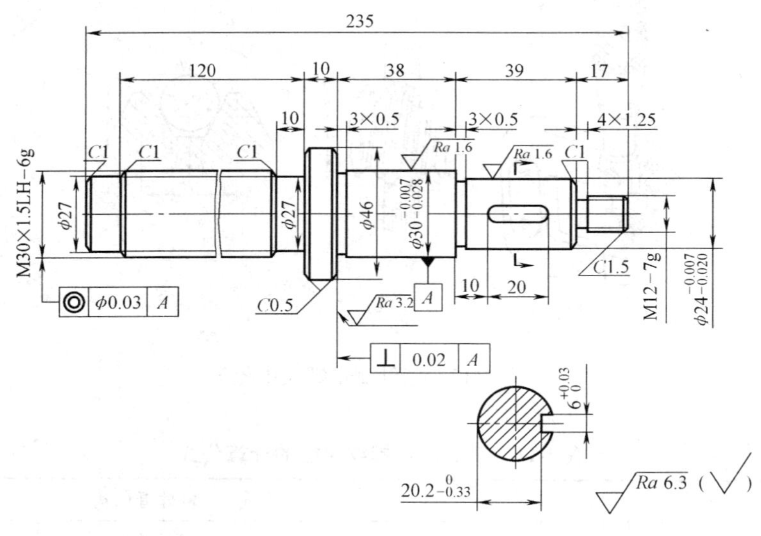

图 2-114　螺杆轴

工艺及图样分析：

1）图样中，$\phi30_{-0.028}^{-0.007}$mm 外圆为基准圆，与 ϕ46mm 轴肩的端面有公差 0.02mm 的垂直度要求，必须在一次装夹中完成。

2）M30×1.5LH-6g 螺纹与 $\phi30_{-0.028}^{-0.007}$mm 外圆轴线的同轴度公差为 ϕ0.03mm，加工时，必须采取措施保证。

3）M30×1.5LH-6g 为左旋螺纹，加工时需注意。

4）为提高生产率，粗车时采用一夹一顶的方法车削。

5）为达到图样的精度要求，精车时将工件装夹在两回转顶尖之间，用鸡心夹头带动车削。

表 2-12　螺杆轴的加工工艺过程

加工工艺卡片		产品名称		产品数量	100	
图　　号		零件名称	螺杆轴	第　　页	共　　页	
材料种类	热轧圆钢	材料牌号	45 钢	毛坯尺寸	ϕ50mm×240mm	
加 工 简 图	工序	工种	工步	加 工 内 容	刀具	量具
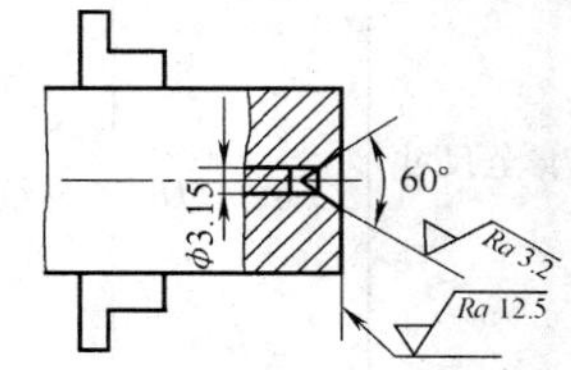	1	车、钻	(1)	自定心卡盘装夹工件，粗、精车毛坯外圆，车端面	45°车刀	游标卡尺
			(2)	钻中心孔 ϕ4mm	ϕ4mm 中心钻	
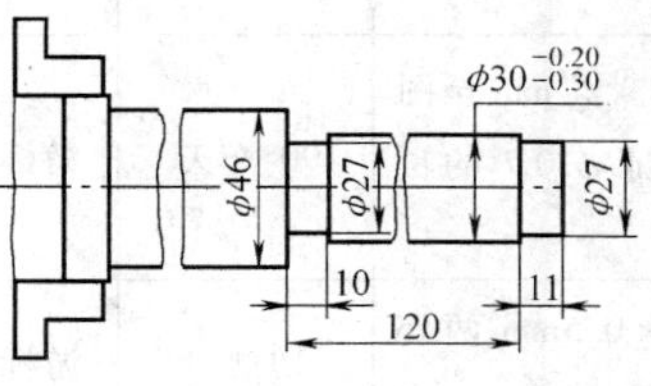	2	车	(1)	一夹一顶车 ϕ46mm 外圆至尺寸	45°车刀	游标卡尺
			(2)	车 M30×1.5LH-6g 螺纹的大径至 $\phi30_{-0.30}^{-0.20}$mm，长度 131(130+1)mm	90°车刀	游标卡尺
			(3)	车外圆 ϕ27mm 至尺寸，长度 11mm	90°车刀	游标卡尺
			(4)	车外沟槽 ϕ27mm × 10mm 至尺寸	90°车刀	游标卡尺
			(5)	倒角(3 处)	45°车刀	
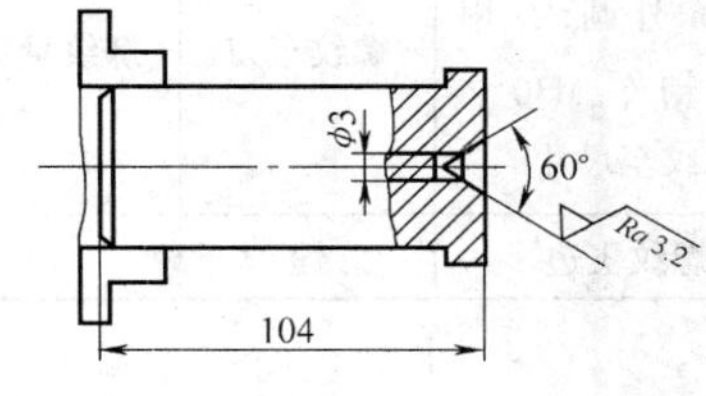	3	车钻	(1)	夹 ϕ46mm 外圆，车端面，保证长度 104mm(104=10+38+39+17)	90°车刀	游标卡尺
			(2)	钻中心孔 ϕ4mm	ϕ4mm 中心钻	
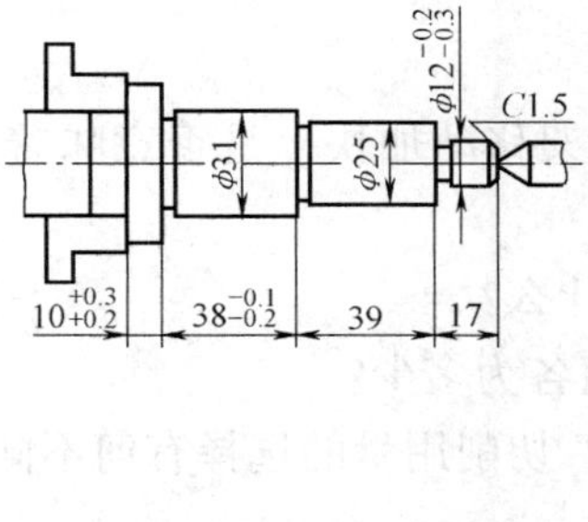	4	车	(1)	一夹一顶粗车 ϕ30mm 外圆至 ϕ31mm、长 39mm，保证 ϕ46mm 外圆，长 $10_{+0.2}^{+0.3}$mm	90°车刀	游标卡尺
			(2)	粗车 $\phi24_{-0.002}^{-0.007}$ mm 外圆，长 39mm	90°车刀	游标卡尺
			(3)	车螺纹 M12-7g 大径至 $\phi12_{-0.3}^{-0.2}$mm，并控制长度 17mm	螺纹车刀	螺纹量规
			(4)	车退刀槽 4mm × 1.25mm	切槽刀	游标卡尺
			(5)	倒角	45°车刀	

（续）

加工工艺卡片		产品名称		产品数量	100
图　　号		零件名称	螺杆轴	第　　页	共　　页
材料种类	热轧圆钢	材料牌号	45 钢	毛坯尺寸	ϕ50mm×240mm

加 工 简 图	工序	工种	工步	加 工 内 容	刀具	量具
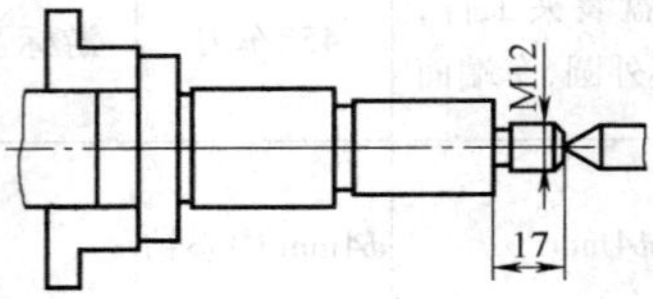	5	车	(1)	车螺纹 M12-7g 至尺寸（也可套螺纹）	螺纹车刀	螺纹量规
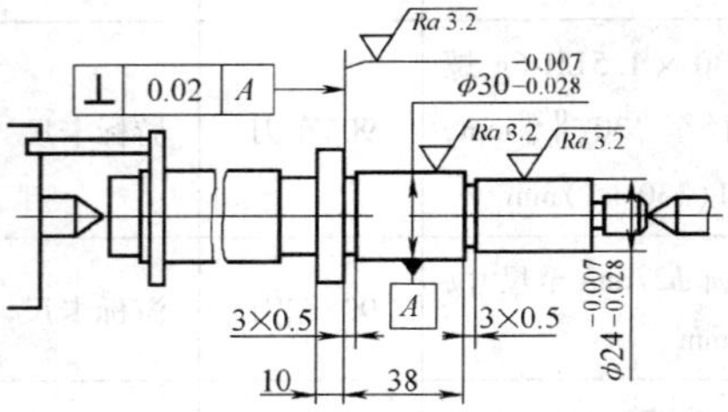	6	车	(1)	将工件装夹在两回转顶尖之间，精车 $\phi30^{-0.007}_{-0.028}$ mm 至图样要求	90°车刀	游标卡尺
			(2)	精车 $\phi24^{-0.007}_{-0.028}$ mm 至图样要求，保证 ϕ30f7 的长度 38mm	90°车刀	游标卡尺
			(3)	车 3mm × 0.5mm 两处外沟槽	切槽刀	游标卡尺
			(4)	倒角	45°车刀	
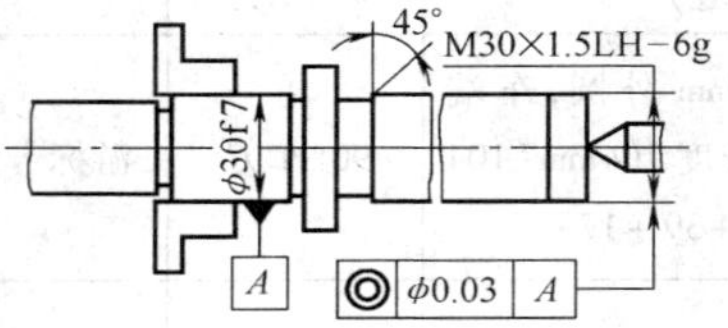	7	车 锉	(1)	调头用软卡爪夹 $\phi30^{-0.007}_{-0.028}$ mm 外圆，并用顶尖支承，精车 M30 × 1.5LH-6g 螺纹至尺寸	螺纹车刀	螺纹量规
			(2)	用锉修去螺纹飞边	锉	

习　　题

1. 根据 C6132 车床的外形图说明车床由哪些主要部件组成？其各自主要功能是什么？
2. C6132 车床型号中各个字母和数字的含义是什么？C6136 和 C6140 的含义呢？
3. C6132 车床主轴转速和进给量是如何调整的？
4. 试绘简图说明车床加工的范围是什么？
5. 主轴转速是否就是切削速度？当主轴转速提高时，刀架移动加快，是否意味着进给量增大？
6. 什么叫切削速度、进给量和背吃刀量？其选择原则是什么？
7. 车削加工的尺寸公差等级可达几级？表面粗糙度 *Ra* 值各为多少？
8. 粗车和精车的要求是什么？刀具角度的选用有何不同？切削用量的选择有何不同？
9. 切削液有什么作用？如何选用？
10. 车床常用的工件装夹方法有哪些？各适用于安装哪些形状的工件？

11. 车刀切削部分的材料应具有什么要求？
12. 常用车刀的结构有哪几种？常用车刀的材料有哪两大类？
13. 常用车刀的种类有哪几种？各自的用途是什么？
14. 安装车刀时应注意哪些问题？
15. 简述车刀刃磨的一般步骤和方法。
16. 车床常用的工件装夹方法有哪些？各适用哪些形状的工件？
17. 什么叫找正？单动卡盘找正的方法有哪几种？单动卡盘装夹工件要注意哪些问题？
18. 用花盘装夹工件与用花盘、弯板装夹工件有何不同？
19. 车外圆、台阶和端面常用的车刀有哪些？车削加工时，有哪些注意事项？
20. 车削外圆时，试切的方法与步骤是什么？
21. 切断加工的常用方法有哪些？切断加工时，有哪些注意事项？
22. 试简述车床上加工孔的方法有哪些。镗孔加工时有哪些注意事项？
23. 车削加工时，保证套类零件同轴度、垂直度等技术指标的加工方法有哪些？
24. 圆锥面配合的主要特点是什么？
25. 车圆锥的方法主要有哪几种？试简单说明各自的操作方法及适用场合。
26. 圆锥的检测方法主要有哪几种？
27. 根据图 2-102 所示的普通螺纹的剖视图说明普通螺纹各部分的名称及含义。
28. 试计算 M16×1.5 螺纹的 d_2、h_1、d_1 的公称尺寸。1 个 in（25.4mm）8 牙的螺纹，其螺距为多少？
29. 常用螺纹的牙型有哪几种？
30. 简述低速车削三角螺纹时的进刀方法有哪几种？
31. 参照图 2-108 简述车外螺纹的操作步骤。
32. 车螺纹时产生乱扣的原因是什么？如何预防？
33. 哪种螺纹测量方法广泛应用于标准螺纹或大批量生产螺纹时的测量？试简述其方法。
34. 参照表 2-5 的加工工艺过程表格，拟定如图 2-115、图 2-116、图 2-117、图 2-118 所示零件的加工工艺。

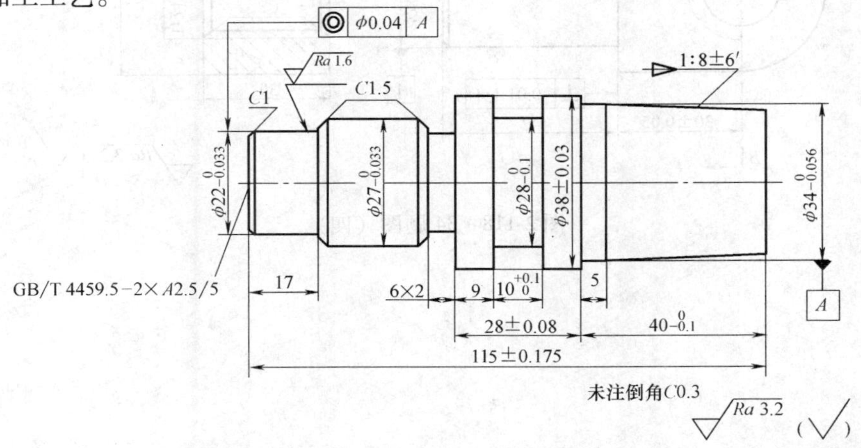

图 2-115　34 题图（一）

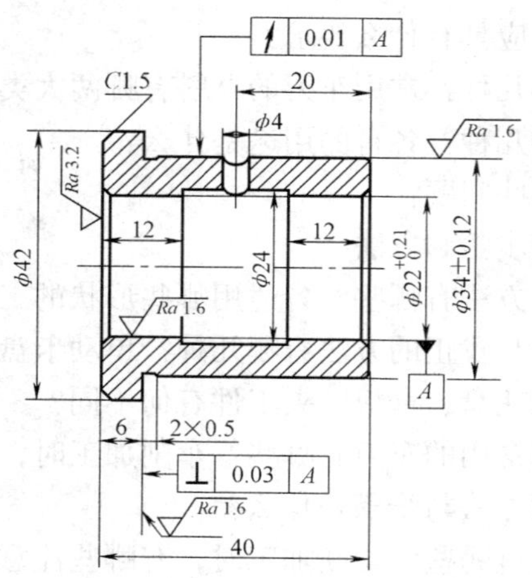

图 2-116 34 题图（二）

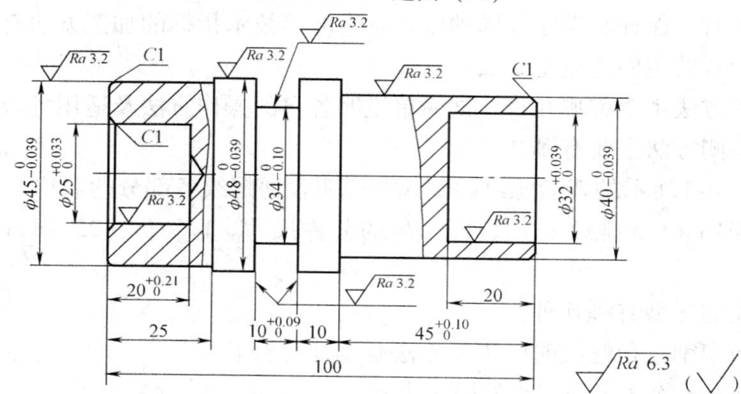

图 2-117 34 题图（三）

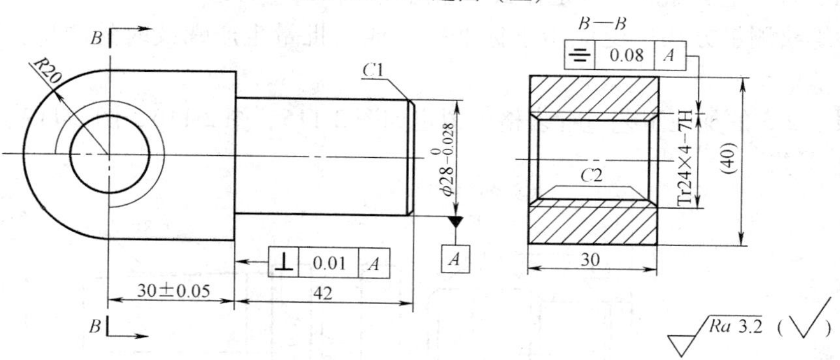

图 2-118 34 题图（四）

第三章

铣削加工技能训练基础

【学习目标】

1. 熟练掌握立式摇臂万能铣床的工作内容、结构、基本操作及调整方法。
2. 熟悉立式铣床铣刀的材质、类型、用途及安装方法。
3. 熟悉立式铣床的附件及工件的安装。
4. 熟练掌握立式铣床的铣削参数及铣削方法。
5. 熟练掌握典型零件的铣削加工技能。

第一节　铣床基础知识

【本节学习要点】

1. 了解铣床的种类和型号的编制方法。
2. 熟悉立式摇臂铣床的结构及主要部件的功用。
3. 熟悉立式铣床的铣削工作内容。
4. 掌握立式摇臂铣床的操作和调整方法。
5. 掌握铣床的常见故障及处理方法。

金属切削加工的方法有很多，铣削是最常用的方法之一，它是利用在铣床上安装铣刀来切削金属。铣床的生产率高，能加工各种形状和一定精度的零件，而且其结构日趋完善，在机器制造中得到了普遍的应用。

铣床的种类很多，有卧式铣床、立式铣床、龙门铣床和工具铣床等。塑料模具加工生产中，立式摇臂万能铣床应用得最为广泛。

一、铣床的种类

1. 立式铣床

如图 3-1 所示是立式铣床的外形，其主要特征是铣床主轴轴线与工作台台面垂直，因其主轴呈竖立位置，所以称为立式铣床。

立式铣床铣削时，铣刀安装在与主轴相连接的刀轴上，绕主轴做旋转运动，被切削工件装夹在工作台上，相对铣刀做相对运动，完成铣削过程。立式铣床的加工范围很广，通常在立式铣床上可以安装面铣刀、立铣刀和特形铣刀等，铣削各种沟槽和表面。另外，利用机床附件，如回转工作台、分度头，立式铣床还可以加工圆弧、曲线外形、齿轮、螺旋槽、离合器等较复杂的零件。当生产批量较大时，在立式铣床上采用硬质合金刀具进行高速铣削，可以大大提高生产率。

立式铣床按立铣头的不同结构，又可分为两种：

1）立铣头与机床床身成为一体。这种立式铣床刚性好，但加工范围比较小。

2）立铣头与机床床身之间有一回转盘，盘上有刻度线，主轴随立铣头可扳转一定角度以适应铣削各种角度面、椭圆孔等工件。由于该种铣床的立铣头可回转，所以目前在生产中应用广泛。

图 3-1　XS5030 型立式铣床

2. 立式摇臂万能铣床

立式摇臂万能铣床如图 3-2 所示，这类铣床的特点是具有广泛的万用性能。这种铣床能进行以铣削为主的多种切削加工，可以进行立铣、卧铣、镗、钻、磨、插等工序，还能加工各种斜面、螺旋面、沟槽和弧形槽等，适用于各种零件维修，尤其适用于制造各种工夹模具。该机床结构紧凑、操作灵活、加工范围广，是一种典型的多功能铣床。

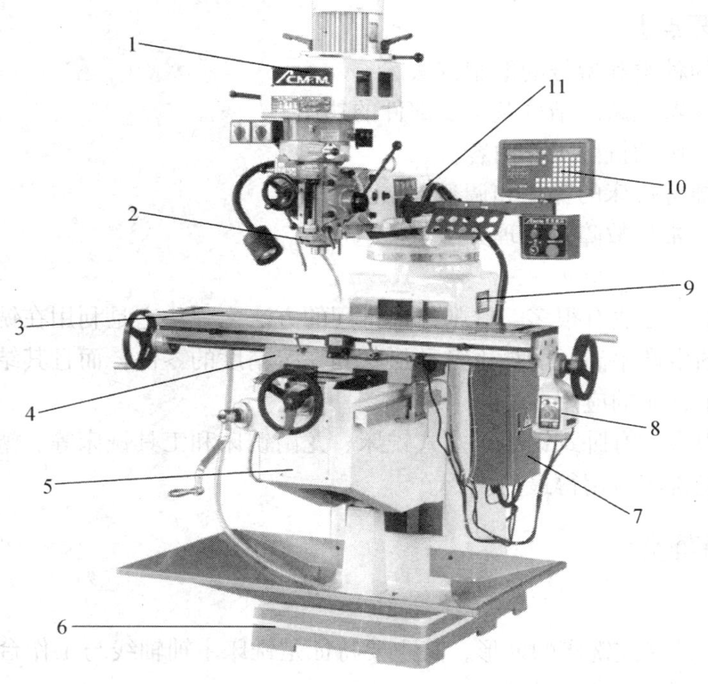

图 3-2　立式摇臂万能铣床

1—立铣头　2—主轴　3—工作台　4—横向溜板　5—升降台　6—床脚
7—电器箱　8—纵向走刀器　9—床身　10—电子尺　11—摇臂

3. 龙门铣床

龙门铣床是无升降台铣床的一种类型，属于大型铣床，其铣削动力安装在龙门导轨上，可做横向和升降运动；工作台安装在固定床身上，仅做纵向移动。龙门铣床根据铣削动力头的数量有单轴、双轴和四轴等多种形式。

如图 3-3 所示是一台龙门铣床，铣削时，若同时安装多把铣刀，可铣削工件的几个表面，工作效率高，适宜加工大型箱体类工件的表面，如机床床身表面等。

图 3-3　龙门铣床

4. 卧式铣床

如图 3-4 所示是卧式铣床的外形图，其主要特征是铣床主轴轴线与工作台台面平行，因其主轴呈横卧位置，所以称为卧式铣床。

铣削时，将铣刀安装在与主轴相连接的刀轴上，随主轴做旋转运动，被切工件安装在工作台面上相对铣刀做进给运动从而完成切削工作。

卧式铣床的加工范围很广，可以加工沟槽、平面、特形面和螺旋槽等。卧式万能铣床还带有较多附件，因而加工范围比较广，应用范围广泛。

图 3-4　X6132 型卧式万能铣床

二、铣床型号的编制方法

铣床的型号不仅仅是一个代号，它能反映出机床的类别、结构特征、性能和主要的技术规程。机床型号编制按 2008 年发布的《金属切削机床　型号编制方法》（GB/T 15375—2008）执行。铣床型号的编制，是采用汉语拼音字母和阿拉伯数字按一定规律组合排列而成的，这里仅介绍其表示法和机床类别代号、机床通用特性代号、铣床类组系代号及主参数或设计顺序号的意义。

1. 各代号的意义

（1）类别代号　机床类别代号用汉语拼音字母表示，处于整个型号的首位，如“铣床类”第一个汉字拼音字母是“X”（读作“铣”），则型号首位用“X”表示；“磨床类”就用拼音字母“M”表示机床代号。

（2）机床通用特性及结构特性代号　机床通用特性代号用汉语拼音字母表示，位居类别代号之后，用来对类型和规格相同而结构不同的机床加以区分。例如“数字控制铣床”，机床类别代号用“X”表示，居首位，通用特性代号用“K”表示，位居X之后，其汉语拼音字母的代号为“XK”。如果结构特性不同，也采用汉语拼音字母表示，位居通用特性之后，但具体字母表示的意义没有明文规定。

（3）组系代号　机床组系代号用两位阿拉伯数字表示，位于类别代号或特性代号之后，如铣床X5032，在X之后的两位数字“50”表示立式升降台式铣床；铣床X6132，在X之后的两位数字“61”表示卧式万能升降台式铣床。

（4）主要参数代号或设计顺序代号　机床型号中的主要参数代号是将实际数值除以10或100，折算后用阿拉伯数字表示的，位居组系代号之后。机床的主参数经过折算后，当折算值大于1时，用整数表示，如工作台面宽度320mm是“X5032”的主参数，按1/10折算值为32，大于1，则主参数代号用“32”表示。也有一些主参数用1/100进行折算表示，常见于龙门铣床、双柱铣床等较大型的铣床。各种机床的主参数内容有所不同，如X5032、X6132铣床的主参数都是工作台面的宽度，而键槽铣床的主参数则表示加工槽的最大宽度。

机床的统一名称和组系划分以及型号中主参数的表示方法，见标准GB/T 15375—2008中的金属机床统一名称和类、组、系划分表。

2. 铣床型号的表示法

铣床型号的表示法参见下面的型号举例。

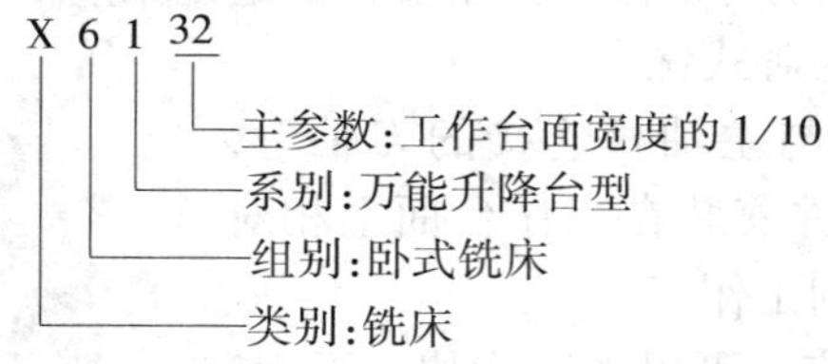

三、X6325型立式摇臂万能铣床主要部件的功用

X6325型立式摇臂万能铣床的外形如前图3-2所示，其各部件的功用如下：

（1）立铣头　其功用是将主电动机（双速电动机）的额定转速通过传动带传动变换成16种不同的主轴转速，以适应各种铣削加工的需要。立铣头可以在X和Y方向转动。

（2）主轴　主轴是一前端带锥孔的空心轴，锥孔的锥度为$R8$，用来安装铣刀刀杆和铣刀。主电动机输出的旋转运动经主轴变速机构驱动主轴连同铣刀一起旋转，实现铣削加工的主运动。

（3）工作台　工作台用以安装铣床夹具和工件，带动工件实现各种进给运动。

（4）横向溜板　横向溜板用来带动工作台实现横向进给运动。有些机床配置了横向进给箱，可以使工作台实现横向机动进给。

（5）升降台　升降台用来支承横向溜板和工作台，带动工作台做上下移动。

(6) 床脚　床脚用来支持机床主体，承受铣床的全部重量，盛储切削液。

(7) 电器箱　电器箱用来安装变压器、继电器等各类机床电器。

(8) 纵向走刀器　纵向走刀器可实现工作台的纵向快速进给及加工时的机动进给，可无级调速。

(9) 床身　床身是机床的主体，用来安装和连接机床的其他部件。床身正面有垂直导轨，可引导升降台做上下移动；顶部有燕尾形水平导轨，用以安装横梁并按需要引导横梁做水平移动；内部装有主轴和主轴变速机构。

(10) 电子尺　电子尺可数字显示机床的纵向和横向的坐标值，精确到0.005mm，便于加工时控制工件的尺寸精度。

(11) 摇臂（滑枕）　摇臂可沿床身顶部燕尾形导轨移动及转动，并可按需要调节其伸出长度，从而改变立铣头的加工行程。

四、X6325型立式摇臂万能铣床的主要技术参数

工作台面积：	250mm×11120mm
纵向行程：	560mm
横向行程：	200mm
垂向行程：	400mm
主轴孔锥度：	*R*8
主轴转速范围：	70～4500r/min
主轴转速级别：	16级
主电动机功率：	2.2kW
滑枕行程：	500mm
主轴套筒行程：	127mm
铣头回转角度：	*X*：±90°；*Y*：±45°
进给速度范围：	5～300mm/min
快速移动速度：	700～2000mm/min
机床外形：	1675mm×1650mm×2190mm
冷却系统：	内置式
机床重量：	1400kg

五、铣削加工范围

铣削是以铣刀旋转作主运动，工件或铣刀做进给运动的切削加工方法，是最常用的切削加工方法之一，其加工精度为IT9～IT7；表面粗糙度值*Ra*6.3～1.6μm。铣削加工范围广、生产率高，其加工范围如图3-5所示。

六、立式摇臂万能铣床的基本操作

铣床的型号较多，不同型号的铣床的技术参数各不相同，如转速及进给可调范围、工作台尺寸、电动机功率以及加工方式等。以下重点介绍X6325型立式摇臂万能铣床，它的外观形状如图3-2所示，立铣头系统的结构如图3-6所示，其操作方法如下：

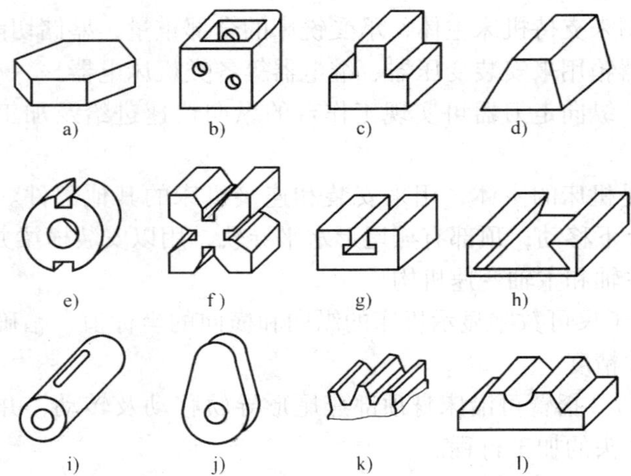

图 3-5 铣削加工范围

a）铣外形 b）铣内形 c）铣台阶 d）铣斜面 e）铣沟槽 f）铣 V 形面 g）铣 T 形槽 h）铣燕尾槽 i）铣键槽 j）铣曲面 k）铣齿轮 l）铣特形面

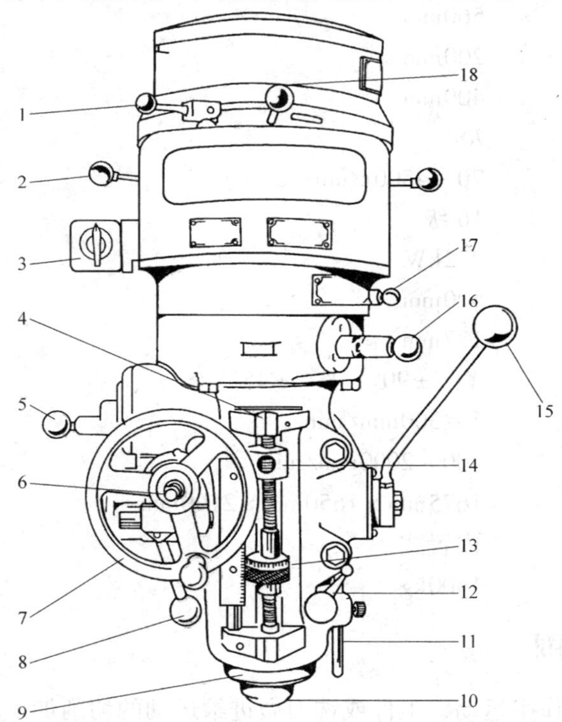

图 3-6 立铣头系统的结构

1—主轴制动及固定杆 2—传动带松紧及变速控制杆 3—开关 4—校准参考面 5—进给量选择柄 6—进给方向控制钮 7—微量进给手轮 8—进给控制杆 9—升降套筒 10—主轴 11—指示器装置杆 12—升降套筒固定杆 13—深度控制游标刻度环 14—升降套筒停止挡 15—升降套筒进给把手 16—自动进给驱动柄 17—后列齿轮选择柄 18—主轴离合器杆

（1）起、制动　起、制动操作示意图如图3-7所示。

1）起动。

①接通电源；

②扳动头部左侧的开关至所需转向（正转或反转）。

2）制动。

①停止进行中的进给；

②关掉电源开关；

③扳动主轴制动杆，直到主轴完全停止。

（2）速度变换（变速前停止电动机）　速度变换操作示意图如图3-8所示，手柄1、2同处*A*位置时为直接传动带驱动；同处*B*位置时为后列齿轮传动（手柄1以对好孔为到位，手柄2以扳不动为到位）；由*B*转为*A*时，要注意离合器切实啮合（听到“咔”一声）后再开车。如开机后有齿轮响声请即关机，并转动传动带让带轮下降与齿轮啮合后再开机。

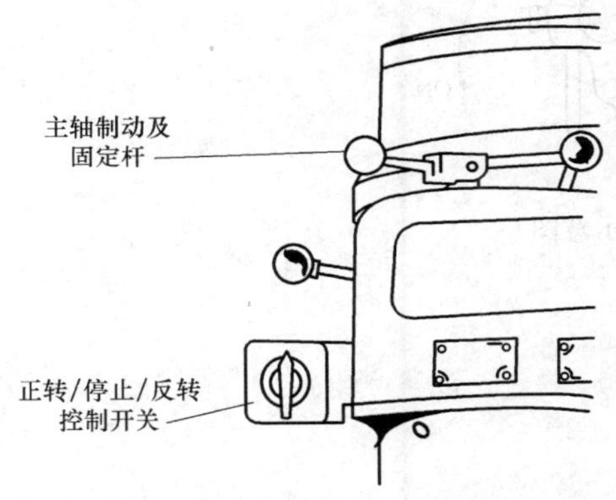

图3-7　起、制动操作示意图

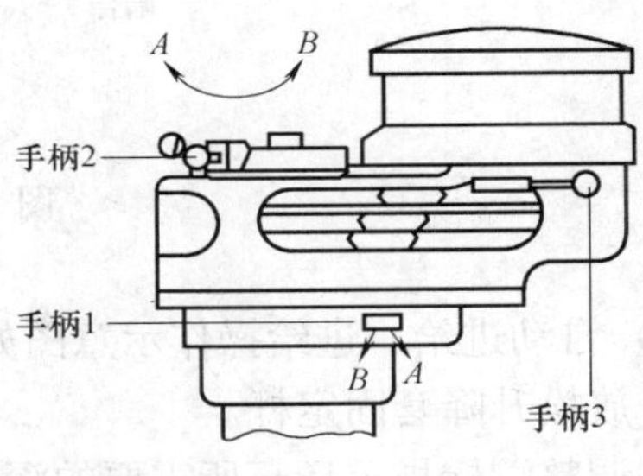

图3-8　速度变换操作示意图

1）同范围内的变速。

①关掉电源；

②放松电动机固定杆（手柄3）；

③向前移动电动机；

④将传动带置入合适的带轮沟内；

⑤将电动机推向后方，使V形带拉紧；

⑥锁紧电动机固定杆。

2）从直接驱动变到后齿轮传动。

①关掉电源；

②将手柄1置于*B*位置孔内；

③手柄2置于*B*位置（扳到底）；

④转动传动带让带轮下降；

⑤转动主轴无异常声音；

⑥主轴转速即由高速变为低速。

（3）手动微量进给　进给机构示意图如图3-9所示。

1）松开自动进给驱动柄。

2）将进给方向控制钮置于中央（空挡）位置。

3）扳动进给控制杆，使离合器啮合。

4）此时升降套的进给即可用手轮来控制。

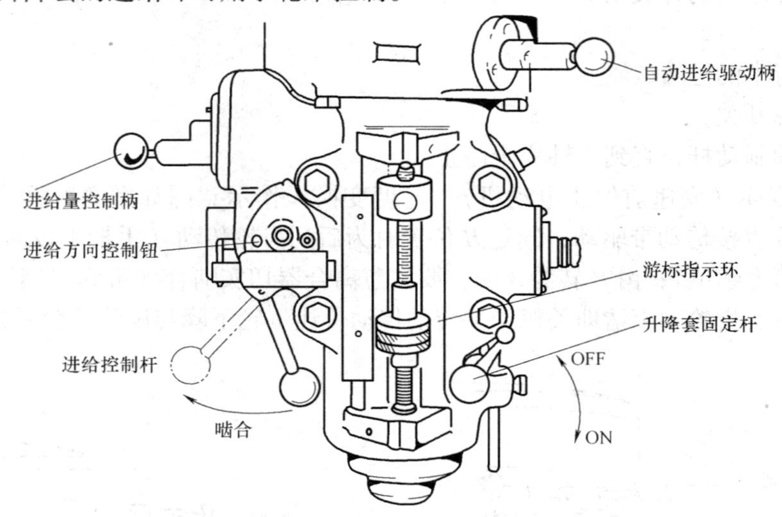

图 3-9　进给结构示意图

（4）自动进给　进给操作示意图如图 3-9 所示。

1）放松升降套固定杆。

2）调整游标指示环至所需要的深度。

3）扳动自动进给驱动柄（电动机要停止）。

4）由进给量控制柄选择进给量。

5）由进给方向控制钮选定进给方向。

6）将升降套进给把手朝下，使升降套停止挡离开限位销。

7）扳动进给控制杆，使离合器啮合。

8）这时升降套即可自动进给。

注意：自动进给的最大钻孔直径为 9.5mm（材料：钢）；当主轴转速超过 3000r/min 时，请勿使用自动进给。

（5）升降套快速手动进给　升降套快速手动进给的操作示意图如图 3-10 所示。

1）置手柄于轮壳上。

2）选择最适当的位置。

3）推动手柄直至定位销啮合。

（6）工作台的操作方法

1）鞍座（含工作台）的横向移动。鞍座（含工作台）的横向手动、机动进给手柄如图 3-11 所示，纵向、横向刻度盘均匀分为 120 格，每格示值为 0.05mm，手柄转

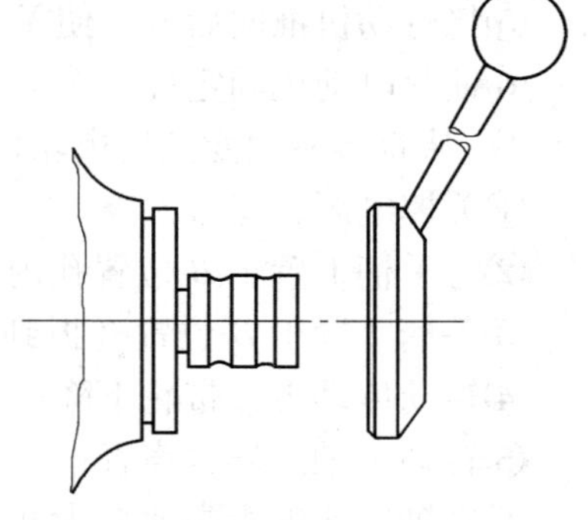

图 3-10　升降套快速手动进给

过一周，工作台移动6mm；垂向刻度盘均匀分为60格，每格示值为0.05mm，手柄转过一周，工作台移动3mm。

鞍座与升降座之间滑动的固定操作示意图如图3-12所示，固定时，用适当的压力即可，用力太大会使工作台变形。

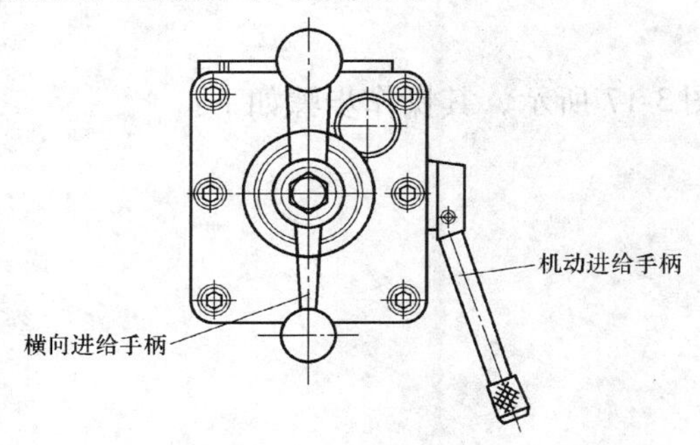

图3-11　横向进给手柄

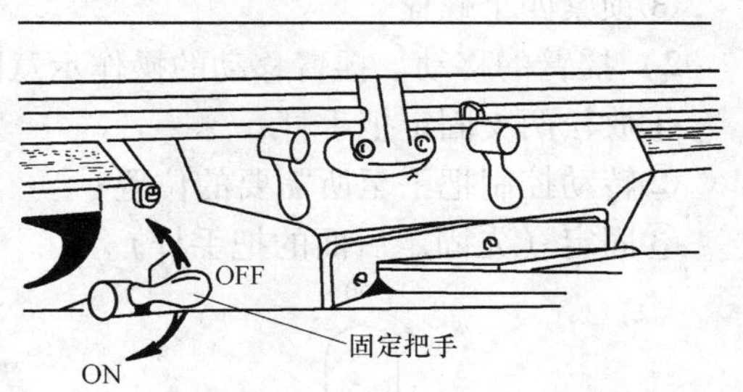

图3-12　鞍座与升降座之间的固定操作

2）工作台的纵向移动。工作台的纵向进给手柄如图3-13所示。工作台与鞍座之间滑动的固定操作示意图如图3-14所示。固定时，用适当的压力即可。

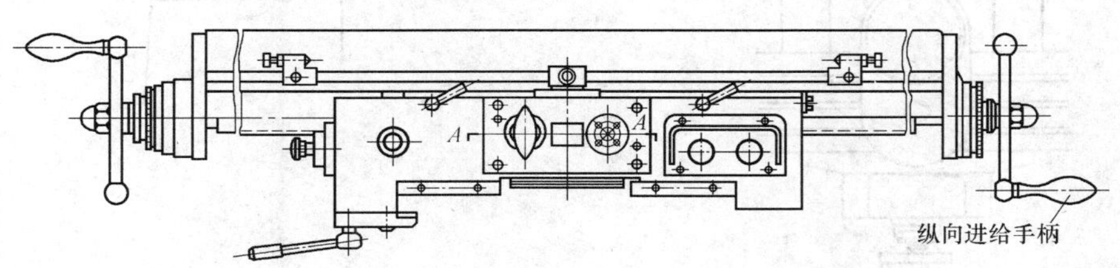

图3-13　纵向进给手柄

3）升降座（含鞍座、工作台）的升降移动。升降座与机身之间滑动的操作手柄及固定操作示意图如图3-15所示。固定时，用适当的压力即可。

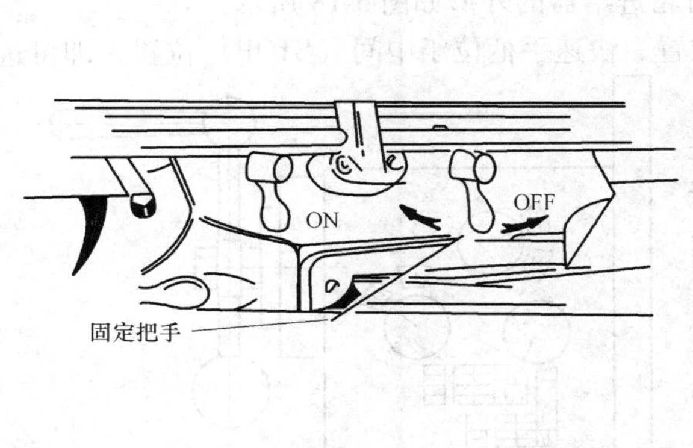

图3-14　工作台与鞍座之间的固定操作

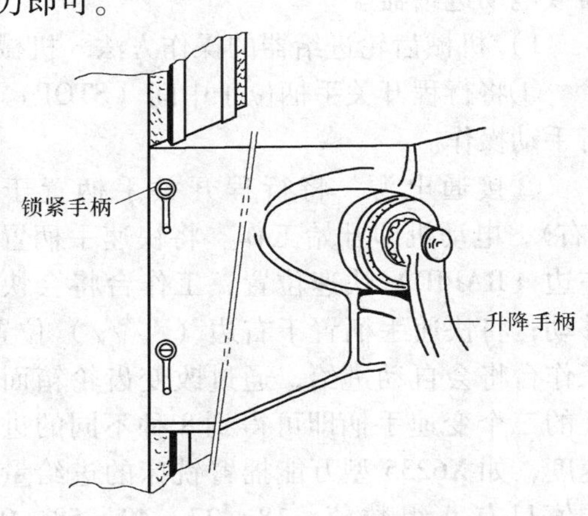

图3-15　升降座与机身之间滑动的操作手柄及固定操作

（7）转塔、摇臂的操作方法

1）转塔的旋转。转塔旋转的操作示意图如图3-16所示，其操作步骤如下：

①用固定扳手放松四个螺栓；

②将转塔旋转至需要的角度；

③锁紧四个螺栓。

2）摇臂的移动。摇臂移动的操作示意图如图3-17所示，其操作步骤如下：

①放松两支固定把手杆；

②转动控制把手至所需要的位置；

③固定（先固定后面的把手杆）。

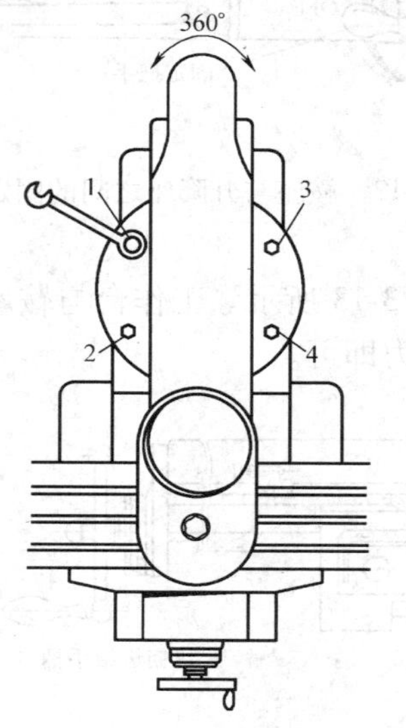

图3-16 转塔旋转的操作示意图

1、2、3、4—螺栓

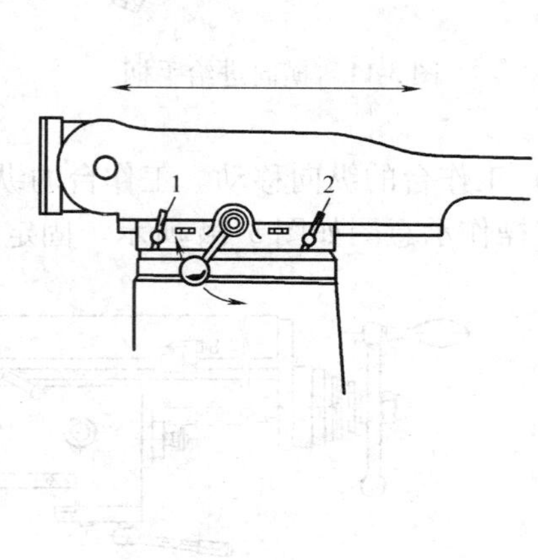

图3-17 摇臂移动的操作示意图

1、2—把手柄

（8）纵向机动进给的操作方法 立式摇臂万能铣床可根据需要选择使用机械进给走刀器或电动进给器。

1）机械齿轮进给器的操作方法。机械齿轮进给器的外形如图3-18所示。

①将行程开关手柄位于中间（STOP）位置、快速手柄位于中间（STOP）位置，即可进行手动操作。

②接通电源，将行程开关手柄置于左（右），电动机即开始工作。将快速手柄置于左边（RAPID）快速位置，工作台将会快速移动；将快速手柄置于右边（/\/\/\）位置，工作台将会自动进给，通过改变齿轮箱面板上的三个变速手柄即可得到8种不同的进给速度，如X6235型万能摇臂铣床的进给量可调值只有八组数值：18、27、40、58、93、137、200、308。

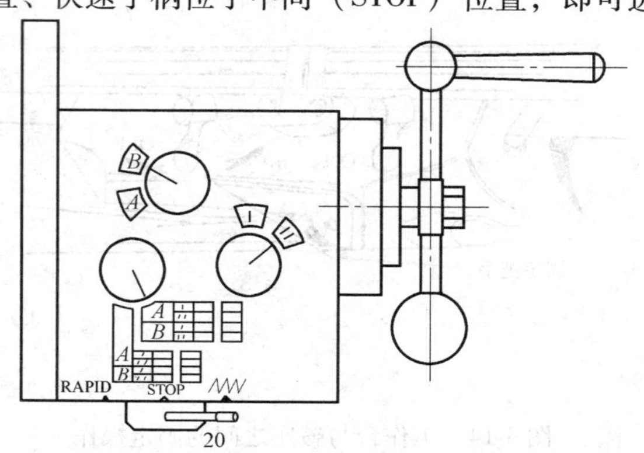

图3-18 机械齿轮进给器

变换进给速度时必须将快速手柄置于中

间（STOP）位置，使离合器处于脱开状态，工作台将不再移动，此时才能进行进给速度的变换，否则会损伤齿轮及其他零件。

③齿轮箱中有超载离合器，用于保护齿轮式进给器。当受到超大扭力时，超载离合器打滑空转，从而保护里面的齿轮不致受到损伤。

2）电动进给器的操作方法。电动进给器的外形如图 3-19 所示。操作时，首先扳动方向选择开关，选择进给（或快速进给）的方向，旋转速度调节按钮即可得到所需的进给速度。

电动进给器操作便利，但进给力不大。

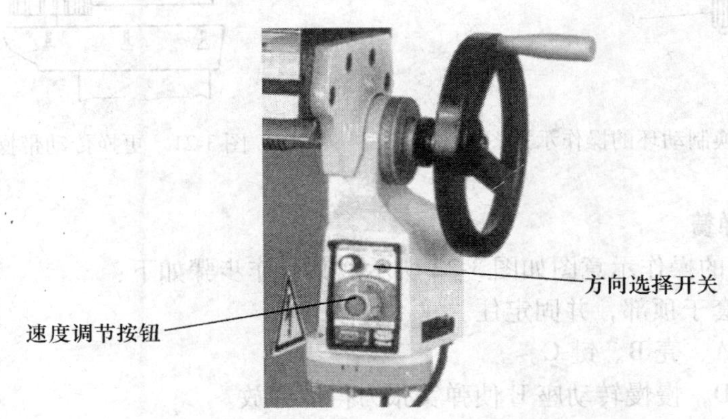

图 3-19　电动进给器

七、铣床易损件的更换及机器的调整

1. 更换制动环

更换制动环的操作示意图如图 3-20 所示。其操作步骤如下：

1）取下螺钉 A，共 4 个。

2）取下螺钉 B，共两个；

3）从座内推出轴承壳 C。

4）取下螺钉 D，共 3 个。

5）更换制动块。

6）更换后锁紧螺钉 D，并用垫圈与螺母固定。

2. 更换传动带

更换传动带的操作示意图如图 3-21 所示。其操作步骤如下：

1）关掉电源。

2）取下拉杆。

3）拆下电动机。

4）将升降套降至最下方。

5）取下螺钉 A，共 6 个。

6）取下传动带箱（轻轻敲动使其脱离联接销）。

7）此时即可更换传动带。

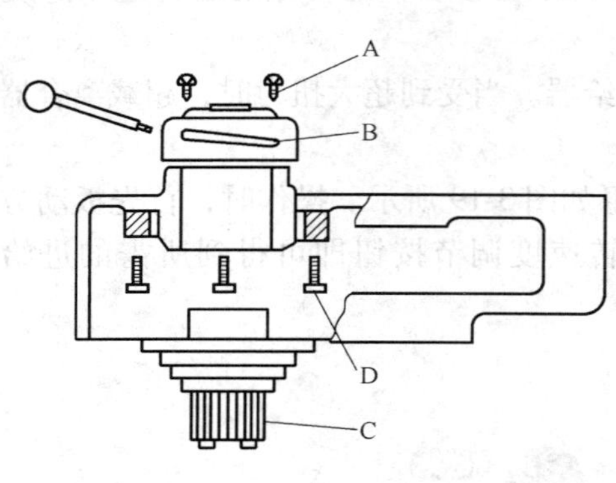

图 3-20　更换制动环的操作示意图

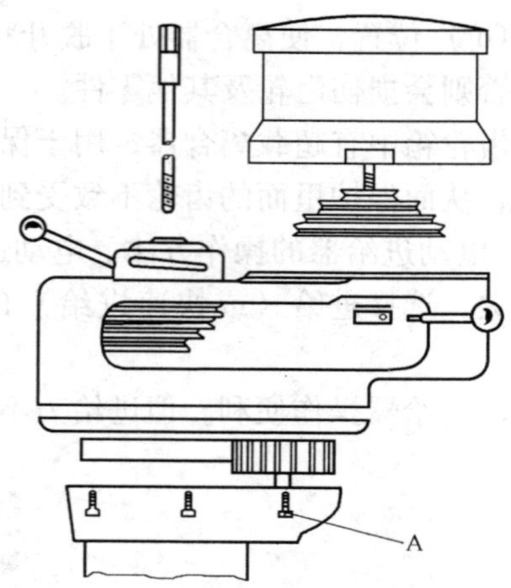

图 3-21　更换传动带操作示意图

3. 更换回复弹簧

更换回复弹簧的操作示意图如图 3-22 所示。其操作步骤如下：

1）移动升降套于顶部，并固定住。

2）拆下螺钉 A、壳 B、键 C。

3）拆下螺钉 D，慢慢转动座 E 使弹簧张力得以释放。

4）将弹簧的一端从小齿轮轴的钉上提出。

5）逆时针转动座 E。

6）从座内取出弹簧并更换。

7）重新将弹簧组合在座上，并顺时针转动座，直到弹簧进入小齿轮的钉上。

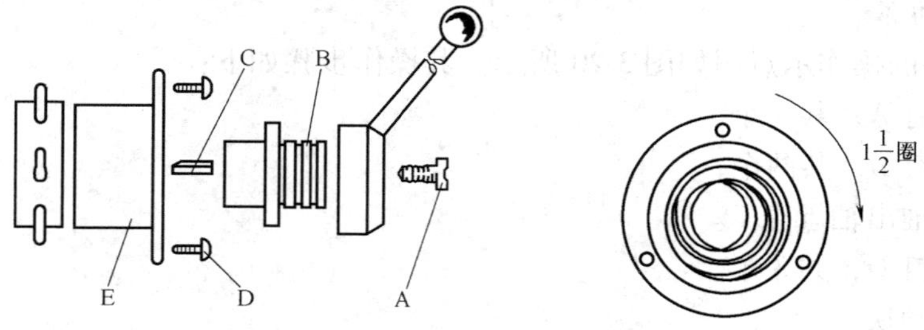

图 3-22　更换回复弹簧的操作示意图

4. 调整楔铁

（1）工作台鞍座道轨　调整工作台鞍座道轨楔铁的操作示意图如图 3-23 所示。其操作步骤如下：

1）清除所有的切屑。

2）移动工作台时，顺时针转动工作台调整楔铁调整螺钉，感觉有轻微阻力即可。

（2）调整鞍座、升降座道轨　调整鞍座、升降座道轨楔铁的操作示意图如图 3-24 所示。其操作步骤如下：

1）清除所有的切屑。

2）拆下挡尘板和刮刷片。

3）移动鞍座时，顺时针转动调整楔铁螺钉，直到感觉有轻微阻力为止。

4）重新装上挡尘板和刮刷片。

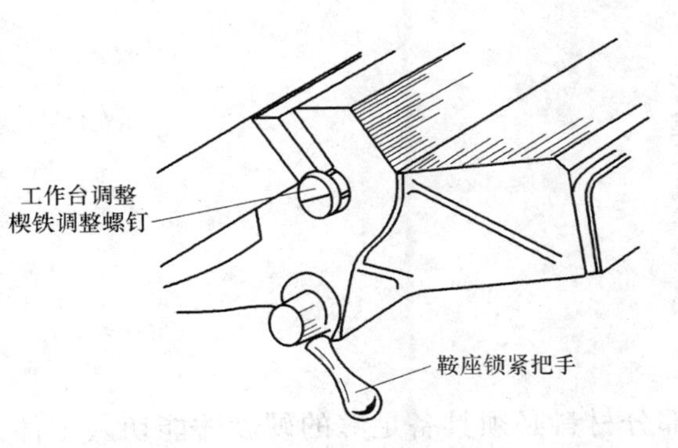

图 3-23　调整工作台鞍座道轨楔铁的操作示意图

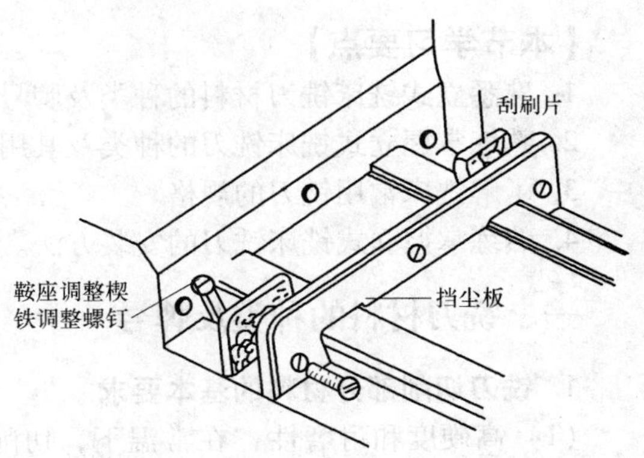

图 3-24　调整鞍座、升降座道轨楔铁的操作示意图

八、立式摇臂万能铣床的常见故障及处理方法

立式摇臂万能铣床的常见故障及处理方法见表 3-1。

表 3-1　立式摇臂万能铣床的常见故障及处理方法

故障现象	原因分析	处理方法
铣出工件不平整	1. 主轴轴承松动 2. X、Y 轴镶条松动 3. 加工量太大 4. 刀具磨损	1. 调整主轴轴承间隙 2. 调整镶条间隙 3. 选择合理的加工量 4. 更换刀具
切削时振动	1. 机器摆放不稳固 2. 切削条件不恰当	1. 重新固定机器 2. 选择适当的切削速度
工作台手感重	1. 调整楔铁紧 2. 丝杠与螺母间隙不当 3. 油路堵塞 4. 油泵无油 5. 油泵不工作	1. 调整楔铁 2. 调整间隙 3. 检查油路并修复 4. 注油 5. 检查油泵及油路
主轴套筒紧	1. 主轴套筒缺油 2. 主轴套筒脏，拉毛	1. 定期加油 2. 清洗套筒及修复
无切削液	1. 水泵不工作 2. 水泵反转	1. 检查水泵 2. 更改水泵转动方向
主轴进给不顺	升降套固定杆未放松	放松固定杆
主轴制动失灵	制动环磨损	更换制动环
主轴不转	1. 开关接触不良 2. 传动带太紧 3. 电动机出问题	1. 检查电源开关 2. 调整或修理 3. 修理
转向错误	电源开关扭转位置不对	转变开关指示位置

第二节　铣刀及其安装

【本节学习要点】

1. 熟悉立式铣床铣刀材料的种类及牌号。
2. 熟练掌握立式铣床铣刀的种类及其用途。
3. 了解铣床常用铣刀的规格。
4. 熟练掌握立式铣床铣刀的安装方法。

一、铣刀材料的种类及牌号

1. 铣刀切削部分材料的基本要求

（1）高硬度和耐磨性　在常温下，切削部分材料必须具备足够的硬度才能切入工件；具有高的耐磨性，刀具才不易磨损，以延长使用寿命。

（2）好的耐热性　刀具在切削过程中会产生大量的热量，尤其是在切削速度较高时，温度会很高，因此刀具材料应具备好的耐热性，即在高温下仍能保持较高的硬度，有能继续进行切削的性能。这种具有高温硬度的性质又称为热硬性。

（3）高的强度和好的韧性　在切削过程中，刀具要承受很大的冲击力，所以刀具材料要具有较高的强度，否则易断裂和损坏。由于铣刀会受到冲击和振动，因此铣刀材料还应具备好的韧性，才不易崩刃、碎裂。

（4）工艺性好　为了顺利地制造一定形状和尺寸的刀具，尤其对形状比较复杂的铣刀，希望刀具材料的工艺性要好。

2. 铣刀常用材料的种类

1）高速工具钢。高速工具钢（简称高速钢、锋钢等）铣刀如图 3-25 所示。高速工具钢分为通用和特殊用途高速工具钢两种，具有以下特点：

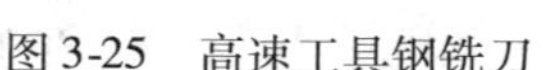

图 3-25　高速工具钢铣刀

①合金元素钨、铬、钼、钒的含量较高，淬火硬度可达 62～70HRC，在 600℃高温下，仍能保持较高的硬度。

②刃口强度和韧性好，抗振性强，能用于制造切削速度一般的刀具。对于钢性较差的机床，采用高速工具钢铣刀，仍能顺利切削。

③工艺性能好，锻造、加工和刃磨都比较容易，还可以制造形状较复杂的刀具。

④与硬质合金材料相比，仍有硬度较低、热硬性和耐磨性较差等缺点。

2）硬质合金。硬质合金是金属碳化物如碳化钨、碳化钛和以钴为主的金属粘结剂经粉末冶金工艺制造而成的。硬质合金铣刀如图 3-26 所示，其主要特点如下：

图 3-26　硬质合金铣刀

①能耐高温，在 800 ~ 10 000℃左右仍能保持良好的切削性能，切削时可选用比高速工具钢高 4 ~ 8 倍的切削速度。

②常温下硬度高，耐磨性好。

③抗弯强度低，冲击韧度差，切削刃不易磨得很锋利。

常用的硬质合金一般可以分为三大类：

①钨钴类硬质合金（K）。钨钴类硬质合金的常用牌号为 YG3、YG6、YG8，其中数字表示钴的质量分数，钴的质量分数越高，韧性愈好，愈耐冲击和振动，但会降低硬度和耐磨性。因此，该合金适用于切削铸铁及有色金属，还可以用来切削冲击性大的毛坯和经淬火的钢件和不锈钢件。

②钛钴类硬质合金（P）。钛钴类硬质合金的常用牌号有 YT5、YT15、YT30，数字表示碳化钛的质量分数。硬质合金中含碳化钛以后，能提高钢的粘结温度，减小摩擦系数，并能使硬度和耐磨性略有提高，但降低了抗弯强度和韧性，使性质变脆，因此该类合金适宜切削钢类零件。

③通用硬质合金。在上述两种硬质合金中加入适量的稀有金属碳化物，如碳化钽和碳化铌等，使其晶粒细化，提高其常温硬度和高温硬度、耐磨性、粘结温度和抗氧化性，能使合金的韧性有所增加，因此，这类硬质合金刀具有较好的综合切削性能和通用性，其牌号有 YW1、YW2 和 YA6 等。由于其价格较贵，主要用于难加工的材料，如高强度钢、耐热钢和不锈钢等。

3）涂层刀具材料。涂层刀具材料是在以硬质合金或高速工具钢为基体的刀具材料上涂上一层高硬度和高耐磨的涂层材料，其厚度仅几微米。涂层硬质合金铣刀如图 3-27 所示。涂层材料主要有 TiC、TiN、TiC-TiN（复合）和陶瓷等，其中以微晶 TiC 和 TiN 用得最多，其基体材料一般以韧性较好的硬质合金和高速工具钢为主，如 P10、P30、K30 和 W18Cr4V 等。

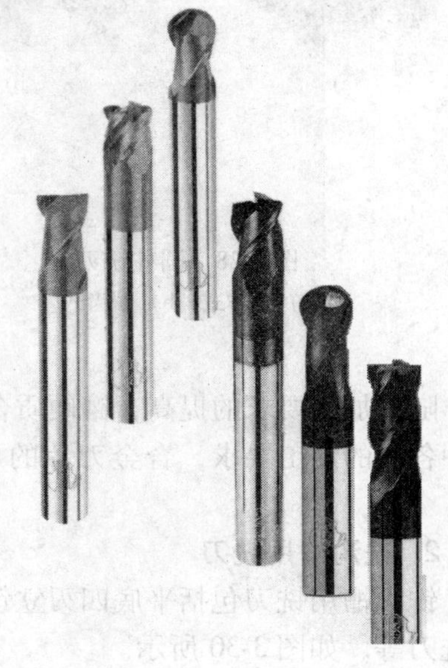
图 3-27　涂层硬质合金铣刀

由于涂层材料的硬度高、化学稳定性好、摩擦系数小、不易产生扩散磨损，故涂层刀具在切削加工过程中，具有切削力小、切削温度较低和明显提高切削性能以及延长刀具寿命等优点。一般硬质合金刀具涂层后，寿命可延长 1 ~ 3 倍；高速工具钢刀具涂层后，寿命可延长 2 ~ 10 倍。目前较先进的涂层刀具，为了综合各种涂层材料的优点，用涂敷两种和两种以上材料作复合涂层，如 TiC-TiN 和 Al_2O_3-TiC 复合涂层。涂层高速工具钢在成形铣刀上的应用已日见推广。

二、铣刀的种类及其用途

常用铣刀按用途分为四类。

1. 铣平面用铣刀

用于卧式铣床的圆柱铣刀如图 3-28 所示。

用于立式铣床的镶硬质合金刀片的面铣刀如图 3-29 所示。这类铣刀主要用于用立式铣床铣平面或挖槽加工，通常将硬质合金刀片用螺钉夹固于刀盘上。用钝后，可旋转刀盘，直至各个切削刃都磨钝。

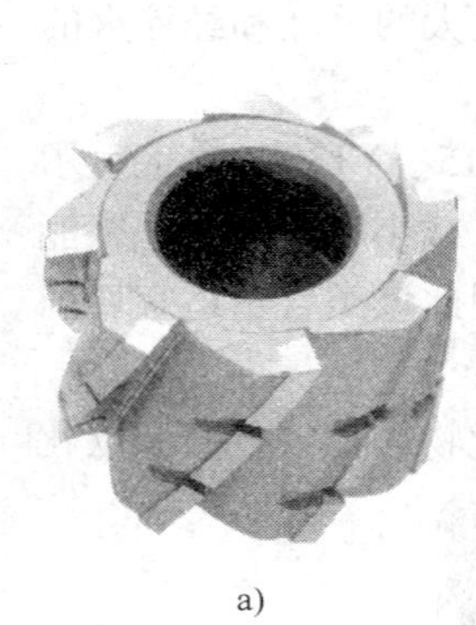
a)

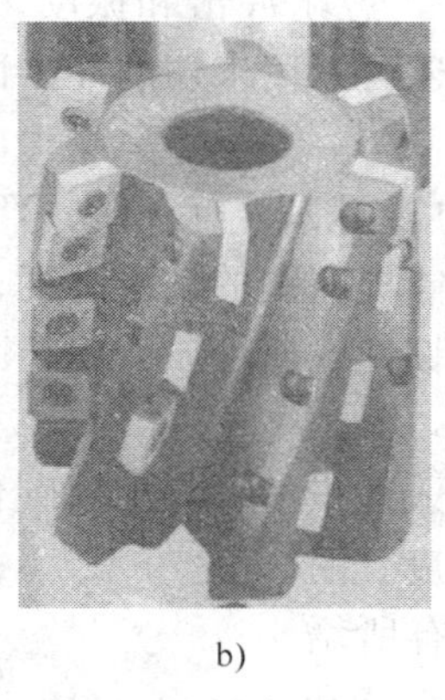
b)

图 3-28　圆柱铣刀
a）整体式　b）镶齿式

图 3-29　镶硬质合金刀片的面铣刀

随着加工要求的提高，镶硬质合金刀片面铣刀的发展迅猛，各类形态万千的刀具可满足各种各样的加工要求，合金刀片的形状也千变万化，因此，这种刀具是铣削加工发展的方向。

2. 铣沟槽用铣刀

铣沟槽用铣刀包括平底四刃立铣刀、二刃键槽立铣刀、粗加工立铣刀、三面刃铣刀和锯片铣刀等，如图 3-30 所示。

立铣刀主要是立式铣床用于铣台阶面、小平面和相互垂直的平面的，它的圆柱切削刃起主要切削作用，端面切削刃起修光作用，故不能作轴向进给。铣刀的刀齿分为细齿与粗齿两种，用于安装的柄部有圆柱柄与莫氏锥柄两种，通常小直径为圆柱柄，大直径为锥柄。

键槽铣刀用于铣键槽，其外形与立铣刀相似，与立铣刀的主要区别在于其只有两个螺旋刀齿，且端面切削刃延伸至中心，故可作轴向进给，直接切入工件。

三面刃铣刀多用于卧式铣床上加工平面、垂直面、台阶或键槽；锯片铣刀用于在卧式铣床上进行切断加工。

3. 特形沟槽用铣刀

特形沟槽用铣刀的形状如图 3-31 所示，包括球头刀、圆鼻刀、T 形槽铣刀、燕尾槽铣刀、半圆键槽铣刀、角度铣刀和倒角刀等。

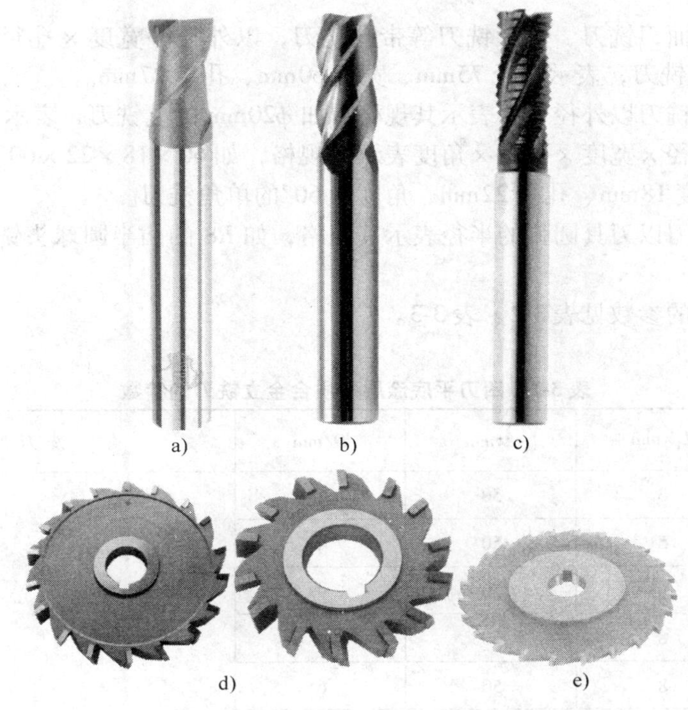

图 3-30　铣沟槽用铣刀

a）键槽铣刀　b）平底四刃铣刀　c）四刃粗加工铣刀

d）三面刃铣刀　e）锯片铣刀

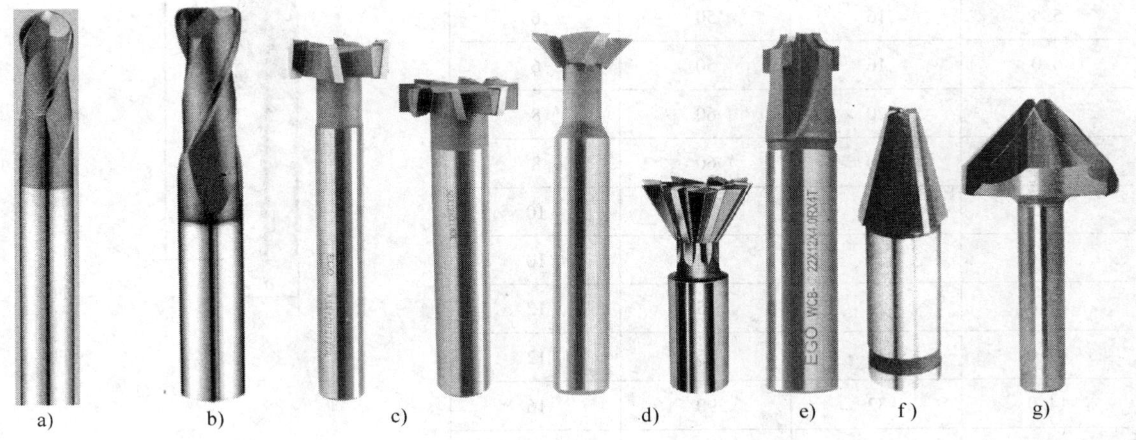

图 3-31　特形沟槽用铣刀

a）球头刀　b）圆鼻刀　c）T 形槽铣刀　d）燕尾槽铣刀

e）半圆键槽铣刀　f）角度铣刀　g）倒角刀

三、铣刀的规格

圆柱铣刀、三面刃铣刀、锯片铣刀等带孔铣刀，以外径×宽度×孔径表示其规格，如75×60×27的圆柱铣刀，表示外径75mm、宽度60mm、孔径27mm。

立铣刀、键槽铣刀以外径尺寸表示其规格，如ϕ20mm的立铣刀，表示直径为20mm。

角度铣刀以外径×宽度×孔径×角度表示其规格，如60×18×22×60°的角度铣刀，表示外径60mm、宽度18mm、孔径22mm、角度为60°的单角铣刀。

凸、凹半圆铣刀以刀具圆弧的半径表示其规格，如$R8$的凸半圆球头铣刀，表示铣刀的圆弧半径为8mm。

几种常用铣刀的参数见表3-2、表3-3。

表3-2 四刃平底涂层硬质合金立铣刀的参数

D_c/mm	L_c/mm	L/mm	D/mm	铣刀形状
1.0	3	50	4	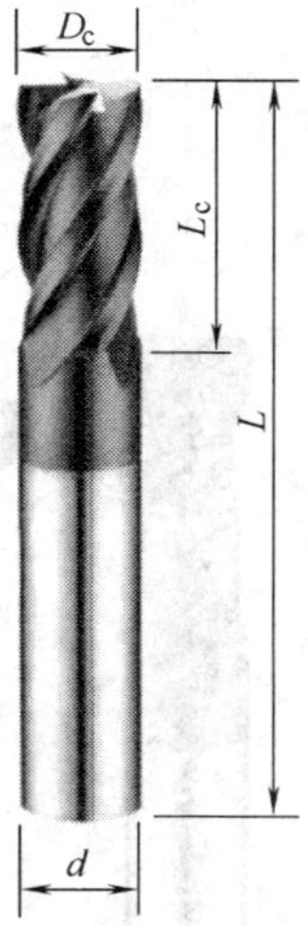
1.5	5	50	4	
2.0	6	50	4	
2.5	8	50	4	
3.0	8	50	6	
3.5	10	50	6	
4.0	11	50	6	
4.5	11	50	6	
5.0	13	50	6	
5.5	16	50	6	
6.0	16	50	6	
7.0	20	60	8	
8.0	20	60	8	
9.0	22	72	10	
10.0	25	72	10	
11.0	26	75	12	
12.0	30	75	12	
14.0	32	90	16	
16.0	40	100	16	
18.0	40	100	20	
20.0	40	100	20	

表 3-3　二刃涂层硬质合金球头立铣刀的参数

D_c/mm	$R\pm0.01$	L_c/mm	L/mm	D/mm	铣刀形状
0.3	0.15R	0.6	50	4	
0.4	0.20R	0.8	50	4	
0.5	0.25R	1.1	50	4	
0.6	0.30R	1.1	50	4	
0.7	0.35R	1.5	50	4	
0.8	0.40R	2.0	50	4	
0.9	0.45R	2.2	50	4	
1.0	0.50R	2.0	50	4	
1.5	0.75R	3.0	50	4	
2.0	1.00R	4.0	50	4	
2.5	1.25R	5.0	50	4	
3.0	1.50R	6.0	50	6	
4.0	2.00R	8.0	50	6	
5.0	2.50R	10.0	50	6	
6.0	3.00R	12.0	50	6	
7.0	3.50R	14.0	60	8	
8.0	4.00R	14.0	60	8	
9.0	4.50R	18.0	72	10	
10.0	5.00R	18.0	72	10	
12.0	6.00R	22.0	75	12	
14.0	7.00R	26.0	90	16	
16.0	8.00R	30.0	100	16	
20.0	10.0R	38.0	100	20	

四、铣刀的安装

1. 安装锥柄立铣刀

锥柄立铣刀的柄部锥度为莫氏锥度，分别为莫氏 1、2、3、4、5 号五种，按照铣刀直径的大小不同，做成不同号数的锥柄。安装这种铣刀，有以下两种方法。

（1）铣刀柄部锥度和主轴锥孔的锥度相同　当铣刀柄部锥度和主轴锥孔的锥度相同时，先擦干净主轴锥孔和铣刀锥柄，将铣刀用棉纱垫住，然后把铣刀的锥柄插入主轴内孔，并用拉紧螺杆扳手从立铣头的上方顺时针旋紧拉紧螺杆，紧固铣刀，如图 3-32 所示。

（2）铣刀柄部锥度和主轴锥孔的锥度不同　当铣刀柄部锥度和主轴锥孔的锥度不同时，由于是两种规格不同的锥度，为了解决这个问题，安装时必须采用锥度过渡套筒。过渡套筒的外锥度是 7∶24，与主轴相配，内锥度则根据立铣刀的柄部锥度确定，以适应各种不同规格的锥柄铣刀的安装。

锥柄铣刀安装时先将选用的中间过渡套筒内、外锥面擦干净，将所用铣刀锥柄部擦干净后插入套筒内一起装进主轴，选用的拉紧螺杆要特别注意与锥柄铣刀柄部内螺孔螺纹相配，其余操作方法与安装立铣刀相同，如图 3-33 所示。

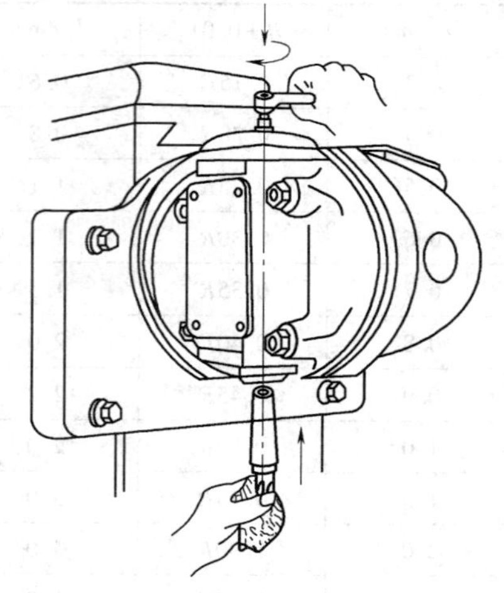

图 3-32　安装立铣刀

2. 安装直柄立铣刀

直柄铣刀的直径一般为 3～20mm，常用弹簧夹头套筒安装或用钻夹头安装。

（1）用弹簧夹头安装直柄立铣刀　装夹直柄铣刀的弹簧夹头的实物如图 3-34 和图 3-35 所示。常用的有 NT 锥度和 *R*8 锥度（立式摇臂万能铣床）两种标准锥度。图 3-34 所示为套装的弹簧夹头，图 3-35 所示为整体式 *R*8 锥度弹簧夹头（摇臂万能铣床大多采用此种）。

如图 3-36 所示，弹簧夹头由锥柄、卡簧和锁紧螺母三部分组成，锥柄的外锥度为 7∶24，与主轴内锥相配，内锥与弹簧夹头相配。弹簧夹头的形式很多，夹头外圈上有三条弹性槽（或多条），锁紧时，三槽合拢，内孔收缩，将直柄铣刀柄部夹紧。螺母结构简单，仅起锁紧作用。由于弹簧夹头精度较高，同轴度好，因此应用比较广泛。

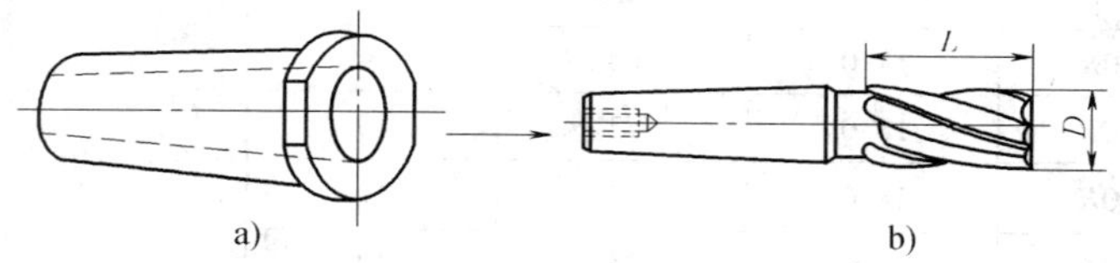

图 3-33　借助中间锥套安装立铣刀

a）中间锥套　b）铣刀

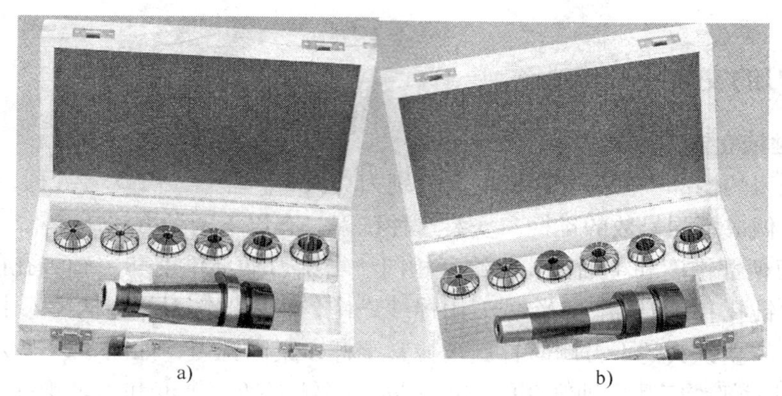

图 3-34　套装弹簧夹头

a）NT 锥度　b）*R*8 锥度

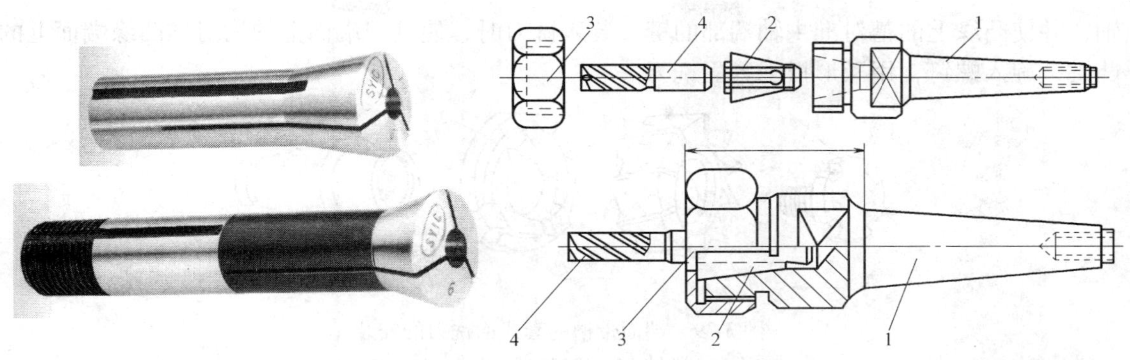

图 3-35　整体式 R8 锥度弹簧夹头

图 3-36　用弹簧夹头安装直柄立铣刀

1—锥柄　2—卡簧　3—螺母　4—铣刀

安装直柄立铣刀时，选用与铣刀柄部直径相同的弹簧夹头，将套筒内外锥、弹簧夹头、铣刀柄部及螺母内锥（或装夹台阶面）擦干净，然后将弹簧夹头装入套筒内，旋好螺母，一起装入主轴固紧，最后安装刀具，用扳手固紧锁紧螺母，将铣刀紧固在刀轴上。

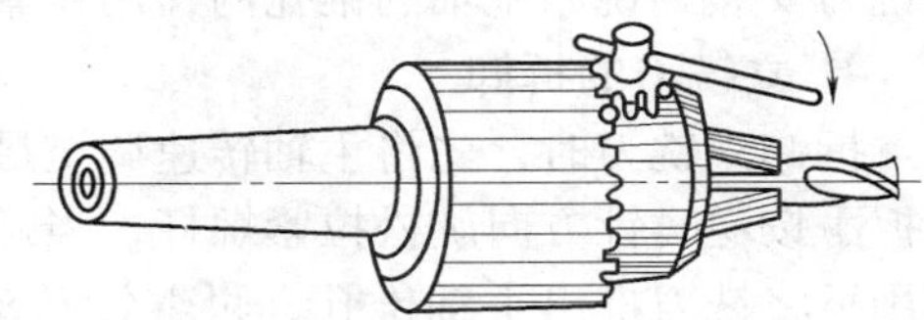

图 3-37　用钻夹头安装直柄立铣刀

（2）用钻夹头安装直柄立铣刀　用钻夹头安装直柄立铣刀的方法比较简单，安装时，先将钻夹头锥柄擦干净，然后将钻夹头装入主轴固紧，最后安装刀具，用钻夹头钥匙紧固钻夹头，将铣刀紧固在钻夹头内，如图 3-37 所示。

由于钻夹头的最大张开直径一般为 13mm，所以安装的直柄立铣刀的直径应在 13mm 以下。

3. 安装面铣刀

面铣刀有两种形式：内孔带键槽的套式面铣刀和端面带槽的套式面铣刀。

（1）内孔带键槽的套式面铣刀的安装　安装这类铣刀时，使用圆柱面上带键槽并装有键的刀轴，如图 3-38 所示。安装铣刀时，先擦干净刀轴锥度和铣床主轴锥孔，使刀轴凸缘上的槽对准主轴端部的键，用拉紧螺杆拉紧刀轴，然后擦净铣刀内孔、端面、刀轴圆柱面，将铣刀上的键槽对准刀轴上的键，装上铣刀，旋入紧刀螺钉，并用叉形扳手将铣刀紧固。

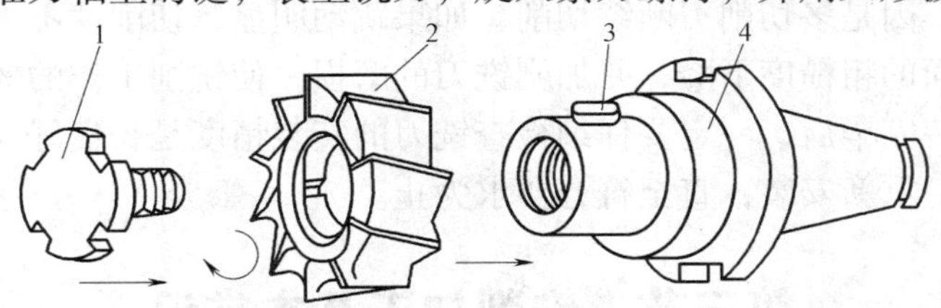

图 3-38　内孔带键槽的套式面铣刀的安装

1—紧刀螺钉　2—铣刀　3—键　4—刀轴

（2）端面带槽的套式面铣刀的安装　端面带槽的套式面铣刀，用配有凸缘端面带键的刀轴安装，如图 3-39 所示。安装铣刀时，先将刀轴拉紧在铣床主轴锥孔内，将凸缘装入刀轴，并使凸缘上的槽对准主轴端部的键。装入铣刀时，使铣刀端面上的槽对准凸缘端面上的凸键，旋入螺钉，用叉形扳手紧固铣刀。

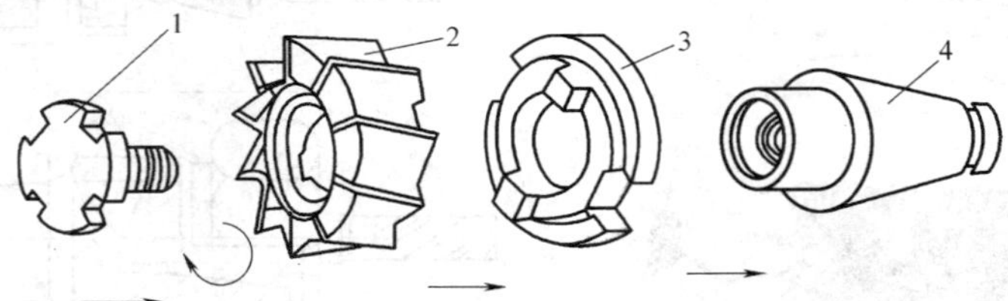

图 3-39　端面带槽的套式面铣刀的安装

1—紧刀螺钉　2—铣刀　3—凸缘　4—刀轴

用以上结构形式的刀轴，可以安装直径较大的面铣刀，也可以安装直径在 160mm 以下的铣刀盘。

另外，在安装面铣刀时，也可以先在机用虎钳上将铣刀与刀轴安装好，使用时再将刀轴和铣刀安装到铣床主轴的锥孔内，用拉紧螺杆拉紧。

4. 立铣刀的拆卸

拆卸立铣刀时，先将主轴转速调至最低或锁紧主轴，然后从立铣头上方观察，用拉紧螺杆扳手按逆时针方向旋松拉紧螺杆，当螺杆端面和背帽端面贴平后，继续用力，螺杆在背帽作用下将铣刀推出主轴锥孔，再继续转动拉紧螺杆，使螺杆螺纹推出铣刀的螺孔，取下铣刀。

借助于中间锥套安装铣刀，在卸下铣刀时，若锥套仍留在主轴锥孔内，可用扳手将锥套卸下。

5. 铣刀安装精度分析及其对铣削加工的影响

铣刀安装得不好，旋转时就很可能产生振摆、跳动等，达不到同轴的要求。安装精度不高的原因很多，主要是由以下几个因素引起的：

1）配合部位没有擦干净，有垃圾杂物，影响了正常配合，使刀轴、铣刀产生跳动。

2）刀轴精度、垫圈精度差，引起铣刀运转不平稳，这时如刀轴弯曲，则应校准或换用新的刀轴；垫圈平行度差，则应修磨后再使用。

3）机床主轴轴承精度差，这时应请机修工人配合，予以修正后再使用。

铣刀在铣削时，因是多切削刃断续切削，如果跳动明显，切削就不平稳，产生的振动就较大，会使工件表面的粗糙度下降，并加剧铣刀的磨损，使铣削工作的效率和精度都大为降低。因此，铣刀安装完毕后，一定要仔细检查铣刀的安装精度是否良好，有无明显跳动，如不好则要分析原因，重新安装，直至符合要求为止。

第三节　铣削加工基本常识

【本节学习要点】

1. 熟悉立式铣床的铣削运动。
2. 熟练掌握立式铣床铣削用量的选用。
3. 熟练掌握立式铣床的铣削方式。

一、铣削运动

在铣削运动中，铣刀的旋转运动为主运动，工件随工作台的直线运动（或曲线运动）为进给运动。

在铣床上铣削平面如图 3-40 所示。铣削时，主运动是铣刀的转动；工件做的缓慢的直线移动为进给运动。铣刀最大直径处的线速度为切削速度；工作台每分钟移动的距离为进给量；每次切去金属层的厚度为背吃刀量，或称铣削深度；每次切去金属层的宽度为侧吃刀量。

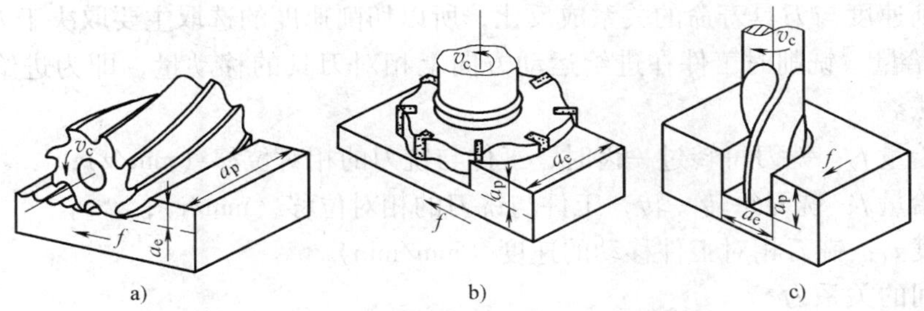

图 3-40 在铣床上铣削平面

1. 主运动

主运动是切除工件上多余金属、形成工件新表面所需的运动，是进行切削的最基本、最主要的运动。铣削和钻削加工时刀具的回转运动等都是主运动。一般主运动速度最高、消耗功率最大。机床通常只有一个主运动。

2. 进给运动

进给运动是配合主运动实现依次连续不断地切除多余金属层的刀具与工件之间的附加相对运动。进给运动与主运动配合即可完成所需的表面几何形状的加工。根据工件表面形状成形的需要，进给运动可以是多个，也可以是一个；可以是连续的，也可以是间歇的。

二、铣削用量

铣削要素分为铣削用量要素和铣削层要素。铣削用量的四要素为：铣削速度 v_c、进给量 f，背吃刀量（铣削深度）a_p、和侧吃刀量（铣削宽度）a_e，如图 3-41 所示。

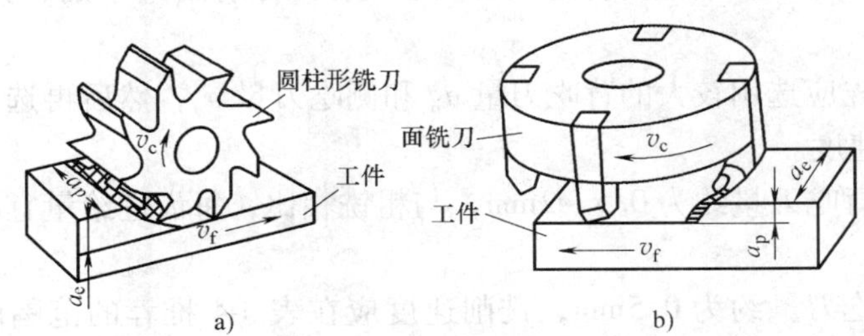

图 3-41 铣削用量

a）在卧式铣床上铣平面 b）在立式铣床上铣平面

1. 铣削用量的要素

(1) 铣削速度 v_c　指铣刀最大直径处的线速度，其计算公式为

$$v_c = \pi dn/1000$$

式中　v_c——铣削速度，单位为 m/s 或 m/min；

d——铣刀最大直径，单位为 mm；

n——主轴转速，单位为 r/min。

铣削速度大，能提高生产率。但提高生产率的最有效措施还是应该尽可能采取大的吃刀量。因为切削速度与刀具寿命的关系成反比，所以切削速度的选取主要取决于刀具寿命。

(2) 进给量　铣削时工件在进给运动方向上相对刀具的移动量，即为进给量，有以下三种度量方法。

每齿进给量 f_z：铣刀每转过一齿时，工件与铣刀的相对位移（mm/z）；

每转进给量 f：铣刀每转一转，工件与铣刀的相对位移（mm/r）；

进给速度 v_f：铣刀相对工件移动的速度（mm/min）。

三者之间的关系为

$$v_f = fn = f_z zn$$

式中　z——铣刀的刀齿数目。

进给速度是数控机床切削用量中的重要参数，主要根据零件的加工精度和表面粗糙度要求以及刀具、零件的材料性质来选取。当加工精度和表面粗糙度要求高时，进给速度应该选择得小些，一般应该控制在 $v_f = 20 \sim 50$mm/min。

(3) 背吃刀量（铣削深度）a_p　指平行于铣刀轴线测得的切削层尺寸。

在机床、工件和刀具刚度允许的情况下，应以最少的进给次数切除待加工余量，最好一次切除待加工余量，以提高生产率。为了保证零件的加工精度和表面粗糙度，可留少许余量留待最后加工。数控机床的精加工余量可略小于普通机床，一般可取 0.2 ~ 0.5mm。

(4) 侧吃刀量（铣削宽度）a_e　指垂直于铣刀轴线测得的切削层尺寸。

2. 铣削用量的选择

铣削用量的选择对提高生产率、改善表面粗糙度和加工精度都有密切的关系。合理选择切削用量的原则是：粗加工时，一般以提高生产率为主，但也应该考虑经济性和加工成本；半精加工和精加工时，一般应在保证加工质量的前提下，兼顾切削效率、经济性和加工成本。铣削用量具体选用的数值应该根据机床说明书、切削用量手册，并结合实际经验而定。

(1) 粗铣　首先应选用较大的背吃刀量 a_p 和侧吃刀量 a_e，然后再选用较大的每齿进给量和不太高的切削速度。

(2) 半精铣　背吃刀量约为 0.5 ~ 2mm，与粗铣相比，每齿进给量宜小些，切削速度可提高一些。

(3) 精铣　背吃刀量约为 0.5mm，铣削速度应在表 3-4 推荐的范围内取最大值，每齿进给量按表 3-5 取小值。

为了方便操作者选择铣削用量，将各种典型材料的铣削速度和每齿进给量的推荐范围分别列于表 3-4 和表 3-5，以供参考。

表 3-4　铣削速度推荐表

工件材料		硬度 HB	铣削速度 v_c/(m/min)	
			高速工具钢铣刀	硬质合金铣刀
低、中碳钢		<220	21～40	60～150
		225～290	15～36	54～115
		300～425	9～15	36～75
高碳钢		<220	18～36	60～130
		225～325	14～21	53～105
		325～375	8～21	36～48
		375～425	6～10	35～45
合金钢		<220	15～35	55～120
		225～325	10～24	37～80
		325～425	5～9	30～60
工具钢		200～250	12～23	45～83
灰铸铁		110～140	24～36	110～115
		150～225	15～21	60～110
		230～290	9～18	45～90
		300～320	5～10	21～30
可锻铸铁		110～160	42～50	100～200
		160～200	24～36	83～120
		200～240	15～24	72～110
		240～280	9～11	40～60
铸钢	低碳	100～150	18～27	68～105
	中碳	100～160	18～27	68～105
		160～200	15～21	60～90
		200～240	12～21	53～75
	高碳	180～240	9～18	53～80
铝合金			180～300	360～600
铜合金			45～100	120～190
镁合金			180～270	150～600

表 3-5　铣削刀的每齿进给量推荐值

工件材料	硬度 HB	每齿进给量 f_z/(mm/z)			
		高速工具钢铣刀		硬质合金铣刀	
		立铣刀	面铣刀	立铣刀	面铣刀
低碳钢	<150	0.04～0.20	0.15～0.30	0.07～0.25	0.20～0.40
	150～200	0.03～0.18	0.15～0.30	0.06～0.22	0.20～0.35

（续）

工件材料	硬度 HB	每齿进给量 f_z/(mm/z)			
		高速工具钢铣刀		硬质合金铣刀	
		立铣刀	面铣刀	立铣刀	面铣刀
中、高碳钢	<220	0.04~0.20	0.15~0.25	0.06~0.22	0.15~0.35
	225~235	0.03~0.15	0.10~0.20	0.05~0.20	0.12~0.25
	325~425	0.03~0.12	0.08~0.15	0.04~0.15	0.10~0.20
灰铸铁	150~180	0.07~0.18	0.20~0.35	0.12~0.25	0.20~0.50
	180~220	0.05~0.15	0.15~0.30	0.10~0.20	0.20~0.40
	220~300	0.03~0.10	0.10~0.15	0.08~0.15	0.15~0.30
可锻铸铁	110~160	0.08~0.20	0.20~0.40	0.12~0.20	0.20~0.50
	160~200	0.07~0.20	0.20~0.35	0.10~0.20	0.20~0.40
	200~240	0.05~0.15	0.15~0.30	0.08~0.15	0.15~0.30
	240~280	0.02~0.08	0.10~0.20	0.05~0.10	0.10~0.25
合金钢	<220	0.05~0.18	0.15~0.25	0.08~0.20	0.12~0.40
	220~280	0.05~0.15	0.12~0.20	0.06~0.15	0.10~0.30
	280~320	0.03~0.12	0.07~0.12	0.05~0.12	0.08~0.20
	320~380	0.02~0.10	0.05~0.10	0.03~0.10	0.06~0.15
工具钢	退火状态	0.05~0.10	0.12~0.20	0.08~0.15	0.15~0.50
	<36HRC	0.03~0.08	0.07~0.12	0.05~0.12	0.12~0.25
	35~46HRC			0.04~0.10	0.10~0.20
	46~56HRC			0.03~0.08	0.07~0.10
铝镁合金	95~100	0.05~0.12	0.20~0.30	0.08~0.30	0.15~0.38

一般情况下，铣削用量的选择次序是：先选大的背吃刀量，再选每齿进给量，最后选择切削速度。侧吃刀量应尽量选大些，最好等于工件加工面的宽度。铣削用量选好后，利用本节的有关公式，计算出铣床的主轴转速和每分钟进给量。

三、铣削方式

铣削方式是指铣削时铣刀相对于工件的运动和位置关系。如同是加工平面，既可以用端铣法，也可以用周铣法；同一种铣削方法，也有不同的铣削方式（顺铣和逆铣）。

1. 周铣和端铣

周铣：用刀齿分布在圆周表面的铣刀进行铣削的方式。

端铣：用刀齿分布在圆柱端面上的铣刀进行铣削的方式。

（1）周铣法　用圆柱铣刀的圆周刀齿加工平面的方法称为周铣法。周铣法有逆铣法和顺铣法。在切削部位刀齿的旋转方向和工件的进给方向相反时，为逆铣；反之，为顺铣，如图 3-42 所示。

1）逆铣。逆铣时，刀齿的吃刀量从零至最大。当吃刀量为零时，刀齿在工件表面上易挤压和摩擦，刀齿较易磨损，并影响已加工表面的质量。

逆铣时刀齿作用于工件上的垂直进给力朝上，有挑起工件的趋势，这就要求工件装夹紧固。当工件表面有硬皮时，逆铣对刀齿没有直接影响。

2）顺铣。顺铣是为获得良好的表面质量而经常采用的加工方法，它具有后刀面磨损较小、机床运行平稳等优点，适用于在较好的切削条件下加工高合金钢。顺铣不宜加工表面具有硬化层的工件（如铸件），因为这时的切削刃必须从外部通过工件的硬化表层，从而产生较强的磨损。

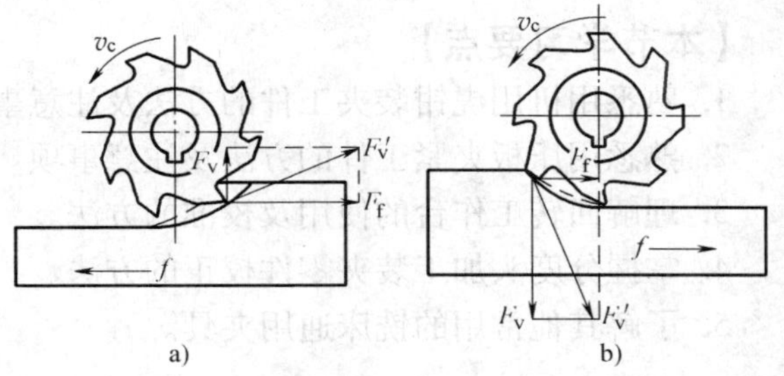

图 3-42 顺铣、逆铣示意图

a）逆铣 b）顺铣

（2）端面铣削法（端铣法）

1）对称铣削：刀齿切入工件与切出工件的吃刀量相同为对称铣削，如图 3-43a 所示。

2）不对称铣削：刀齿切入时的吃刀量小于或大于切出时的吃刀量为不对称铣削，如图 3-43b、图 3-43c 所示。

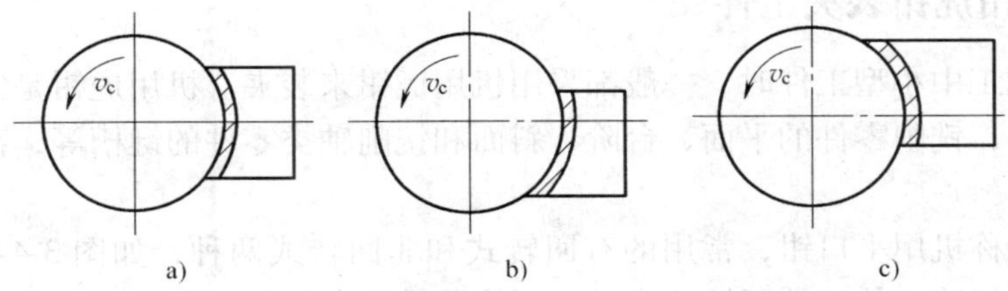

图 3-43 端面铣削法

a）对称铣削 b）、c）不对称铣削

2. 周铣法与端铣法的比较

（1）端铣的加工质量比周铣好

1）周铣时，同时参加工作的刀齿一般只有 1～2 个，而端铣时，同时参加工作的刀齿多，切削力变化小，因此，端铣的切削过程比周铣时平稳。

2）面铣刀的刀齿切入和切出工件时，虽然吃刀量较小，但不像周铣时吃刀量变为零，从而改善了刀具后刀面与工件的摩擦状况，提高了刀具寿命，并可降低表面粗糙度值。

3）端铣时还可以利用修光刀齿修光已加工表面，因此，端铣可达到较小的表面粗糙度值。

（2）端铣的生产率比周铣高

1）面铣刀一般直接安装在铣床的主轴端部，悬伸长度较小，刀具系统的刚性好，而圆柱铣刀安装在细长的刀轴上，刀具系统的刚性远不如面铣刀。

2）面铣刀可以方便地镶装硬质合金刀片，而圆柱铣刀多采用高速工具钢制造。

3）端铣时可以采用高速铣削，大大地提高了生产率，同时还可以提高已加工表面的质量。

（3）周铣的适应性好于端铣 周铣便于使用各种结构形式的铣刀铣削斜面、成形表面、台阶面、各种沟槽和切断等。

第四节　工件的装夹

【本节学习要点】

1. 熟悉用机用虎钳装夹工件的方法及注意事项。
2. 熟悉用压板夹紧工件的方法及注意事项。
3. 理解回转工作台的使用及校准的方法。
4. 掌握分度头加工装夹零件校正的方法。
5. 了解其他常用的铣床通用夹具。

在铣削过程中，铣刀作用在工件上的力是很大的，工件必须用铣床附件进行固定和定位，如工件装夹得不牢固，则工件在切削力的作用下会产生颤动，结果使铣刀折断，还可能使刀杆、夹具和工件损坏，甚至会发生人身事故，所以一定要把工件装夹得牢固可靠。另外，只有将工件正确装夹，才能保证工件的加工质量。因此，装夹好工件是铣削的一项重要工作。

一、用机用虎钳装夹工件

在铣床上加工中小型工件时，一般都采用机用虎钳来装夹。机用虎钳是铣床上常使用的装夹工件的附具，铣削零件的平面、台阶、斜面和铣削轴类零件的键槽等，都可以用机用虎钳装夹工件。

机用虎钳又称机用平口钳，常用的有回转式和非回转式两种，如图 3-44 所示。回转式机用虎钳当需要将装夹的工件回转角度时，可按回转底盘上的刻度线和机用虎钳体上的零位刻线直接读出所需的角度值；非回转式机用虎钳没有下部的回转盘。回转式机用虎钳在使用时虽然方便，但由于多了一层结构，其高度增加，刚性较差，所以在铣削平面、垂直面和平行面时，一般都采用非回转式机用虎钳。

a)　　b)

图 3-44　机用虎钳

a）非回转式　b）回转式

把机用虎钳装到工作台上时，钳口与主轴的方向应根据工件长度来确定，对于长的工件，钳口应与主轴垂直，在立式铣床上应与进给方向一致；对于短的工件，钳口与进给方向垂直较好。在粗铣和半精铣时，希望使铣削力指向固定钳口，因为固定钳口比较牢固。在铣床上铣平面时，对钳口与主轴的平行度和垂直度的要求不高，一般目测就可以。在铣削沟槽等工件时，则要求有较高的平行度或垂直度，其校正方法如下：

1. 用百分表或划针校正机用虎钳

用百分表校正机用虎钳的步骤是：先把带有百分表的弯杆用固定环压紧在刀轴上，或者用磁性表座将百分表吸附在悬梁（横梁）导轨或垂直导轨上，并使机用虎钳的固定钳口接触百分表测量头（简称测头），然后移动纵向或横向工作台，并调整机用虎钳的位置，使百分表上指针的摆差在允许范围内，如图3-45所示。对钳口方向的准确度要求不很高时，也可用划针来代替百分表校正。

图3-45　用百分表校正机用虎钳

2. 用定位键定位安装

加工一般的工件时，将机用虎钳底座上的定位键放入工作台中央的T形槽内，双手推动钳体，使两块定位键的同一侧面靠在工作台中央T形槽的一侧面上，然后固定钳座，再用钳体上的刻线与底座上的刻线相配合，转动钳体，使固定钳口的平面与铣床主轴轴线平行或垂直，也可以调整成所需要的角度。

3. 工件在机用虎钳上的装夹

（1）毛坯件的装夹　装夹毛坯件时，应选一个大而平整的毛坯面作为粗铣的基准面，将这个面靠在固定钳口面上。在钳口和工件毛坯面间垫铜皮，防止损伤钳口。夹紧工件后，用划针盘找正毛坯的上平面与工作台基本平行，如图3-46所示。

（2）已加工表面工件的装夹　装夹已粗加工的工件时，选择一个较大的粗加工面作为基准，将这个基准面靠在机用虎钳的固定钳口或钳体导轨面上进行装夹。

工件的基准面靠向固定钳口时，可在活动钳口和工件之间放置一圆棒，通过圆棒使工件夹紧，这样能保证工件的基准面与固定钳口平面很好地贴合。圆棒放置时，要与钳口的上平面平行，其高度应在钳口夹持工件部分高度的中间或稍微偏上一点，如图3-47所示。

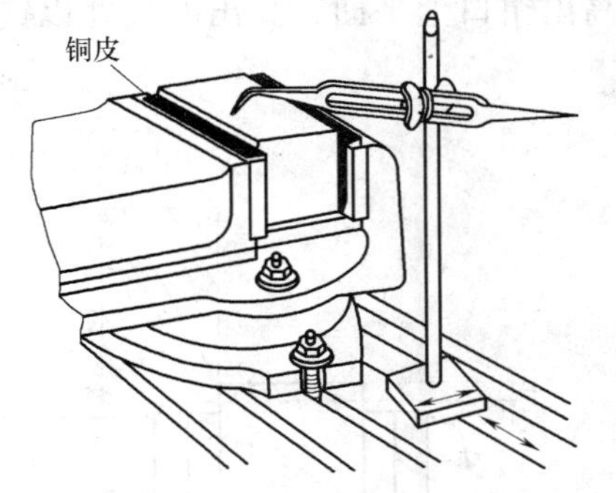

图3-46　钳口垫铜皮装夹毛坯件检测工件平面

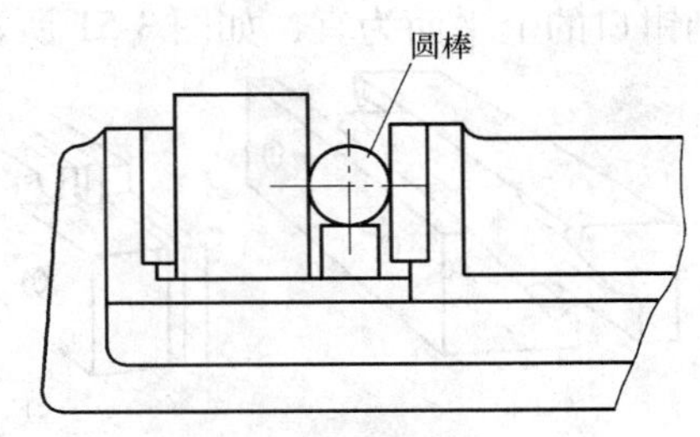

图3-47　用圆棒夹持工件

（3）斜面工件在机用虎钳内的装夹　两个平面不平行的工件，若用机用虎钳直接夹紧，必定会产生只夹紧大端、小端夹不牢的现象，因此可在钳口内加一对弧形垫铁，如图3-48所示。

工件的基准面朝向钳体导轨面时，应在钳体导轨面和工件平面之间垫平行垫铁，夹紧工件后，用锤子轻击工件上面，同时用手移动垫铁，垫铁不松动时，工件平面即与钳体导轨面贴合好，如图3-49所示。选择的平行垫铁尺寸要适当，平行度误差要小。用锤子敲击工件时，用力大小要适当，且与夹紧力大小相适应，敲击的位置可从已贴合好的部位开始，逐渐移向没有贴合好的部位，敲击时不可连续用力猛击，应克服垫铁和钳体反作用力的影响，使工件、平行垫铁、钳体导轨面贴合好。

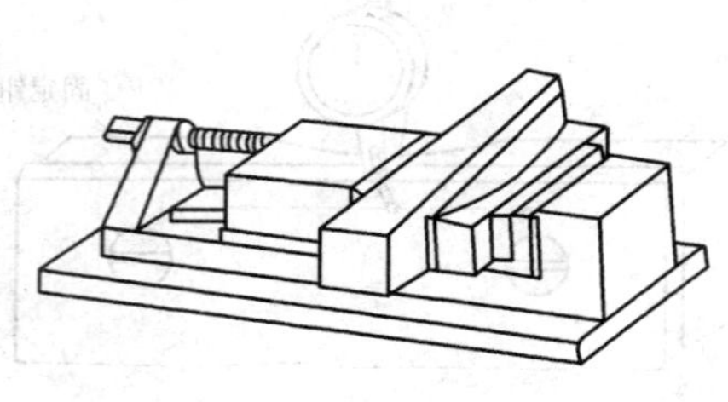

图 3-48　在机用虎钳内装夹斜面工件

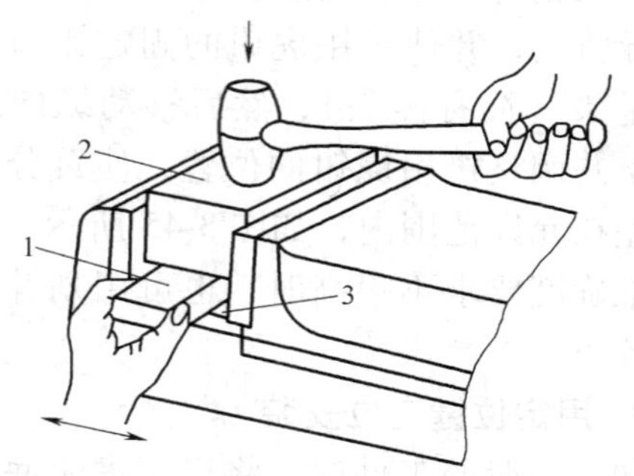

图 3-49　用平行垫铁装夹工件
1—平行垫铁　2—工件　3—钳体导轨面

（4）特殊工件的装夹　用机用虎钳装夹不同形状的工件时，可设计几种特殊的钳口，只要更换不同形式的钳口，即可适应各种不同形状的工件，以扩大机用虎钳的使用范围。图 3-50 所示为几种特殊钳口，使用如图 3-50a 所示钳口可以装夹矩形工件铣削斜面；使用如图 3-50b 所示的钳口可竖直装夹圆柱工件在端面铣削窄槽；使用如图 3-50c 所示的钳口可以装夹较小的矩形工件铣削侧面；使用如图 3-50d 所示的钳口可以水平装夹圆柱工件铣削圆周上的直角沟槽。

4. 在机用虎钳上装夹工件时的注意事项

1）安装机用虎钳时应擦净钳底平面和工作台面，装夹工件时应擦净钳口平面、钳体导轨面和工件表面。

2）工件在机用虎钳上装夹后，铣去的余量层应高出钳口上平面，高出的尺寸以铣刀不会铣到钳口的上平面为宜，如图 3-51 所示。

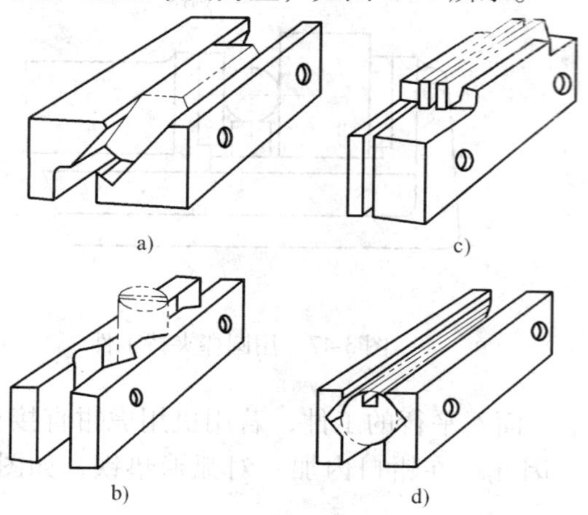

图 3-50　特殊钳口
a）装夹矩形工件铣斜面钳口　b）装夹圆柱体铣端面窄槽钳口
c）装夹矩形小工件铣侧面钳口　d）装夹圆柱体铣直角槽钳口

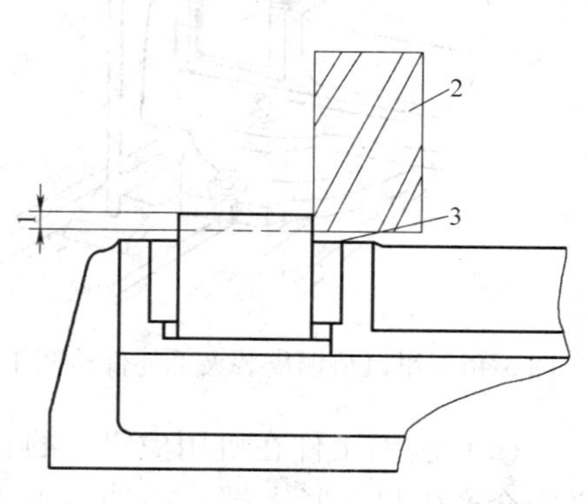

图 3-51　余量层高出钳口上平面
1—工件余量层　2—立铣刀
3—钳口上平面

3）工件在机用虎钳上装夹时，放置的位置应适当，夹紧工件后钳口受力应均匀。

4）用平行垫铁装夹工件时，所选用的垫铁的平面度、平行度、相邻表面垂直度应符合要求，垫铁表面要具有一定的硬度。

二、用压板夹紧工件

塑料模具加工生产中，对形状较大或不便于用机用虎钳装夹的工件，可用压板夹紧，在工作台上进行加工。

1. 用压板夹紧工件的方法

压板通过螺栓、螺母、垫铁等将工件压紧在工作台面上，使用压板夹紧工件时，应选择两块以上的压板，将压板的一端搭在工件上，另一端搭在垫铁上。垫铁的高度应等于或略高于工件被夹紧部位的高度，螺栓到工件之间的距离应略小于螺栓到垫铁之间的距离。使用压板时，螺母和压板平面间应有垫圈，如图 3-52 所示。

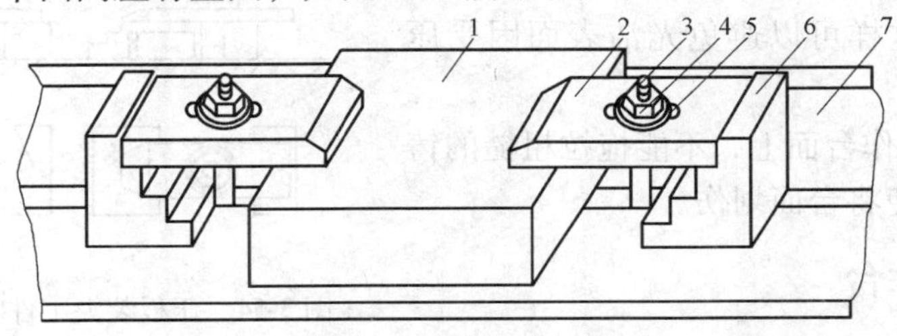

图 3-52　用压板夹紧工件

1—工件　2—压板　3—螺栓　4—螺母　5—垫圈　6—台阶垫铁　7—工作台面

2. 压板的种类

为了满足装夹不同形状工件的需要，压板的形状也做成很多种。如图 3-53 所示是压板、螺栓和垫铁的形式。

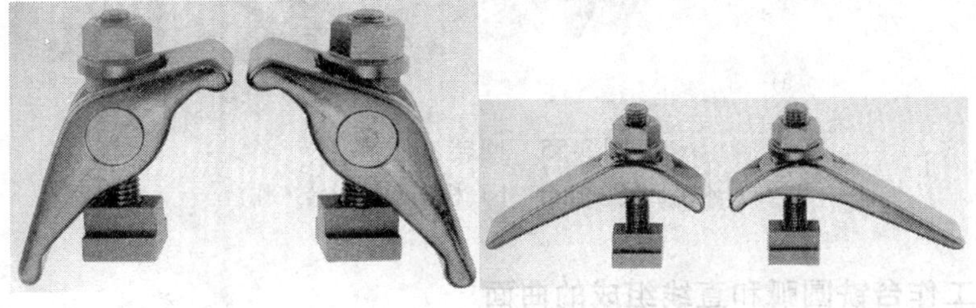

图 3-53　压板、螺栓和垫铁

3. 使用压板夹紧工件时的注意事项

如图 3-54 所示为用压板装夹工件时的正误操作图。

1）压板的位置要安排得适当，要压在工件刚性最好的地方，夹紧力的大小也应适当，不然刚性差的工件易产生变形。

2）垫铁必须正确地放在压板下，高度要与工件相同或略高于工件，否则会降低压紧效果。

3）压板螺栓必须尽量靠近工件，并且螺栓到工件的距离应小于螺栓到垫铁的距离，这样就能增大压紧力。

4）螺栓要拧紧，否则会因压力不够而使工件移动，以致损坏工件、机床和刀具。

5）在工件的光洁表面与压板之间，必须安置垫片（如铜片），这样可以避免光洁表面因受压而损伤。

6）在铣床的工作台面上，不能拖拉粗糙的铸件、锻件毛坯，以免将台面划伤。

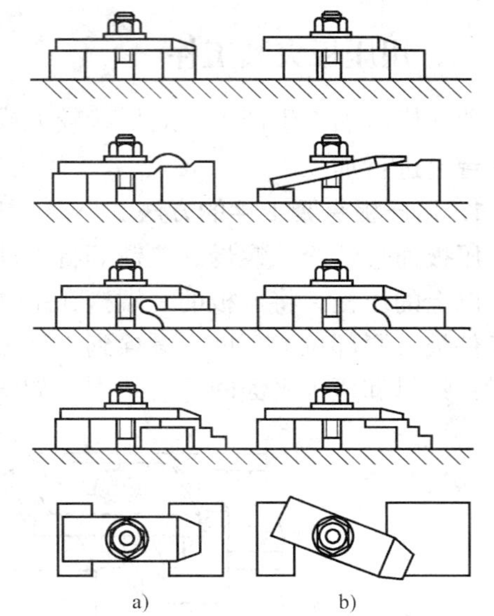

图 3-54　压板装夹工件时的正误操作图

a）正确　b）错误

三、回转工作台

回转工作台又称圆形工作台、转盘等，如图 3-55所示。回转工作台的内部有一对蜗轮蜗杆，摇动手轮，通过蜗杆轴直接带动与工作台相连接的蜗轮转动。工作台周围有刻度，用于观察和确定工作台的位置，亦可进行分度工作。拧紧固定螺钉，可以固定工作台。当底座上的槽和铣床工作台上的 T 形槽对齐后，即可用螺栓把回转工作台固定在铣床工作台上。

铣圆弧槽时，工件用机用虎钳、自定心卡盘或压板装夹在回转工作台上。装夹工件时，必须通过找正使工件上圆弧槽的中心与回转工作台的中心重合。铣削时，铣刀旋转，用手（或机动）均匀缓慢地转动回转工作台，即可在工件上铣出圆弧槽。

图 3-55　回转工作台

a）水平回转工作台　b）横立两用回转工作台

1. 用回转工作台铣圆弧和直线组成的曲面

在回转工作台上根据划线加工如图 3-56 所示的扇形板，铣削时的工作步骤如下：

（1）选择铣刀　在铣轮廓时，为了提高生产率，采用较大直径的立铣刀加工。现选用 ϕ30mm 的立铣刀（铣圆弧槽时，选择 ϕ16mm 的立铣刀）。

（2）在回转工作台上加工　由圆弧或由圆弧与直线组成的曲面工件，在数量不多、缺少数控铣床的情况下，可采用回转工作台在立式铣床上加工，如图 3-57 所示。为了保证工件的圆弧中心位置和圆弧半径尺寸，以及使圆弧面与相邻表面圆滑相切，铣削前应保证或确定以下几点：

1）工件圆弧面的中心必须与回转工作台的中心重合。

2）准确地调整回转工作台与铣床主轴的中心距。

3）确定开始铣削工件圆弧面时回转工作台的转角。

4）若工件圆弧面的两端都与相邻表面相切，要确定铣削圆弧面过程中回转工作台应转过的角度。

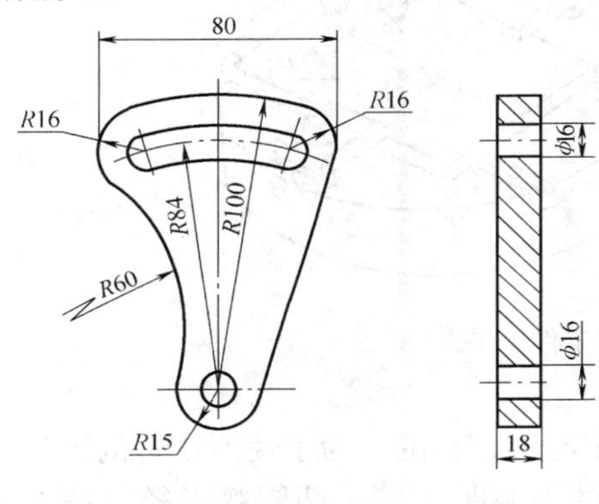

图 3-56　扇形板

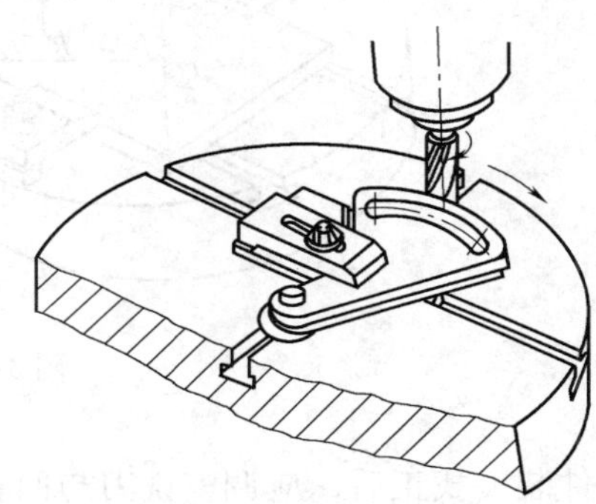
图 3-57　铣削圆弧曲面工件的装夹

在回转工作台安装后，首先要校正回转工作台与铣床主轴的同轴度，其目的是为了便于以后找正工件圆弧面和回转工作台的同轴度，也是精确地控制回转工作台与铣床主轴的中心距及确定工件圆弧面开始铣削位置的一个重要步骤。一般精度要求的工件可用顶尖校正法，如图 3-58a 所示；精度要求较高时，则可在顶尖校正法的基础上，使用环表校正法，如图 3-58b 所示。

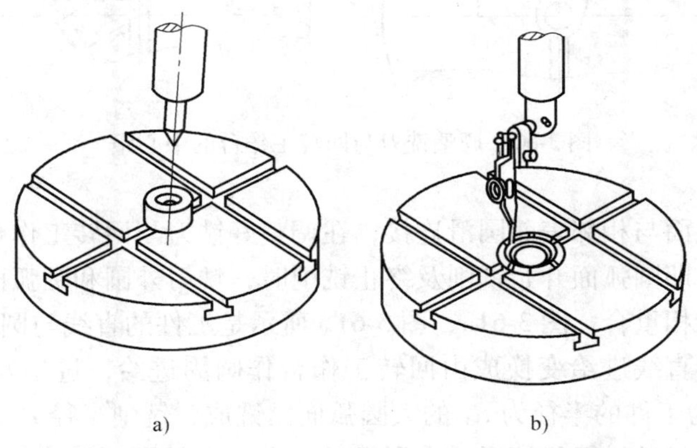

图 3-58　校正回转工作台与铣床主轴的同轴度
a）顶尖校正法　b）环表校正法

在回转工作台与铣床主轴的同轴度校正后，即可装夹工件。工件夹紧前，应找正工件圆弧面与回转工作台的同轴度，这是保证工件圆弧面中心位置精度的基本要求，也是保证所加工的圆弧面能与相邻表面圆弧连接的重要环节。已划线工件的找正方法如图 3-59 所示，若工件圆弧面以内孔为基准，则只要把孔中心线校正到与回转工作台的中心线同轴即可。当工件数量较少时，可用环表法校正；工件数量较多时，可在回转工作台主轴孔内装上专用心轴进行定位。

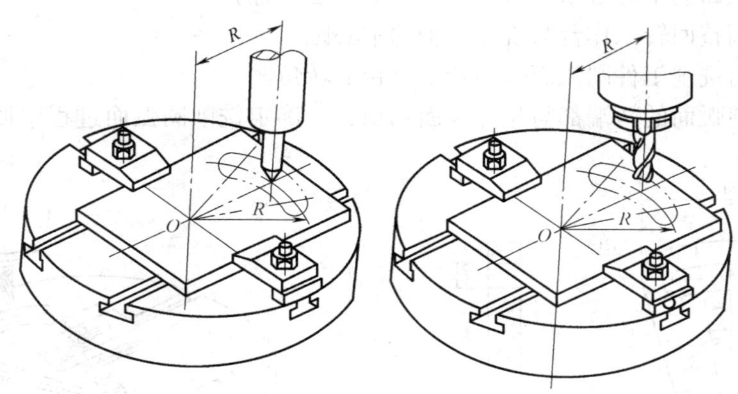

图 3-59　找正划线工件

工件装夹找正后，应调整铣刀与回转工作台的中心距，目的是为了使所铣得的圆弧面半径准确。当铣凸圆弧面时，铣刀中心和回转工作台的中心距 A 等于凸圆弧半径与铣刀半径之和；铣凹圆弧面时，中心距 A 等于凹圆弧半径与铣刀半径之差，如图 3-60 所示。

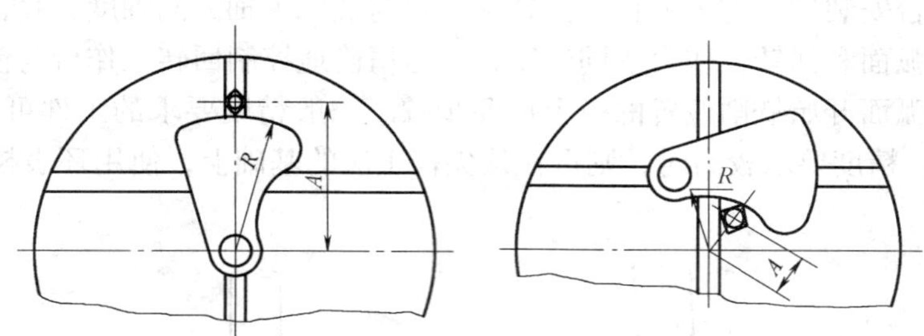

图 3-60　调整铣刀与回转工作台的中心距

为了使工件圆弧面与相邻表面圆滑连接，在调整好铣刀与回转工作台的中心距后，应找正工件的切点位置，即圆弧面开始铣削及终止铣削时，铣刀外圆和圆弧面的接触点应和圆弧面与相邻表面的切点相重合。图 3-61a、图 3-61b 所示是工件的直线与圆弧一次连续铣削时，工件由铣床工作台作直线进给变换成由回转工作台作圆周进给，过早及过迟的情形；图 3-61c、图 3-61d 所示为工件的半径为 R_1 的大圆弧面已铣成，铣削半径 R 的圆弧面时，回转工作台圆周进给停刀过早及过迟的情形。由图可见，由于工件圆弧面开始铣削或终止铣削时，铣刀外圆与圆弧面的接触点 K 偏离了工件切点 P，使圆弧面与相邻表面连接不圆滑。

工件切点位置的找正依据是，根据圆弧面的几何特点，当圆弧面与直线相切时，切点必定落在垂直于相切直线的半径上；如果是两段圆弧相切，则切点必定落在两圆弧中心的连线或连线的延长线上。因此找正时，必须使铣刀中心通过工件圆弧面包含切点的半径的连线上。

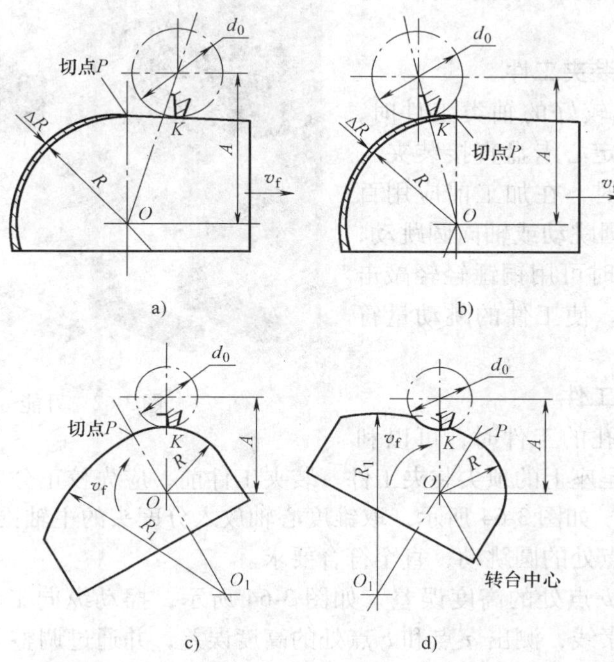

图 3-61　停刀位置与切点位置不重合对工件形状的影响

2. 用回转工作台铣曲面需注意的问题

1）铣削时，铣床工作台及回转工作台的进给方向都必须处于逆铣状态，以免立铣刀折断。对回转工作台来说，铣凸圆弧面时，转台的转动方向应和铣刀的旋转方向相同；而铣凹圆弧面时，两者的旋转方向应相反。

2）在铣削型面曲线是直线与圆弧相切的工件时，应尽可能做到一次连续铣削，并且在由工作台的直线进给运动转换成回转工作台的圆周进给运动中，转换速度要尽可能快，以防止产生“深啃”。

3）为了便于操作，应使轮廓表面各部分圆滑连接，并按下列次序进行铣削：

①凡是凸圆弧面与凹圆弧面相切的部分，应先加工凹圆弧面。

②凡是凸圆弧面与凸圆弧面相切的部分，应先加工半径较大的凸圆弧面，直线部分可看作半径最大的凸圆弧面。

③凡是凹圆弧面与凹圆弧面相切的部分，应先加工半径较小的凹圆弧面。

四、用分度头装夹工件

在铣削加工中，常会遇到铣六方、齿轮、花键和刻线等工作。这时，工件每铣过一面或一个槽之后，需要转过一个角度，再铣削第二面或第二个槽，这种工作叫分度。

分度头是铣床上的重要精密附件，它可以将一些轴类或盘类工件安装成所需要的角度（垂直、水平或倾斜），把工件作任意的圆周等分或直线移距分度。万能分度头的外形如图3-62所示，用分度头装夹工件的方法如下：

1. 用自定心卡盘装夹工件

加工较短或刚性较好的轴类工件时，可以用分度头上的自定心卡盘直接装夹工件。当加工要求较高时，在加工前应用百分表校正工件的径向圆跳动或轴向圆跳动，如图3-63所示。校正时可用铜锤轻轻敲击高点，边校正边夹紧，使工件的跳动量符合要求。

图3-62　万能分度头

2. 用两顶尖装夹工件

铣削两端有中心孔的工件时，可以利用分度头上的顶尖和尾座上的顶尖装夹工件。装夹工件前，应先校正分度头和尾座。

（1）校正圆跳动　如图3-64所示，取锥度心轴放入分度头的主轴锥孔内，转动分度头，用百分表校正心轴 a 点处的圆跳动，直至符合要求。

（2）校正 a 点和 b 点处的高度误差　如图3-64所示，摇动纵向工作台和横向工作台，使百分表通过心轴上素线，测出 a 点和 b 点处的高度误差，并通过调整分度头主轴角度，使 a 点和 b 点处的高度符合要求，则分度头主轴上素线平行于工作台面。

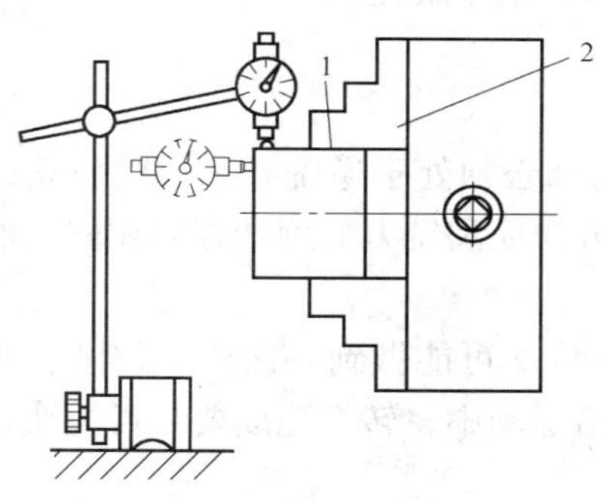

图3-63　工件的装夹和校正

1—铜皮　2—卡盘爪

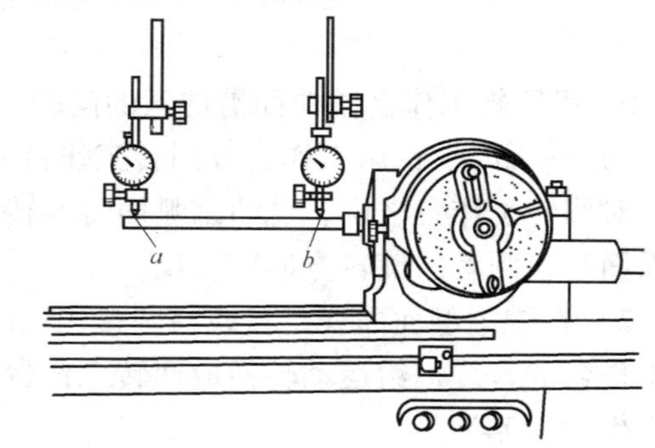

图3-64　校正分度头主轴上母线

（3）校正分度头主轴侧素线与纵向工作台进给方向的平行度　如图3-65所示，将百分表置于心轴侧素线外，摇动纵向工作台，用百分表测出 c 和 d 两点处的高度差，并经调整分度头使两点值符合要求，再顶上后顶尖检测，如不符合要求，只调整尾座顶尖，使之符合要求，如图3-66、图3-67所示。

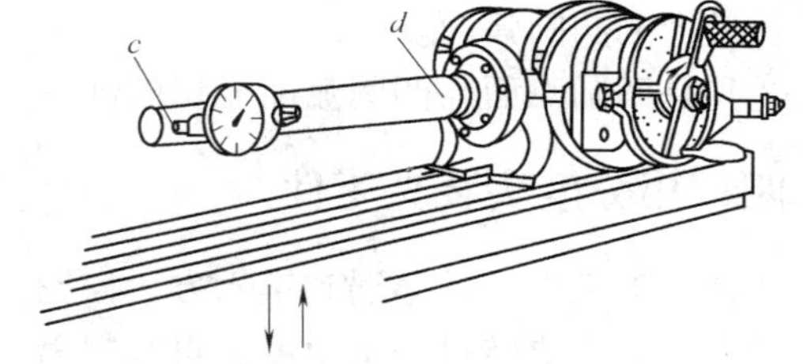

图3-65　校正分度头主轴侧素线

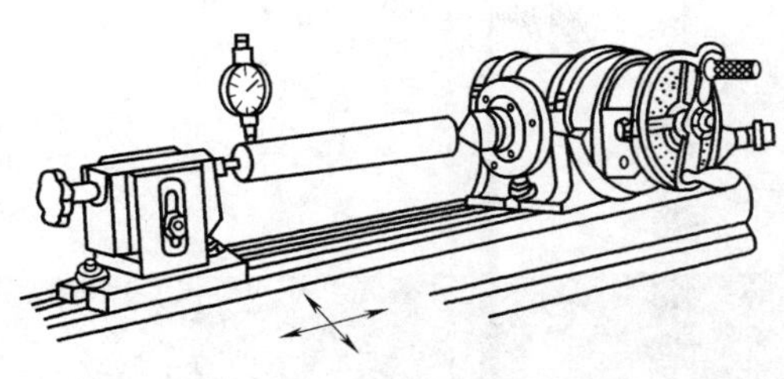

图 3-66　校正尾座上素线

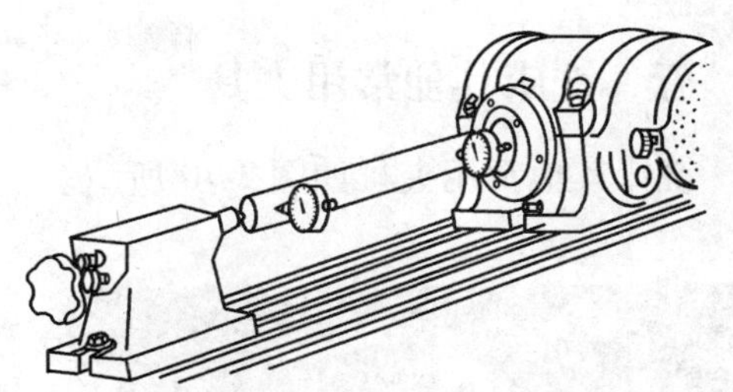

图 3-67　校正尾座侧素线

3. 一夹一顶装夹工件

在较长的轴类工件上铣削时，可用一夹一顶的方法装夹工件。装夹工件前，应先校正分度头主轴上素线和侧素线。

校正时，在自定心卡盘上夹持一标准心轴，如图 3-68 所示。校正 a 点处的圆跳动符合要求后，用以上的方法将上素线和侧素线校正至符合要求，然后安装尾座，将标准心轴一夹一顶，重复以上的校正内容。如校正数值不变，说明尾座与分度头主轴同轴；校正数值如有变化，只调整尾座顶尖，使之达到第一次校正的数值即可。

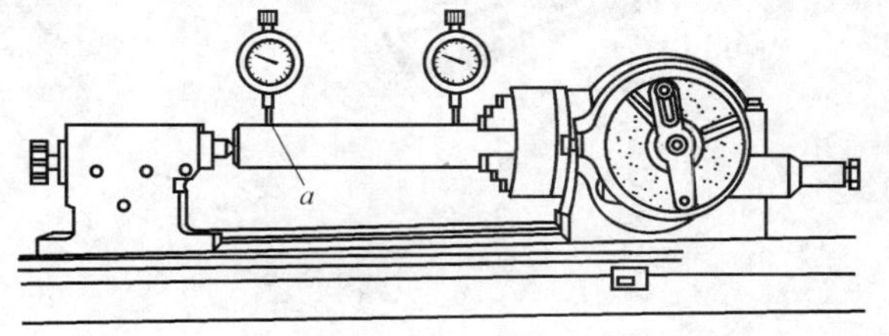

图 3-68　一夹一顶装夹工件的校正

4. 用心轴装夹工件

在套类工件上铣削时，可用锥度心轴或圆柱心轴装夹工件。首先应校正心轴轴线与分度头主轴轴线的同轴度，然后校正心轴上素线和侧素线，符合要求后再将工件装夹在心轴上进行加工。

5. 用分度头及尾座装夹工件

用分度头及尾座装夹工件的方式如图 3-69 所示。

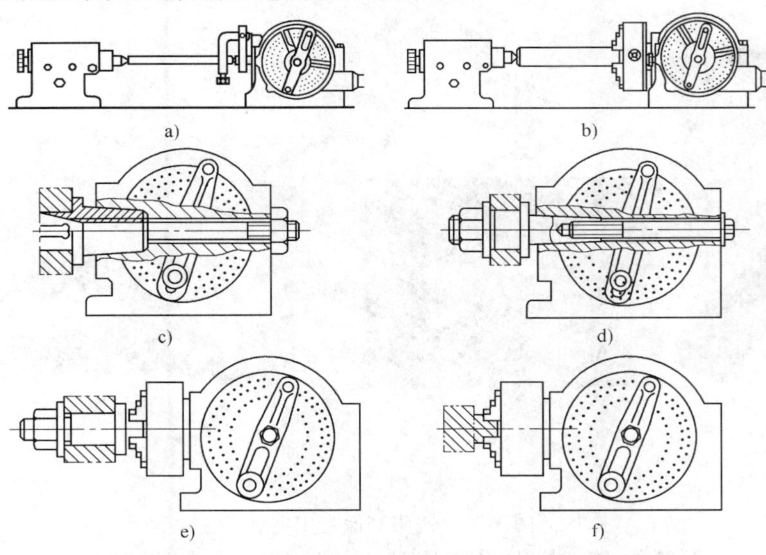

图 3-69　用分度头及尾座装夹工件的方式

a）两顶尖装夹　b）用自定心卡盘一夹一顶装夹　c）用胀力心轴装夹
d）用锥度心轴装夹　e）用心轴自定心卡盘装夹　f）用自定心卡盘装夹

五、铣床其他常用夹具

铣床其他常用夹具如图 3-70 所示。

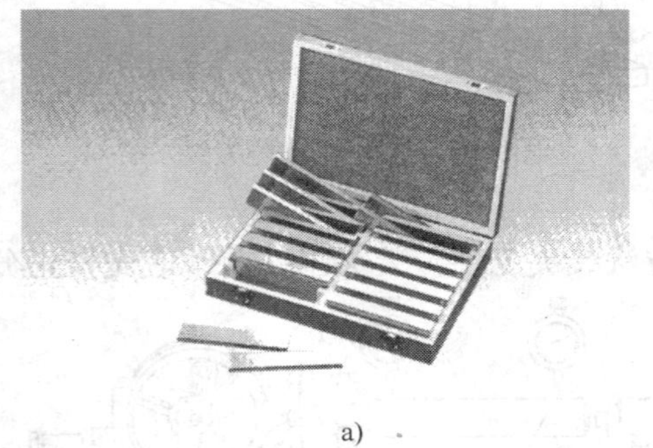

a)

b)

c)

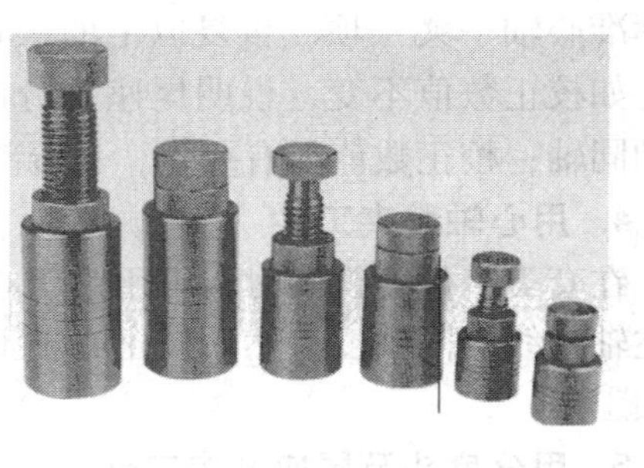

d)

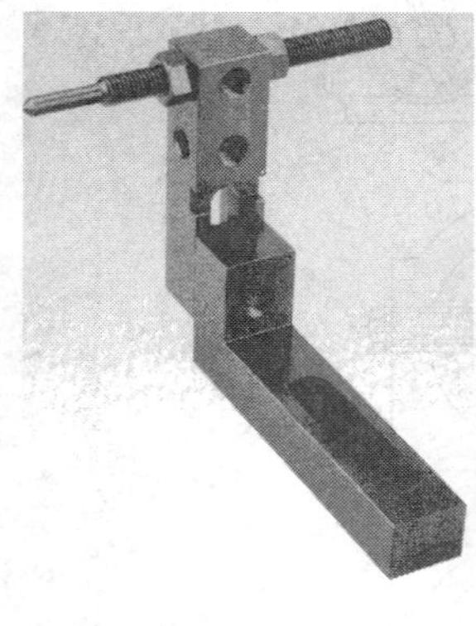

e)

f)

图 3-70 铣床其他常用夹具

a）平行垫块（淬火处理，各种厚度尺寸） b）固定角度垫块（常用角度）
c）超行程机用虎钳（适用于长度较大工件粗加工的装夹） d）高度调节支承
e）定位挡铁及应用 f）铣床用自定心夹盘

g)

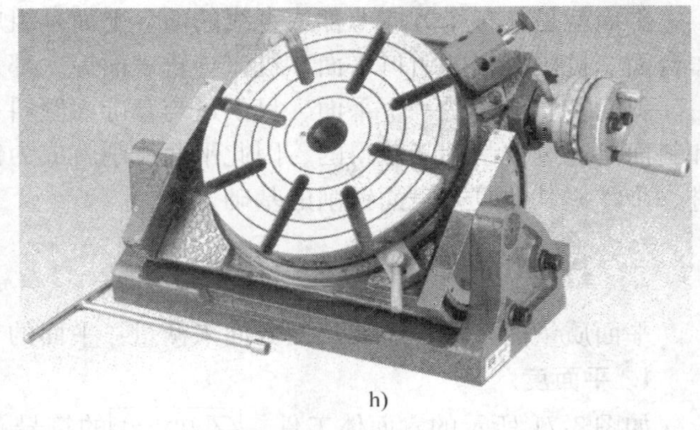
h)

i)

j)

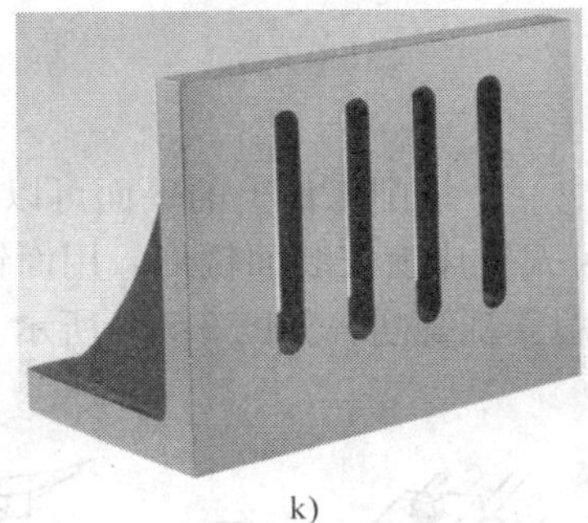
k)

图 3-70　铣床其他常用夹具（续）
g）铣床用单动卡盘　h）可倾斜式回转工作台　i）可倾斜式水平工作台
j）辅助高度工作台　k）垂直工作台

第五节　面的铣削

【本节学习要点】

1. 掌握平面的技术要求、铣削、测量及质量分析方法。
2. 掌握平行面和垂直面的铣削、测量及质量分析方法。
3. 掌握斜面的铣削、测量及质量分析方法。

平面就是在各个方向上都成直线的面。平面是组成机械零件的基本表面之一，如铣床工作台面、机用虎钳的钳口平面、机床导轨表面等，都是生产实际中经常接触到的平面实例。

斜面实质上也是一个平面，只不过与基准面倾斜一定角度而已。零件上很大一部分平面和斜面是通过铣削加工获得的，因此平面铣削就成为铣工最基本的工作内容之一，也是铣工进一步掌握其他复杂表面铣削的基础。

一、平面的技术要求

平面质量的好坏，主要从两方面来衡量：平面的平整程度和表面粗糙度。

1. 平面度

如图 3-71 所示的六面体工件，▱ 0.05 (−) 的符号，表示六面体的顶面（在整个平面内）所限定的区域不允许超过 0. 05mm，即平面度公差为 0. 05mm。符号“（ – ）”表示平面只允许凹。

2. 表面粗糙度

图 3-71 中的 Ra 6.3 符号，表示顶部平面的表面粗糙度值，其允许偏差值为 Ra6. 3μm。

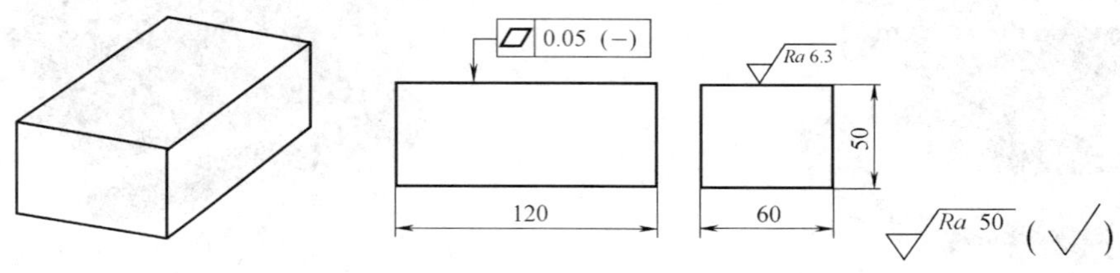

图 3-71　六面体工件

二、平面的铣削方法

铣平面是铣工常见的工作内容之一，铣削工件上的平面可以在卧式铣床上安装圆柱铣刀铣削，如图 3-72a 所示；也可以在卧式铣床上安装面铣刀，用面铣刀铣削，如图 3-72b 所示；还可以在立式铣床上安装面铣刀，用立铣铣削，如图 3-72c 所示。以下重点讲述在立式铣床上安装面铣刀，用立铣铣削平面。

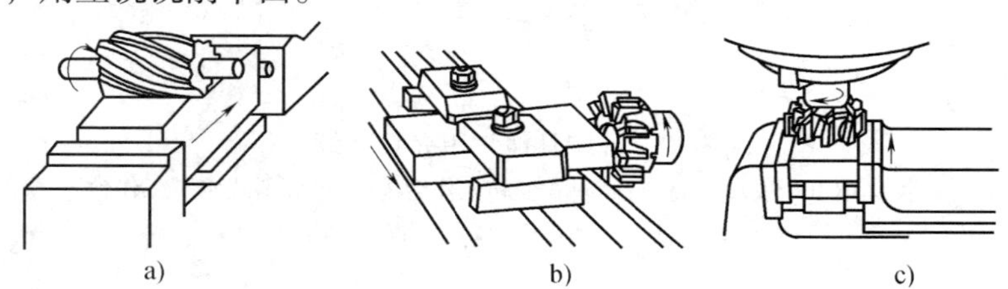

图 3-72　平面铣削方法

a）圆柱铣刀铣削　b）面铣刀铣削　c）立铣铣削

1. 铣刀的选择

端面铣削是指用铣刀端面齿刃进行的铣削。用面铣刀铣削平面时，为了使加工的平面在一次进给铣削中铣出整个加工表面，铣刀的直径应等于被加工表面宽度的 1. 2 ~ 1. 5 倍，如

图 3-73 所示。在生产中，为了提高生产率和减小表面粗糙度值，往往采用硬质合金面铣刀高速铣削。铣削时，一般 $v_c = 80 \sim 120\text{m/min}$。转位硬质合金刀片面铣刀的形状如图 3-74 所示。

用面铣刀铣平面有很多优点，尤其对较大的平面，目前大都用面铣刀加工。

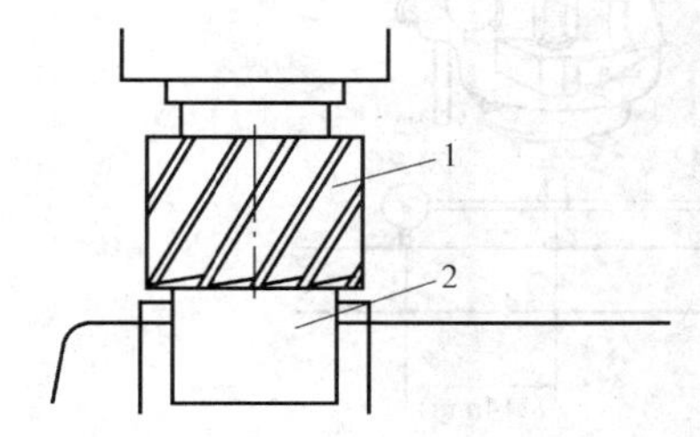

图 3-73　面铣刀直径应大于加工面宽度
1—面铣刀　2—工件

图 3-74　转位硬质合金刀片面铣刀

2. 立铣头的校正

铣平面时是利用分布在铣刀端面上的刀尖来形成平面的。如图 3-75 所示，用端面铣削的方法铣出的平面，也有一条条刀纹，刀纹的粗细（即表面粗糙度值的大小），也与工件的进给速度和铣刀的转速高低等许多因素有关。

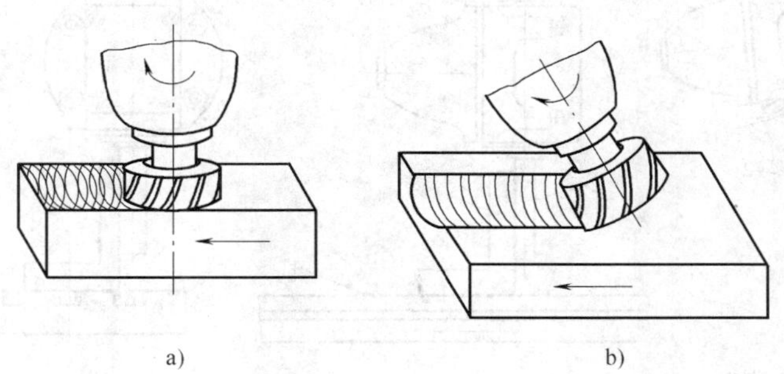

图 3-75　端面铣削

用端面铣削的方法铣出的平面，其平面度的好坏，主要决定于铣床主轴轴线与进给方向的垂直度。若主轴与进给方向垂直，则刀尖旋转时的轨迹为一个与进给方向平行的圆环，如图 3-75a 所示，这个圆环切割出一个平面。实际上，此时铣刀刀尖在工件表面会铣出成网状的刀纹。若铣床主轴与进给方向不垂直，则相当于用一个倾斜的圆环，把工件表面切出一个凹面来，如图 3-75b 所示。此时，铣刀刀尖在工件表面会铣出单向的弧形刀纹。

立式铣床主轴头的零位，一般由定位销来保证。若因定位销磨损等原因而需要调整时，可将装有角形表杆的百分表固定在主轴上，使百分表的测头与工作台面接触，并记下读数，然后扳动主轴转过 180°，也记下读数，如图 3-76 所示。其差值在 300mm 长度上一般不应大于 0.03mm。若工作台面与纵向进给的平行度较差或工作台面不够光洁平整时，则可以用一块平行垫铁固定在工作台面上，并把其上平面校成与纵向进给平行，以代替台面。

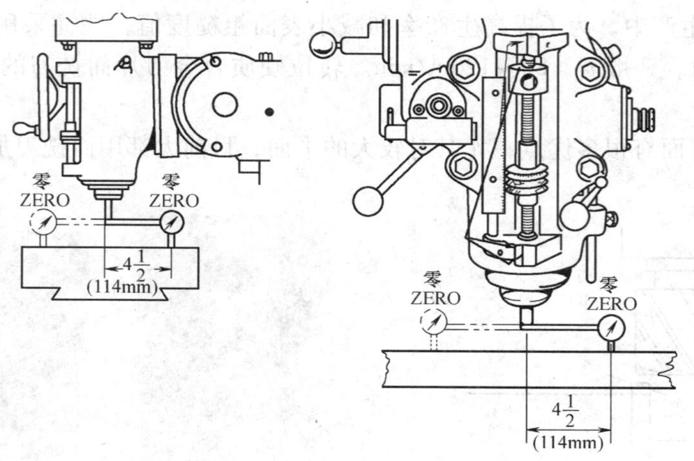

图 3-76　回转式立铣头零位的调整

铣头的校正也可以用锥度心轴和直角尺，按图 3-77 所示的方法进行。校正时，将直角尺的外测量面轻轻靠近心轴的圆柱面，观察直角尺的外测量面和心轴的圆柱面之间是否密合或间隙是否均匀，以确定立铣头的主轴轴心线与工作台面是否垂直。测量时，应分别在纵向和横向两个方向上检测。校正合格后，将立铣头壳体与主轴座体的紧固螺母拧紧即可。

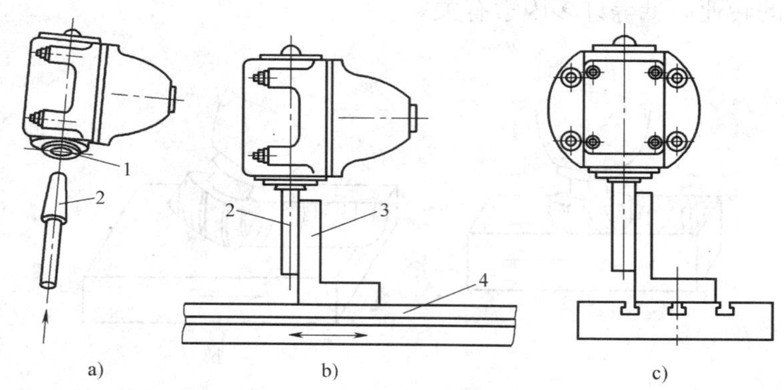

图 3-77　用直角尺校正立铣头主轴轴心线与工作台面垂直

a）将心轴插入立铣头主轴锥孔　b）与纵向进给方向平行检测　c）与纵向进给方向垂直检测

1—立铣头主轴　2—心轴　3—直角尺　4—工作台

3. 端铣时的铣削方式

端铣时，根据铣刀与工件的相对位置不同，可分为对称铣削和不对称铣削两种不同的铣削方式。当铣刀的中心与工件铣削层宽度的中心一致时，称为对称端铣；当铣刀的中心与工件铣削层宽度的中心不一致时，称为不对称端铣。如图 3-78 所示，对称铣削时，工件铣削层宽度在铣刀轴线的两边各占一半，左半部分为进刀部分是逆铣，右半部分为出刀部分是顺铣，工作台在进给方向不会产生突然拉动现象，但工作台横向会产生突然拉动现象，所以铣削前必须锁紧横向工作台。这种铣削方式只适用于加工短而宽或较厚的工件，不宜加工狭长或较薄的工件。不对称端铣时当进刀部分大于出刀部分时，称为逆铣，如图 3-78b 所示；反之称为顺铣，如图3-78c所示。顺铣时，同样可拉动工作台，造成严重后果，所以一般不采用，大多采用的是逆铣。

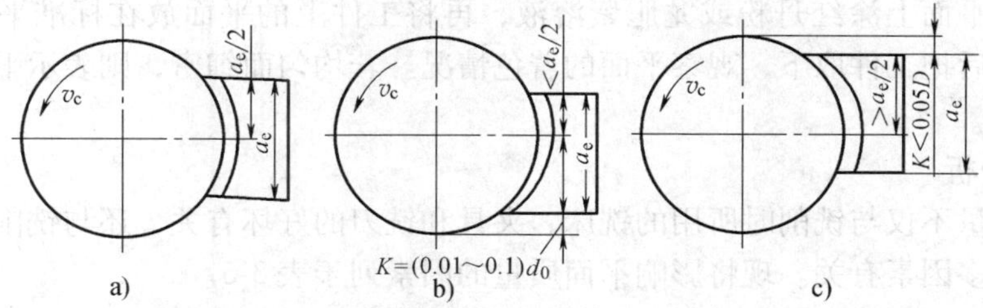

图3-78　端铣的铣削方式

a）对称端铣　b）不对称端铣（逆铣）　c）不对称端铣（顺铣）

4. 铣削过程

在立铣床上用面铣刀铣削工件时，移动工作台使工件位于面铣刀下面开始对刀，可以利用立铣床上的主轴升降套筒带动立铣刀进行对刀。对刀时先起动主轴，再松开主轴套筒锁紧手柄，摇动主轴套筒升降手柄，使铣刀慢慢靠向工件。当铣刀微触工件后，在主轴套筒升降刻度盘上作记号，然后摇动主轴套筒升降手柄抬升主轴套筒，并锁紧主轴套筒锁紧手柄，再纵向退出工件，按坯件实际尺寸，降下主轴套筒，调整铣削层深度。余量小时可一次进给铣削至尺寸要求；否则根据余量进行粗铣和精铣。对刀后，应采用逆铣法加工至图样要求。铣刀在切削过程中要保持主轴套筒锁紧手柄处于锁紧状态。另外，主轴套筒的伸出量应尽量短一些，以防止由于切削力的作用使主轴套筒变形。

三、平面铣削的质量分析

1. 平面质量的检验

（1）检验表面粗糙度　表面粗糙度一般都采用表面粗糙度比较样块来比较。由于加工方法不同，切出的刀纹痕迹也不同，所以样块按不同的加工方法来分组，如用圆柱形铣刀铣削的一组样块中，可选用$Ra20\sim0.63\mu m$的5块。若工件的表面粗糙度值为$Ra3.2\mu m$，而加工出的平面表面与$Ra2.5\sim5\mu m$的一块样块很接近，则说明此平面的表面粗糙度值已符合图样要求。

（2）检验平面度　对较小的平面，用刀口形直尺测量平面的各个方向的直线度，如图3-79a所示。若各个方向都成直线（即直线度在公差范围内），则工件的平面度符合图样要求。

对较大的平面，可利用三点确定一个平面的原理，在标准平板上用三个千斤顶将工件顶起，用百分表找正千斤顶上方三点等高，然后测量平面上的其他点，

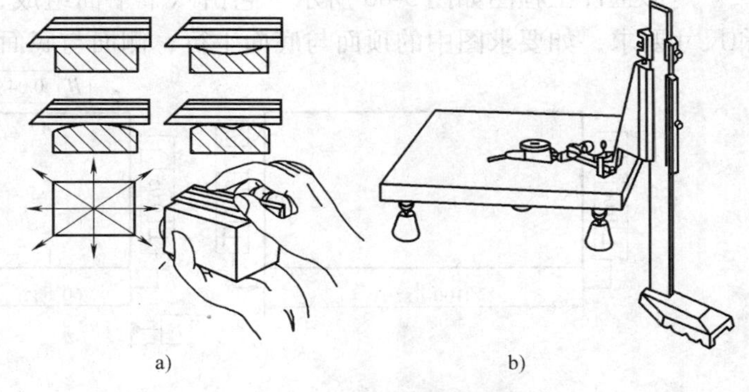

图3-79　平面度检验

a）用刀口形直尺测量　b）用三点定平面原理测量

如图 3-79b 所示。若百分表示值变动量在平面度公差内，则平面度符合图样要求。

对平面度要求高的平面，也可用标准平板来检验。标准平板的平面度是较高的，检验时在标准平板的平面上涂红丹粉或龙胆紫溶液，再将工件上的平面放在标准平板上，进行对研，对研几次后把工件取下，观察平面的着色情况。若均匀而细密，则表示平面的平面度很好。

2. 质量分析

平面的质量不仅与铣削时所用的铣床、夹具和铣刀的好坏有关，还与铣削用量和合理选用切削液等很多因素有关。现将影响平面质量的因素列于表 3-6。

表 3-6　影响平面质量的因素

项　目	原　因
影响平面度的因素	（1）用周边铣削时，铣刀的圆柱度差 （2）用端面铣削时，铣床主轴轴线与进给方向不垂直 （3）铣床工作台进给运动的直线性差 （4）铣床主轴轴承的轴向和径向间隙大 （5）工件在受夹紧力和铣削力后产生变形 （6）工件由于存在应力，在表层切除后产生变形 （7）工件在铣削过程中，由铣削热产生变形 （8）当圆柱形铣刀的宽度或面铣刀的直径小于加工面的宽度时，由于接刀而产生接刀痕
影响表面粗糙度的因素	（1）铣刀刃口变钝 （2）铣削时有振动 （3）铣削时进给量太大，铣削余量太多 （4）铣刀几何参数选择不当 （5）铣削时有拖刀现象 （6）切削液选用不当 （7）铣削时有积屑瘤产生，或切屑有粘刀现象 （8）在铣削过程中进给停顿而产生“深啃”现象

四、平行面和垂直面的铣削

1. 矩形工件的技术要求

矩形工件工程图如图 3-80 所示，它由六个平面组成，故又称六面体，平面之间有位置和尺寸要求，如要求图中的顶面与底面平行；侧面与底面垂直；平面之间还有尺寸要求。

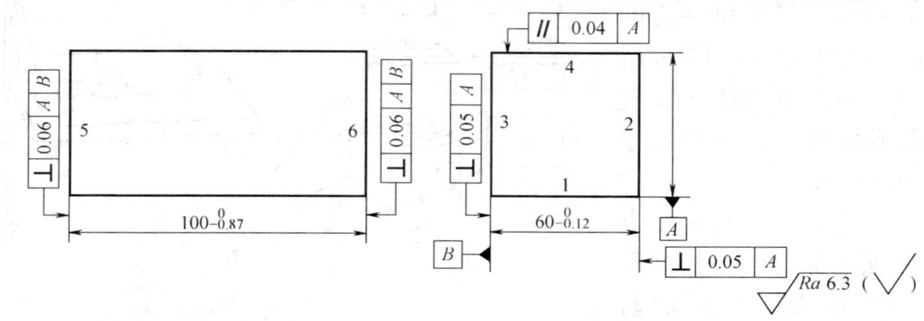

图 3-80　矩形工件工程图

用来确定表面或线、点之间尺寸和位置关系时所依据的面，称为基准面，通常以面做基准为最多，也有以线或点做基准的。在一个工件上，可以有一个或几个基准。在图 3-80 所示的工件上，有 *A* 和 *B* 两个基准面。

矩形工件除各个平面应符合平面的质量要求外，平面之间还有如下要求：

1）相邻两平面之间的垂直度。

2）相对两平面之间的平行度。

3）相对平面之间的尺寸精度。

2. 平行面的铣削

在立式铣床上加工尺寸不太大的矩形工件时，一般都用机用虎钳装夹，并以端面铣削的方式进行铣削，如图 3-81 所示。装夹时先使基准面与固定钳口紧贴，再用直角尺校正侧面，使侧面与工作台面垂直。经过校正后，铣出的两端面既与基准面又与两侧面垂直。

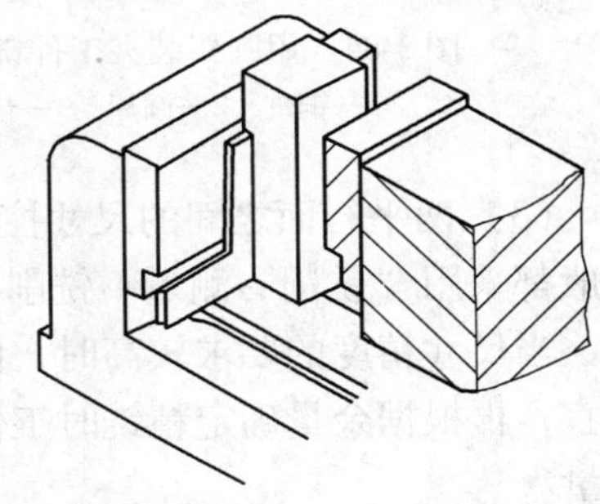
图 3-81　铣两端面

用面铣刀铣削时，铣床主轴轴心与进给方向的垂直度误差会影响加工面与基准面的平行度和垂直度。如在立式铣床上铣削时，若立铣头“零位”不准，用横向进给会铣出一个与工作台倾斜的平面；用纵向进给作非对称铣削，则会铣出一个略凹且不对称的面。在加工较大尺寸的工件时，大都采用面铣刀铣削。

当工件的基准面与工作台平行时，可在立式铣床上用端面铣削法铣出平行面；当工件基准面与工作台面垂直，并与进给方向平行时，可在立铣床上用周铣法铣出平行面。装夹工件时，为了使基准面位于上述位置，通常采用下列方法：

（1）利用与基准面垂直的平面铣平行面　当工件上有垂直于基准面的平行面时，可利用这个平面进行装夹。工件在机用虎钳上装夹时，可将该平面与固定钳口贴合，然后用铜锤轻敲顶面，使工件基准面与机用虎钳导轨面贴合，这时铣出的工件顶面即与基准面平行，如图 3-82 所示；也可采用定位键使基准面与进给方向平行，如图 3-83 所示，这时用面铣刀铣出的平面即为平行面。由于采用这种装夹方法加工平面时与垂直面的精度有密切关系，因而在加工前必须预先检查其垂直度，若不够准确则应进行修正。

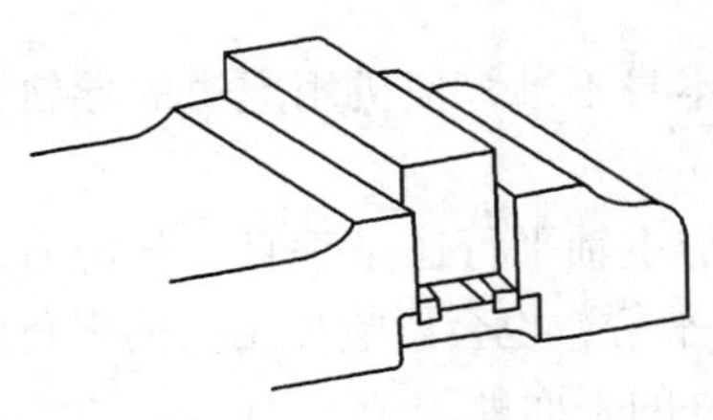
图 3-82　在机用虎钳上装夹工件铣平行面

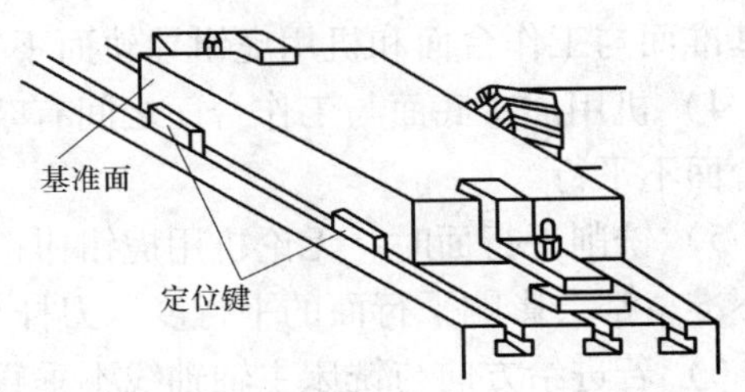

图 3-83　用定位键装夹工件铣削平行面

（2）调整法铣平行面　当工件上没有与基准面垂直的平面时，应设法使基准面与工作台面平行。如在机用虎钳上装夹工件，如图 3-84 所示，需在钳口上放置圆棒。夹紧时，用铜锤轻贴顶面，使基准面与导轨面紧贴，从而与工作台面平行。由于用这种方法装夹工件不够稳固，因此只适用于精铣平行面。若工件上有压板压紧位置时，则可将工件直接装夹在工作台上，如图 3-85 所示，使基准面与工作台面贴合，然后铣出平行面。

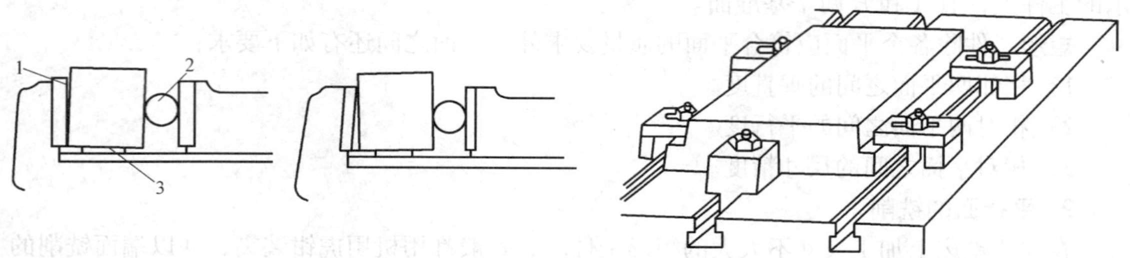

图 3-84　用圆棒装夹工件铣平行面
1—铜皮　2—圆棒　3—垫铁

图 3-85　工件装夹在工作台上铣削平行面

（3）两平行面之间的尺寸控制　铣削平行面时，往往有尺寸精度的要求。单件生产时，一般都采用“铣削→测量→铣削”循环进行，一直到尺寸准确为止。

当尺寸精度的要求较高时，则需在粗铣后再作一次半精铣，半精铣余量以 0.5mm 左右为宜，再根据余量确定精铣时工作台上升的距离。在上升工作台时，可借助百分表来控制移动量。

在粗铣或半精铣后，测量工件尺寸时，最好不把工件拆下，而在机用虎钳上测量。

（4）平行面铣削的质量分析　铣平行面时造成平行度误差的主要原因有下列几个方面：

1）由于平行垫铁的厚度不相等、平行垫铁的上下表面与工件和导轨之间有杂物，造成基准面与机用虎钳导轨面不平行。

2）活动钳口与导轨之间存在少量的间隙，当活动钳口夹紧工件而受力时，会把活动钳口上翘，使工件靠活动钳口的一边向上抬起。另外，铣刀在靠活动钳口的一端刚铣到工件时，向上的垂直铣削分力会把工件和活动钳口向上抬起。

在铣削平行面时，工件夹紧后，需用铜锤或木锤轻轻敲击工件顶面，直到两块平行垫铁的四端都没有松动现象为止。

3）当工件靠向固定钳口的平面与基准面不垂直时，平面与固定钳口紧密贴合，必然造成基准面与工作台面和机用虎钳导轨面不平行。

4）机用虎钳底面与工作台面之间有杂物或导轨面本身不准，使机用虎钳的导轨面与工作台面不平行。

5）铣削平行面时，无论机用虎钳钳口的安装方向与主轴平行还是垂直，若铣刀的圆柱度不准，都会影响平行面的平行度。刀杆与工作台面不平行，也会影响加工面的平行度。

6）若进给方向与铣床主轴轴线不垂直，将影响工件的平面度。

3. 垂直面的铣削

铣削垂直面，就是要求铣出的平面与基准面垂直。用面铣刀在立式铣床上铣出的平面与工作台台面平行，铣削时，只要把基准面安装得与工作台面垂直就可以了。这是铣垂直面需要注意的主要问题，其加工方法则与铣平面完全相同。

（1）将工作装夹在机用虎钳内加工　机用虎钳的固定钳口与底面垂直。当机用虎钳安装在工作台上后，台面与底面密合，所以固定钳口就与工作台面垂直。因此在安装工件时，只要把基准面和固定钳口紧密贴合即可。在装夹时，为了使基准面与固定钳口贴合紧密，往往在活动钳口与工件之间放置一根圆棒，如图3-86a所示。若不放置圆棒，如果工件与基准面相对的面是高低不平的毛坯面或与基准面不平行，在夹紧后基准面与固定钳口不一定会很好地贴牢，如图3-86b、图3-86c所示，这样铣出的平面也就不一定与基准面垂直。在装夹时，除了要在活动钳口处放置一根圆棒外，还应仔细地把固定钳口和基准面擦干净，因为在这两个地方只要有一点杂物，就会影响定位精度。

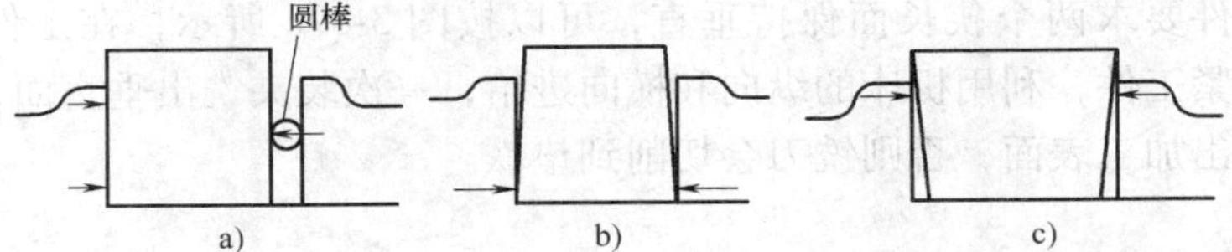

图3-86　在机用虎钳上铣垂直面的装夹方法

如果固定钳口与底平面的垂直度误差较大，即使仔细装夹也不会准确，此时可按以下两种方法进行调整：

1）在固定钳口处垫铜皮或纸片，当铣出的平面与基准面之间的夹角小于90°时，铜皮或纸片应垫在钳口的上部，反之则垫在下部。这种方法只作为临时措施和用于单件生产。

2）校正固定钳口，先利用百分表检查钳口的误差，如图3-87所示，然后用百分表读数的差值乘以钳口铁的高度再除以百分表的移距，把此数值厚度的钢片或铜片垫在固定钳口和钳口铁之间。若百分表的读数上面大，则应垫在上面，反之则垫在下面，也可把钳口铁拆下并按误差的数值将其磨准。把钳口铁垫准或磨准后，还需再作检查，直到准确为止。用作检查的平行铁和紧贴固定钳口的检查面必须光整。

若钳口铁是光整平面，且高度方向尺寸较大时，可用百分表直接校正钳口铁。

（2）将工件装夹在角铁上加工　加工宽而长的工件，一般利用角铁来装夹。角铁的两个平面是互相垂直的，所以一个面与工作台台面平行，另一个面就与工作台台面垂直，就相当于固定钳口，其装夹情况如图3-88所示，两只弓形夹（又称C形夹）代替了活动钳口的夹紧作用。

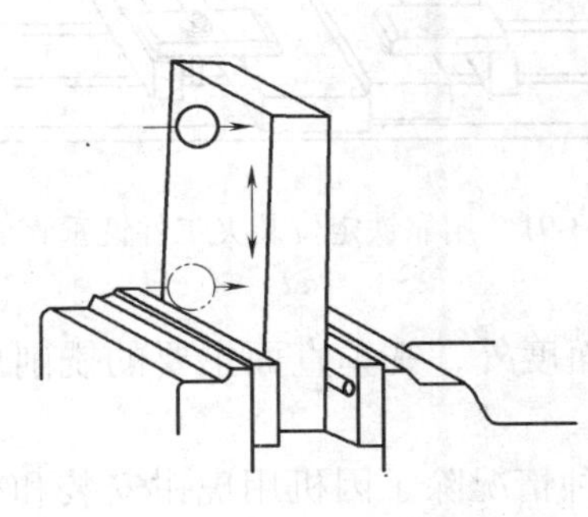

图3-87　校正固定钳口

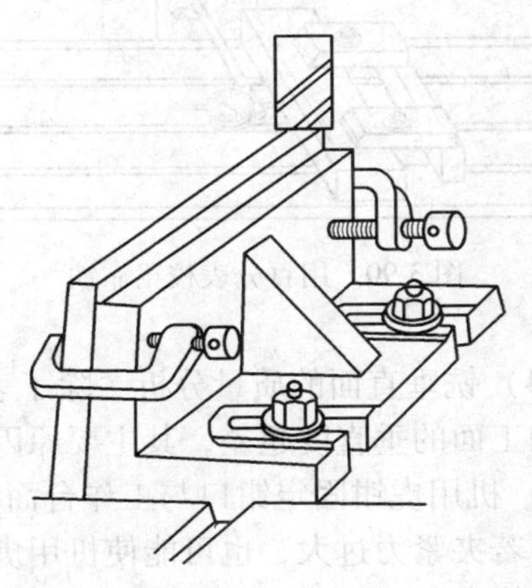

图3-88　在角铁上铣垂直面的装夹方法

(3) 用压板装夹工件加工　对于尺寸较大的工件，在卧式铣床上用面铣刀铣削较合适，其装夹情况如图 3-89a 所示。此时所铣的平面与基准面垂直的程度取决于机床的精度和台面与基准面之间的清洁程度。因为机床的精度很高，而且基准面的接触面积大，又减少了夹具本身所引起的误差，因此采用这种加工方法不仅操作简便，而且能保证垂直度。

对薄而宽的工件，在立式铣床上用立铣刀铣削较合适。工件下面垫平行垫铁，再用压板压紧，其装夹及加工情况如图 3-89b 所示。用这种方法加工，比采用角铁安装铣垂直面要方便和稳固，加工精度也较高。

对于有的工件要求两个狭长面保持垂直，可以按图 3-89c 所示，在工件下面垫平行垫铁，再用压板压紧工件，利用机床的纵向和横向进给，一次装夹铣出垂直面，但要注意工件下的垫铁不能露出加工表面，否则铣刀会切削到垫铁。

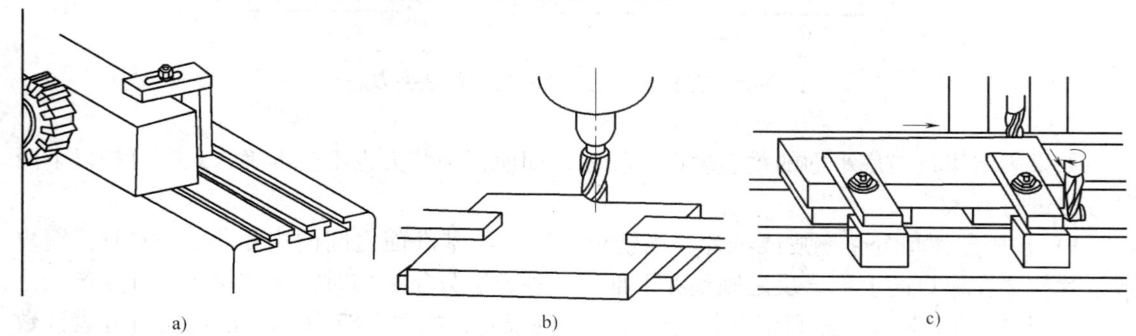

图 3-89　用压板装夹工件加工铣削垂直面

a）较大工件铣垂直面　b）薄而宽工件铣垂直面　c）狭长面工件铣垂直面

为了提高生产率，有时可以先将一块靠铁校正到与主轴轴心线平行，并用压板压紧，如图 3-90 所示，然后将工件的加工基准面与校正后的靠铁一侧贴合，用压板压紧工件，如图 3-91 所示。这样在卧式铣床上用面铣刀铣削工件的加工面，加工下一个工件时，可不需要找正靠铁，直接将工件装夹即可加工。

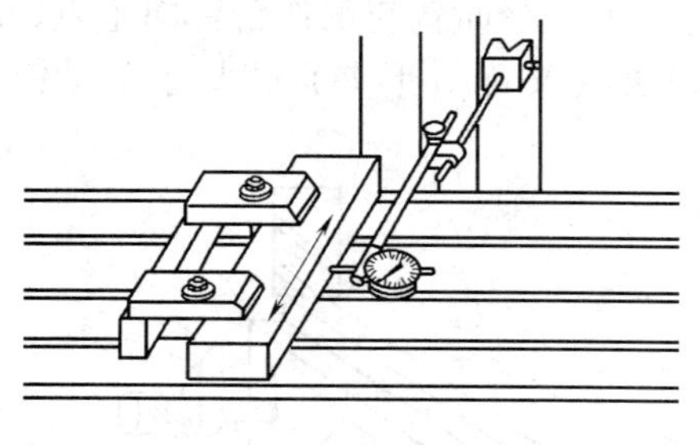

图 3-90　用百分表校正靠铁

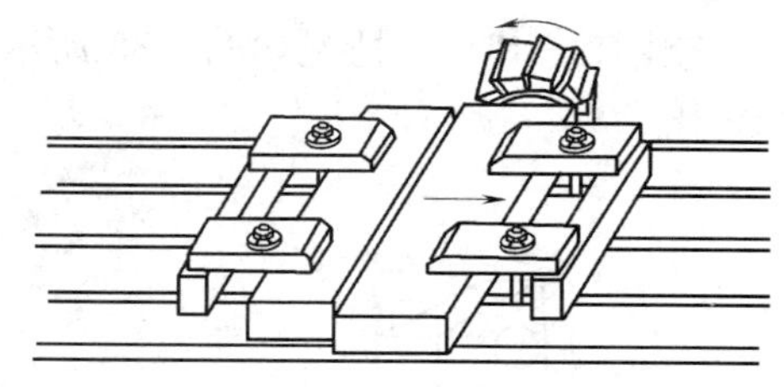

图 3-91　用靠铁定位装夹工件铣垂直面

(4) 铣垂直面的质量分析　除了表面粗糙度及平面度外，铣垂直面主要的铣削质量问题是加工面的垂直度超差，其主要原因有下列几点：

1）机用虎钳固定钳口与工作台面不垂直。产生这种情况除了因机用虎钳安装和校正不好外，若夹紧力过大，也可能使机用虎钳变形，从而使固定钳口外倾。夹紧时，不应该用长机用虎钳夹紧手柄，也不得用锤子猛敲手柄。因为过分施力夹紧，会使固定钳口外倾而不能回复到正确位置，使机用虎钳的定位精准下降，尤其在精铣时，夹紧力不宜过大。

2）工件基准面与固定钳口不贴合。此时，除了应修去工件飞边，擦净工件基准面和固定钳口污物外，还应在活动钳口处放置一根圆棒或放一条窄长而较厚的铜皮。

3）卧式铣床主轴垂直于钳口时，圆柱铣刀或立铣刀有锥度进行周铣垂直面时，应重新磨准铣刀，保证圆柱铣刀和立铣刀的圆柱要求。

4）基准质量差。当基准面较粗糙和平面度较差时，将在装夹过程中造成误差，致使铣出的垂直面无法达到要求。

5）在卧式铣床上进行端面铣削垂直面时，工作台“零位”不准，工作台垂向进给铣削会影响垂直度，铣削前应校正立铣刀“零位”。

6）立式铣床主轴“零位”不准，其影响与在卧式铣床上进行端面铣削垂直面时工作台“零位”不准相似，铣削前应校正立铣头“零位”。

4. 矩形工件的检验

工件全部铣完后，应作全面检查。批量生产时，对第一个工件来说，每铣好一个面后，就应进行检验，合格后再继续铣下面几个工件。对矩形工件，除要检验平面度和表面粗糙度外，还需检验垂直度、平行度和尺寸精度。

（1）检验垂直度　两个相邻平面之间的垂直度，一般都用直角尺来检验。较小平面的垂直度检验可使用直角尺和塞尺配合进行，如图3-92a所示。塞尺的厚度规格可按垂直度的公差确定。

较大平面的垂直度测量，可将工件基准面与标准平板贴合，然后用较大规格的直角尺和塞尺配合进行测量。检验精度要求较高的垂直面时，可采用如图3-92b所示的方法，工件下面起垫块作用的圆柱可防止角铁倾倒，可消除下平面与基准侧面不垂直度对测量的影响。

（2）检验平行度和尺寸精度　加工好的工件应对尺寸精度和平行度同时进行检验。检验时用千分尺或游标卡尺测量工件的四角及中部，观察各部分尺寸的差值，这个差值就是平行度误差。另外，检查所有尺寸是否都在图样所规定的尺寸范围内。

在检验成批零件时，用如图3-93所示的方法可同时检验零件的尺寸精度和平行度。检验时，先按图样上的公称尺寸组合量块并放在平台上，使百分表测量头与量块表面接触，并把长指针对准表面上的“零”位，然后移去量块，把工件放在百分表下，并紧贴表座台面移动，根据百分表的读数便可测出工件的尺寸误差及平行度误差。

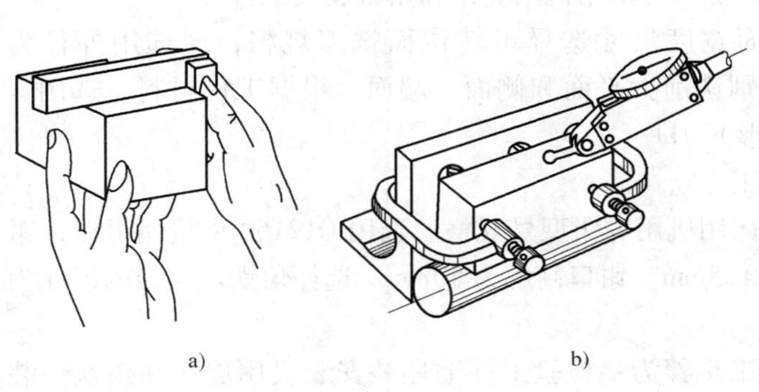

图3-92　垂直度的检验
a）用直角尺和塞尺测量　b）用角铁和百分表测量

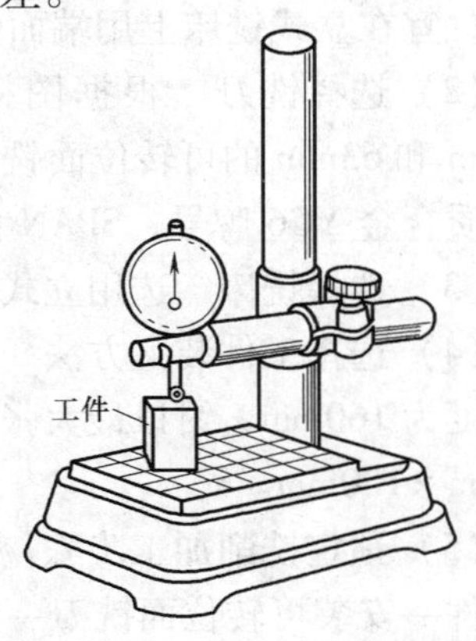

图3-93　用百分表检验平行度和尺寸精度

5. 加工实例：六面体的加工

铣削加工如图 3-94 所示的六面体工件。

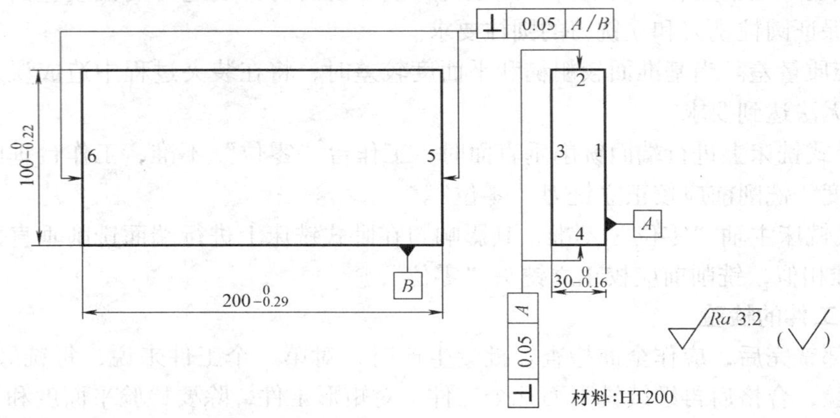

图 3-94 六面体工件图样

（1）图形分析

1）六面体工件的尺寸精度为 $200_{-0.29}^{0}$mm、$100_{-0.22}^{0}$mm、$30_{-0.16}^{0}$mm。

2）相对面的平行度公差为 0.05mm，相邻面的垂直度公差为 0.05mm。

3）毛坯尺寸为 210mm×110mm×40mm。

4）在加工中，基准面尽可能用作定位面，本例要求平面 2、4 垂直于平面 1，平面 3 平行于平面 1，平面 5、6 垂直于平面 1、4，因此平面 1 为工件的主要基准 A，平面 4 为工件的侧面基准 B。

5）工件各表面粗糙度值均为 Ra3.2μm，精度较高，铣削加工能达到要求。

6）工件材料为 HT200，切削性能较好。

7）工件为平板状矩形工件，外形尺寸和基准平面较大，工件装夹与铣削方式受到一定限制，宜在立式铣床上用端面铣削法加工，可采用机用虎钳和角铁装夹工件。

（2）选择铣刀　根据图样的平面宽度尺寸选择可转位面铣刀规格，现选用外径为 125mm 和 63mm 的可转位面铣刀，分别铣削大平面和侧面、端面。根据工件材料，选用 K 类硬质合金 YG6 牌号，SPAN 型（方形）刀片。

（3）选择铣床　选用立式铣床加工。

（4）选择工件装夹方法　选择铣床用机用虎钳型号规格。选用 Q12160 型机用虎钳，钳口宽度为 160mm，钳口最大张开度为 125mm，钳口高度为 50mm。选择角铁定位面的尺寸为 200mm×150mm。

（5）预定铣削加工步骤　铣削加工步骤为：检验工件毛坯→安装机用虎钳和角铁→装夹工件→安装可转位面铣刀→粗铣六面→精铣 100mm×200mm 基准平面 A→预检 A 平面度→精铣 $100_{-0.22}^{0}$mm 两垂直面→精铣加工 $30_{-0.16}^{0}$mm 平行面→精铣 $200_{-0.29}^{0}$mm 两端面→矩形工件铣削检验，其具体加工过程见表 3-7。

表 3-7 六面体铣削的步骤和方法

简图	说明
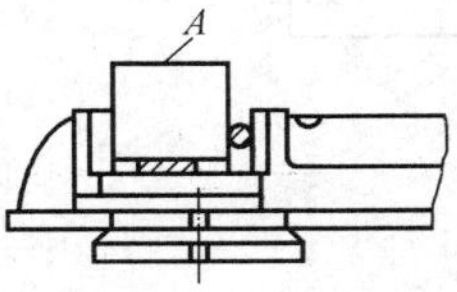	先加工基准面 *A*，因为基准面 *A* 是其他各面的定位基准，通常要求具有较小的表面粗糙度值和较好的平面度
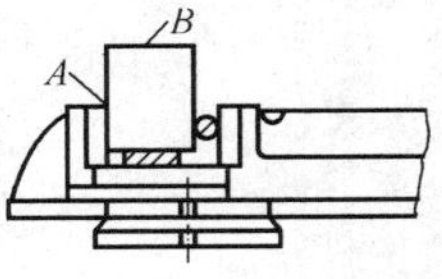	以 *A* 面为基准，铣削 *B* 面与 *A* 面垂直
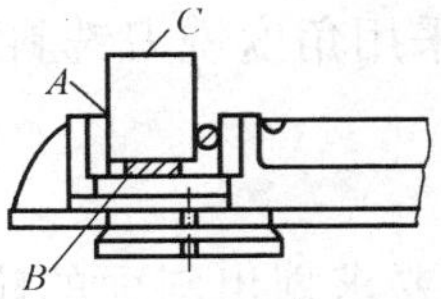	以 *A* 面和 *B* 面为基准，铣削 *C* 面，与 *A* 面垂直，与 *B* 面平行，并保证尺寸精度要求
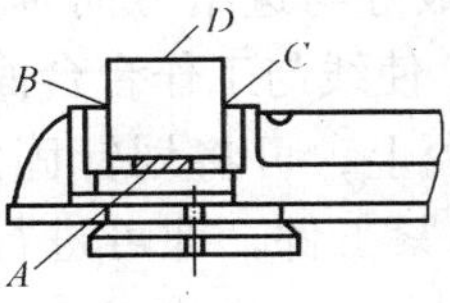	以 *A*、*B* 面为基准，铣削 *D* 面与 *A* 面平行，并达到尺寸精度要求
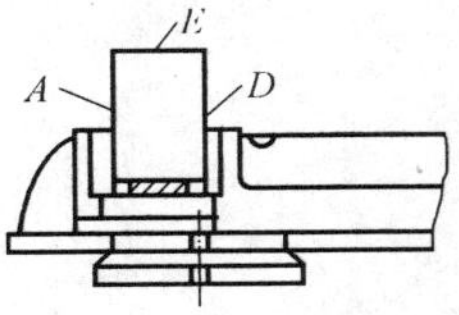	找正 *A*、*B* 面与工作台面垂直，*A* 面与定钳口贴合，*B* 面用直角尺找正，铣削端面 *E* 与 *A*、*B* 面垂直
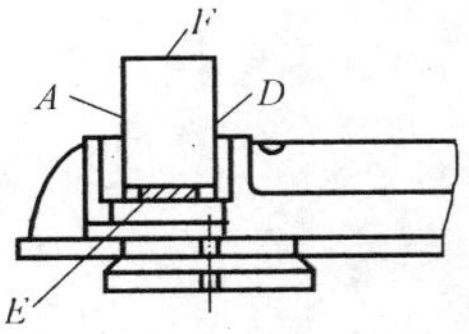	以 *A*、*E* 面为基准，铣削端面 *F*，与 *E* 面平行，并达到尺寸精度要求

五、斜面的铣削

斜面是指零件上与基准面呈倾斜的平面，它们之间相交成一个任意的角度。在图样上表示斜面的方法有两种：

倾斜度大的斜面一般都用度数（°）表示，如图 3-95a 所示的零件，斜面与基准面之间的夹角为 30°；

倾斜度小的斜面往往采用比值表示，如图 3-95b 所示的零件，在 50mm 的长度上，两端尺寸相差 1mm，用“∠1：50”来表示。

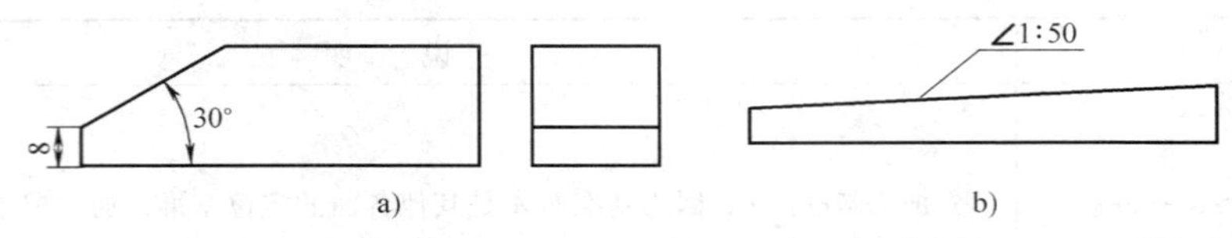

图 3-95　斜面斜度的表示方法

用度数表示和用比值表示这两种方法的相互关系可用数学公式表示

$$\tan\beta = s$$

式中　β——斜面与基准面之间的夹角；

s——比值，常用“∠”标注。

铣削斜面实质上也是铣削平面，只是需要转动工件或是转动铣刀，所以常用的铣削斜面的方法有三类：一是转动工件铣斜面；二是转动立铣刀铣斜面；三是采用角度铣刀铣斜面，现分别介绍如下。

1. 转动工件铣削斜面

（1）按划线找正工件铣斜面　铣削斜面前，先在工件上按照图样要求划出斜面的轮廓线。对尺寸不大的工件，可用机用虎钳装夹。安装机用虎钳时，钳口最好与进给方向垂直，以利承受铣削力。工件装夹在机用虎钳上后，用划针盘按所划线找正，使线与工作台台面平行，然后夹紧，如图 3-96 所示，即可铣削。若工件直接装夹在工作台上，可将划针固定，移动工作台找正工件上的划线，使之与进给方向平行，然后用压板压紧工件，即可进行铣削。

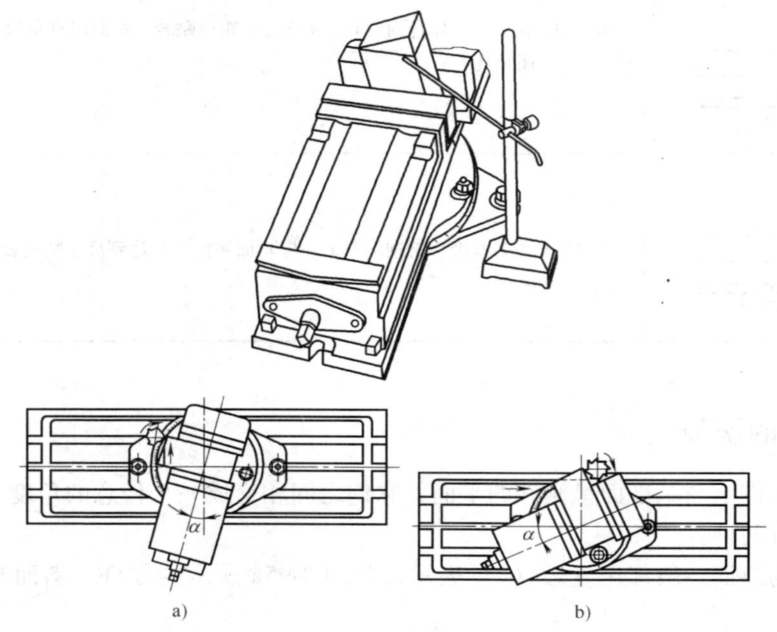

图 3-96　按划线找正工件

a）斜面与横向进给方向平行　b）斜面与纵向进给方向平行

按划线铣削斜面时，先把余量的大部分切去，在最后一次铣削前，应再用划针校验一下，若工件因铣削力而走动，则应重新找正。铣削完毕后，工件上不应留下划线的痕迹，此时便得到了所需要的斜面。采用这种加工方法，由于划线和找正比较费时，因而只适宜单件或少量生产。

（2）利用可倾虎钳和可倾工作台装夹工件铣斜面　在可倾虎钳上铣削斜面如图 3-97 所示。这种机用虎钳能分别绕水平和垂直两根轴旋转，根据铣削方式的不同，可以分别按照两个刻度盘来扳转角度。可倾虎钳扳转的角度应根据斜面与基准面的夹角以及装夹时工件基准面与加工平面的位置来确定。

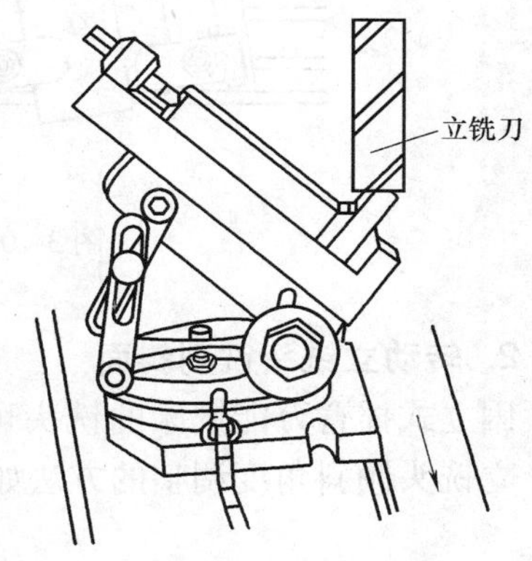

图 3-97　在可倾虎钳上铣削斜面

（3）用倾斜垫铁和专用夹具装夹工件铣斜面　用倾斜垫铁装夹工件的方法如图 3-98 所示，由图可见，倾斜垫铁宽度要略小于工件的宽度。当倾斜垫铁的角度为 θ 时，铣削出的斜面倾斜角 $\alpha=\theta$。由于用倾斜垫铁装夹工件比较方便，因而在小批量生产时，常采用这种加工方法。

在大批量生产时，最好采用专用夹具铣削斜面。如图 3-99 所示是在倾斜垫铁铣削斜面的基础上改进而成的，其特点是一次可以加工两个或多个工件，故生产率较高。

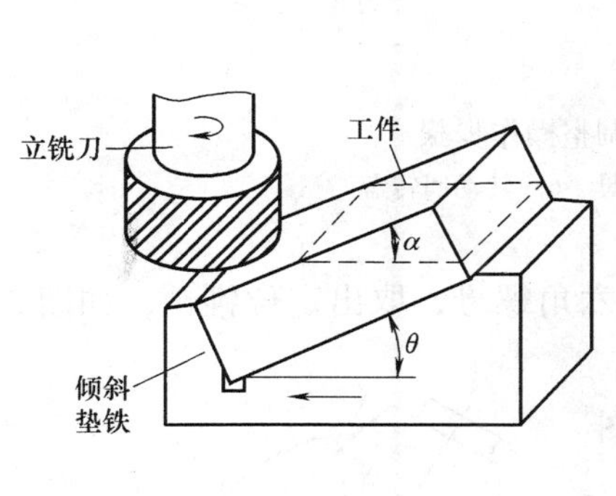

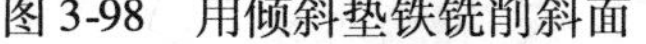
图 3-98　用倾斜垫铁铣削斜面

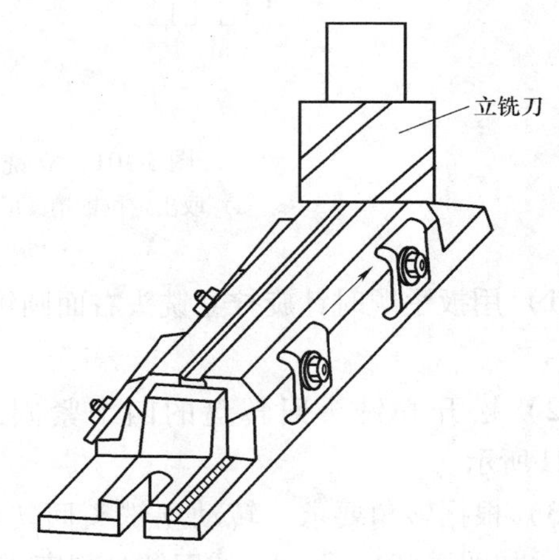

图 3-99　用专用夹具铣削斜面

（4）用靠铁、压板装夹工件铣斜面　对于外形尺寸较大的工件，可先在工作台上安装一倾斜的靠铁，找正靠铁的倾斜角度，找正后用压板压紧。将工件的一个侧面靠向靠铁的基准面，用压板夹紧工件。工件较厚、切削量较大时，可以在卧式铣床上用面铣刀铣出要求的斜面；工件较薄、切削量较小时，可以在立式铣床上用立铣刀的圆周刃铣斜面，如图 3-100 所示。

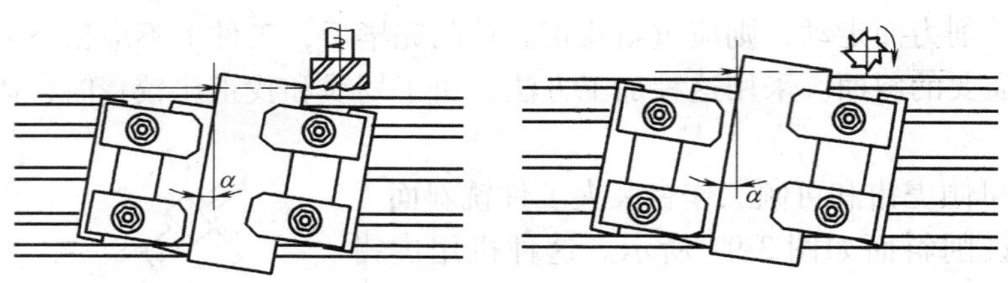

图 3-100　用靠铁、压板装夹工件铣削斜面

2. 转动立铣头铣削斜面

因立式摇臂万能铣床的铣头可回转，可以采用不转动工件而转动立铣头的方法铣削斜面。立铣头倾斜角度调整的方法如图 3-101 所示，具体如下：

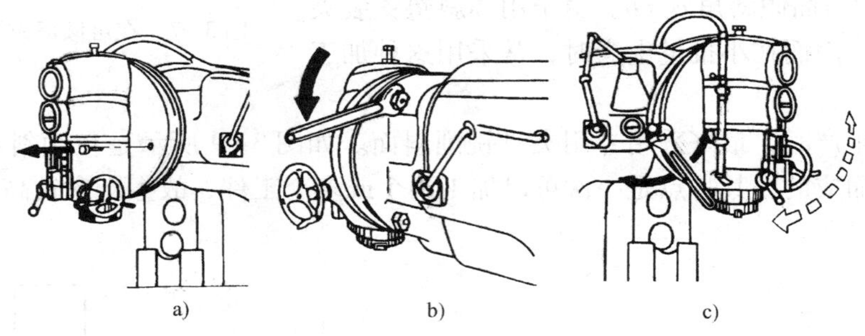

图 3-101　立铣头倾斜角度调整操作步骤

a）取出定位锥销　b）松开紧固螺母　c）转动回转盘

1）用扳手顺时针旋拧立铣头右面圆锥销顶端的六角螺母，取出定位锥销，如图 3-101a 所示。

2）松开立铣头回转盘的四个紧固螺母，如图 3-101b所示。

3）根据转角要求，转动立铣头回转盘左侧的齿轮轴，如图 3-101c 所示，按回转盘刻度逆时针转过一定的角度。

4）紧固 4 个回转盘螺母，具体操作方法是按对角顺序逐步紧固，紧固后应观察零线与刻度的位置，复核立铣头的倾斜角度。

在铣削倾斜度的精度要求不很高的斜面时，立铣头偏转角度的数值可根据刻度盘上标出的数值来确定。若倾斜度的精度要求较高，则可利用百分表和正弦规，对立铣头的偏转角度作精确调整，如图 3-102

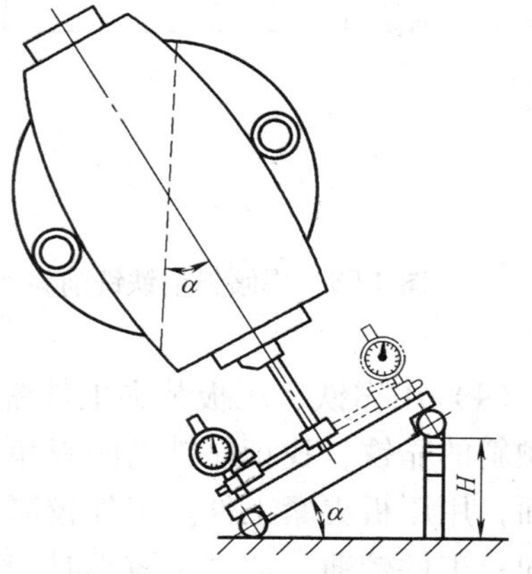

图 3-102　用百分表和正弦规调整立铣头的偏转角度

所示。

采用面铣刀铣削斜面的方式如图 3-103a 所示。

采用立铣刀的圆周切削刃能一次铣出整个斜面，其加工方式如图 3-103b 所示。

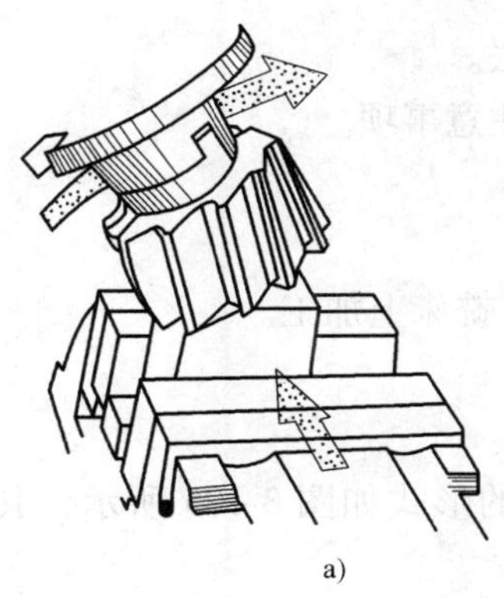
a)

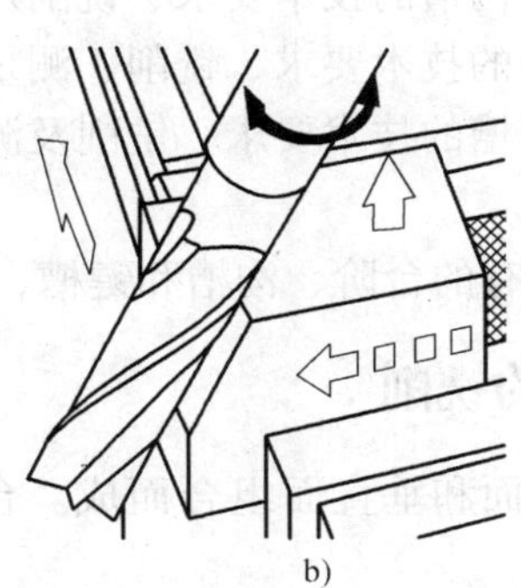
b)

图 3-103 铣削斜面

3. 用角度铣刀铣削斜面

宽度较小的斜面，可以用角度铣刀铣削，工件角度由铣刀的角度保证，如塑料模具的加工中，脱模斜度的斜角通常只有 1°~3°，常采用角度铣刀铣削。

4. 斜面的检验方法

斜面除了要检验表面粗糙度和尺寸外，还需检验它与基准面之间的夹角是否正确，这个角度可用游标万能角度尺来测量。测量时，先将游标万能角度尺的底边紧贴工件的基准面，然后把钢直尺调整到紧贴工件的斜面，若这时游标万能角度尺的读数在图样所要求的公差范围内，则斜面的倾斜度正确，如图 3-104 所示。

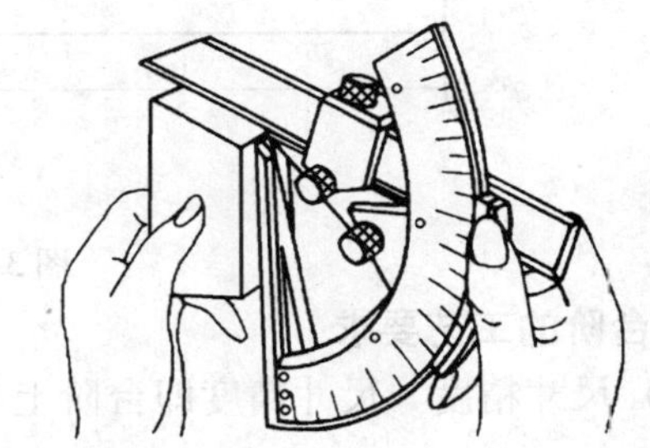
图 3-104 用游标万能角度尺检测斜面

对精度要求高的斜面和斜度小的斜面，一般都用正弦规来检验倾斜度，当工件数量很多时，可用角度样板来检验。

5. 质量分析

铣削斜面时，造成斜面的表面粗糙度和平面度误差的原因与铣平面相同，造成倾斜度不准的原因有以下几个方面：

1）工件划线不准确和在铣削时工件产生位移。

2）可倾虎钳、可倾工作台或立铣头扳转角度不准确。

3）采用周边铣削时，铣刀有锥度。

4）用角度铣刀铣削时，铣刀角度不准。

第六节　台阶和槽的铣削

【本节学习要点】

1. 掌握台阶的技术要求、铣削及测量方法。
2. 掌握直角沟槽的技术要求、铣削及测量方法。
3. 掌握键槽的技术要求、铣削、测量方法及注意事项。
4. 掌握半圆槽的技术要求、铣削及测量方法。

许多工件带有的台阶、沟槽和键槽，通常都在铣床上加工。

一、台阶的铣削

台阶由平行面和垂直面组合而成。台阶零件的形式如图 3-105 所示，其工程图如图 3-106 所示。

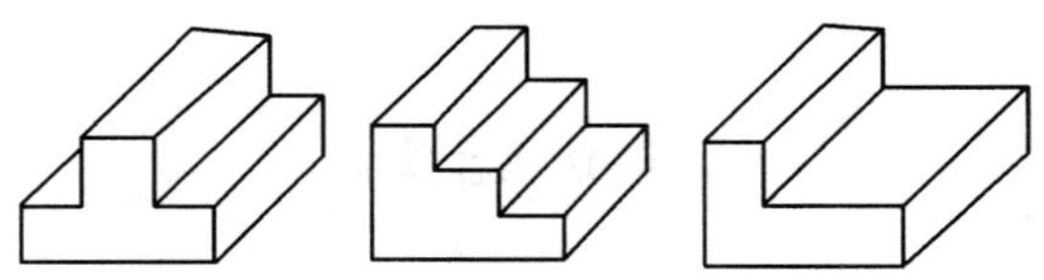

图 3-105　台阶零件的形式

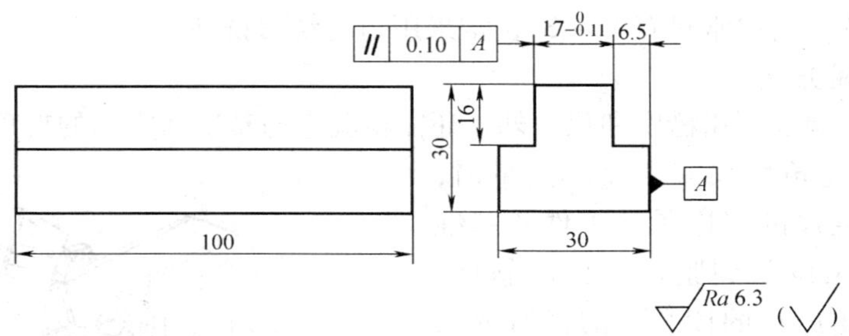

图 3-106　台阶工程图

1. 台阶的工艺要求

（1）尺寸精度　尺寸精度即台阶上与其他零件相配合的尺寸。台阶的尺寸精度一般要求较高。

（2）形状位置精度　形状位置精度包括各表面的平行度、台阶侧面与基准面的平行度以及双台阶对中分线的对称度等。

（3）表面粗糙度　台阶两侧配合面一般都要求表面粗糙度值较小。

2. 铣削台阶的准备工作

在单件生产和加工尺寸较大的台阶工件时，一般都采用一把铣刀加工。在加工台阶时，对尺寸不大的工件，一般都采用机用虎钳装夹；对尺寸大的工件，则都采用定位键和压板以及专用夹具等来装夹。

在装夹工件之前，必须把夹具的定位支承面（如固定钳口等）找正到与进给方向平行，否则会铣削出与工件侧面歪斜的台阶来，如图 3-107 所示。另外，与工件底面接触的夹具支承面也必须与工作台面平行，以免铣削出的台阶两端深浅不一。

3. 用立铣刀和面铣刀铣削台阶

加工尺寸大、深度较深的台阶适合用立铣刀加工，如图 3-108 所示。

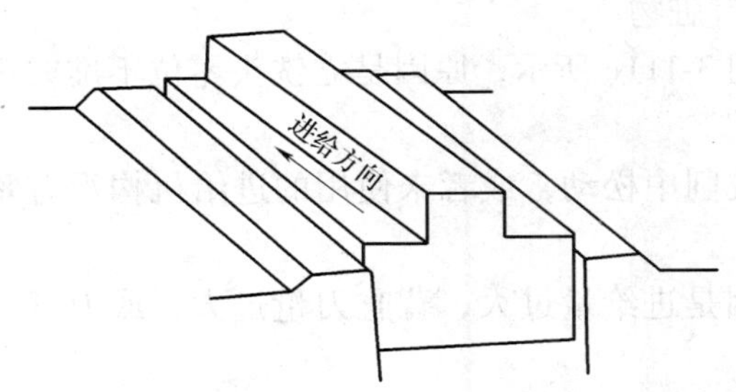

图 3-107　钳口的方向对铣削台阶的影响

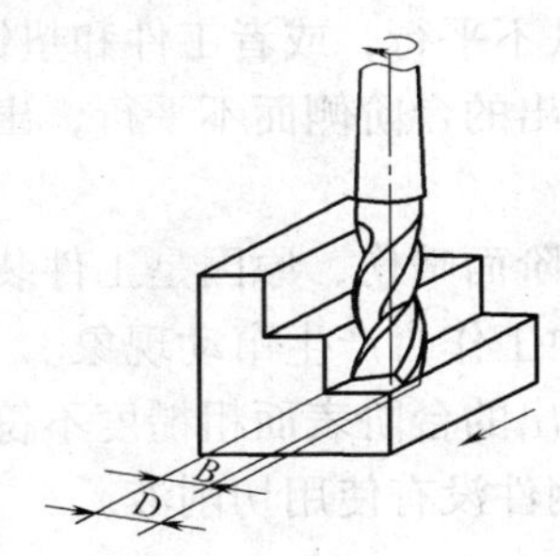

图 3-108　用立铣刀铣削台阶

（1）工件的装夹和找正　一般情况下可用机用虎钳装夹工件，尺寸较大的工件可用压板装夹，形状较复杂的工件可用夹具装夹。采用机用虎钳装夹工件时，应找正固定钳口与铣床主轴轴心线垂直。装夹工件时，应使工件侧面靠向固定钳口，使工件底面靠向钳体导轨面，铣削的台阶底面应高出钳口上平面，以免铣削中铣刀铣着钳口。

（2）铣削方法　立铣刀外圆上切削刃起主要的切削作用，端面切削刃起修光作用。由于立铣刀的外径较小，主切削刃较大，所以刚度及强度较小，因而铣削用量不能过大，否则铣刀容易折断。

工件装夹找正后，手摇各个进给手柄，使旋转中的铣刀侧刃划着工件的一侧，然后降落工作台，移动横向进给一个台阶宽度的距离，将横向进给紧固，再上升工作台，使铣刀底刃轻轻划着工件，手摇纵向进给手柄，退出工件，上升工作台一定深度（0.5～1mm），使工件靠近铣刀，自动进给手柄铣出台阶。

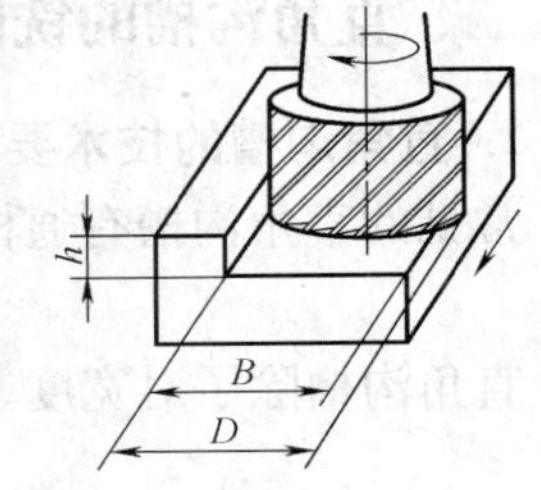

图 3-109　用面铣刀铣台阶

当台阶的深度较深，而铣床功率小、铣削余量较大时，必须分多次进给来铣削，可将台阶侧面留有 0.5～1mm 余量，分次铣出台阶深度，最后一刀铣削时，可将台阶底面和侧面同时精铣成。台阶的宽度较宽时，可将深度留有 0.5～1mm 余量，分次粗铣宽度，最后再精铣完成，以保证加工面的尺寸精度和表面粗糙度值。

在立式铣床上加工台阶时，宽度较宽、深度较浅的台阶适合用面铣刀加工，如图 3-109 所示，工件可用机用虎钳装夹或用压板压紧。铣削时，所选用的面铣刀直径应大于台阶宽度以便一次铣出台阶的宽度。这种加工方法的生产率和加工精度比用立铣刀加工高。

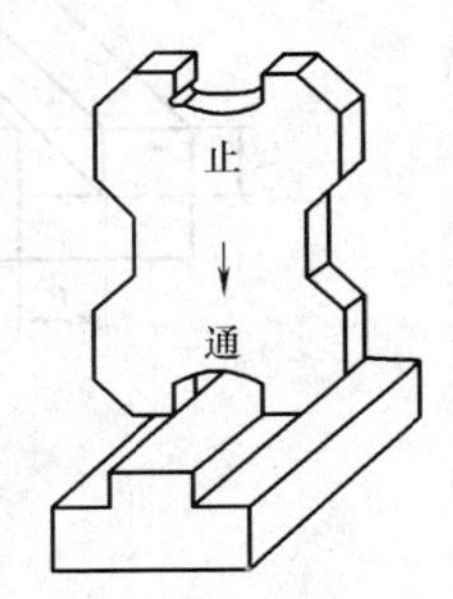

图 3-110　用界限量规测量台阶宽度

（3）台阶的测量　台阶的宽度和深度用游标卡尺测量。两边对称的台阶，深度较深的可用千分尺测量，深度较浅用千分尺测量不便时，用界限量规测量，如图 3-110 所示。

4. 台阶铣削时容易产生的问题及原因

1）台阶的侧面与工件的基准面不平行，如图 3-111a 所示，原因是用机用虎钳装夹工件时，固定钳口没有找正好；用压板装夹工件时，工件没有找正好。

2）台阶的底面与工件的底面不平行，如图 3-111b 所示，原因是用机用虎钳装夹工件时选择的垫铁不平行，或者工件和垫铁没有擦净，有脏物。

3）铣出的台阶侧面不平行，出现凹面，如图 3-111c 所示，原因是立铣头零位不准或铣刀磨损。

4）台阶面啃伤，原因是工件装夹不牢固，铣削中松动，或者未使用的进给机构没有紧固，铣削中工作台产生窜动现象。

5）铣出的台阶表面粗糙度不符合要求，原因是进给量过大，背吃刀量过大，或刀具变钝，铣削钢件没有使用切削液。

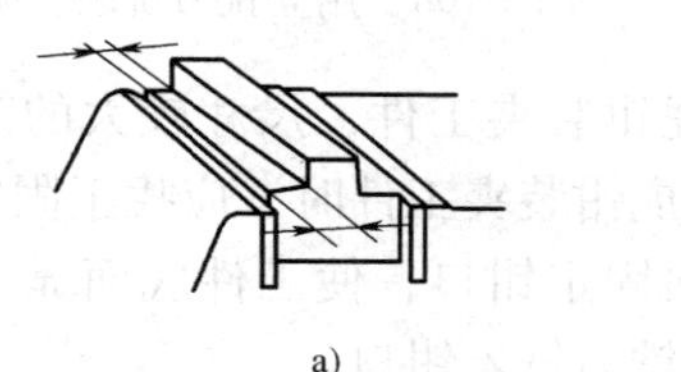
a)

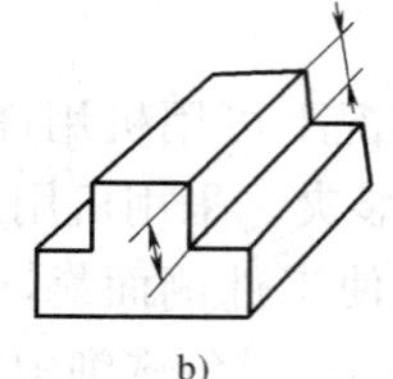
b)

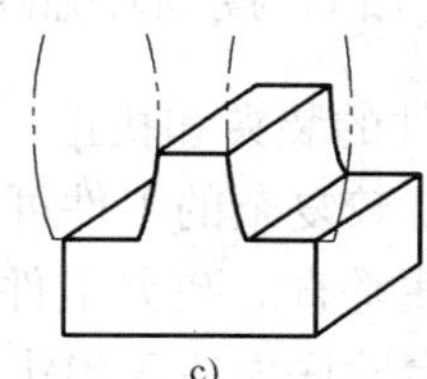
c)

图 3-111 铣台阶时出现的质量问题

a）基准面不平行 b）底面不平行 c）侧面不平行

二、直角沟槽的铣削

1. 直角沟槽的技术要求

常见的直角沟槽有通槽、半通槽和封闭槽等，如图 3-112 所示，其工程图如图 3-113 所示。

直角沟槽除了对宽度、长度和深度有要求外，还有槽的位置要求和表面粗糙度要求。

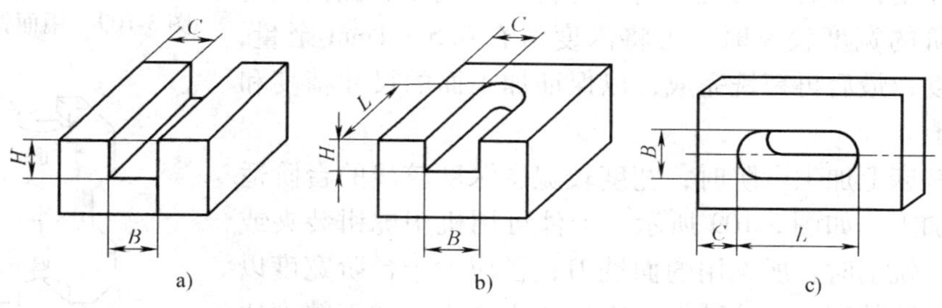

图 3-112 直角沟槽的种类

a）通槽 b）半通槽 c）封闭槽

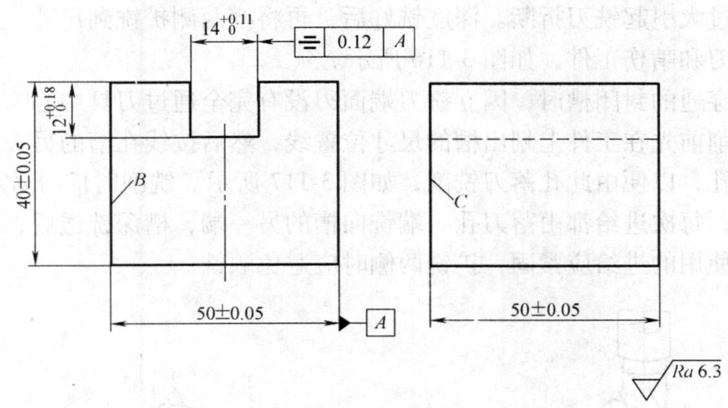

图 3-113　直角沟槽的工程图

2. 工件的安装与找正

直角沟槽加工时，可采用机用虎钳装夹工件。在窄长件上铣长直角槽时，机用虎钳的固定钳口应与铣床主轴轴心线垂直安装，如图 3-114a 所示；在窄的工件上铣与工件长度方向垂直的直角槽时，机用虎钳的固定钳口应与铣床主轴轴心线平行安装，如图 3-114b 所示。保证铣出的直角沟槽两侧面与工件的基准侧面平行或垂直。

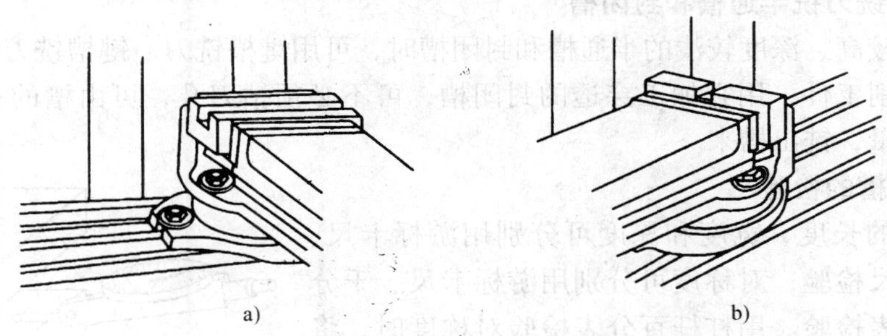

图 3-114　铣直角沟槽时机用虎钳的安装

a）机用虎钳与铣床主轴轴心线垂直　b）机用虎钳与铣床主轴轴心线平行

3. 对刀方法

1）划线对刀。在工件加工部位划出直角沟槽的尺寸位置线，装夹找正工件后调整机床，使铣刀端面刃对准工件上所划的宽度线，将横向进给紧固，分次进给铣出直角沟槽。

2）侧面对刀法。装夹找正工件后，调整机床，使铣刀端面刃轻轻与工件侧面接触，降落工作台，移动横向进给一个铣刀宽度加工件侧面到槽侧的距离 A，将横向进给紧固，调整好吃刀量，铣出直角沟槽，如图 3-115 所示。

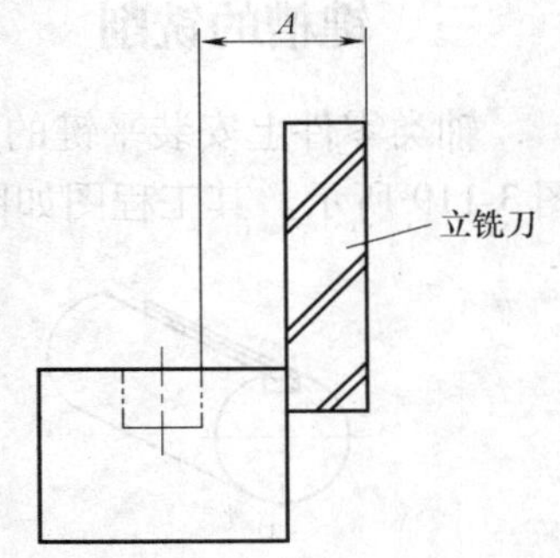

图 3-115　侧面对刀法

4. 用立铣刀铣半通槽和封闭槽

用立铣刀铣半通槽时，所选择的立铣刀直径应等于或小于槽的宽度。由于立铣刀的强度及装夹刚度较小，容易折断或让刀，加工较深的槽时，应分层铣削，进给量要比三面刃铣刀小些，以免因受力过大引起铣刀折断。深度铣好后，再将槽两侧扩铣到尺寸，扩铣时应避免顺铣，防止损坏铣刀和啃伤工件，如图3-116所示。

用立铣刀铣穿通的封闭槽时，因立铣刀端面刃没有完全通过刀具中心，不能垂直进给切削工件，所以铣削前先在工件上划出槽的尺寸位置线，然后按线在槽的另一端预钻一个小于槽宽尺寸的落刀孔，以便由此孔落刀铣削，如图3-117所示。铣削时应分数次进给，调整吃刀量，铣透工件，每次进给都由落刀孔一端铣向槽的另一端，槽深铣透后，再扩铣长度和两侧。铣削时，不使用的进给应紧固，扩铣两侧时应避免顺铣。

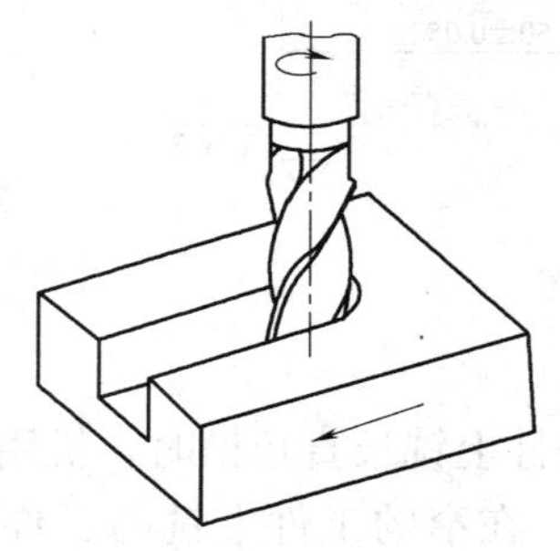

图3-116　用立铣刀铣半通槽

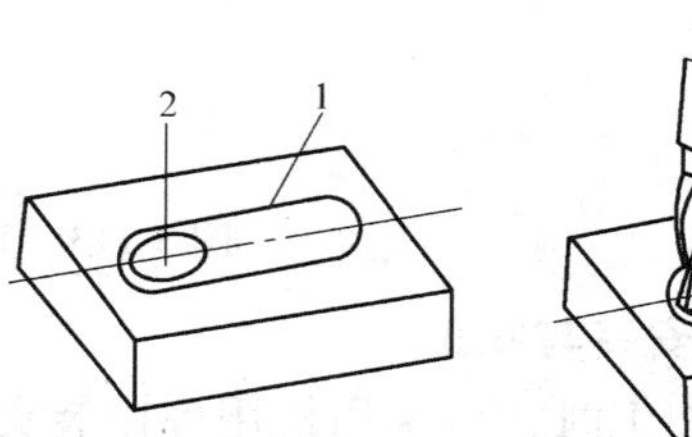

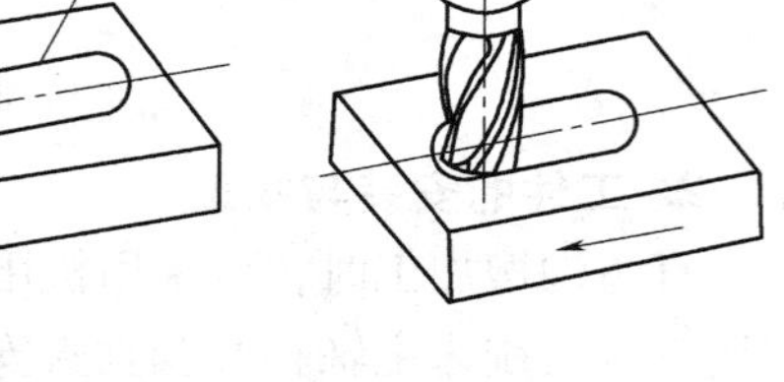

图3-117　用立铣刀铣封闭槽

1—槽的位置线　2—落刀孔

5. 用键槽铣刀铣半通槽和封闭槽

加工精度较高、深度较浅的半通槽和封闭槽时，可用键槽铣刀。键槽铣刀的端面刃能在垂直进刀时切削工件，用它加工穿透的封闭槽，可不必预钻刀孔，可由槽的一端分数次进给，调整吃刀量，铣出槽来。

6. 直角沟槽的检验

直角沟槽的长度、宽度和深度可分别用游标卡尺、千分尺和深度尺检验；对称度可分别用游标卡尺、千分尺或杠杆百分表检验。用杠杆百分表检验对称度时，将工件分别以 *A* 面、*B* 面为基准，放在平板平面上，使表的测头触在槽的侧面上，移动工件检测，观察表的指针变化情况，两次测得的读数值一致，槽的两侧就对称于工件中心平面，如图3-118所示。

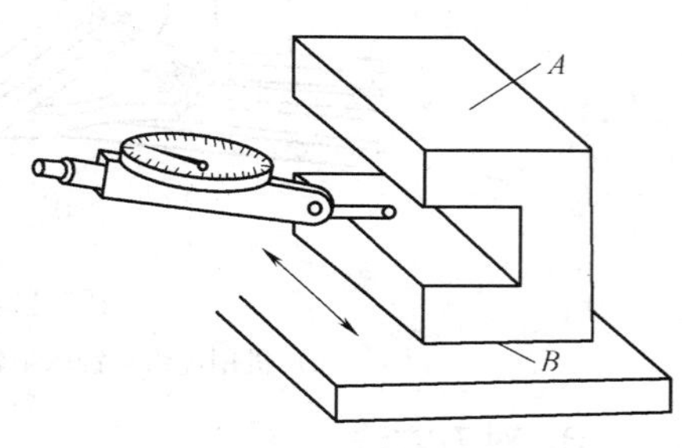

图3-118　用杠杆百分表检测槽的对称度

三、键槽的铣削

轴类零件上安装平键的直角沟槽，称为键槽，有通槽、半通槽和封闭槽等几种类型，如图3-119所示。其工程图如图3-120所示。

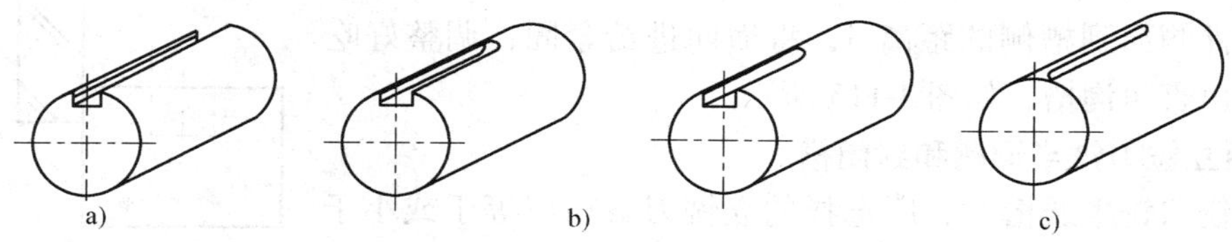

图3-119　轴上键槽的种类

a）通槽　b）半通槽　c）封闭槽

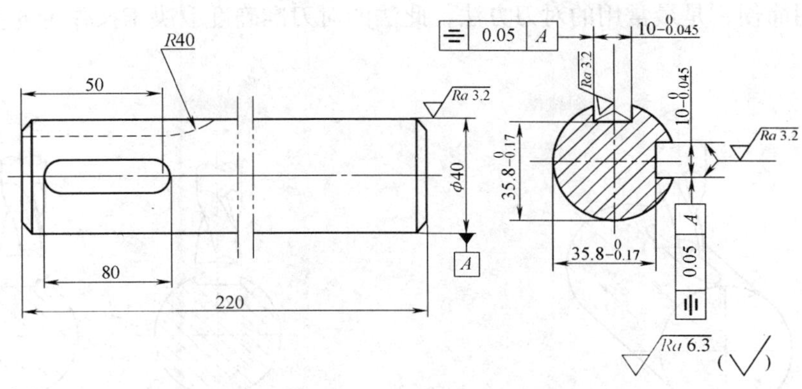

图 3-120　轴上键槽的工程图

1. 键槽的技术要求

键槽也是直角沟槽，故与直角沟槽的技术要求基本相同。由于键槽要与键相配合，因此，不但要保证槽宽的精度，而且还要保证键槽与轴心线的对称度及槽两侧面和槽底面对轴心线的平行度。

2. 铣轴上键槽用的铣刀及其选择

铣轴上的通槽和槽底一端是圆弧形的半通槽时，一般选用盘形槽铣刀，键槽的宽度由铣刀宽度保证，半通槽一端的槽底圆弧半径由铣刀半径保证。因此，应选用和键槽宽度一致的盘形槽铣刀，并按图样标注的半通槽槽底圆弧半径确定铣刀半径。

铣轴上的封闭键槽和槽底一端是直角的半通槽，应选用键槽铣刀，并按键槽的宽度尺寸来确定铣刀直径。

铣削精度要求较高的轴上键槽，选好铣刀后要经试切检查，槽宽尺寸合格后才可加工工件。试切时如槽宽尺寸大，若刀具圆跳动合格，可适当用油石修整刀具刃口，使铣出的槽宽合乎要求。

3. 用机用虎钳装夹工件，用键槽铣刀铣轴上键槽

铣轴上键槽如图 3-121 所示。

（1）机用虎钳的安装和工件的找正　用机用虎钳装夹工件时，应找正固定钳口与铣床工作台纵向进给方向平行。工件装夹后，用划针盘找正工件上素线与工作台面平行，以保证铣出的键槽两侧和槽底面与工件轴心线平行。

（2）对中心的方法　铣削轴上键槽时，通过对刀调整，应使键槽铣刀的回转中心线通过工件轴心线，常用的对中心方法有以下三种：

1）切痕对中心法。安装并找正工件后，适当调整机床，使键槽铣刀的中心大致对准工件的中心，然后开动机床使铣刀旋转，让铣刀轻轻划着工件，并在工件上逐渐铣出一个宽度约小于铣刀直径的小平面，如图 3-122 所示。用肉眼观察，使铣刀的中心落在平面宽度的中心上，再上升垂直进给，在平面的两边铣出两个小台阶，并且使两边的台阶高度一致，则铣刀中心通过了工件中心，然后将横向进给机构紧固，如图 3-123 所示。

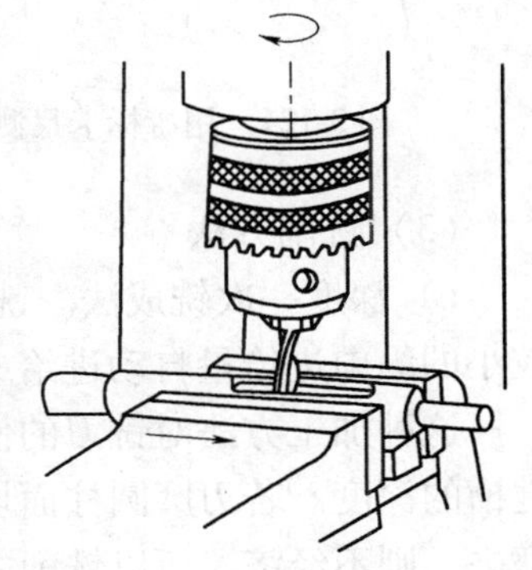

图 3-121　铣轴上的键槽

这种方法使用简便，是最常用的对刀方法，此法的对刀准确度取决于操作者的技术水平和目测的准确度。

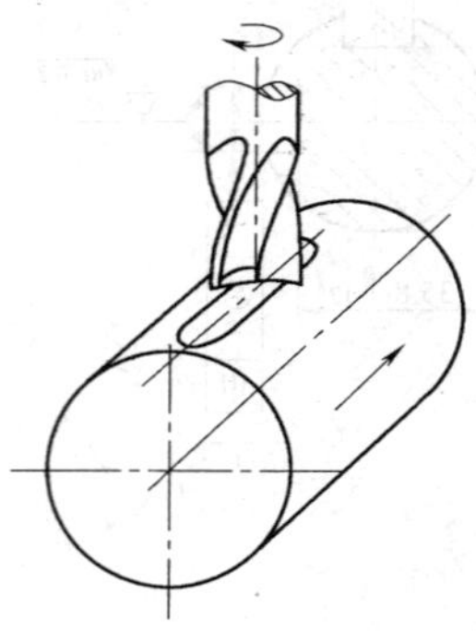

图 3-122　切痕对中心

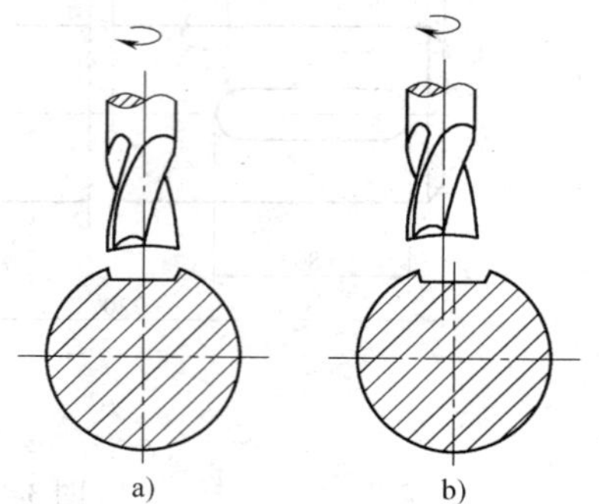

图 3-123　判断中心是否对准
a）切痕对称　b）切痕不对称

2）用游标卡尺测量对中心。安装并找正工件后，用钻夹头夹持与键槽铣刀直径相同的圆棒，适当调整工件与圆棒的相对正确位置，用游标卡尺测量圆棒圆周围与两钳口间的距离，若 $a=a'$，则对好了中心，如图 3-124 所示。中心对好后，将横向工作台紧固并试铣，检查无误后，开始加工工件。

3）用杠杆百分表测量对中心。加工精度要求较高的轴上键槽时，可用杠杆百分表测量对中心。对中心时，先把工件夹紧在两钳口间，把杠杆百分表固定在立铣头主轴的下端，用手转动主轴，并且适当调整横向工作台，使百分表的读数在钳口两内侧面一致，如图 3-125 所示。中心对准后，将横向进给机构紧固，再加工。

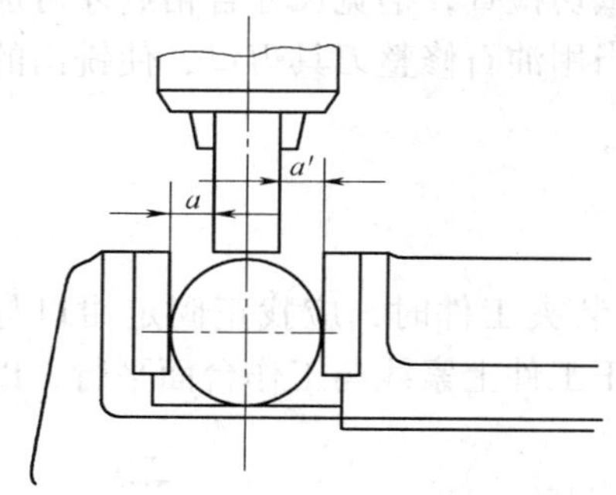

图 3-124　用游标卡尺测量对中心

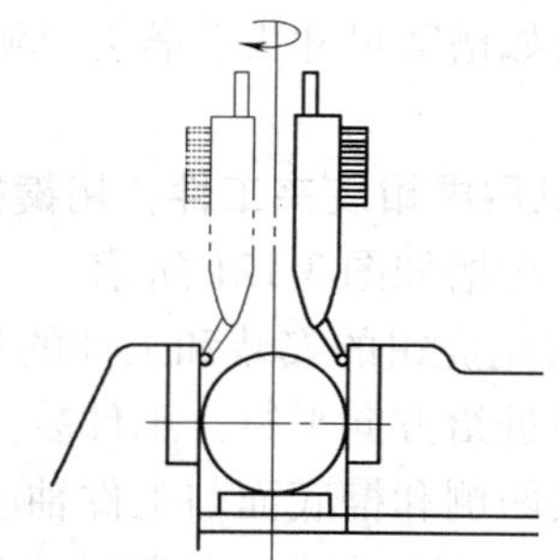

图 3-125　用杠杆百分表测量对中心

（3）铣削方法

1）深度一次铣成法。铣削时，先从键槽的一端垂直进给，铣出键槽的深度，然后采用较小的纵向进给量自动进给或采用手动进给铣出键槽的长度尺寸，如图 3-126 所示。

这种加工方法对铣刀的使用比较不利，因为铣刀在用钝时，其切削刃上的磨损长度等于键槽的深度。若刃磨圆柱面切削刃，则因铣刀直径磨小而不能再用作精加工；若把端面一段磨去，则不经济，所以铣削之前对键槽铣刀的直径需用千分尺进行测量检查。

2）分层铣削法。安装铣刀后，先在废料上试铣，检查所铣键槽的宽度尺寸符合图样要求后，再装夹，找正工件并对好中心，才可加工工件。

铣削前，先在工件上划出键槽的长度尺寸位置线，对刀后记住刻度盘数值，按照铣刀直径的大小，可选择每次进给的吃刀量为0.1~1mm，手动进给由键槽的一端铣向另一端，然后以较快的速度手动将工件退至原位，再进刀，仍由原来一端铣向另一端。铣削中注意键槽两端各留0.2~0.5mm的余量，逐次铣到要求的深度尺寸后，再铣成键槽长度尺寸，如图3-127所示。以上方法适用于加工长度尺寸较短、生产数量不多的键槽。

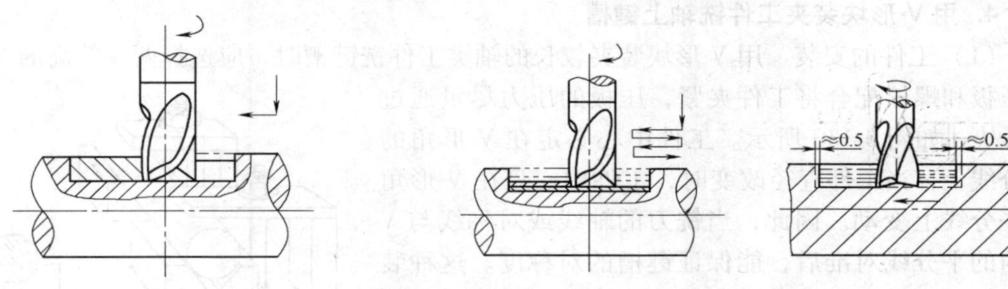

图3-126 深度一次铣成法

图3-127 分层铣削

3）扩刀铣削法。先将所选择的键槽铣刀直径磨小0.2~0.5mm，磨出的铣刀圆柱度要好。在工件上划出键槽尺寸位置线，装夹找正工件并对好中心，记住横向刻度盘的刻度数值，将横向进给紧固。键槽两端各留0.2~0.5mm的余量，分层往返吃刀粗铣到键槽深度，测量槽宽尺寸，同时将键槽深度和长度精铣，如图3-128所示，深度留精铣余量可为0.1~0.3mm。扩铣两侧时，应注意消除横向进给丝杠和螺母间隙的影响，以免中心位置铣错。

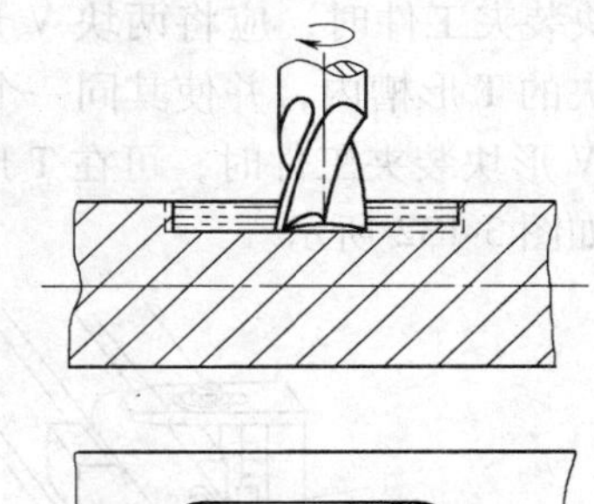

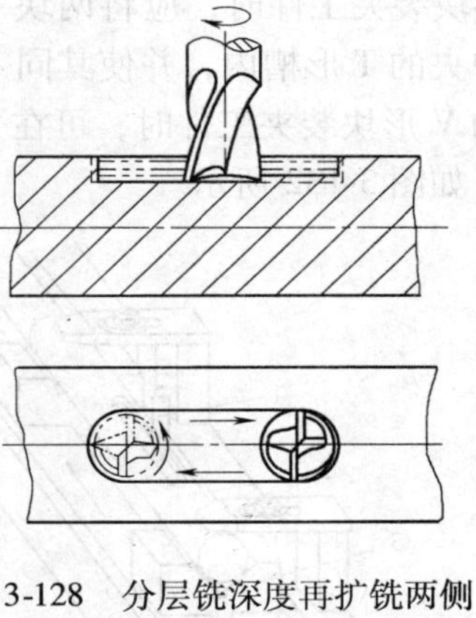

图3-128 分层铣深度再扩铣两侧

铣完一件后，仍将横向工作台调整到原来的中心位置，按以上方法铣另一件。铣短键槽可用手动进给；铣长键槽可用机动进给，但铣刀接近键槽一端时，应及时停止机动进给，再手动进给铣出长度尺寸。

4）粗精铣法选择两把键槽铣刀，一把用来粗铣，另一把用来精铣。粗铣的铣刀按照键槽尺寸大小，可将槽宽留0.2~1mm的余量。精铣的铣刀要经试检验合乎要求。工件装夹找正后夹好并对好中心，先用粗铣铣刀铣削，深度留少许余量，然后换上精铣铣刀，将宽度、长度、深度精铣到要求尺寸。

（4）工件外径尺寸变化对所铣键槽中心位置的影响 当机用虎钳装夹加工成批的轴上键槽时，工件外圆直径尺寸的变化，影响着键槽的中心位置，如图3-129所示。

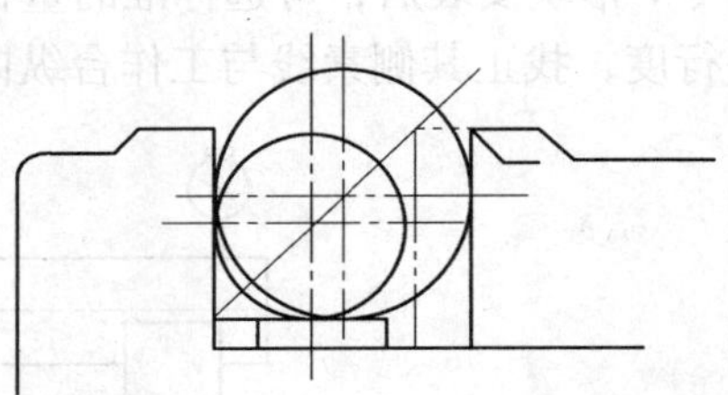

图3-129 工件外径尺寸变化对所铣键槽中心位置的影响

例如：在一批$\phi 50^{+0.5}_{+0.2}$mm的轴上，铣$12^{+0.033}_{0}$mm宽的键槽，第一件对好中心后，加工这一批工件时，会因工件直径的制造公差使键槽中心的位置发生变化。加工工件外径最大尺寸为ϕ50.5mm和最小尺寸为ϕ50.2mm

时，键槽的中心位置将偏移0.15mm。因此，用机用虎钳加工成批轴上键槽时，采用这种装夹方法的优点是装卸工件方便，但键槽的中心位置会随着工件直径的大小而改变，当一批工件的直径偏差较大时，中心偏差也较大。所以在加工前应先将工件外圆直径进行测量，按实际公差尺寸接近的情况分组，再适当调整刀具和工件的相对位置，加工出所有工件，避免因工件直径的制造公差使键槽两侧与轴心线的对称度超差造成废品。此种装夹方法，适用于直径公差要求较严的批量工件或单件生产。

4. 用V形块装夹工件铣轴上键槽

（1）工件的安装　用V形块装夹较长的轴类工件铣键槽时，应选择两块等高的V形块，由压板和螺栓配合将工件夹紧，压板的压力尽量通过V形块，如图3-130所示。工件中心必定在V形角的平分线上，当工件直径改变时，工件中心只在V形角的平分线上变动。因此，当铣刀的轴线或对称线与V形角的平分线对准后，能保证键槽的对称度。这种装夹方法对键槽的深度虽有影响，但键槽深度的要求一般都不高。

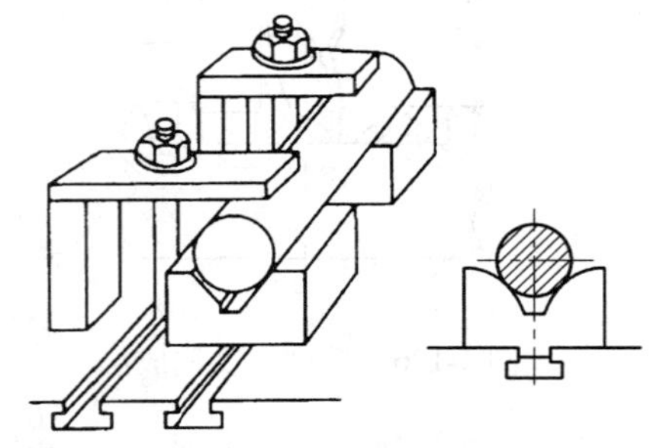

图3-130　用V形块和压板装夹工件

（2）V形块的安装和找正　若用底面上带凸键的V形块装夹工件时，应将两块V形块的凸键放入工作台中央的T形槽内，并使其同一个侧面靠向T形槽的一侧定位安装，如图3-131所示。用一般的V形块装夹工件时，可在T形槽内放置定位块，使V形块侧面靠向定位块侧面定位安装，如图3-132所示。

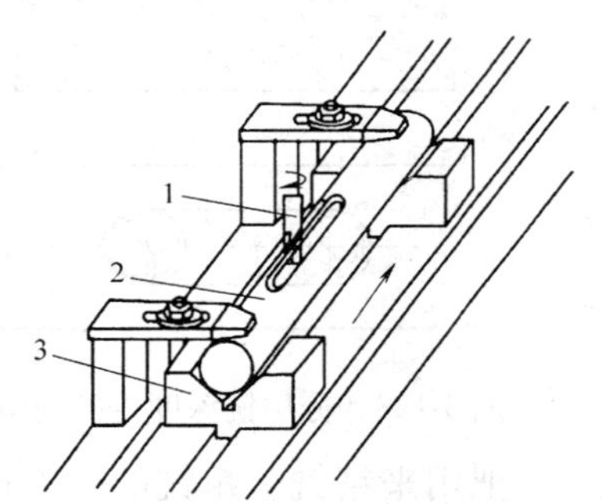

图3-131　用V形块装夹工件铣轴上键槽

1—铣刀　2—工件　3—V形块

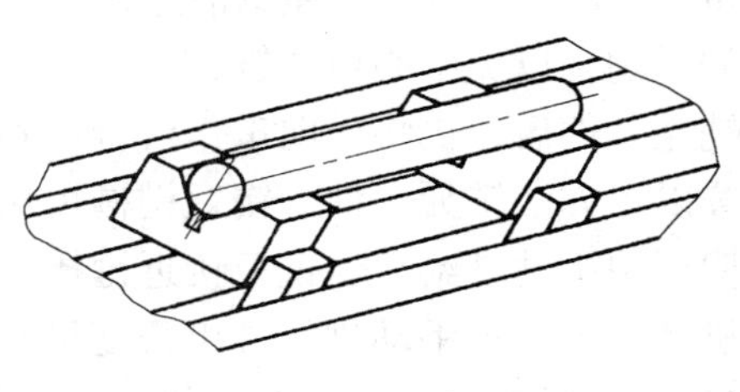

图3-132　用定位块定位安装V形块

V形块安装后，可选标准的量棒放入V形槽上，用百分表找正其上素线与工作台面的平行度，找正其侧素线与工作台纵向进给方向的平行度，如图3-133所示。

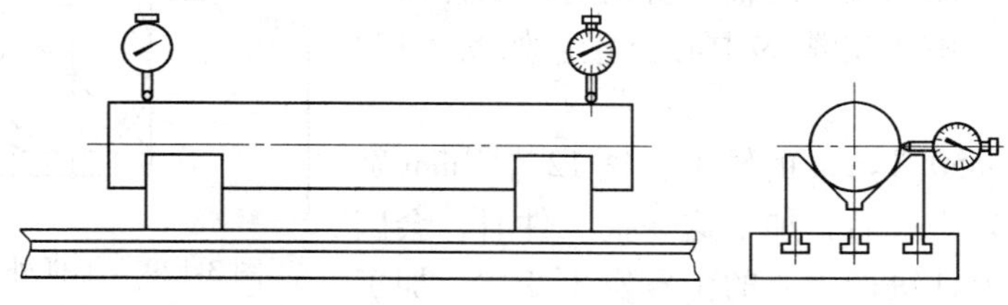

图3-133　用百分表校正V形块

（3）对中心的方法　用V形块装夹工件铣轴上键槽时，除了可以采用切痕对中的方法外，还可以采用以下几种对中心的方法：

1）擦边对刀法。先在工件侧面贴一张薄纸，开动机床，当铣刀擦到薄纸后，向下退出工件，再横向移动工作台，如图3-134所示。

当使用立铣刀或键槽铣刀时

$$A=(D+d_0)/2+\text{纸厚}$$

式中　A——工作台横向的移动距离，单位为mm；

D——工件直径，单位为mm；

d_0——立铣刀直径，单位为mm。

在对刀过程中，若已把工件侧面切去一点，则把上式中加纸厚改为减去切量。

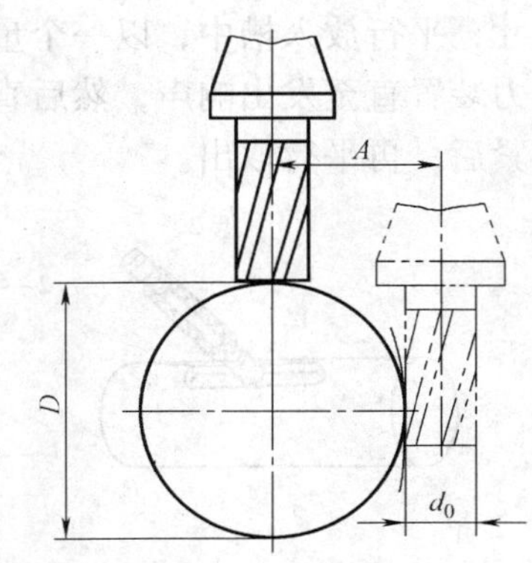

图3-134　擦边对刀法

2）用游标卡尺测量对中心。安装并找正工件后，用钻夹头夹持与键槽铣刀直径相同的圆棒，适当调整工件与圆棒的相对正确位置，使直角尺的一侧分别靠向工件两侧的素线，用游标卡尺测量圆棒（或铣刀）圆周围与直角尺间的距离，若$A=A'$，则为对好了中心，如图3-135所示。中心对好后，将横向工作台紧固，试铣，检查无误后，开始加工工件。

3）用杠杆百分表测量对中心。加工精度要求较高的轴上键槽时，可用杠杆百分表测量对中心。对中心时，把杠杆百分表固定在立铣头主轴的下端，用手转动主轴，并且适当调整横向工作台，使百分表的读数在V形块两侧斜面上的读数一致，如图3-136所示。中心对准后，将横向进给机构紧固，再进行加工。

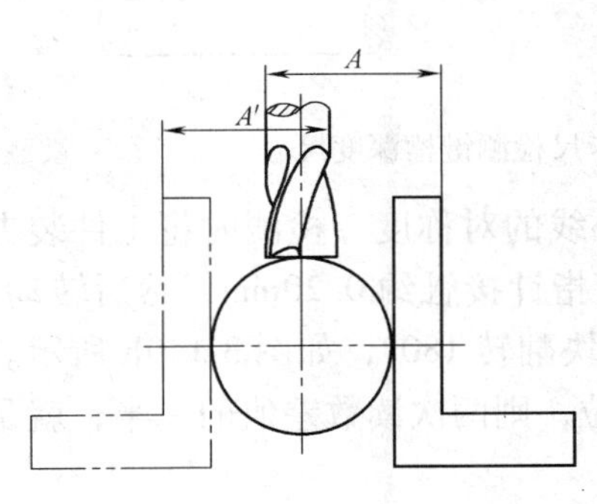

图3-135　测量对中心

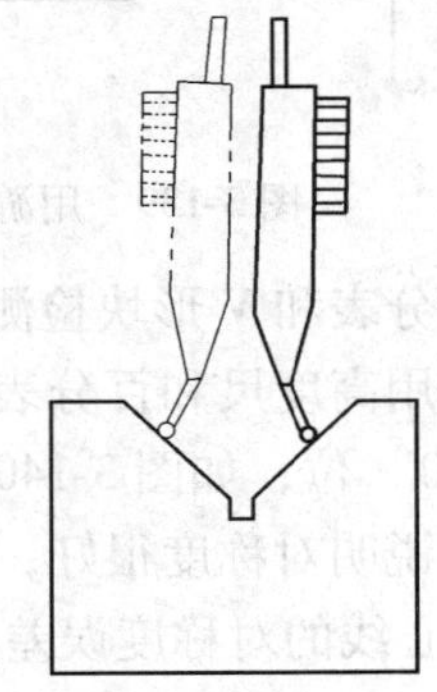
图3-136　用杠杆百分表测量对中心

（4）铣削方法　用V形块装夹工件铣轴上键槽的铣削方法与前面讲过的用机用虎钳装夹工件，用键槽铣刀铣轴上键槽的方法基本相同。

用V形块装夹工件铣轴上键槽的加工方法可保证装夹工件后，铣出的键槽两侧及槽底与工件轴心线平行；能保证成批加工轴上键槽时，不受工件外径制造公差的影响，使一批工件的键槽两侧与轴心线有稳定的对称度。所以用V形块装夹是铣刀所常采用的，可适用于批量生产。

5. 键槽的检测方法

（1）用塞规或塞块、内径千分尺检测键槽宽度　选用与槽宽公差等级相同的塞规检测时，塞规或塞块的通端塞入槽中、而止端不允许塞入槽中为合格，如图 3-137 所示；用内径千分尺测量时，左手拿内径千分尺顶端，右手转动微分筒，使两内测量爪测量面略小于槽宽尺寸，平行放入槽中，以一个量爪作支点，另一个量爪做少量转动，找出最小点，改为转动测力装置直至发出响声，然后直接读数，如图 3-138 所示。如要取出后读数，先将紧固螺钉旋紧后，再平行取出。

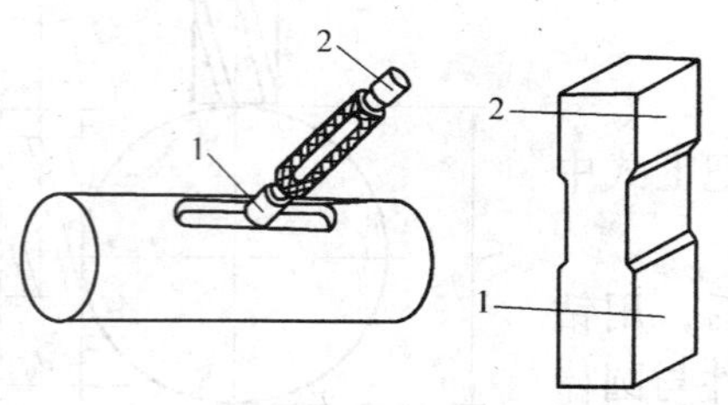

图 3-137　用塞规或塞块检测键槽宽度
1—通端　2—止端

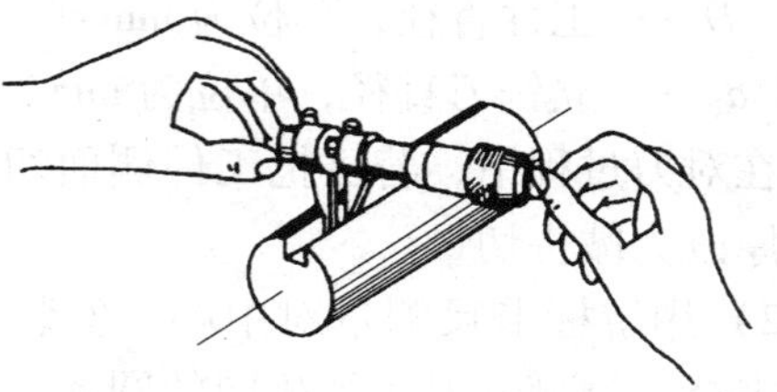

图 3-138　用内径千分尺检测键槽宽度

（2）用游标卡尺、千分尺、深度卡尺检测键槽深度尺寸　键槽深度可用游标卡尺、千分尺和深度卡尺检测，如图 3-139 所示。

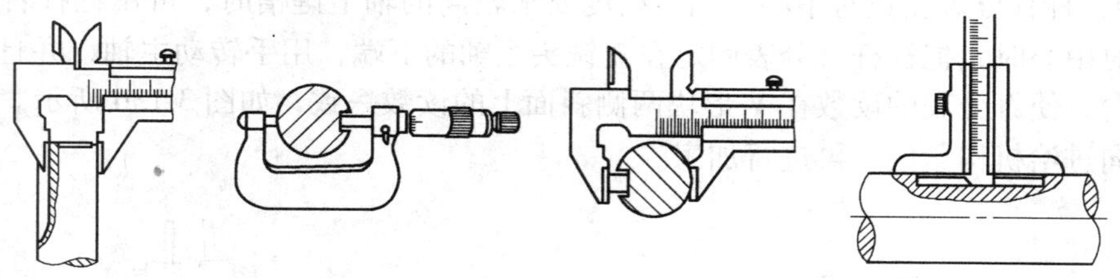

图 3-139　用游标卡尺、千分尺、深度卡尺检测键槽深度尺寸

（3）用百分表和 V 形块检测键槽两侧与工件轴心线的对称度　检测时将工件装夹在测量 V 形块上，用高度尺和百分表将槽侧一面校平，使指针接触约 0. 20mm，然后转动表盘，将指针对准“0”位，如图 3-140a 所示，然后将 V 形块翻转 180°，如图 3-140b 所示。如果读数为“0”，说明对称度很好；如指针不对准“0”位，则两次读数差值的一半，就是键槽两侧与工件轴心线的对称度误差。

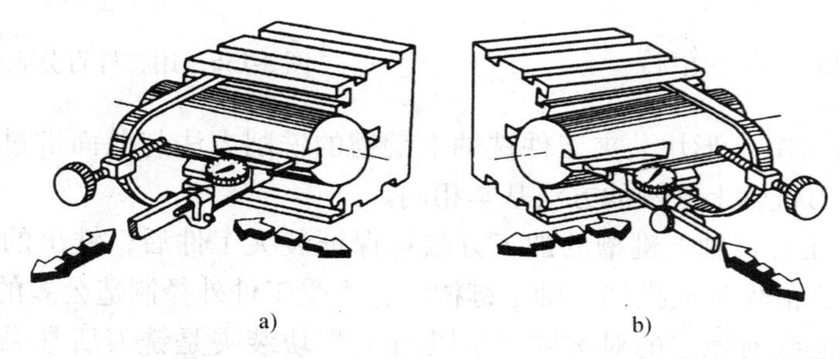

图 3-140　用百分表检测键槽两侧对称度

（4）用钢直尺或游标卡尺测量键槽长度及位置　如果键槽的长度及位置要求较高，可以用游标卡尺进行测量；如果尺寸要求一般，则可采用钢直尺直接量出。

6. 键槽加工时容易产生的问题及原因

（1）键槽的宽度尺寸不合格的原因

1）没有经过试切检查铣刀尺寸就加工工件。

2）用键槽铣刀铣削时，铣刀圆跳动过大；用盘形槽铣刀铣削时，铣刀端面跳动过大，将键槽铣宽了。

3）铣削时，吃刀量过大，进给过大，产生“让刀”现象，将键槽铣宽了。

4）扩刀铣削时，刻度盘记错，或手柄摇错，将键槽铣宽了。

（2）键槽的两侧对工件轴心线不对称的原因　键槽的两侧对工件轴心线不对称的情况如图 3-141 所示，其产生原因如下：

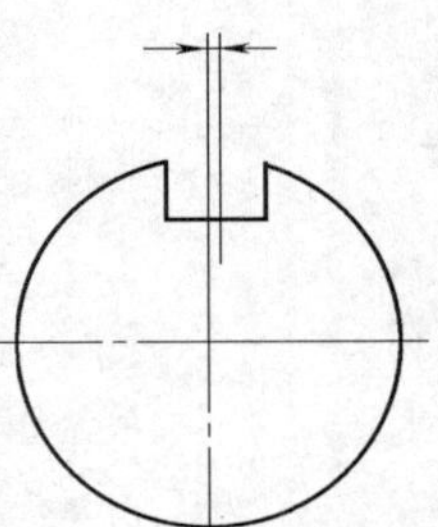
图 3-141　键槽两侧不对称于工件中心线

1）铣刀没有对准中心。

2）扩刀铣削时，两边扩铣的余量不一致。

3）成批加工时，没有检查毛坯尺寸，因工件外圆直径的制造公差影响了键槽的对称度。

（3）键槽两侧与工件轴心线不平行的原因　键槽两侧与工件轴心线不平行的情况如图 3-142 所示，其产生原因如下：

1）用 V 形块或机用虎钳装夹工件时，V 形块或机用虎钳没有校正好。

2）毛坯的外圆直径两端不一致，有大小头。

（4）槽底与工件轴心线不平行的原因　槽底与工件轴心线不平行的情况如图 3-143 所示，其产生原因如下：

1）工件上母线未找水平。

2）选用的垫铁不平行或选用的两块 V 形块不等高。

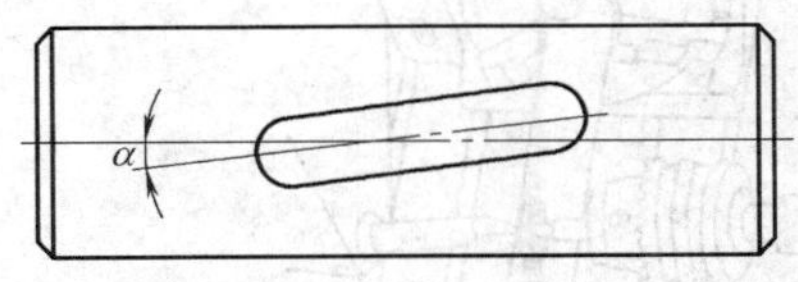

图 3-142　键槽两侧与轴心线不平行

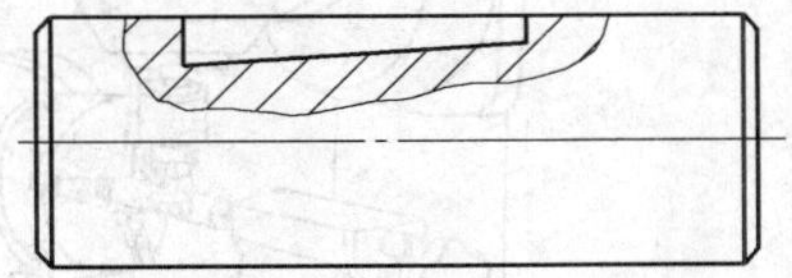
图 3-143　槽底与工件轴心线不平行

（5）键槽的深度和长度尺寸不符合图样要求

1）工作台移动尺寸有错误或刻度盘数值看错、记错。

2）测量错误导致尺寸铣错。

四、铣轴上的半圆键槽

半圆键是键的一种特殊形式，因为它便于轴的安装，所以在机械传动中广泛地采用。如图 3-144 所示，在轴上与半圆键相配合的槽是半圆键槽。半圆键槽用半圆键槽铣刀进行铣削，如图 3-145 所示。半圆键槽铣刀与 T 形槽铣刀相似。

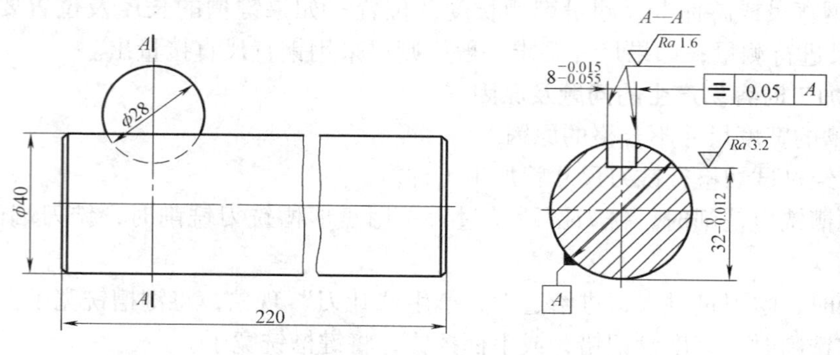

图 3-144　半圆键槽

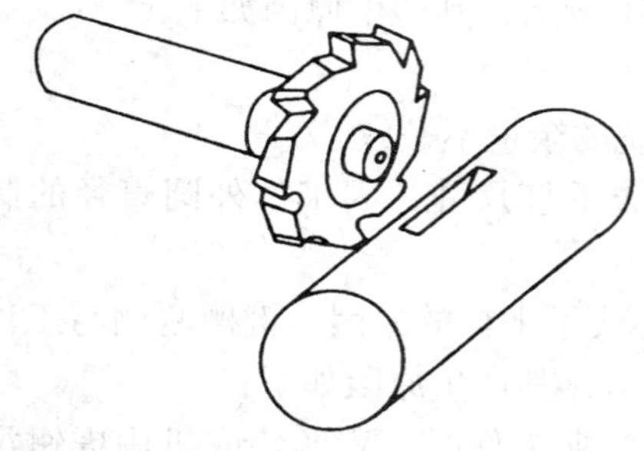

图 3-145　半圆键槽铣刀和半圆键槽

1. 半圆键槽铣刀的安装及找正

半圆键槽铣刀可安装在立式或卧式铣床上加工半圆键槽，如图 3-146 所示。铣刀的端面带有中心孔，在卧式铣床上安装铣刀时可在挂架上安装顶尖，顶住铣刀中心孔，以增加铣刀的刚性，所以在卧式铣床上加工半圆键槽比较稳定。

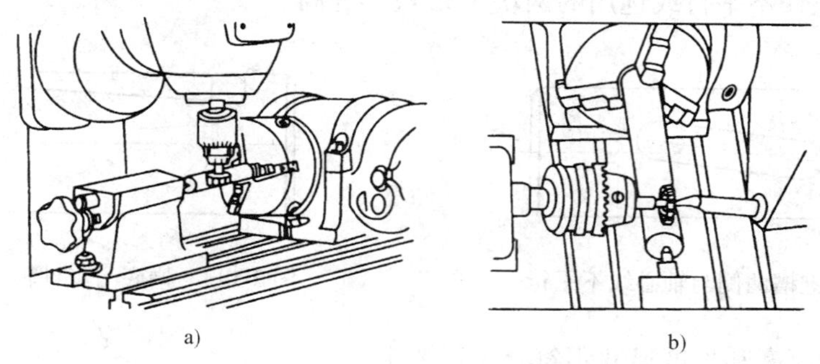

图 3-146　铣削半圆键槽

a）在立式铣床上铣半圆键槽　b）在卧式铣床上铣半圆键槽

半圆键槽铣刀的直径略大于半圆键的直径，半圆键槽的精度较高，因此半圆键槽铣刀的宽度也很精确。所以，在选用铣刀时要根据半圆键槽的公称尺寸选择铣刀的外径和宽度。铣刀的宽度可用千分尺进行测量，如果是在卧式铣床上加工半圆键槽，铣削时可在挂架轴承孔内安装顶尖，顶住铣刀端面的中心孔，以增加铣刀的刚性。铣刀在机床上安装后，用百分表校正铣刀的端面圆跳动，跳动量在 0. 3mm 以内，如图 3-147 所示。

2. 在立式铣床上铣削半圆键槽的方法

在长度尺寸较短的轴上铣削键槽时，一般用机用虎钳装夹工件。安装机用虎钳时，应使固定钳口与横向工作台进给方向平行，将工件两端夹在钳口一端，如图 3-148 所示。如果轴的长度较长，也可以采用如图 3-146 所示的方法，用分度头和顶尖采用一夹一顶的方式进行工件的装夹。为了使铣出的槽两侧与工件轴心线平行，应校正分度头主轴与尾座顶尖的轴心线，与工件纵向进给方向及工作台平面平行。校正时可在分度头主轴与尾座顶尖间安装心轴，校正心轴的上素线和侧素线，或者采用 V 形块和压板装夹工件，如图 3-149 所示。找正工件时可用百分表找正工件的上素线与工作台平面平行，侧素线与纵向进给方向平行，如图 3-148 所示。

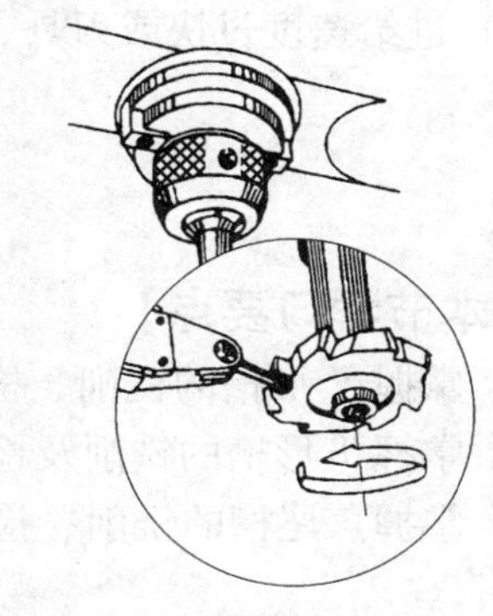

图 3-147　找正铣刀的端面圆跳动

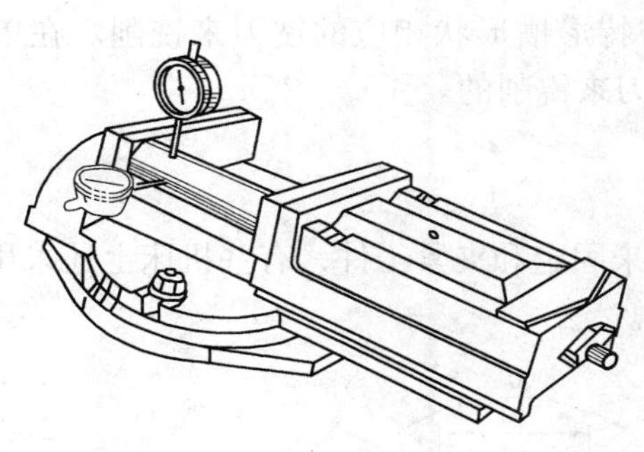

图 3-148　用机用虎钳装夹工件

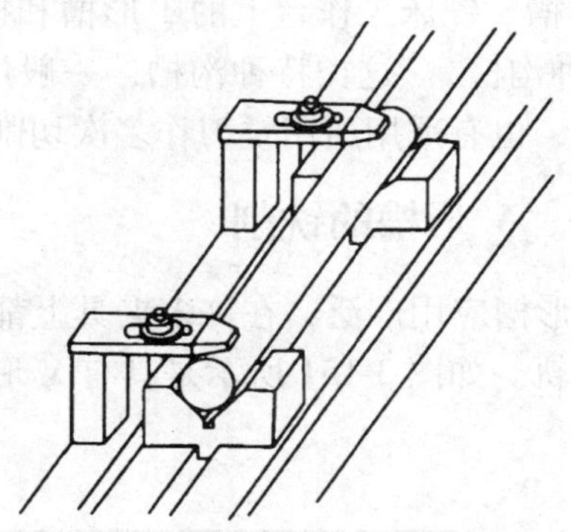

图 3-149　用 V 形块和压板装夹工件

3. 半圆键槽铣削的检验

1）半圆键槽的宽度检验。一般用塞规进行检验，稍宽的槽可用内径千分尺测量。

2）半圆键槽与轴中心的对称度检测。检测的方法与键槽对称度的检测方法基本相同。

3）半圆键槽深度检测。槽深一般用间接测量的方法测量，取一块直径和宽度都小于半圆键槽铣刀的圆柱体插入槽内，如图 3-150 所示。用千分尺或游标卡尺测得读数后减去圆柱直径即为槽的深度尺寸。

4. 加工中容易出现的问题、原因和注意事项

1）铣刀的端面圆跳动量过大或铣刀未经试铣检验是造成槽宽尺寸超差的主要原因。

2）槽深尺寸超差原因是尺寸计算错误或摇刻度盘错误。

3）半圆键槽表面粗糙度值大（超差）原因是铣刀切削刃磨损或在铣削过程中没有及时地清除切屑以及进给量过大、切削液加注不充分等。

4）键槽两侧面与工件轴线不平行原因是在立式铣床上加工时，立铣头主轴轴线与工作台面不垂直，或分度头主轴轴线与工作台面不平行。

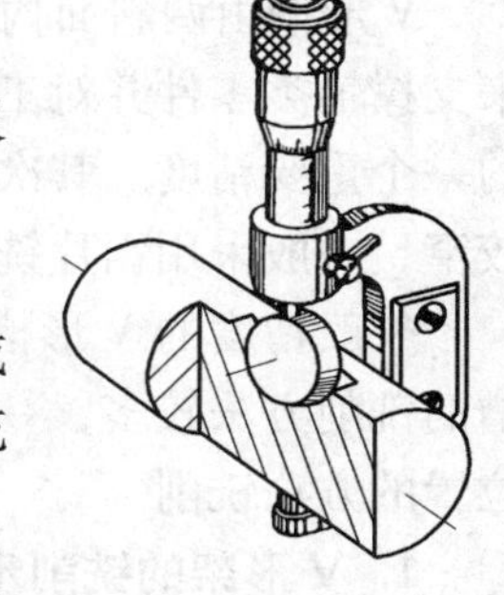

图 3-150　半圆键槽铣削加工的检测

5）键槽两侧面与工件轴线不对称原因是对中心不准或工件的侧素线未找正准确。

6）铣削时不使用的进给机构应紧固，分度头主轴紧固手柄应处于紧固状态。

7）进给速度过快或刀具、工件装夹不牢固，容易造成铣刀折断或损坏刀齿。

第七节　异形槽的铣削

【本节学习要点】

1. 掌握V形槽的铣削、检验测量及质量分析方法。
2. 掌握T形槽的铣削及检验测量方法、加工注意事项和质量分析方法。
3. 掌握燕尾槽的铣削、检验测量及质量分析方法。

在机械加工中，有不少零件具有特殊形状的沟槽，如装夹圆工件平口虎钳中V形块上的V形槽、铣床工作台上的T形槽和横梁上的燕尾槽等，这些特殊形状的沟槽叫做异形槽（或特种沟槽）。这类特种沟槽，一般用刃口形状与特形槽形状相应的铣刀来铣削。在单件生产时，也有采用通用铣刀作多次切削或用组合铣刀来铣削的。

一、V形槽的铣削

V形槽应用广泛，在许多夹具上都采用V形槽来固定和夹紧工件，有些机床上还采用V形槽导轨。如图3-151所示是具有V形槽的V形架。

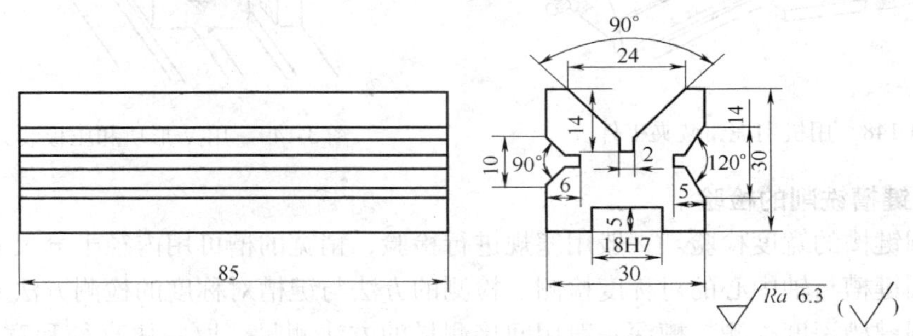

图3-151　V形架

V形槽由两斜面构成，斜面夹角多为90°，也有120°、150°等几种。由于V形槽一般用来支撑轴类零件并对工件进行定位，因此其对称度要求较高，这是加工V形槽时需要保证的一个重要精度。其次，为了保证与配合件的正确相配，V形槽的底部与直槽相通，该直槽较窄，一般采用锯片铣刀铣削。

一般精度的V形槽常采用铣削加工，精度较高的V形槽铣削后还要进行精加工。V形槽的铣削方法较多，一般是使用角度铣刀直接铣出或采用改变铣刀切削位置或改变工件装夹位置的方法铣削。

1. V形架的铣削步骤

（1）铣长方体　用机用虎钳装夹工件，将毛坯铣成30mm×30mm×85mm的长方体，要求保证各面之间的垂直度。

（2）铣宽 18H7 和深 5mm 的直角槽　调试好机用虎钳和铣床 X 方向的平行，用机用虎钳装夹工件，铣削直角槽，此直角槽也可在最后加工，以利加工其他几条沟槽时的装夹。

（3）铣三条 2mm 宽的窄槽。

（4）铣 V 形槽　V 形槽可采用与其角度相同的对称双角铣刀加工，但成形铣刀价格较贵。在立式铣床上铣削 V 形槽可采用在工件底部垫角度块的方法，角度块通常有可调和固定的两种，分别如图 3-152 和图 3-153 所示。先将工件放于角度规上，之后用机用虎钳装夹。

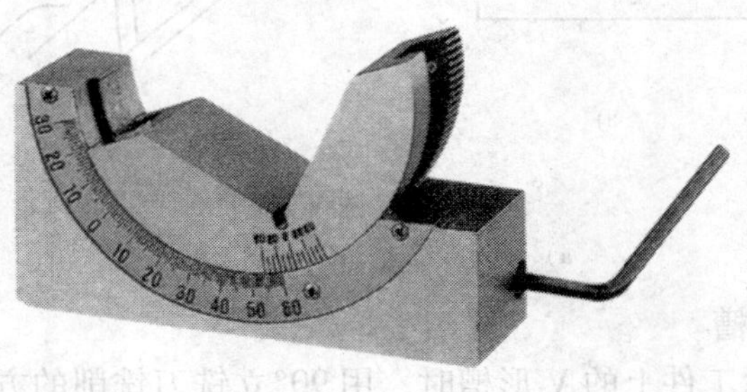

图 3-152　可调角度块

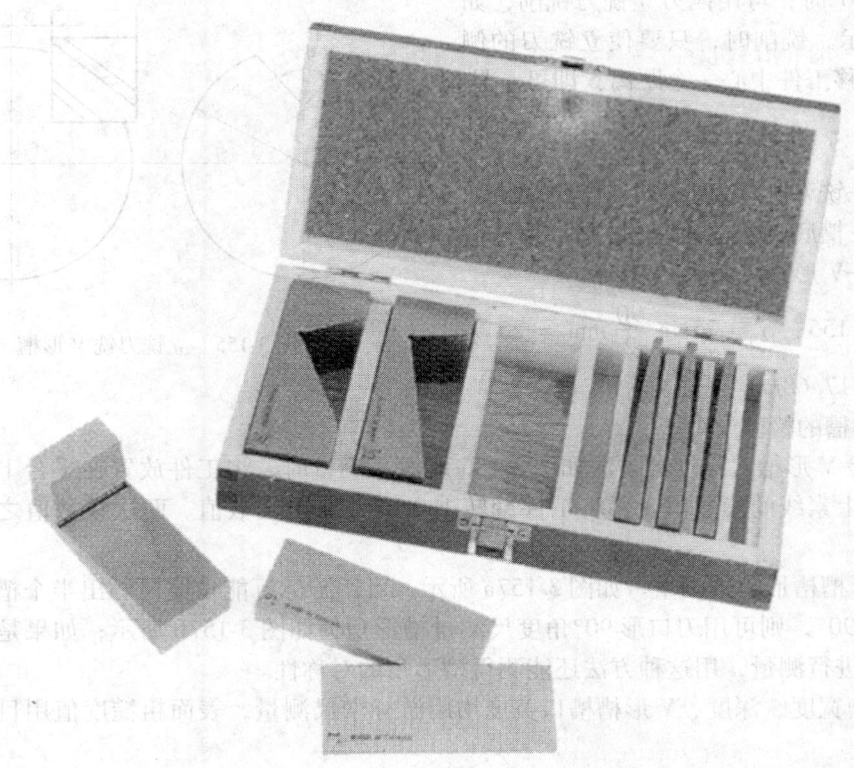

图 3-153　固定角度块

对尺寸大的 V 形槽，当其夹角大于或等于 90°时，可用面铣刀或立铣刀加工，此时相当于加工两个对称的斜面，加工情况如图 3-154a 所示；对尺寸不太大的 V 形槽，还可采用倾斜工件的方法进行加工，如图 3-154b 所示。

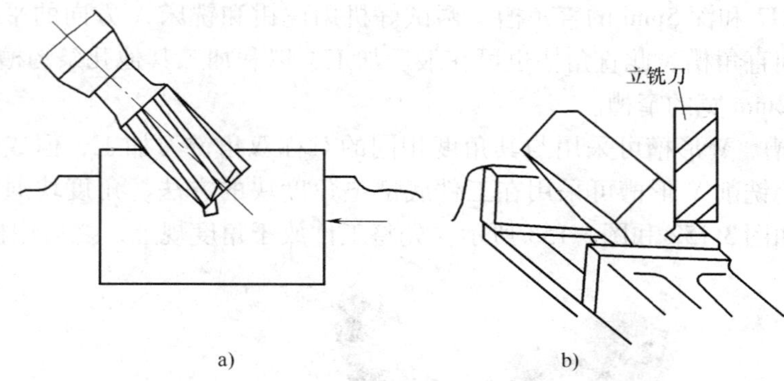

图 3-154　铣 V 形槽

a）倾斜立铣头　b）倾斜工件

2. 在圆盘上铣 V 形槽

铣削如图 3-155 所示工件上的 V 形槽时，用 90°立铣刀铣削的方法，与在矩形工件上铣 V 形槽基本相同。

当 $\theta=90°$时，可用四刃立铣刀铣削，如图 3-155 所示。铣削时，只要使立铣刀的侧面切削刃偏移工件中心一个距离 S 即可，且

$$S = a\sin\frac{\theta}{2}$$

式中　S——铣刀侧刃偏移距离，单位为 mm；

a——槽底至中心的距离，单位为 mm；

θ——V 形槽夹角。

对图 3-155，$S = 25\sin\frac{90}{2}\text{mm} = 25\times 0.7071\text{mm} = 17.68\text{mm}$。

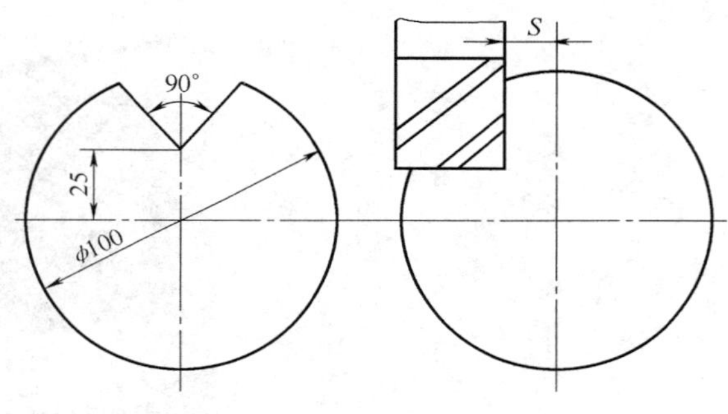

图 3-155　立铣刀铣 V 形槽

3. V 形槽的检验

1）检验 V 形槽对称度的方法如图 3-156 所示。测量时，将工件放置在平台上，用百分表测出圆棒上素线的读数值，再将工件翻转 180°，并测出读数值。两次读数值之差，即为对称度误差。

2）V 形槽槽形角的测量。如图 3-157a 所示，可用游标万能角度尺测出半个槽形角；如果槽形角是 90°，则可用刀口形 90°角度尺测量槽形角，如图 3-157b 所示；如果是其他角度则可用样板进行测量，用这种方法还能测得槽形角的对称性。

3）窄槽宽度、深度、V 形槽槽口宽度均用游标卡尺测量，表面粗糙度值用目测比较检验。

4. V 形槽铣削的加工质量分析

1）V 形槽槽口的宽度尺寸超差的主要原因可能有工件上平面与工作台不平行、工件夹紧不牢固、铣削过程中工件底面基准脱离定位面等。

2）V 形槽对称度超差原因可能有双角度铣刀槽口对刀不准确、预检测量不准确、精铣时工件重新装夹有误差等。

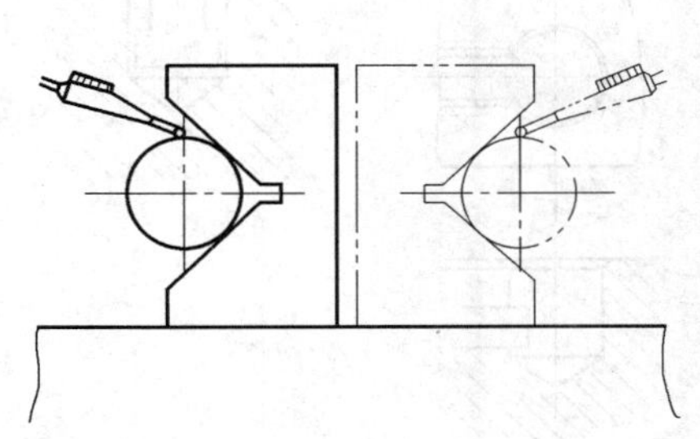
图 3-156　检验 V 形槽的对称度

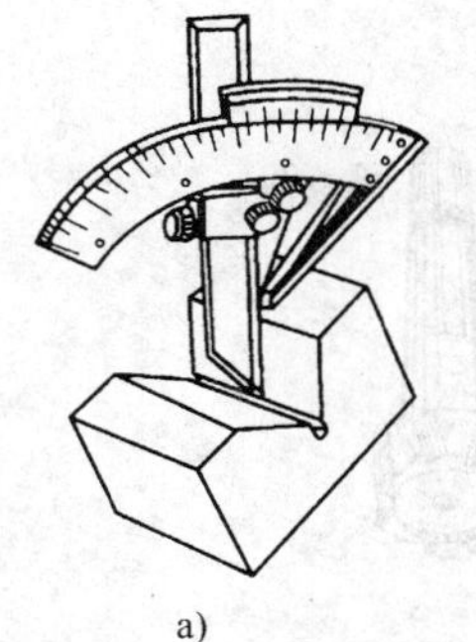
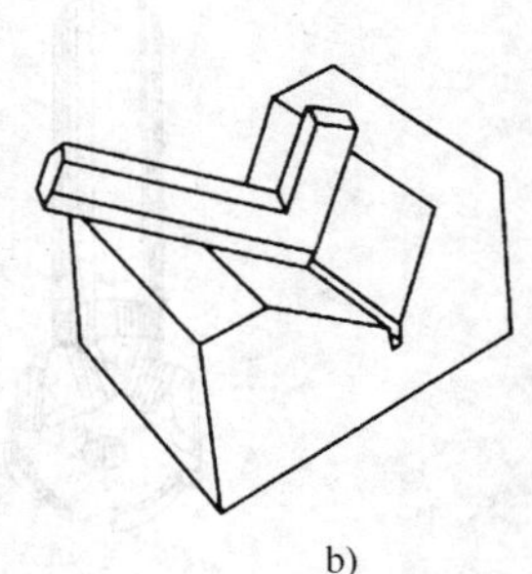
图 3-157　测量 V 形槽槽形角

a）测量槽形半角　b）测量槽形角

3）V 形槽与工件侧面不平行的原因可能有平口虎钳固定钳口与纵向不平行、铣削时平口虎钳微量位移、工件多次装夹时侧面与平口虎钳定位面之间有飞边和脏物等。

4）V 形槽槽形角角度误差大和角度不对称的原因可能有铣刀角度不准确或不对称、工件上平面未找正、平口虎钳夹紧时工件向上抬起等。

5）V 形槽侧面粗糙度值超差的主要原因有铣刀刃磨质量差、铣刀刀杆弯曲引起铣削振动等。

二、T 形槽的铣削

T 形槽在机器零件上经常遇到，例如我们所使用的铣床工作台面上用来安放紧固螺栓的槽就是 T 形槽，其结构如图 3-158 所示。铣 T 形槽的示意图如图 3-159 所示。

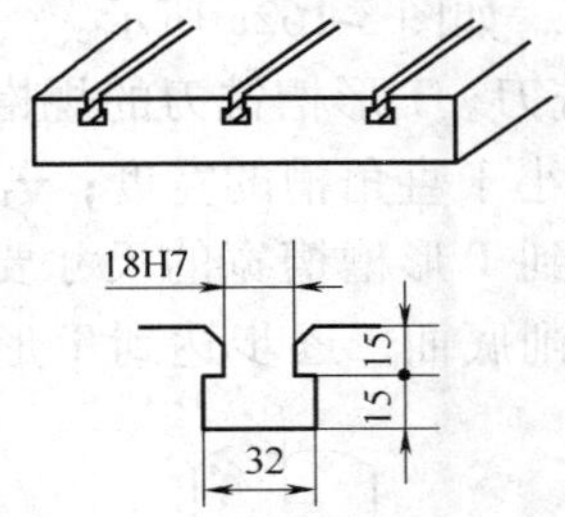

图 3-158　T 形槽工件

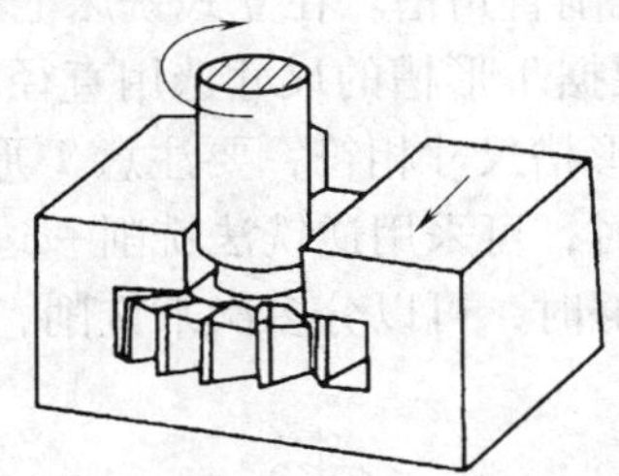
图 3-159　铣 T 形槽的示意图

T 形槽在铣床上铣削时可以分为铣直角槽、铣 T 形槽和倒角三个步骤完成。

1. 铣刀的选择

T 形槽铣刀是专门用来加工 T 形槽底槽的，通常有锥柄和直柄两种，如图 3-160 所示。其切削部分与盘形铣刀相似，又可分为直齿和交错齿两种。较小的 T 形槽铣刀，由于受 T 形槽直槽部分尺寸的限制，刀具柄部和刀头连接部分直径较小，因而刀具刚度和强度均比较小。

在铣削 T 形槽时要正确选用铣刀：

如果 T 形槽两端是封闭的，应选用立铣刀铣直角槽。加工前应在 T 形槽的两端各钻一个落刀孔，落刀孔的直径应大于 T 形槽的总宽度，深度应略小于 T 形槽的总深度，如图 3-161 所示。

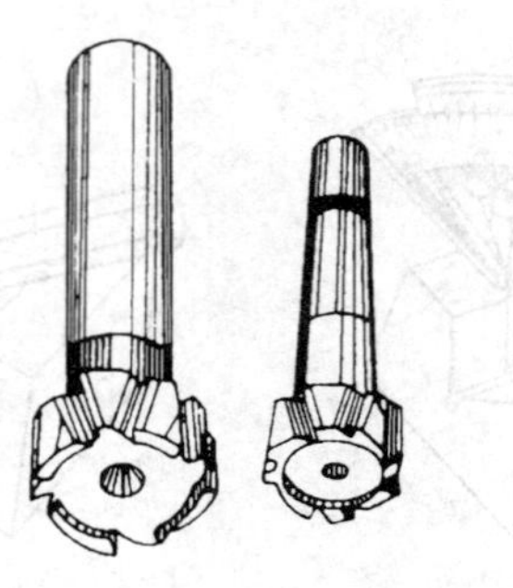
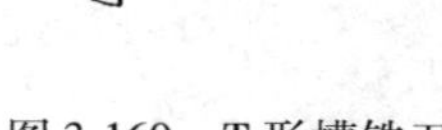

图 3-160　T 形槽铣刀

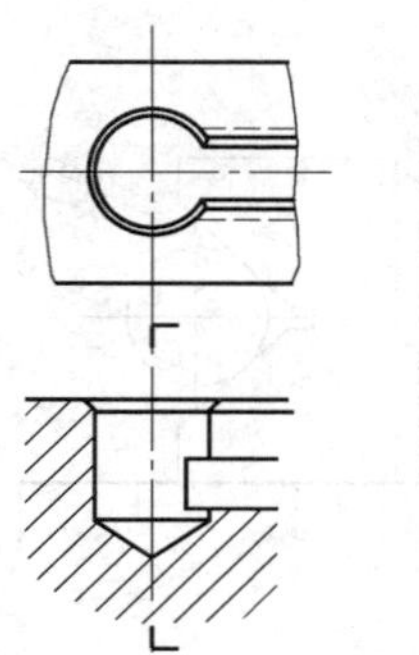
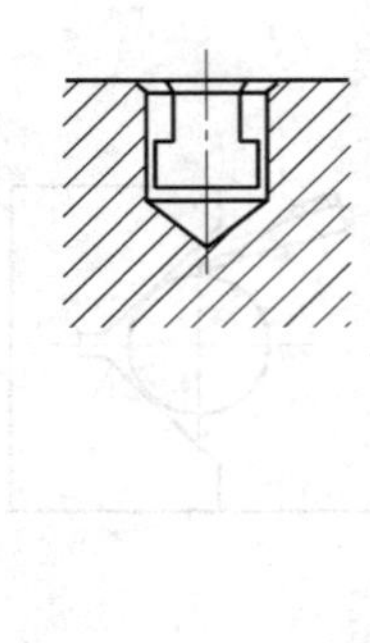

图 3-161　加工落刀孔

如果 T 形槽两端是敞开的，应选用宽度和直角槽槽宽相等的立铣刀加工直槽，然后用 T 形槽铣刀加工 T 形槽。加工 T 形槽上口的倒角时，可选用倒角铣刀铣削。

2. 工件的装夹与找正

工件的装夹可根据工件形状和尺寸的不同，采用不同的装夹方法。装夹时，使工件侧面与工作台进给方向一致。工件尺寸较小时，可用平口钳夹持铣削；如果工件的尺寸较大，应将工件直接平压在铣床工作台面上加工，采用这种方法铣削时工件平稳、切削振动小。

找正工件时可先使工件的上平面与工作台面平行，以保证铣出的 T 形槽深浅一致，然后再将 T 形槽的槽线找正。找正槽线时，如果工件侧面已经加工过，可在工作台面上紧固一个平铁，将平铁找正，用工件侧面靠紧定位平铁，压紧工件即可。如果工件的侧面未加工，可用大头针粘在刀尖上，按工件已经划好的 T 形槽加工线找正工件。

3. 铣削 T 形槽的步骤

1）铣削直角槽。在立式铣床上用立铣刀铣削出直角槽，如图 3-162a 所示。

2）根据 T 形槽的尺寸选用直径和厚度合适的 T 形槽铣刀。T 形槽铣刀的规格应与所要铣削的 T 形槽尺寸相符，要注意 T 形槽铣刀的颈部直径要小于直角槽的宽度；若 T 形槽铣刀直径小时，可采用逆铣法铣削一边，再铣削另一边，达到 T 形槽槽宽的尺寸要求；若铣刀厚度不够时，可以分多次来铣削，即先铣削上面，再铣削底面，逐步达到 T 形槽槽深的

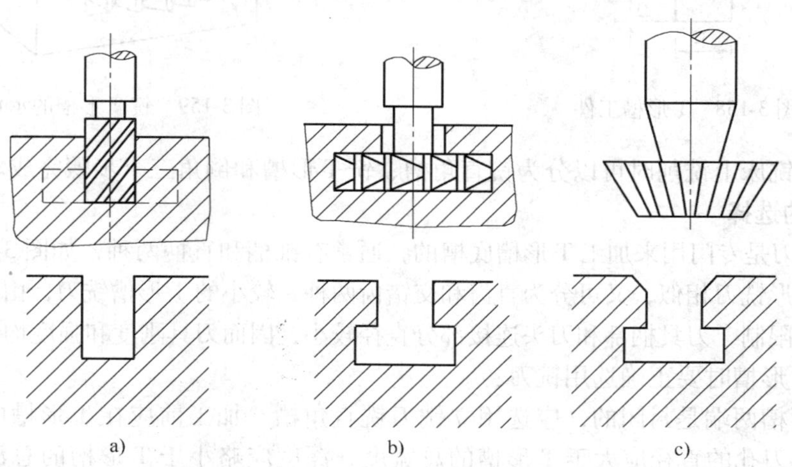

图 3-162　T 形槽的铣削步骤

尺寸要求，这样槽底面的表面粗糙度值会小些。

3）对刀时，先调整工作台，使T形槽铣刀的端面处于工件的上方，在工件表面涂上粉笔，升高工作台，当铣刀刚好擦到粉笔时记好刻度，退刀后升高工作台面到尺寸要求，这时槽就已经对好，然后调整机床，使T形槽铣刀尽量接近工件，观察铣刀两侧刃与槽口的两条线相切，然后退出工件，起动机床，使铣刀外圆齿刃同时碰到直角槽槽侧，切出相等的切痕。

4）铣削时先手动进给，待底槽铣出一小部分时，测量槽深，如符合要求可继续手动进给，当铣刀大部分进入工件后，改用机动进给，在铣刀铣出槽口时，最好也采用手动进给，如图3-162b所示。

5）槽口倒角。铣削好T形槽后，可换装倒角铣刀倒角，如图3-162c所示。铣削倒角时应注意两边对称。

4. 铣T形槽的注意事项

1）T形槽铣刀在切削时切屑排出非常困难，经常把容屑槽填满而使铣刀失去切削能力，以致使铣刀折断，所以应经常清除切屑。

2）T形槽铣刀的颈部直径较小，要注意因铣刀受到过大的铣削力和突然的冲击力而折断。

3）由于排屑不畅，切削时热量不易散失，铣刀容易发热，在铣钢件时，应充分浇注切削液。

4）T形槽铣刀不能用得太钝，因钝的刀具其切削能力大为减弱，铣削力和切削热会迅速增加，所以用钝的T形槽铣刀铣削是铣刀折断的主要原因之一。

5）T形槽铣刀在切削时工作条件较差，要采用较小的进给量和较低的切削速度，但铣削速度也不能太低，否则会降低铣刀的切削性能和增加每齿的进给量。

6）为了改善切屑的排出条件以及减少铣刀与槽底面的摩擦，在设计和工艺人员允许的条件下，可把直角槽稍铣深些，这时铣好的T形槽形状如图3-163所示。这种形状的T形槽对实际应用没有多大影响。

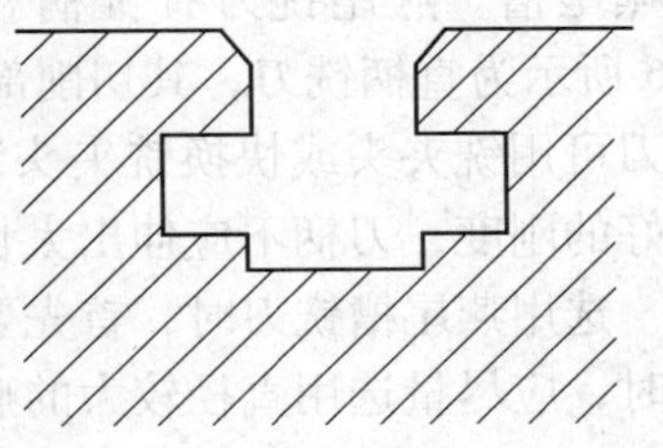

图3-163 直角槽铣深的T形槽

5. T形槽的检验与质量分析

（1）T形槽的检验 T形槽的检验比较简单，要求不高的T形槽可用游标卡尺检验各部分尺寸；要求较高的基准槽可用内径千分尺或塞规进行检验。

（2）T形槽铣削加工的质量分析

1）T形槽上的直角槽宽度超差，其原因是铣刀直径选择不准确或铣刀安装时同轴度未校正。

2）T形槽的槽底与直角槽不对称，其原因是在加工T形槽的槽底时对刀不准确或横向工作台没有锁紧，在加工时受切削力的影响使工件产生了位移。

3）T形槽的槽底与基准面不平行，其原因是工件的上平面未找正或是铣刀未夹紧，铣削时被铣削力拉下。

4）T形槽的表面粗糙度值超差的主要原因有铣刀切削刃磨损或在铣削过程中没有及时地清除切屑以及进给量过大。

三、燕尾槽和燕尾块的铣削

带燕尾槽的零件在铣床和其他机械中也经常见到，燕尾槽和燕尾块是配合使用的，如图3-164所示。铣床床身和悬梁相配合的导轨槽就是燕尾槽。用作导轨槽配合时，燕尾槽还常带有1∶50的斜度，用来安装镶条，以调整机床导轨的配合间隙，如图3-165所示。

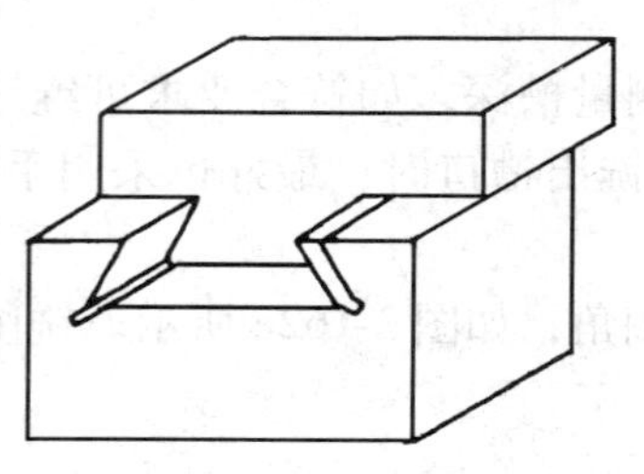

图3-164　燕尾槽和燕尾块

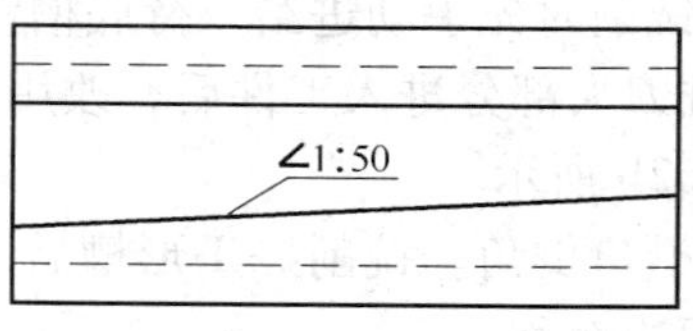

图3-165　带斜度的燕尾槽

铣削带斜度的燕尾槽时，第一步先铣削燕尾槽的一侧；第二步将工件按规定方向调整到与进给方向成所要求的斜度，固定后，再铣削燕尾槽的另一侧。燕尾槽和燕尾块的角度、宽度和深度要求都很高。精度要求较高的燕尾导轨，铣削后还需经过磨削和刮削等精密加工。

1. 刀具的选用

加工燕尾槽的方法与加工T形槽的方法相似，也是先加工出直角槽。加工直角槽应选用立铣刀，然后用带柄的角铣刀（燕尾槽铣刀）铣出燕尾槽。燕尾铣刀有锥柄和直柄两种，如图3-166所示为直柄铣刀，其切削部分与单角铣刀相似，铣刀可用铣夹头或快换铣夹头装夹。为了使铣刀有较好的刚度，刀柄不应伸出太长。

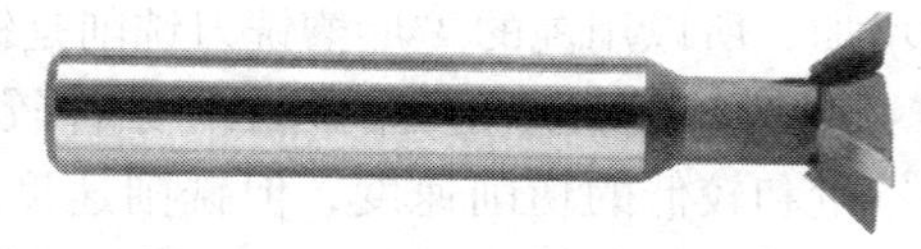

图3-166　燕尾铣刀

选用燕尾槽铣刀时，首先要查清刀具的角度是否与燕尾的角度相符，在满足加工条件的同时，应尽量选用直径较大的燕尾铣刀，这样铣刀的刚性会稍好一些。

2. 工件的装夹与找正

工件的装夹可根据工件形状和尺寸的不同，采用平口钳夹持铣削或将工件直接平压在铣床工作台面上加工。

找正工件时，可先将工件的上平面与工作台面找平行，以保证铣出的燕尾深浅一致，然后再将燕尾的加工线找正，找正的方法与加工T形槽时的方法相同。

3. 铣削直角槽和凸台

在立式铣床上用立铣刀铣削出直角槽和凸台，如图3-167所示。直角槽和凸台宽度应按图样尺寸铣成，深度应留有0.3~0.5mm的余量，等到加工燕尾时，将此余量一起铣去，这样不会留下接刀痕迹。

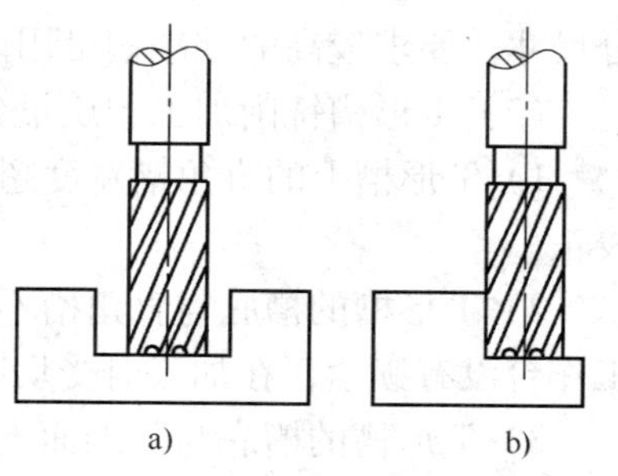

图3-167　直角槽和凸台的铣削
a）铣削直角槽　b）铣削直角凸台

4. 铣削燕尾槽

将加工好的直角槽加工成燕尾槽，如图3-168所示。

1）对刀时开动机床先调整工作台，让燕尾槽铣刀大致处于直角槽的中心，垂直上升工作台，使燕尾槽铣刀的端面与直角槽的槽底轻轻接触，然后缓慢摇动横向工作台，使燕尾槽铣刀刚刚切到直角槽侧，用粉笔在垂直和纵向刻度盘上作好记号，然后退出铣刀。少量上升工作台，手动进给使铣刀的端面切入工件槽底，切出一个较小的平面后退出铣刀，用深度卡尺测量深度。逐步调整机床，使深度符合要求。

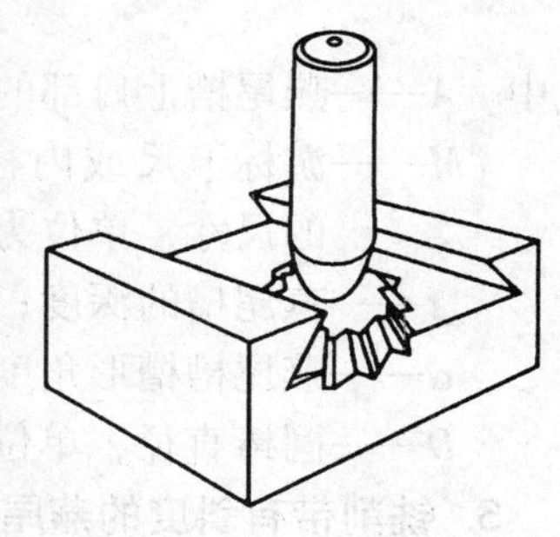
图 3-168 铣削燕尾槽

2）铣燕尾槽的一侧，先计算工作台的横向移动量 s，横向移动量按下式计算

$$s = t\cot\alpha$$

式中 s——横向工作台移动量，单位为 mm；

t——燕尾槽的深度，单位为 mm；

α——燕尾槽槽形角度数。

因为铣刀的强度差，所以不能一次铣去全部余量，可分多次铣削，加工到尺寸。铣削时分为粗铣、精铣，粗铣时每次切削深度为 2 ~ 3mm，精铣余量在 0.5mm 左右。粗铣完成后按图 3-169 所示进行预检，留精铣余量。注意每次铣削均采用逆铣，纵向进给时采用手动进给切入工件，然后采用机动进给铣削。

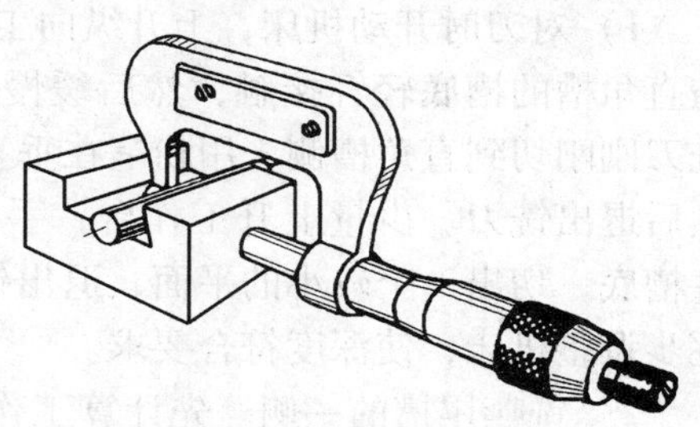
图 3-169 预检

3）铣燕尾槽的另一侧，移动横向工作台，使铣刀尖角与另一侧直角槽相接触后，退出工件，然后调整横向工作台，粗铣后测量，留精铣余量。

4）精铣燕尾槽两侧，达到图样要求的 A 尺寸和对称度要求。A 尺寸不能直接测出，应借助两根标准直径的量柱放在槽内，用游标卡尺或内径千分尺测出两棒之间的尺寸，用量角器测出槽形角，如图 3-170、图 3-171 所示，经过换算才能获得 A 尺寸。燕尾槽的对称度可采用分别测出斜面到工件侧面的距离加以比较。经过综合分析，确定燕尾槽两侧斜面的加工余量，进行最后的精铣，从而使之达到尺寸要求和对称度要求。

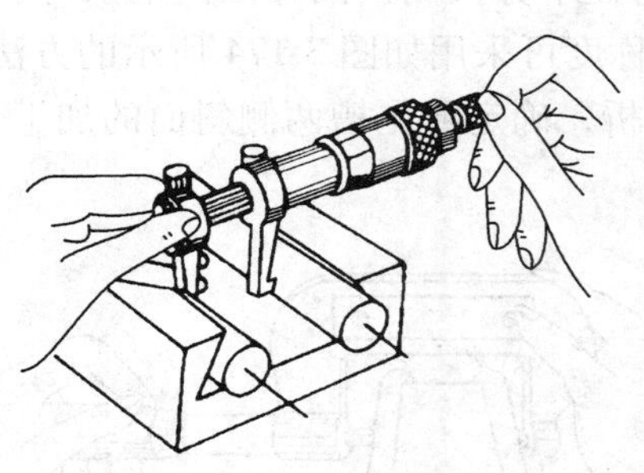
图 3-170 测量燕尾槽的尺寸

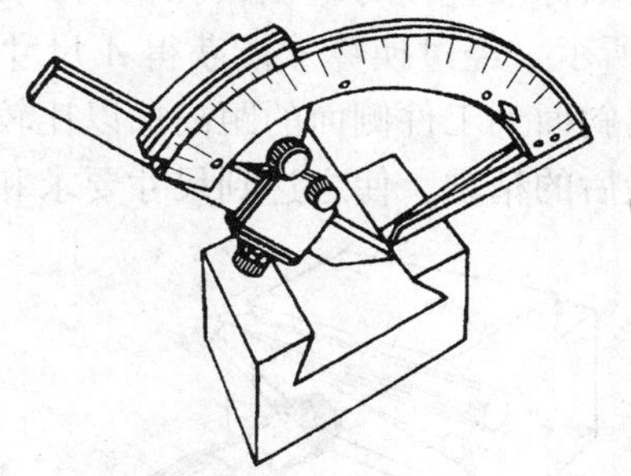
图 3-171 测量燕尾槽的角度

燕尾槽计算的示意图如图 3-172 所示，其计算公式如下

$$A = M + D\left(1 + \cot\frac{\alpha}{2}\right) - 2t\cot\alpha$$

式中 A——燕尾槽上口部的宽度，单位为mm；

M——游标卡尺或内径千分尺测出两棒之间的尺寸，单位为mm；

t——燕尾槽的深度；

α——燕尾槽槽形角度数；

D——圆棒直径，单位为mm。

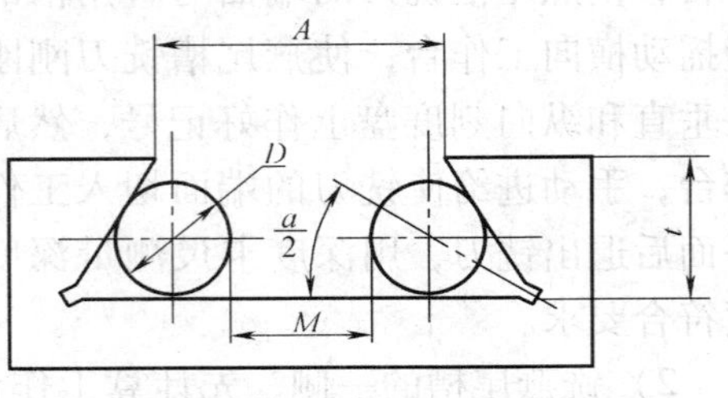

图 3-172 燕尾槽的计算

5. 铣削带有斜度的燕尾槽

带有斜度的燕尾槽如图3-173所示。铣削这种燕尾槽，一般都分两步进行，第一步先铣削沟槽的一侧；一侧铣好后松开压板，把工件调整到与进给方向成一个斜度（图示为1:50），并予以紧固，然后铣削燕尾槽的另一侧。

6. 铣削燕尾块

将前面加工好的直角凸台加工成燕尾块，如图3-173所示。

1）对刀时开动机床，上升纵向工作台，使燕尾槽铣刀的端面与直角槽的槽底轻轻接触，然后缓慢摇动横向工作台，使燕尾槽铣刀刚刚切到直角槽侧，用粉笔在垂直和纵向刻度盘上作好记号，然后退出铣刀。少量上升工作台，手动进给使铣刀的端面切入工件槽底，切出一个较小的平面，退出铣刀，用深度卡尺测量深度。逐步调整机床，使深度符合要求。

2）铣燕尾槽的一侧。先计算工作台的横向移动量 s，可分多次铣削，加工到尺寸。铣削时分为粗铣、精铣，粗铣时每次的背吃刀量为2~3mm，精铣余量在0.5mm左右。粗铣完成后按图3-174所示的方法预检，并用深度卡尺测量，留精铣余量。

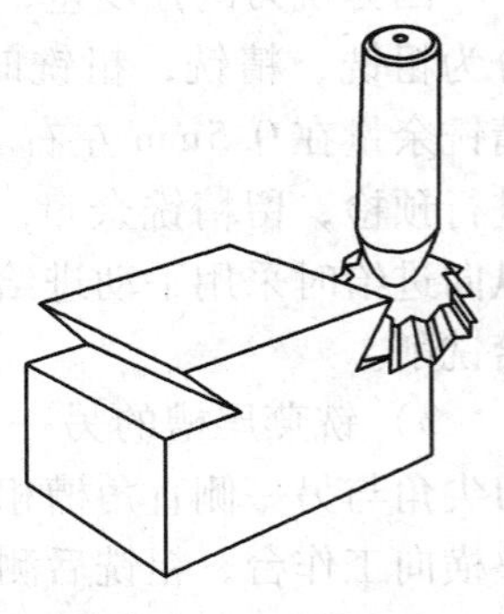
图 3-173 铣削燕尾块

3）铣燕尾槽的另一侧。移动横向工作台，使铣刀尖角与另一侧直角槽相接触后，退出工件，然后调整横向工作台，粗铣后，测量，留精铣余量。

4）精铣燕尾槽两侧。达到图样要求的 A 尺寸和对称度要求。A 尺寸不能直接测出，应借助两根标准直径的量柱放在槽内，用游标卡尺或内径千分尺测出两棒之间的尺寸，如图3-175所示，经过换算才能获得 A 尺寸。燕尾槽的对称度可采用如图3-174所示的方法，分别测出斜面到工件侧面的距离加以比较。经过综合分析，确定燕尾槽两侧斜面的加工余量，进行最后的精铣，使之达到尺寸要求和对称度要求。

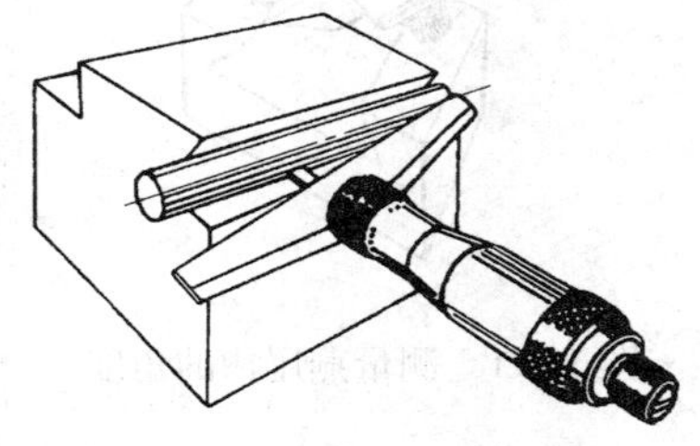
图 3-174 预检

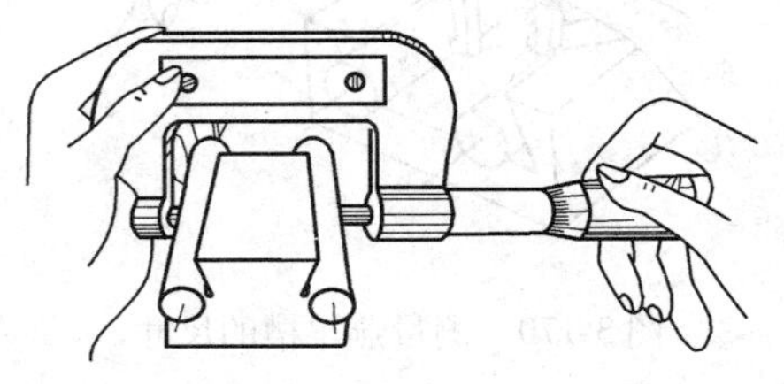
图 3-175 测量燕尾块的尺寸

燕尾块计算的示意图如图 3-176 所示，计算公式如下

$$A = M - D\left(1 + \cot\frac{\alpha}{2}\right) + 2t\cot\alpha$$

式中　A——燕尾块上部的宽度，单位为 mm；

M——游标卡尺或内径千分尺测出两棒之间的尺寸，单位为 mm；

t——燕尾块的深度，单位为 mm；

α——燕尾槽槽形角度数；

D——圆棒直径，单位为 mm。

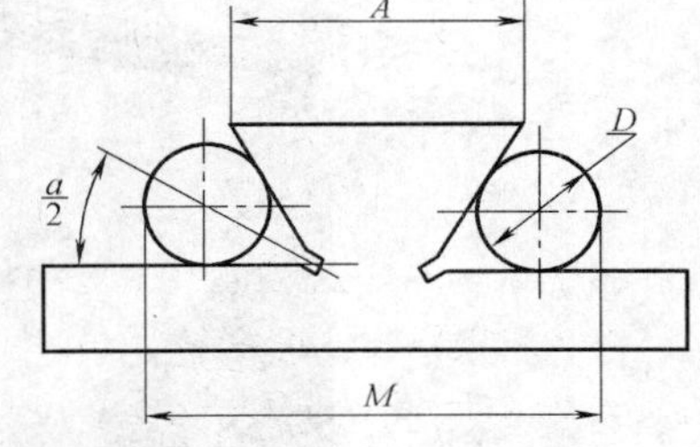

图 3-176　燕尾块计算

7. 燕尾槽和燕尾块铣削加工的质量分析

1）燕尾槽、燕尾块两端的宽度不一致。其原因是工件上平面未找正或用换面法铣削时，工件两侧面平行度较差。

2）宽度超差。其原因是加工过程中测量出现差错，或移动横向工作台时摇错刻度盘及未消除传动间隙。

3）槽形角超差。其原因是刀具角度选错或铣刀角度误差较大。

第八节　镗　　孔

【本节学习要点】

1. 掌握镗刀的种类和适用范围。
2. 掌握镗单孔的加工及孔径测量方法。
3. 掌握镗圆周等分孔的加工及测量方法。
4. 掌握镗平行孔系的加工及测量方法。
5. 掌握镗精度高的孔的加工方法及所采用的措施。
6. 了解镗孔质量的分析方法。

铣床和镗床都以刀具的旋转运动为主运动，而进给运动的情况也有很多类似，所以镗孔工作也可在铣床上进行。在铣床上，主要加工中小型的孔和相互位置不太复杂的多孔零件。

在铣床上镗孔，孔的精度一般为 IT7 ~ IT9，表面粗糙度值为 $Ra3.2 \sim 0.8\mu m$，而且孔中心距也较容易控制，所以在铣床上适合于镗削轴线相互平行的孔系零件。

一、镗刀

镗刀有单刃、双刃和多刃镗刀之分，在铣床上大多用单刃镗刀镗削，有时也用双刃镗刀镗削。

1. 单刃镗刀

如图 3-177 所示，单刃镗刀可由整条高速工具钢制成，也可把硬质合金用机械方法装夹（或焊接）在刀体上。常用的单刃镗刀是可换镗刀片的长刀杆镗刀，这种镗刀一般直接安装在可调节镗刀架上，借助镗刀架的调节来控制孔径，大多用于镗削精度较高的孔。

图 3-177　单刃镗刀

2. 双刃镗刀

整体双刃镗刀和刀杆的装夹情况如图 3-178 所示，这种镗刀尺寸不可调节，用作粗加工和半精加工时，镗刀块是用螺钉固定的；用作精加工时，镗刀块可固定，也可浮动。

3. 浮动镗刀

浮动镗刀也是一种双刃镗刀，如图 3-179 所示，镗刀块由两部分组成，在刃磨后可调节尺寸，作精镗孔用。镗刀块正确地配合在镗刀杆 3 的槽中，由端盖 6 盖紧形成一个方孔形槽，镗刀块 5 能沿槽滑动，但配合间隙很小，一般用 H7/g6。松开内六角螺钉 4 可调节镗刀块尺寸。螺钉 1 是固定偏心销 2 用的，偏心销是防止镗刀块从槽中滑落用的，借助偏心以插入镗刀块的槽中，销与槽之间应有较大的间隙。精镗时，由于余量很小，在两个具有相同主偏角的切削刃上，所得到的切削力也相等，使镗刀块自动处于中心位置。

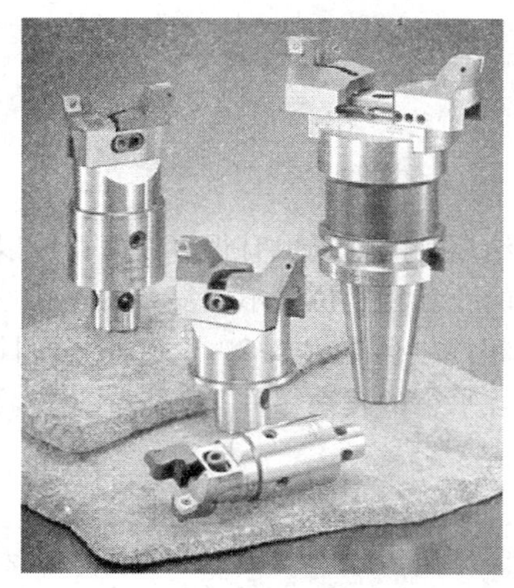

图 3-178　双刃镗刀

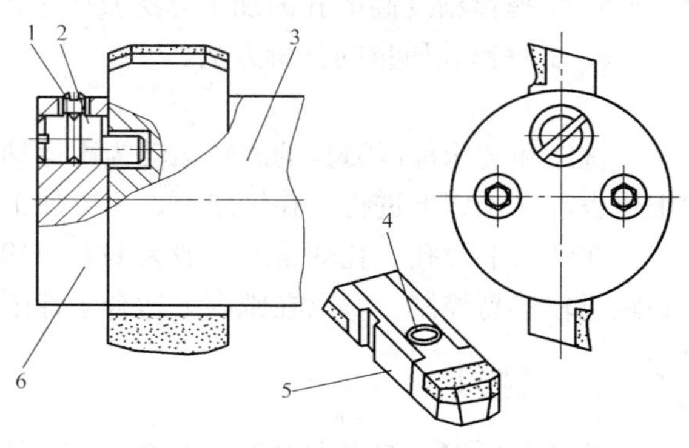

图 3-179　浮动镗刀

1—螺钉　2—偏心销　3—镗刀杆
4—内六角螺钉　5—镗刀块　6—端盖

4. 镗刀杆

简单的镗刀杆如图 3-180 所示，其中图 a 所示的镗刀杆是作镗削通孔用的；图 b 所示的镗刀杆可镗削通孔、台阶孔和不通孔；图 c 所示的镗刀杆适宜于镗削较深的孔，镗刀杆的前端可伸入支架孔（或导套孔）中，以提高镗刀杆的刚性。

5. 微调式镗刀

微调式镗刀的实物图如图 3-181a 所示，结构图如图 3-181b 所示，它也是通过刻度和精密螺纹来进行微调的。装有可转位刀片 4 的刀体 3 上有精密螺纹，刀体的外圆与刀杆 1 上的孔相配，并在其后端用内六角紧固螺钉 8 及垫圈 7 拉紧。刀体的螺纹上旋有带刻度的调整螺母 2，螺母的背部是一个锥面，与刀杆的孔口内锥面紧贴。调整时，先松开紧固螺钉，然后转动调整螺母，就可以使刀体前伸或退缩，获得所需的尺寸。在转动调整螺母时，为了防止刀体在孔内转动，在刀体与孔之间装有止动销 6，此销只能沿孔壁上的直槽做轴向移动而不能转动。此微调式镗刀体的螺纹螺距为 0.5mm，调整螺母的刻度为 40 等分，则调整螺母转过一小格，刀头和刀体移动的距离为 0.0125mm。由于刀体和刀杆轴线倾斜 53°8′，因此刀尖在半径方向的实际调整距离为 0.0125 × sin53°8′mm = 0.01mm，实现了微调的目的。这种镗刀体都装有可转位刀片，刀片通过螺钉 5 紧固在刀体上。调节刻度盘如图 3-181c 所示。

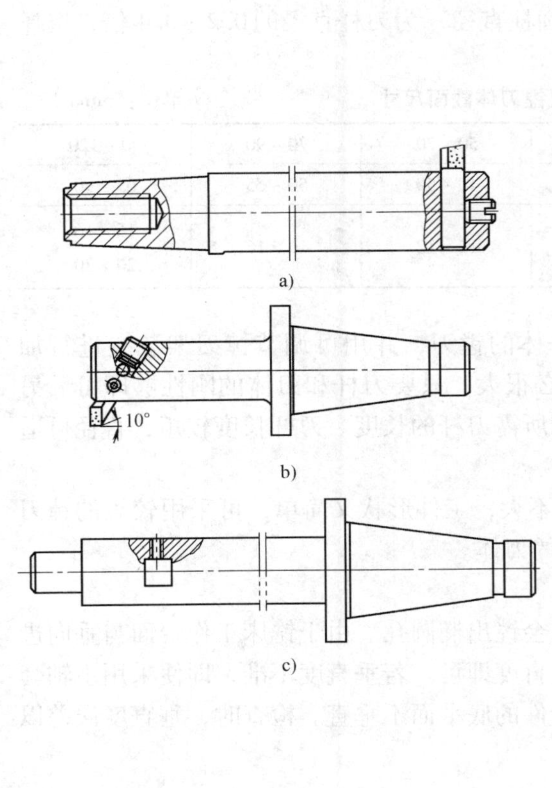

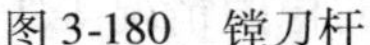

图 3-180　镗刀杆

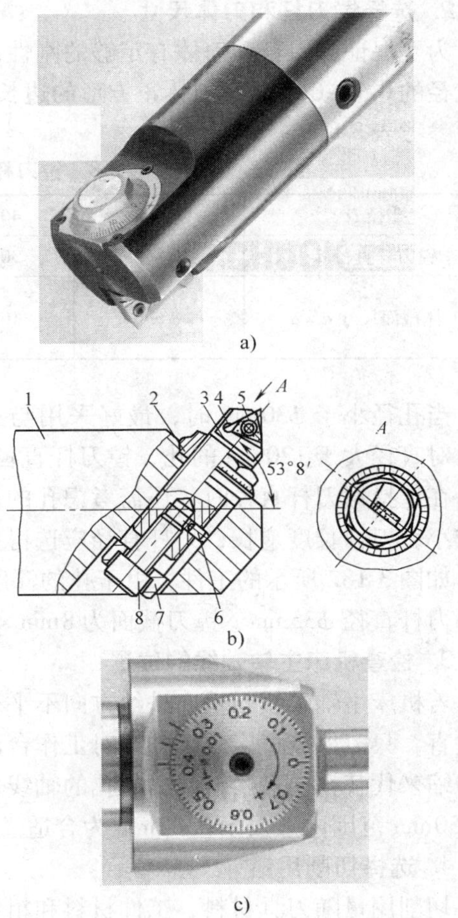

图 3-181　微调式镗刀

a）实物图　b）结构图　c）调节刻度盘

1—刀杆　2—调整螺母　3—刀体　4—可转位刀片

5—螺钉　6—止动销　7—垫圈　8—紧固螺钉

二、镗单孔

在立式铣床上镗削如图 3-182 所示的工件，其镗削方法和步骤如下：

1. 划线和钻孔

根据图样，划出孔的中心线和孔的轮廓线，并在圆心上打样冲眼，再把工件装夹在铣床工作台上，用钻头钻出 $\phi40 \sim \phi45$mm 的孔，也可在钻床上完成钻孔后，再将工件装夹到铣床上。装夹时注意把工件垫高、垫平，底部留出空间，避免钻到机床工作台。

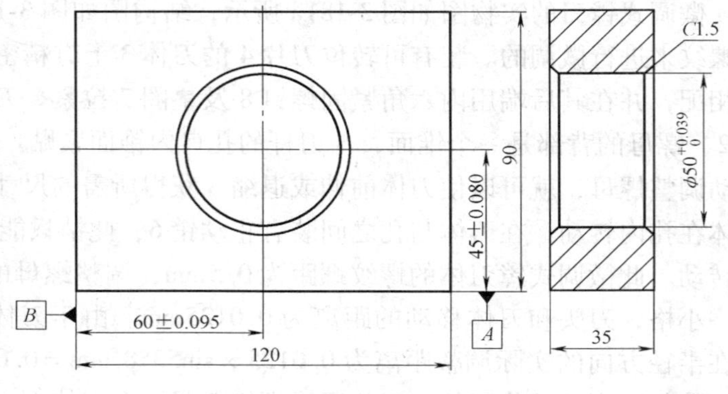

图 3-182　单孔工件

2. 选择镗刀杆和刀体尺寸

为了保证镗刀杆和刀体有足够的刚性，孔径在 $\phi30 \sim \phi120$mm 范围内，镗刀杆直径一般为孔径的 0.7～0.8 倍；刀体正方形的边长（或圆柱直径）为刀杆直径的 0.2～0.4 倍，选择时可参考表 3-8。

表 3-8　镗刀杆直径及镗刀体截面尺寸　　（单位：mm）

孔径 D	30～40	40～50	50～70	70～90	90～120
镗刀杆直径 d	20～30	30～40	40～50	50～65	65～90
刀体截面尺寸 $a \times a$	8×8	10×10	12×12	16×16	16×16 20×20

当孔径小于 $\phi30$mm 时，最好采用与刀杆一体的镗刀，并用可调节镗刀架装夹进行加工。对直径大于 120mm 的孔，镗刀杆直径可不必很大，只要刀杆和刀体的刚性够即可。另外，在选择镗刀杆直径时，还需考虑孔的深度和所需刀杆的长度。刀杆长度较短，直径可适当减小；刀杆长度愈长，刀杆直径应选得愈大。

如图 3-182 所示的工件，由于孔的深度尺寸不大，工件形状又简单，可采用较短的镗刀杆，刀杆直径 $\phi35$mm、镗刀截面为 8mm×8mm 的刀体。

3. 检查机床主轴轴线的位置

若机床主轴轴线与垂向进给方向不平行，则会镗出椭圆孔。由于铣床工作台面与垂向进给垂直，只需检查机床主轴轴线对工作台面的垂直度即可。若垂直度不准，即使采用主轴套筒伸缩来代替垂向进给，镗出的孔的轴线也与工件的底平面不垂直。检查时，垂直度误差以在 150mm 范围内不大于 0.02mm 为合适。

4. 选择切削用量

切削用量随刀具材料、工件材料和粗镗及精镗的不同而有所区别。粗镗时，切削层深度主要根据加工余量和刀杆、刀体、机床主轴和夹具及其装夹后的稳固情况等工艺系统的刚性来决定。精镗时，用高速工具钢镗刀，余量最好控制在 0.1～0.5mm 范围内；用硬质合金镗刀，则最好控制在 0.3～1.0mm 范围内。每转进给量，粗镗时为 0.2～1.0mm/r；精镗时为

0.05～0.5mm/r。镗孔时的切削速度可比铣削时略高一些，但在加工钢件等塑性较好的金属材料时，需充分浇注切削液，以降低温度，提高加工质量。

5. 对刀

在铣床上镗孔时，铣床主轴轴线与所镗孔的轴线必须重合，因此，在镗削之前，应根据图样上孔的位置，使铣床主轴轴线与工件上孔的中心对准。常用的调整方法有如下几种：

（1）按划线调整　按划线调整时，在镗刀顶端用油脂粘一个大头针（或一段一端尖的细铁丝），并使镗刀杆大致对准孔的中心，然后慢慢转动主轴，一方面把针尖拨到靠近孔的轮廓线；另一方面移动工作台，使针尖与孔轮廓线间的间隙尽量均匀相等即可。此法的缺点是准确度较低，对操作者的要求较高，但所需工具极简单。

（2）用碰镗刀杆法调整　当镗刀杆圆柱部分的圆柱度很好，并与铣床主轴同轴时，如图3-182所示，可使镗刀杆先与A面刚好接触，再横向移动s_1的距离，然后使镗刀杆与B面接触，并纵向移动s_2的距离。在图3-182中，若镗刀杆的实际尺寸是34.90mm，则$s_1=62.45$mm；$s_2=77.45$mm。

为了更好地控制镗刀杆与工件侧面之间的松紧程度，可在镗刀杆与工件之间放一自制量块，如图3-183a所示，镗刀杆与工件侧面之间接触的紧密程度，以用手能轻轻推动量块但不致使其自行滑落为宜。此时，工作台的移动距离s应等于镗刀杆半径、孔中心至基准面之间的尺寸和量块厚度三个尺寸之和。若无合适的量块，也可用塞尺来检查松紧。若镗刀杆的圆柱度等不符合要求，则应以校验心轴来代替镗刀杆。

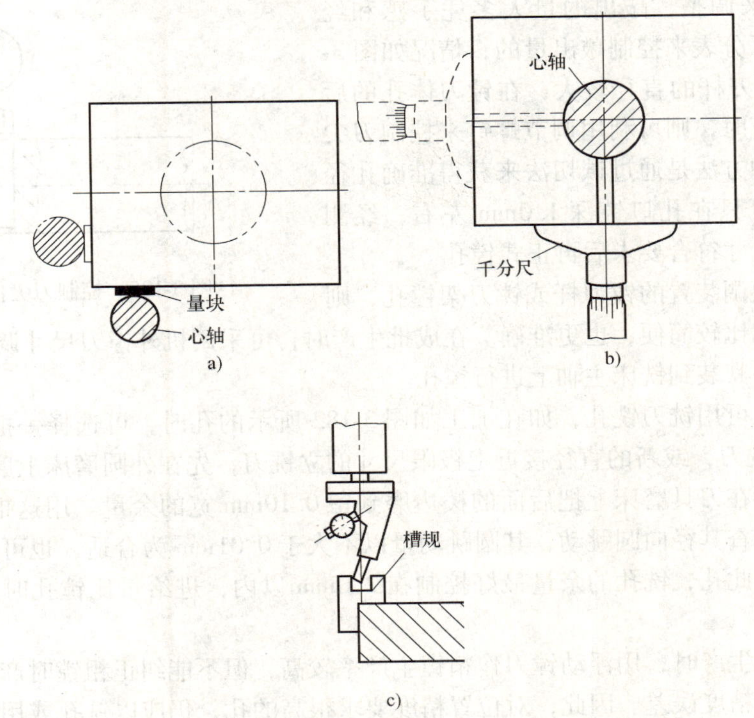

图3-183　调整镗削位置

（3）用测量法调整　其调整方法如图3-183b所示，用深度千分尺（或深度游标卡尺）

分别测量心轴（或镗刀杆）表面至 A 面和 B 面的距离 s，s 等于孔中心至基准面之间的尺寸减心轴（或刀杆）半径。此图中，横向尺寸为27.55mm；纵向尺寸为42.55mm。

（4）用槽规调整　使槽规贴紧工件基准面的下部垂直面，与槽的对称平面在同一平面内，其调整情况如图3-183c所示，调整方法与铣键槽时用百分表对刀的情况相同，当百分表在槽两侧的读数相等后，工作台的移动量等于孔中心至基准面之间的尺寸。

当孔的轴线处在工件的基准中心平面上，即处在左右和前后的对称线上时，可用两把宽座直角尺贴紧工件的两侧，也像铣键槽时用百分表对刀一样，使百分表与两侧接触时的数值相等即可。

在实际工作中，为了证实对刀精度是否符合要求，可在粗镗后用壁厚千分尺和内径千分尺测出壁厚和孔径。壁厚加孔的半径应等于孔中心至基面之间的尺寸，若不符合要求，则需根据差值和方向，调整工作台位置，并半精镗和再检测，一直到准确为止。若无壁厚千分尺，则可在普通外径千分尺的砧座上用铜管套上一粒钢球，此时壁厚应等于千分尺上的读数减钢球直径，如图3-184所示。

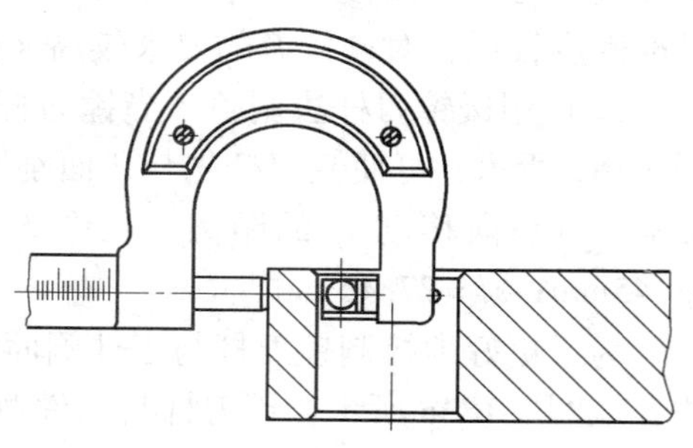
图3-184　检测壁厚

6. 控制孔径尺寸

当用简单的镗刀杆镗孔时，孔径尺寸的控制一般都用敲刀法来调整，敲出的量大多凭手感和经验，也有借助百分表来控制敲出量的，情况如图3-185所示。若镗刀杆的直径较大，在镗刀体孔的后部装有调节螺钉时，则可利用调节螺钉来控制刀尖的伸出量，这种方法是通过试切法来获得准确孔径的。试切时，可只在孔口镗深1.0mm左右，经测量检查，认为尺寸符合要求后再正式镗孔。

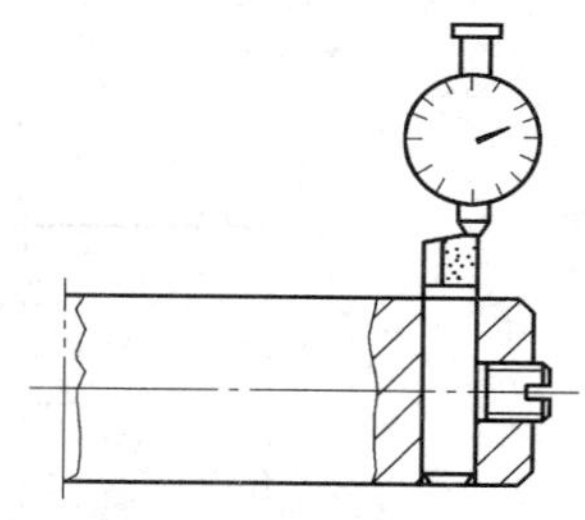
图3-185　控制刀尖伸出量

若用具有微调装置的镗刀杆或镗刀架镗孔，则控制孔径尺寸就比较简便，也更准确。在成批生产时，可采用机外镗刀尺寸调整装置，作精确调整后，再将其装到铣床主轴上进行镗孔。

在铣床上也可用铣刀铣孔，如在加工如图3-182所示的孔时，可选择一把直径为(50±0.01)mm的立铣刀，或新的直径接近上极限尺寸的立铣刀，先在外圆磨床上磨到直径为(50±0.01)mm，再在刀具磨床上把后面的棱边磨到留0.10mm宽的余量。用这把铣刀铣孔时，还需用百分表检查其径向圆跳动，其圆跳动量以不大于0.01mm为合适，也可采用尺寸合适的键槽铣刀加工此孔，铣孔的余量最好控制在2.0mm以内，进给量比镗孔时大好几倍，生产率也很高。

在成批大量生产时，用浮动镗刀作精镗生产率较高，但不能纠正粗镗时产生的孔的形状精度误差和位置精度误差。因此，对位置精度要求很高的孔，仍应以铣孔或用普通镗刀和镗刀杆进行镗孔为主。

用单刃镗刀镗孔，在进给结束后作退刀时，应使刀尖指向操作者，即与床身反向，这样可利用工作台下降时的外倾，不致在孔壁上拉出刀痕，影响孔的表面质量。

7. 孔口两端倒角

用主偏角为45°的镗刀对孔口倒角。

8. 注意事项

1）在镗孔和铣孔时，当镗刀与工件的相对位置调整好后，应把立式铣床的纵向和横向锁紧，锁紧后最好复校一次，以免工作台位置变动引起误差。

2）在用立铣刀或键槽铣刀铣孔时，最好用试件作试铣，对孔径检验合格后再正式加工工件，此种方法尤其对成批生产更为重要。

三、镗圆周等分孔

在工件表面的圆周上分布几个等分的孔时，可将工件装夹在分度头或回转工作台上进行镗孔。

加工如图3-186所示的工件或比较大的工件，最好在回转工作台上进行分度和镗削，其加工示意图如图3-187所示。对较小的工件，可在分度头上进行分度和镗削。当工件的位置精度要求较高而工件直径又较大时，可用精度高的回转工作台或大的立式分度头进行分度和镗削。

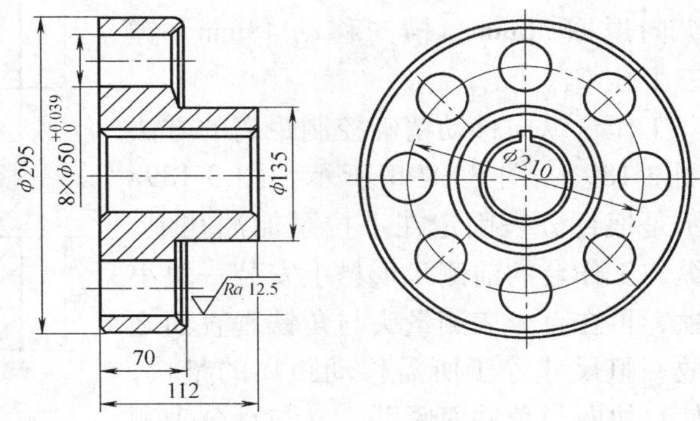

图3-186　圆周上带等分孔的工件

镗削时，先把工件校成与回转工作台或分度头主轴同轴，再调整铣床主轴与工件（亦即回转工作台）轴线同轴，然后移动铣床工作台（移动距离本例为105mm）。每镗好一个孔后，转动分度手柄，使工件转过一个孔距（一个等分），再镗削下一个孔。

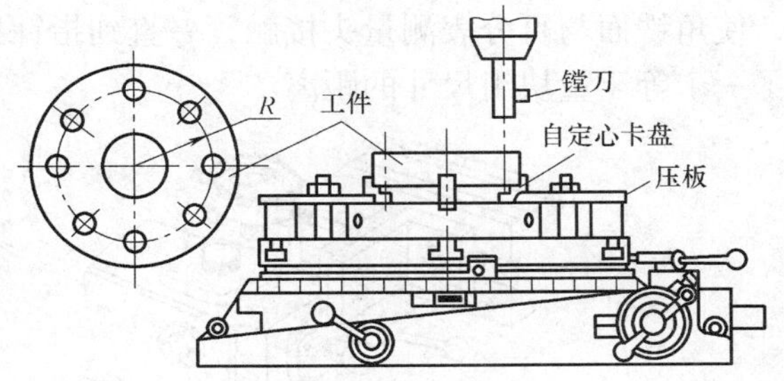

图3-187　在分度头和回转工作台上镗孔

四、镗平行孔系

具有平行孔系的零件，除孔的本身有精度要求外，还具有孔的轴线之间的尺寸精度要求。加工时，孔径尺寸的控制和孔到基准面的位置调整，均与镗削单孔时相同。因此，对平行孔系的加工，在掌握单孔零件的镗削后，主要是进一步掌握孔中心距的控制方法。控制孔中心距的方法有以下几种：

1. 按划线控制

2. 利用铣床手柄处的刻度盘来控制

先把各个孔的坐标尺寸计算出来，再根据坐标尺寸，利用刻度盘来控制工作台的移动距离，以获得所需的镗孔位置。

以上两种方法精度不高，故只适用于孔中心距尺寸精度不高的工件，或作精调整之前的调整。

3. 利用百分表和量块来控制

此法可获得精度较高的孔中心距。以图 3-188 所示的工件为例，若以孔 O_1 的中心为原点，以与基准面 A 平行的直线为纵坐标 x，以与基准面 B 平行的直线为横坐标 y，则三个孔中心位置的坐标分别为：$O_1(x=0, y=0)$；$O_2(x=100\text{mm}, y=0)$；$O_3(x=64\text{mm}, y=48\text{mm})$。在用镗单孔的方法镗好第一个孔 O_1 以后，使工作台纵向移动 100mm，镗第二个孔 O_2，然后使工作台纵向退回 36mm，横向移动 48mm，镗第三个孔 O_3。

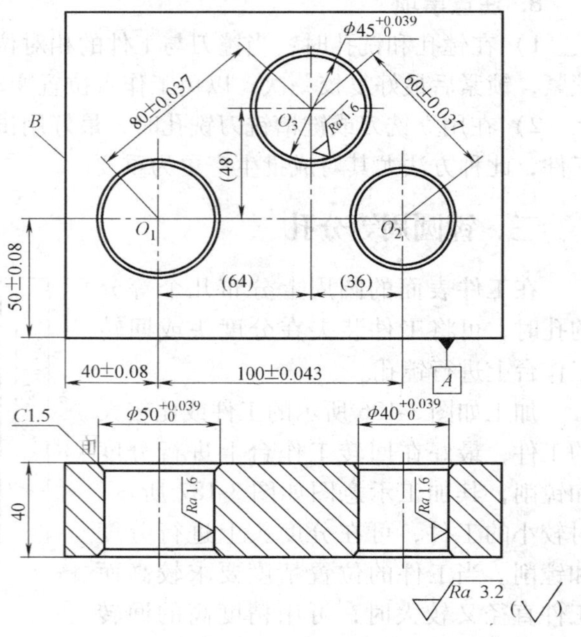

图 3-188　具有平行孔系的零件

工作台纵向移动精确控制距离的方法如图 3-189a、图 3-189b 所示。图 3-189a 所示是把百分表固定在手拉泵加油孔上，在纵向工作台的前侧 T 形槽上安装一块小角铁，再在百分表测量头与角铁垂直面之间放一组尺寸等于所需移动距离的量块，并使量块既与角铁面紧贴，又与百分表测头接触，把百分表表面转到指针指向 “0” 位，然后抽去量块，向右摇动工作台，使角铁面与百分表测量头接触，一直到指针指向 “0” 位为止，此时工作台已准确地移动了一个等于量块组尺寸的距离。

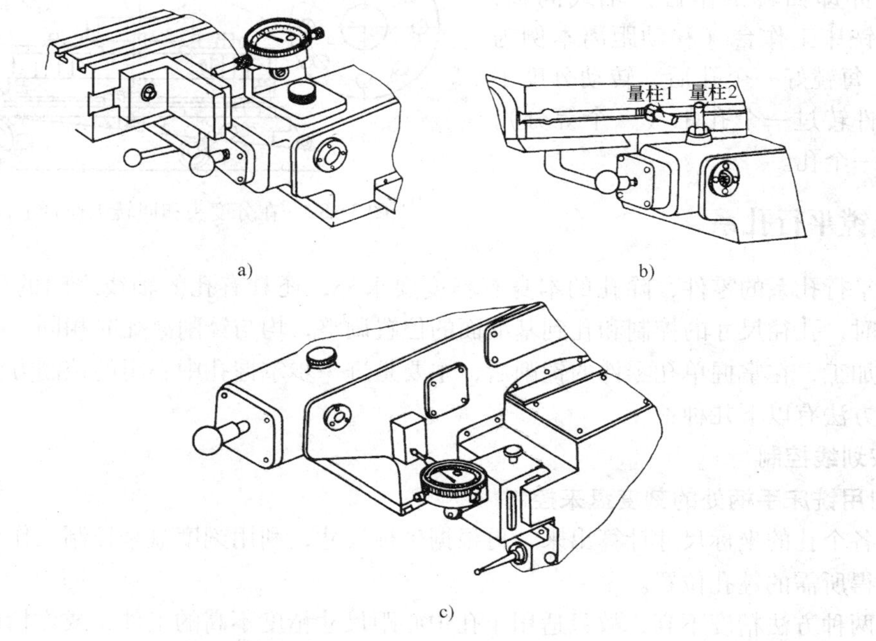

图 3-189　利用百分表和量块精确移动工作台

另一种控制工作台纵向移动距离的方法如图3-189b所示，在加油孔和前侧T形槽上分别固定一个测量圆柱。操作时，先用千分尺测得两量柱之间的尺寸，然后移动工作台，并使再测量得的尺寸等于第一次测得的尺寸加（或减）所需移动的尺寸即可。

工作台横向移动精确控制距离的方法如图3-189c所示，做一个百分表夹座，在夹座上的紧固螺钉头部焊上一小段铜，以防损坏导轨面，然后把百分表固定在横向导轨上，其操作方法与控制纵向移动的情况相同。

没有百分表夹座时，也可改用在工作台面上固定一块矩形铁，矩形铁的两个面分别与纵向和横向平行。百分表利用磁性表座或其他固定装置固定在横梁、主轴或垂直导轨上。在矩形铁与百分表之间增减量块组来精确控制工作台的移动距离。若用磁性表座固定百分表，则特别要注意表座是否产生位移。另外，固定百分表的架杆不能太长，否则会产生弹性偏差而影响精度。

4. 用试切法控制

仍以图3-188的工件为例，先粗镗孔O_1，若量得的实际尺寸是ϕ48.20mm，则孔壁至基准面A的尺寸应是25.90mm，孔壁至B面的尺寸应是15.90mm。若用量具测得的实际尺寸分别是25.50mm和16.0mm，则应把工作台横向向增大方向移动0.4mm；纵向向左（减少方向）移动0.10mm，移动时可借助百分表来控制。移动后，再半精镗一次，并再测量和调整，一直到孔O_1的位置准确（即在公差范围内）为止，然后镗准孔O_1的直径，并测量出直径的实际尺寸，如测得的尺寸为ϕ50.01mm。

镗第二个孔O_2时，先利用刻度盘使工作台纵向移动100mm，粗镗孔O_2，若量得的实际尺寸是ϕ38.25mm，则孔O_1与孔O_2两孔孔壁近侧的尺寸应是55.87mm；两孔超越中心的孔壁之间的尺寸应是144.13mm。若测得的实际尺寸与上述尺寸不符，且超过公差范围，则应像镗孔O_1时那样，进行调整并作半精镗，直至孔O_2的中心位置符合要求后，再精镗孔O_2。精镗后，也需把孔径的实际尺寸量出，如是ϕ40.02mm。

镗第三个孔时，可按坐标使工作台纵向退回36mm，横向移动48mm，并作粗镗。若粗镗后孔O_3的直径为41mm，则孔O_3与孔O_1近侧孔壁之间的尺寸应是34.495mm；孔O_3与孔O_2近侧孔壁之间的尺寸应是19.49mm。再根据实际测得的数值，按差值调整工作台纵向和横向位置。调整后，再一次把孔O_3镗大一些，并再检测和调整，一直到孔O_3的位置准确后，再精镗孔O_3的直径。在移动工作台纵向和横向的距离时，由于孔中心距的方向与坐标的方向不一致，因此需把方向（夹角）的因素考虑在内，故比镗孔O_2要复杂一些。一般可把孔O_3的直径分几次半精镗，并作多次调整来获得所要求的位置。

此法能加工出精度较高的孔中心距，是一种单件生产时常用的加工方法，但此法较费时，而且精度高低取决于量具的测量精度和操作者的技术。

5. 利用量柱来控制

先加工几个个数等于孔数的量柱。对量柱的要求是：几个量柱的直径最好相等，所以尽量在一根长圆柱（没有锥度的）上切割成几个；量柱的直径尽量接近整数；量柱的圆柱面对端面的垂直度误差应小于0.01mm。

镗削时利用量柱控制孔中心距的操作步骤和方法为：先在工件所镗孔的中心处钻孔和攻螺纹，螺孔应比量柱的孔径小些，但比工件上的孔径不要小得太多。把量柱利用螺钉和垫圈固定（较松）到工件上，并用千分尺或杠杆千分尺，以边测量边调整、反复进行的方法，把量柱准确地固定在所镗孔的位置上。

以加工图 3-188 所示工件为例，做三个直径为 ϕ45mm，孔径为 ϕ32mm 的量柱，若量柱的实际尺寸为 ϕ45.02mm，则孔 O_1 至孔 O_2 两量柱外侧之间的尺寸应为 145.02mm；孔 O_1 至孔 O_3 量柱外侧之间的尺寸应为 125.02mm；孔 O_2 至孔 O_3 的尺寸应为 105.02mm。用千分尺逐步调整到上述尺寸，把量柱紧固后，再复验一次，然后把工件装夹到铣床工作台上，逐个镗削。每镗一个孔，先在铣床主轴上固定一百分表或千分表，把量柱位置调整到与铣床主轴同轴，如图 3-190 所示。卸下螺钉和量柱，先进行粗镗和半精镗，再镗准尺寸。以同样的方法镗削孔 O_2 和孔 O_3。

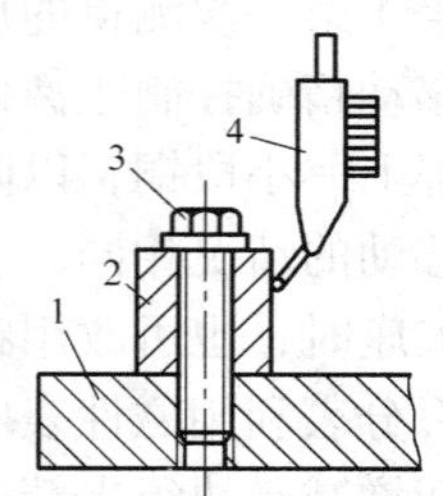

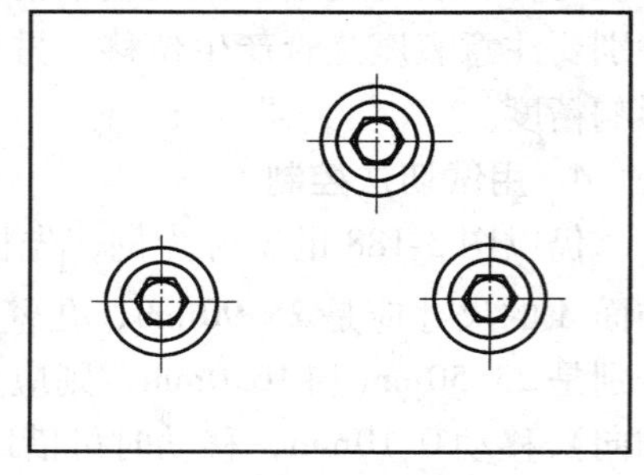

图 3-190　按量柱控制孔的位置
1—工件　2—量柱
3—紧固螺钉　4—百分表

此方法在操作过程中，可先在平板或其他台面上把量柱调整和固定。调整时，可用精度较高的精密量具检测。此操作虽费时，但能获得精度极高的孔中心距。另外，对非平行孔系，此法也适用，是一种高精度单件生产方式的加工方法。

6. 用镗模和镗套来控制

在成批和大量生产中，广泛采用镗模和镗套来控制镗刀与工件的相对位置，即使在镗单孔时往往也采用，以提高生产率。

镗模上孔至定位面和孔中心距的尺寸，均与工件相等，公差值一般为 ±0.01～0.02mm，或为工件上相应尺寸公差的1/3。镗套的种类较多，有自润滑固定镗套、滚动镗套和普通固定镗套等。图 3-191 所示为简单的固定镗套，其各主要配合面的配合推荐为：内孔 d 与镗刀杆用 H7/h6，精镗用 H6/h5；D 处用 H7/g6 或 H7/h6，精镗用 H6/g5 或 H6/h5；D_1 处用 H7/r6 或 H7/h6。镗套一般用 20 钢进行渗碳淬硬，硬度为 55～60HRC，其他技术条件和具体尺寸可参照国家标准。

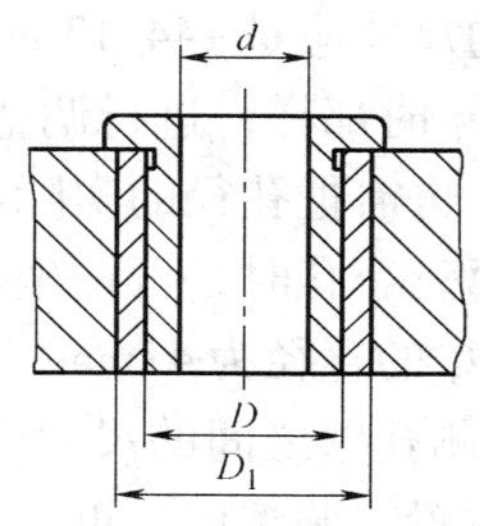

图 3-191　固定镗套

五、镗精度高的孔

当孔的精度高达 IT6～IT7、表面粗糙度值为 $Ra0.2 \sim 1.6\mu m$，几何形状误差不大于 0.01mm 时，可采用精密镗削来镗孔。精密镗削时，进给量和切削层深度都很小，在镗削过程中，机床、刀具和夹具等工艺系统的振动和产生的弹性位移均应极小，其具体措施如下：

1. 调整机床间隙

机床工作时的刚性不足和振动，会直接影响加工精度和表面粗糙度，而铣床主轴轴承和工作台导轨处的间隙大小，对切削时产生的振动影响很大。所以，在精密镗削前要认真调整，使间隙尽量减小，但必须保证能正常运转，对不需运动的部位最好予以紧固。

2. 提高工件和刀具的装夹刚性

工件在装夹时要稳固，下面的垫铁要平整，镗刀杆和镗刀架的锥体与铣床主轴锥孔之间要配合紧密；刀体与镗刀杆之间要配合良好。

3. 镗刀杆的形式

为了提高镗刀杆的刚性，在铣床上镗削直径不大于 ϕ100mm 的孔时，可采用如图 3-192 所示的镗刀杆。镗刀杆与所镗孔在半径方向的间隙 $\delta = 0.05D$ 左右（D 为孔径）。为了弥补间隙可能不够，在镗刀杆上作出一纵向小平面或台阶槽，其长度不小于 2/3l（l 为工件上孔的长度），以便于排屑，该平面应与镗刀杆前端面切通。镗刀杆的材料一般为 45 钢或 40Cr 钢，硬度为 45～50HRC。

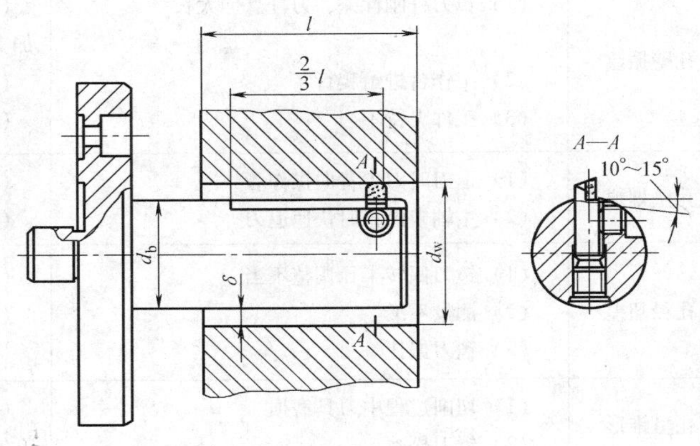

图 3-192　精镗用镗刀杆

4. 采用抗振措施

使镗刀刀尖处在刀体和镗刀杆的轴线上，在其他参数相同的条件下，这种镗刀的抗振性最好。另外，还可采用消振镗杆和消振装置等。

5. 合理选择镗刀几何参数和镗削用量

1）用高速工具钢镗刀时，可采用大的前角。

2）提高刀具前面、后面和切削刃的刃磨质量。

3）最好采用卷屑槽和减小副偏角 κ_r'。

4）进给量 f 通常在 0.02～0.1mm/r 范围；镗削层深度在 0.05～0.5mm；镗削速度，硬质合金镗刀为 60～180m/min；高速工具钢镗刀可用低速镗削，通常取 v_c = 5m/min 左右。

6. 采用润滑性良好的切削液

如极压乳化液和浓乳化液等，并充分浇注。

六、镗孔质量的分析

镗孔时，镗刀的尺寸和镗刀杆的直径都受到限制，而镗刀杆长度又必须满足镗孔深度的要求，所以镗刀和镗刀杆的刚性较差。在镗削过程中，容易产生振动和“让刀”等现象。现将镗孔时废品产生的原因和防止方法，列于表 3-9。

表 3-9　镗孔时废品产生的原因和防止方法

现　象	产生原因	防止方法
表面粗糙度值大	（1）刀尖角或刀尖圆弧太小 （2）进给量过大 （3）刀具已磨损 （4）切削液使用不当	（1）修磨刀具，增大圆弧半径 （2）减小进给量 （3）修磨刀具 （4）合理使用切削液

（续）

现　　象	产生原因	防止方法
孔呈椭圆	立铣头“0”位不正，并用工作台垂向进给	重新找正“0”位
孔壁振纹	（1）镗刀杆刚性差，刀杆悬伸太长 （2）工作台进给爬行 （3）工件夹持不当	（1）选择合适的镗刀杆，镗刀杆另一端尽可能增加支承 （2）调整机床塞铁并润滑导轨 （3）改进夹持方法或增加支承面积
孔壁划痕	（1）退刀时刀尖背向操作者 （2）主轴未停稳时快速退刀	（1）退刀时刀尖拨转到朝向操作者 （2）主轴停转后再退刀
孔径超差	（1）镗刀回转半径调整不当 （2）测量不准 （3）镗刀偏让	（1）重新调整镗刀回转半径 （2）仔细测量 （3）增加镗刀杆刚性
孔呈锥形	（1）切削过程中刀具磨损 （2）镗刀松弛	（1）修磨刀具，合理选择切削速度 （2）安装刀头时要紧牢紧固螺钉
轴线歪斜（与基准面的垂直度差）	（1）工件定位基准选择不当 （2）装夹工件时，清洁工作未做好 （3）采用主轴进给时，“0”位未找正	（1）选择合适的定位基准 （2）装夹时做好基准面或工作台面的清洁工作 （3）重新找正主轴“0”位
圆度差	（1）工件装夹变形所引起 （2）主轴回转精度不好 （3）立镗时纵横工作台未紧固 （4）刀杆刀具弹性变形，钻孔时圆度差	（1）薄壁形工件装夹要适当，精镗时，应重新压紧，并适当注意减小压紧力 （2）检查机床，调整主轴精度 （3）不进给的工作台应予以紧固 （4）选择合理的切削用量，增加刀杆与刀具的刚性，提高钻孔和粗镗的质量
平行度差	（1）不在一次装夹中镗几个平行孔 （2）在钻孔和粗镗时，孔已不平行；精镗时镗刀杆产生弹性偏让 （3）定位基准面与进给方向不平行，使镗出的孔与基准不平行	（1）在一次装夹中镗削所有平行孔，至少要采用同一个基准面 （2）提高粗加工的精度，或提高镗刀杆的刚性 （3）精确校正基准面

第九节　分度头及应用

【本节学习要点】

1. 熟悉分度头的结构及各部件的功用。
2. 掌握简单的分度法。
3. 掌握在立铣床上用分度头加工四方体的工艺方法。

分度头是铣床的主要附件之一，通常在铣床上使用的分度头有直接分度头（等分分度头）、简单分度头和万能分度头等，其中以万能分度头的使用最为广泛。

一、万能分度头的型号及功用

1. 万能分度头的型号

万能分度头的型号有 F1163、F1180、F11100 和 F11125 等，其中，F11125 型是铣床上最常用的一种万能分度头，其型号中的“11”表示万能型，“125”表示主轴轴线距基座底面的高度尺寸。

2. 万能分度头的主要功用

1）可将工件作任意的圆周等分或直线移距分度。

2）可将工件的轴线放置成水平、垂直或倾斜的各种位置。

3）通过交换齿轮，能使分度头主轴随铣床纵向工作台的进给运动做连续转动，因此，可以利用分度头铣削螺旋面和等速凸轮的型面等。

二、分度头的外形结构

分度头的外形结构如图 3-193 所示，其各部分作用如下：

图 3-193　分度头的外形结构

1—基座　2—分度盘　3—分度叉　4—分度手柄及定位插销　5—侧轴　6—刻度盘　7—回转体　8—主轴

（1）基座　基座是分度头的本体，使用时固定在铣床工作台面上。

（2）分度盘　分度盘套装在分度手柄轴上，盘上正反面各有若干圈在圆周上均布的定位孔，配合分度手柄完成分度工作。P11125 型分度头有两块分度盘，分度盘上的孔圈与孔数见表 3-10。

表 3-10　分度盘上的孔圈与孔数

分 度 盘	分度盘上的孔圈与孔数	
	正　面	反　面
第一块分度盘	24，25，28，30，34，37	38，39，41，42，43
第二块分度盘	46，47，49，51，53，54	57，58，59，62，66

（3）分度叉　分度叉两个叉脚之间的夹角，可按分度手柄所需转过的孔距数予以调整

并固定，以防止分度差错和方便分度。

（4）分度手柄及定位插销　分度时，转动分度手柄，使主轴按一定传动比回转到一定位置后进行定位。分度手柄与分度叉配合使用，以进行准确分度。

（5）侧轴　侧轴用于安装交换齿轮，以进行差动分度和直线移距分度。

（6）刻度盘　刻度盘固定在主轴前端，可与主轴一起旋转。刻度盘上有0°~360°的刻度，可以用作直接分度。

（7）回转体　主轴可随回转体在分度头基座的环形导轨内转动，使主轴除安装成水平位置外，还能转至倾斜-6°~90°的位置。

（8）主轴　分度头主轴是空心的，两端均为莫氏4号锥孔，前锥孔用来安装带有拨盘的顶尖，后锥孔可装入心轴，作为差动分度或作直线移距分度时安装交换齿轮用。主轴的前端外部有一段定位锥体，用来安装自定心卡盘的连接盘。分度后，需锁紧主轴。

三、简单分度法

简单分度法又叫单式分度法，是最常用的分度方法。简单分度法分度时，分度盘固定不动，通过分度手柄的转动，使蜗杆带动蜗轮旋转，从而带动主轴和工件转过一定的度（转）数。

1. 分度原理简介

F11125型分度头蜗杆蜗轮的传动比为1:40，即分度手柄转过40圈时，主轴转过1圈，“40”就叫做分度头的定数。其他各种型号的万能分度头，都采用这个定数。

分度手柄的转数和工件等分数的关系为

$$40:1 = n:\frac{1}{z}$$

$$n = \frac{40}{z} \tag{3-1}$$

式中　n——分度手柄转数，单位为r；

40——分度头的定数；

z——工件的等分数（齿数或边数）。

当算得的n不是整数而是分数时，可用分度盘上的孔数来进行分度（把分子和分母根据分度盘上的孔圈孔数，同时扩大或缩小某一倍数）。

例3-1　要铣削一个四方螺钉头，试求每铣一边后分度手柄的转数。

解　以$z=4$代入公式（3-1）得

$$n = \frac{40}{z} = \frac{40}{4} = 10(\text{转})$$

答：每铣完一边后，分度手柄应转过10转。

例3-2　在F11125型分度头上铣削一个六面体，求每铣一面后分度手柄需摇的转数。

解　将$z=6$代入式（3-1）中，

$$n = \frac{40}{6} = 6\frac{2}{3} = 6\frac{20}{30} = 6\frac{44}{66}(\text{转})$$

答：每铣一边后，分度手柄应转过$6\frac{2}{3}$圈。

虽然在分度盘上没有3个孔的孔圈，但是在30孔的一圈内转过20个孔距，或在66孔的孔圈内摇44个孔距也是一样的。所以在计算时，可使分子分母同时扩大或缩小某一个整数倍，使最后得到的分母值为分度盘上某孔圈的孔数。一般以采用孔数较多的孔圈比较好，因为孔数多的孔圈离轴心较远，操作时比较方便，并且准确度也比较高。

2. 分度叉的使用

松开分度叉螺钉，调节叉脚之间的夹角，使分度叉两叉角间的孔数比需摇的孔数多一孔，因为第一个孔是作“零”来计数的。分度叉受到弹簧的压力，可以紧贴在孔盘上而不至于走动。每次分度时，拔出定位插销插入分度叉下一侧的孔内，然后转动分度叉靠紧定位插销。

3. 分度时的注意事项

1）分度时，在摇的过程中，速度要尽可能均匀。如果有时摇过了头，则应将分度手柄退回半圈以上，然后再按原来方向摇到规定的位置。

2）分度时，事先要松开主轴锁紧手柄，分度结束后再重新锁紧。

3）分度时，手柄上的定位销应慢慢地插入孔盘的孔内，切勿突然撒手使定位销自动弹入，以免损坏孔盘的孔眼精度。

四、用分度头铣削四方体

车工常用的卡盘扳手的一端是圆柱体，一端是四边形。铣削圆柱体上带有多边形的工件时，为了获得正确等分，一般是在铣床上利用分度头或回转工作台进行加工，其加工方法与加工平面类工件基本相同。

1. 四方体的铣削方法

（1）工件的装夹与找正　将分度头水平安放在工作台中间T形槽偏右端，用自定心卡盘装夹工件，并找正工件，使其上素线与工作台面平行，侧素线与工作台纵向进给方向平行，以保证铣出的工件外形和尺寸一致。工件伸出长度应尽量短，以减小切削振动，保证铣削时工件平稳，然后找正工件的外圆，使其圆跳动量在0.04mm以内，夹紧工件，如图3-194所示。

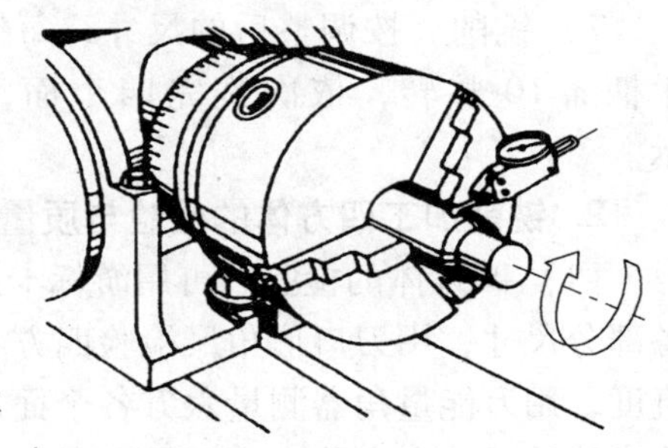

图3-194　工件的装夹与找正

（2）分度计算及分度定位销的调整　加工四方体时，根据简单分度公式计算分度，以$z=4$代入公式（3-1），得

$$n=\frac{40}{z}=\frac{40}{4}=10(\text{转})$$

即每铣完一边后，分度手柄转过10转。

分度定位销调整时可选用66孔圈数的分度盘，将分度定位销调整到66孔圈位置上，因为是整转，可不必调整分度叉。

（3）在立式铣床上铣四方体

1）调整分度起点。将分度手柄顺时针方向空摇数转后将分度定位销插入66孔圈中的分度孔中，并在该分度孔上作好记号，然后扳紧主轴锁紧手柄。

2）在工件上表面对刀，确定铣削深度。在工件上表面贴一张薄纸，开动机床，摇动纵向和横向手柄，使铣刀处于铣削位置，然后缓慢摇动纵向工作台，使铣刀的端面齿刃刚好将薄纸擦去，如图3-195a所示，在垂向刻度盘上作好记号，停机，摇动横向工作台，使铣刀离开工件。根据垂向刻度盘上的记号和深度加工要求，垂向上升工作台，调整铣削层的深度。如果加工要求高，可留0.5mm的加工余量。

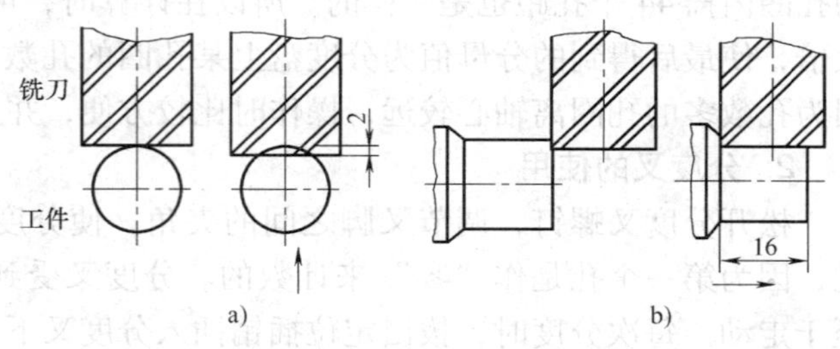

图3-195　立铣刀铣四方体对刀步骤

3）端面对刀确定铣削长度。在工件端面贴一张薄纸，摇动纵向、横向手柄，使铣刀处于工件端面中间位置，开动机床，缓慢摇动纵向手柄，使铣刀刚好擦到薄纸，如图3-195b所示，在纵向刻度盘上作好记号。横向退出工件后，根据纵向刻度盘上的记号和长度加工要求，纵向移动工作台，调整铣削长度。如果加工要求高，可留0.5mm的加工余量。

4）铣第一面。开动机床，横向机动进给，并加注切削液。铣削完毕，下降工作台。

5）铣第二面。分度手柄摇过20整转，按铣第一面的方法铣出对应面后，停车，横向退出工件。

6）预测尺寸。用千分尺测量对边尺寸，若测得的尺寸大于加工要求的尺寸，则每面还需铣去的余量为：(实测尺寸－要求尺寸)/2。

用游标卡尺测量长度，若未达到要求的长度尺寸，则还需调整纵向工作台，铣去多余部分。

7）铣削。按调整后的尺寸，每铣好一面，分度手柄摇10整转，依次铣完四个面，如图3-196所示。

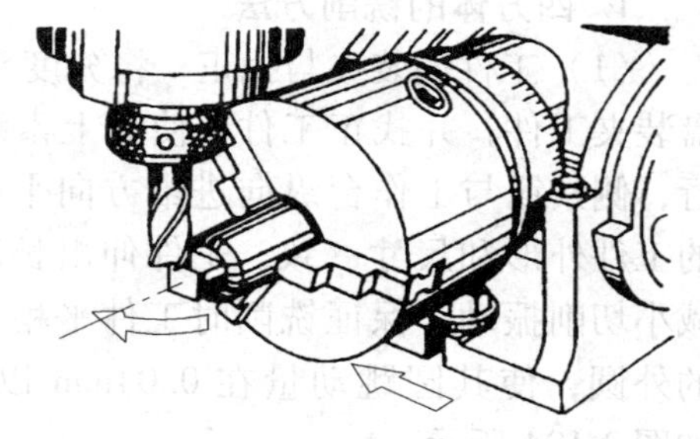
图3-196　用立铣刀铣削四方体

2. 铣削加工四方体的检验与质量分析要点

(1) 四方体的检验　可用游标卡尺和千分尺检验各部分尺寸，用刀口形角尺检验四方各处面之间的垂直度，用万能量角器测量六方各个面之间的角度，对称度检验可装夹在分度头上结合百分表进行。

(2) 铣削加工四方体的质量分析

1）尺寸超差，其原因是调整铣削层深度时计算错误；刻度盘摇错或未消除传动间隙；对刀时未考虑工件的外径实际尺寸及表面擦去量未扣除；铣削时未锁紧分度头主轴。

2）角度不准确，其原因是分度计算错误；摇错分度手柄、未消除传动间隙；分度叉调整错误。

3）对称度超差，其原因是同轴度未找正；铣削时两边切削量不相等。

4）底部未接平，其原因是工件上素线未找正。

5）两平面不平行，其原因是工件侧素线未找正，摇错分度手柄。

习　题

1. 请写出机床型号为 X6125、X6335 的代号的意义。

2. 根据图 3-2，试述立式摇臂万能铣床各主要部件的名称和作用。

3. 绘简图说明铣削加工范围。

4. 根据图 3-6 说出立式摇臂万能铣床立铣头各主要部件的名称。

5. 试述立式摇臂万能铣床常见故障及处理方法。

6. 简述铣刀常用材料的种类及特点。

7. 试述常用铣刀的种类及用途。

8. 什么原因会导致铣刀安装得不好？在加工中会产生什么后果？

9. 什么叫主运动和进给运动？

10. 铣削用量包含哪些内容？

11. 铣削加工中，粗铣、半精铣、精铣的铣削用量如何选择？

12. 什么叫周边铣削？什么叫端面铣削？端面铣削有哪些优点？

13. 什么是顺铣？什么是逆铣？各有何优缺点？

14. 安装机用虎钳时，如何找正机用虎钳的位置？在机用虎钳上装夹工件时，有哪些注意事项？

15. 使用压板夹紧工件时，有哪些注意事项？

16. 铣床常用的夹具有哪些？

17. 绘简图说明面铣削有哪些技术要求。

18. 试述找正立式铣床主轴垂直的步骤。

19. 试述平面质量的检验方法。

20. 铣平行面时造成平行度误差的主要原因有哪些？

21. 铣垂直面的方法有哪些？铣削时，造成铣出的平面与基准面不垂直的原因有哪几方面？

22. 试述六面体铣削的步骤和方法。

23. 铣削斜面的方法有哪些？

24. 铣削斜面时，造成倾斜角度不准的原因有哪些方面？

25. 铣台阶时出现质量问题的原因有哪些？

26. 试述分别用机用虎钳装夹和 V 形槽装夹工件，铣轴上键槽对中心的方法。

27. 键槽加工时容易产生哪些问题？加工后怎样检验？

28. 试述加工半圆槽容易产生的问题及原因。加工后怎样检验？

29. V 形槽的加工方法有哪几种？试述加工时容易产生的问题及原因。如何进行检验？

30. 绘简图说明 T 形槽的铣削步骤。试述加工时容易产生的问题、原因和注意事项。

31. 测量一条 55°的燕尾槽，已知槽深是 10mm，检验用圆柱的直径为 ϕ8mm，两圆柱内侧的距离是 20. 75mm，求燕尾槽的最大宽度。

32. 在铣床上镗孔时的精度和表面粗糙度值在什么范围？

33. 试述铣床镗刀的种类和适用范围。

34. 镗单孔时常用的调整方法有哪几种？

35. 镗平行孔系时，控制孔中心距的方法有哪几种？

36. 镗精度高的孔时，可采取哪些具体措施？

37. 试述镗孔时废品产生的原因及防止方法。

38. 万能分度头的主要功用有哪些？试在 F11125 万能分度头上作下列等分计算：（1）$z=18$；（2）$z=35$；（3）$z=64$

39. 试写出在立式摇臂万能铣床上加工如图 3-197 所示升降 V 形支座的工艺方法和步骤。

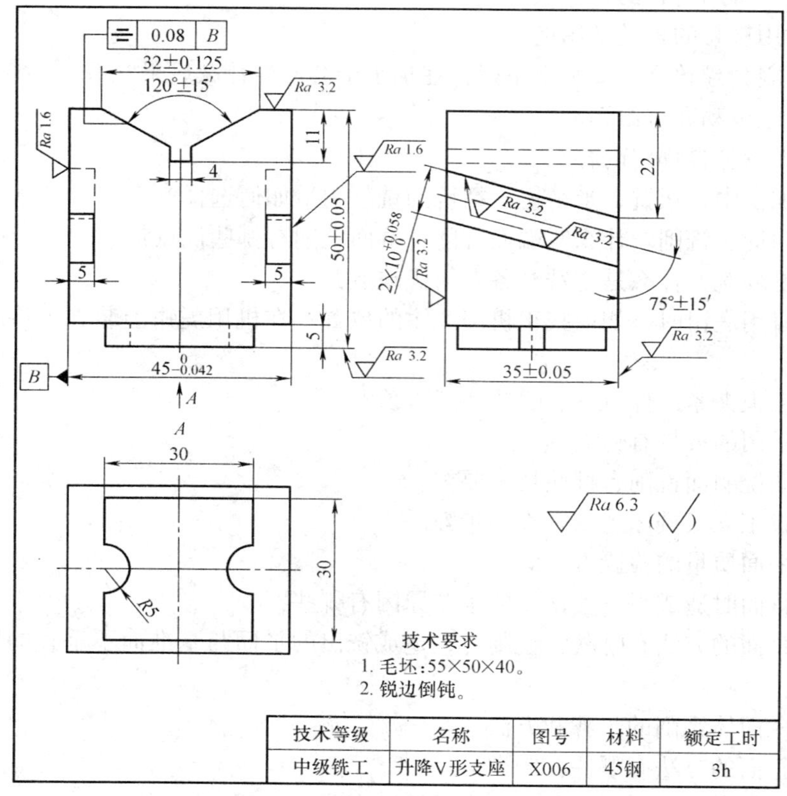

技术等级	名称	图号	材料	额定工时
中级铣工	升降V形支座	X006	45钢	3h

图 3-197 升降 V 形支座

第四章

孔加工技能训练基础

【学习目标】

1. 熟练掌握钻床、镗床的操作方法和加工范围。
2. 掌握孔加工方法和基本加工工艺。

第一节　孔加工机床简介

【本节学习要点】

1. 了解钻床和镗床的分类及技术规格。
2. 掌握钻床、镗床的结构及主要部件的名称。
3. 掌握钻、镗床的安全操作规程。

一、钻床简介

钻床是一种最常用的孔加工机床，常用于加工直径不大且精度要求不高的孔，也可用于加工外形复杂、没有对称回转轴线工件上的单个或一系列圆柱孔，如盖板、箱体、机架等零件上各种用途的孔。在钻床上可以完成钻孔、扩孔、铰孔、锪孔和攻螺纹等加工。通常，钻头旋转为主运动，钻头轴向移动为进给运动，钻床的主参数为最大钻孔直径。钻床的类型很多，钻床的种类及适用范围见表4-1。常用的钻床有台式钻床、立式钻床、摇臂钻床和专用钻床等。

表4-1　钻床的种类及适用范围

类型	结构及性能特点	最大钻孔直径/mm	适用范围
台式钻床	主轴垂直布置的小型钻床，可安放在作业台上。主轴旋转轴线固定，移动工件使加工点对准主轴轴线，主轴在主箱内做轴向移动和转动。主轴箱固定在立柱上端或在立柱上能做转动及上下移动以调整其位置，还可增加能绕立柱转动及上下移动的工作台	3，6，12，16，20，25	主要适用于一般机械制造业，在单件、成批生产中或维修工作中对小型零件进行钻孔加工
立式钻床	主轴旋转中心固定，移动工件使加工点对准主轴中心。主轴箱和工作台安装在立柱上，主轴垂直布置，立柱有圆柱和方柱，主轴可机动进给	26，20，25，32，40，50，63，80	主要适用于机械制造和维修部门中的单件、小批生产，对中小型零件进行钻孔、扩孔、铰孔、锪孔及攻螺纹等加工

（续）

类型	结构及性能特点	最大钻孔直径/mm	适用范围
摇臂钻床	摇臂可绕立柱回转和升降，通常主轴箱在摇臂上做水平移动。以极坐标形式调整主轴与工件间的相对位置，工件可安装于工作台或底座上，工件重量一般不受限制。主轴在主轴箱内做旋转运动和轴向移动	25，32，40，50，63，80，125，160	适用于各种零件的钻孔、扩孔、铰孔、锪孔及攻螺纹等加工，在配备工艺装备的条件下也可镗孔
铣钻床	工作台可纵向、横向移动，钻轴垂直布置，以钻削为主并能进行铣削，一般为台式铣钻床，也有十字工作台立式铣钻和卧式铣钻床	6，12，16，20，25，40	适用于单件、小批生产中对中小型零件进行钻削和铣削
深孔钻床	具有特殊设计的主轴，卧式布局，通常为工件旋转，用特制的深孔钻头钻削深孔，可完成深孔工件的钻、扩、铰、套料等加工	钻孔直径范围3~20mm，最大钻孔深度250~1000mm	带深孔零件的深孔加工，深孔长径比一般为5~10，特深孔长径比大于20，个别可达200
平端面中心孔钻床	左右两个主轴（动力头）各有一根铣轴和一根钻轴，工件夹持在料架中的V形块上，根据工件长度调整刀盘之间的距离。动力头先横向进给铣两端面后进入钻中心孔。对于直径较小的工件，两个动力头只需各有一根主轴，用刮端面刀具刮端面	最大工件直径50~730mm	切削轴类端面并用中心钻加工中心孔，用于大批量生产中轴类零件端部准备工序
卧式钻床	主轴水平布置，主轴箱（或转塔头）或工作台可垂向移动，使加工点对准主轴中心	16，20，25，32，40，50	用于箱体类零件

1. 台式钻床

台式钻床的外形如图4-1所示。机床主轴用电动机经一对塔轮以V带传动，刀具通过齿轮齿条机构使主轴套筒做轴向进给运动。台式钻床只能加工较小工件上的孔，但它结构简单，操作方便，常用于小型零件钻孔以及扩 ϕ12mm 以下的孔，在一般机械加工车间及维修车间中应用很广。

台式钻床的技术规格如下：

型号：Z4116

毛重/净重：110/85kg

包装尺码：47cm×82cm×93cm

钻孔最大直径：16mm

主轴最大行程：100mm

主轴端锥度：短锥B18

主轴中心至立柱表面距离：200mm

主轴转速：450r/min、800r/min、1400r/min、2400r/min、4000r/min

工作台面尺寸：250mm×250mm

底座工作台面尺寸：280mm×280mm

电动机：三相：380V、370W 50Hz、1400r/min

单相220V、370W 50Hz、1400r/min。

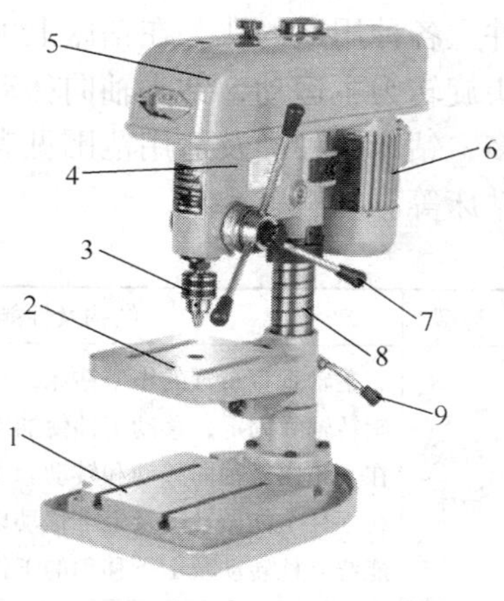

图4-1 台式钻床的外形

1—机座 2—工作台 3—钻夹头 4—主轴架 5—带罩 6—电动机 7—进给手柄 8—立柱 9—锁紧手柄

2. 立式钻床

立式钻床简称立钻，其外形如图 4-2 所示，一般用来钻中型工件上的孔，其规格用最大钻孔直径表示，常用的有 25mm、35mm、40mm 和 50mm 等几种。立式钻床的主轴垂直布置，而且其位置是固定的。加工时，为使刀具旋转中心线与被加工孔的中心线重合，必须移动工件，因此它只适合于在中、小型工件上加工孔。立式钻床的进给箱可沿立柱导轨上下调整位置，工作台也可上下调整到适当位置。

立式钻床的主要技术规格如下：

型号：	Z5385 型
最大钻孔直径：	35mm
最大送刀抗力：	1600kg
主轴允许最大转矩：	40kg · m
莫氏锥度：	4 号
主轴中心线至导轨面距离：	300mm
主轴行程：	225mm
送刀箱行程：	200mm
主轴变速级数及范围：	（9 级）68 ~ 1100r/min
送刀级数及送刀范围：	（11 级）0. 11 ~ 1. 6mm/r
工作台面尺寸：	400mm × 500mm
主轴端面至工作台面距离：	0 ~ 750mm
主电动机功率：	4kW
外形尺寸（长 × 宽 × 高）：	1280mm × 842mm × 2585mm
净重：	1600kg

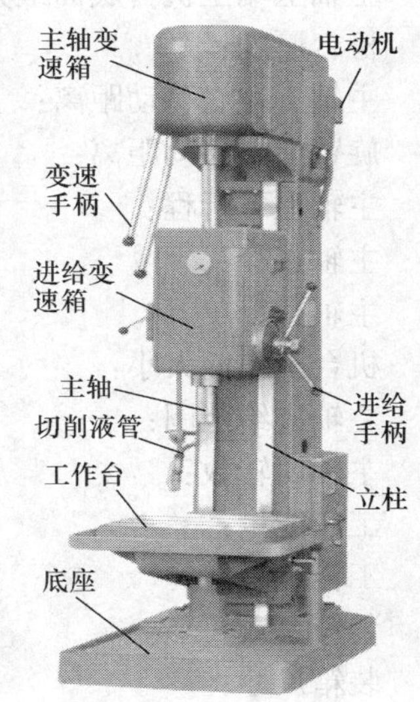

图 4-2　立式钻床外形图

3. 摇臂钻床

摇臂钻床是一种工件固定而主轴坐标位置可调整的大型钻床，通常用来加工大型和重型或多孔工件，它可以进行钻孔、扩孔、铰孔、锪平面及攻螺纹等工作，装置其他工艺装备时，还可以进行镗孔。工作时，工件位置固定后，调整机床主轴位置，使刀具轴线与工件被加工孔轴线重合，然后进行钻孔。

摇臂钻床的外形如图 4-3 所示，由底座、工件台、主轴、摇臂、主轴箱和立柱组成。加工时，工件安装在工作台或底座上。立柱分内外两层，内立柱固定在底座上，外立柱连同摇臂和臂上的主轴箱可沿摇臂上的导轨做水平移动，因而可以方便地调整主轴的坐标位置，使主轴旋转轴线与被加工孔的中心线重合。摇臂可在外立柱上做升降运动，以适应不同高度工件加工的需要。

主轴的旋转运动及主轴套筒的径向进给运动，机床的开停、变速、换向及制动部件都布置在主轴箱上。

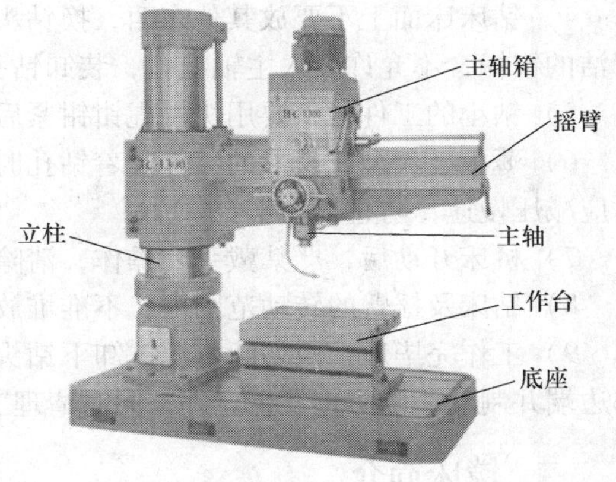

图 4-3　摇臂钻床外形图

摇臂钻床的主要技术规格如下：

型号：	HC-1300
立柱表面至主轴中心的距离：	310 ~ 1300mm
主轴下端至机台底面的距离：	520 ~ 1400mm
立柱直径：	340mm
主轴上端至机台底面最大距离：	2700mm
机台厚度：	210mm
主轴头左右移动距离：	990mm
旋臂上下移动距离：	580mm
主轴上下行程：	300mm
主轴直径：	90mm
主轴孔：	NO. 5
机台工作面大小：	1340mm × 820mm
主轴进给范围：	0. 06 ~ 1. 0（6 段）
主轴回转数：	30 ~ 1600（12 段）
工作能量：	钻孔 = 55、攻螺纹 = 50、镗孔 = 126
工作台尺寸：	760mm × 610mm × 510mm
装箱总重：	3800kg
装箱尺寸：	2240mm × 1100mm × 2570mm

4. 钻床安全操作规程

1）操作前要穿紧身防护服，袖口扣紧，上衣下摆不能敞开，严禁戴手套，不得在开动的机床旁穿、脱衣服或围布于身上，防止机器绞伤。必须戴好安全帽，辫子应放入帽内，不得穿裙子、拖鞋。

2）开车前应检查机床传动是否正常，工具、电气、安全防护装置、切削液挡水板是否完好，钻床上的保险块、挡块不准拆除，并按加工情况调整使用。

3）摇臂钻床在装夹或找正工件时，摇臂必须移离工件并升高，制动好，必须用压板压紧或夹住工作物，以免回转甩出伤人。

4）钻床床面上不要放其他东西，换钻头、夹具及装卸工件需停车进行，带有飞边和不清洁的锥柄，不允许装入主轴锥孔，装卸钻头要用楔铁，严禁用锤子敲打。

5）钻小的工件时，要用机用虎钳钳紧后再钻，严禁用手去停住转动着的钻头。

6）薄板、大型或长形的工件竖着钻孔时，必须压牢，严禁用手扶着加工，工件钻通孔时应减压慢速，防止损伤平台。

7）机床开动后，严禁戴手套操作，清除铁屑要用刷子，禁止用嘴吹。

8）钻床及摇臂的转动范围内，不准堆放物品，应保持清洁。

9）工作完毕后，应切断电源，卸下钻头，主轴箱必须靠近端，将横臂下降到立柱的下部边端并制动，以防止发生意外，同时清理工具，做好机床保养工作。

二、镗床简介

镗床是一种用镗刀镗削带有孔及孔系的箱体、机架类零件的孔加工机床。镗刀旋转为主运动，镗刀或工件的移动为进给运动。一般镗床上加工的孔尺寸较大，精度要求较高，且孔和孔系的轴线有严格的同轴度、垂直度、平行度及孔间距离的要求。使用不同的刀具和附件在镗床上还可进行钻削、铣削、切螺纹以及加工外圆和端面。常用的镗床主要有卧式镗床、坐标镗床和精镗床等。

1. 卧式镗床

卧式镗床的结构如图 4-4 所示，它是镗床类机床中应用最广泛的一种机床，它的主轴水平布置并可轴向进给，主轴箱沿前立柱导轨垂向运动，工作台可纵向或横向或纵横向运动，除镗孔外，还可钻、扩、铰孔，车削内外螺纹、攻螺纹、车外圆柱面和端面及用面铣刀与圆柱铣刀铣平面等。卧式镗床的结构较复杂，生产率不高，主要用于加工尺寸较大、开关复杂的零件，如各种箱体、床身和机架等。卧式镗床的主参数是镗轴直径。

2. 坐标镗床

坐标镗床是一种具有精密坐标定位装置的精密机床，主要用于镗削尺寸、形状和位置精度要求高的孔系，可进行钻孔、扩孔、铰孔、锪端面、切槽、铣削等工作，主要用于单件小批生产条件下对夹具（如精密钻模、镗模及量具等）的精密孔、孔系和模具零件的加工，也可用于成批生产时对各类箱体、缸体和机体的精密孔系进行加工。坐标镗床可分为单立柱坐标镗床、双立柱坐标镗床和卧式坐标镗床。

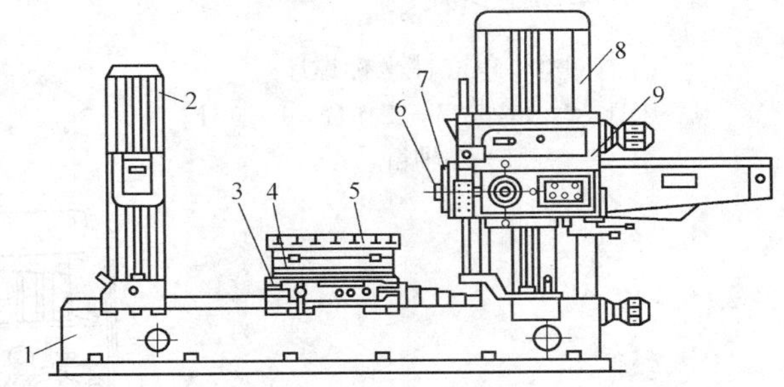

图 4-4 TP619 型卧式镗床外形

1—床身 2—后立柱 3—下滑座 4—上滑座 5—工作台 6—主轴 7—平旋盘 8—前立柱 9—主轴箱

（1）单立柱坐标镗床 单立柱坐标镗床的主轴带动刀具做旋转主运动，主轴套筒沿轴向做进给运动，其机床结构简单，操作方便，特别适宜加工板状零件的精密孔，但它的刚性较差，所以只适用于中小型坐标镗床。单立柱坐标镗床的结构外形如图 4-5 所示，由床身、滑座、工作台、立柱和主轴箱等主要部件组成，主轴箱可沿导轨上下移动，滑座可沿床身导轨移动，工作台可沿滑座上导轨移动。

（2）双立柱坐标镗床 双立柱坐标镗床主轴上安装刀具做主运动，工件安装在工作台上随工作台沿床身导轨做纵向直线移动。此机床刚性较好，目前大型坐标镗床都采用这种结构。双立柱坐标镗床的主参数为工作台面宽度，其结构外形如图 4-6 所示，由床身、工作台、立柱、主轴箱和横梁等主要部件组成。双立柱坐标镗床的工作台在床身导轨上可做纵向进给运动，主轴箱安装在横梁导轨上，可实现横向进给运动，横梁安装在两个立柱的导轨上，可做垂直升降运动。

（3）卧式坐标镗床 卧式坐标镗床的工作台能在水平面内做旋转运动，进给运动可以由工作台纵向移动或主轴轴向移动来实现，其结构外形如图 4-7 所示，由床身、下滑座、上滑座、工作台、立柱和主轴箱等主要部件组成，下滑座可在床身导轨上做横向运动，上滑座可沿下滑座上的导轨做纵向运动，工作台可在上滑座上做回转运动，主轴箱可在立柱导轨上上下移动。同立式坐标镗床相比，卧式坐标镗床在高度方向的空间范围大，装夹和加工工件时比较方便，加工精度也比较高。

坐标镗床加工的孔距精度一般为机床坐标定位精度的 1.2 ~ 2 倍，孔径精度为 IT6 ~ IT7 级，表面粗糙度值 *Ra*0.40 ~ 0.80μm。

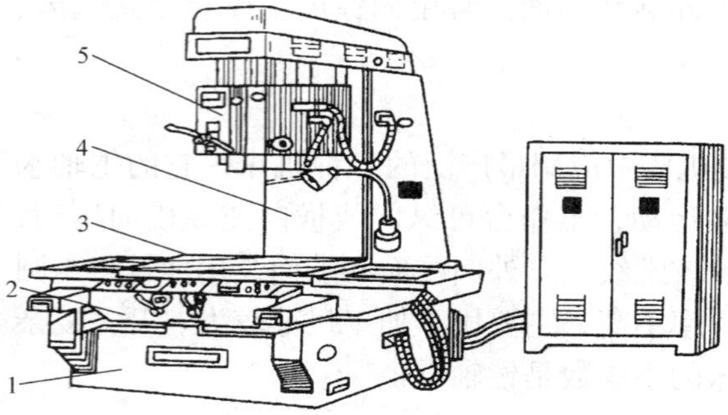

图 4-5　单立柱坐标镗床

1—床身　2—滑座　3—工作台　4—立柱　5—主轴箱

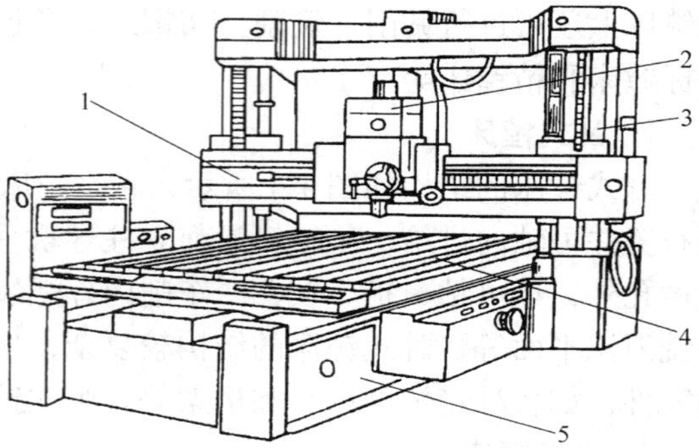

图 4-6　双立柱坐标镗床

1—横梁　2—主轴箱　3—立柱　4—工作台　5—床身

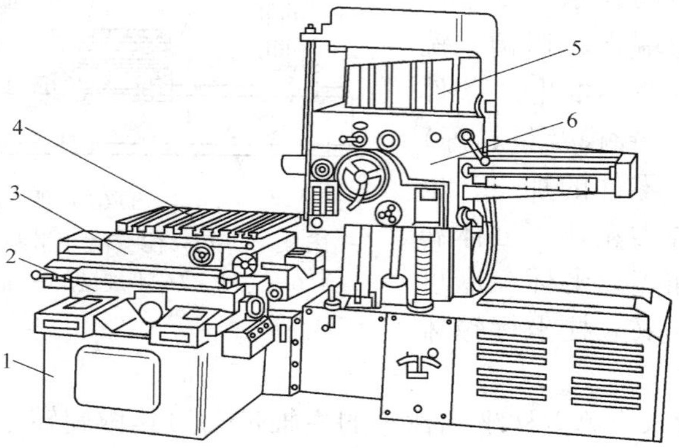

图 4-7　卧式坐标镗床

1—床身　2—下滑座　3—上滑座　4—工作台　5—立柱　6—主轴箱

3. 精镗床

精镗床是一种高速镗床，因采用金刚石作为刀具材料而得名金刚镗床，现在则采用硬质合金作为刀具材料，一般采用较高的速度、较小的背吃刀量和进给量进行切削加工，加工精度较高，主要用于在成批或大量生产中加工中小型精密孔。精镗床的外形结构如图 4-8 所示。

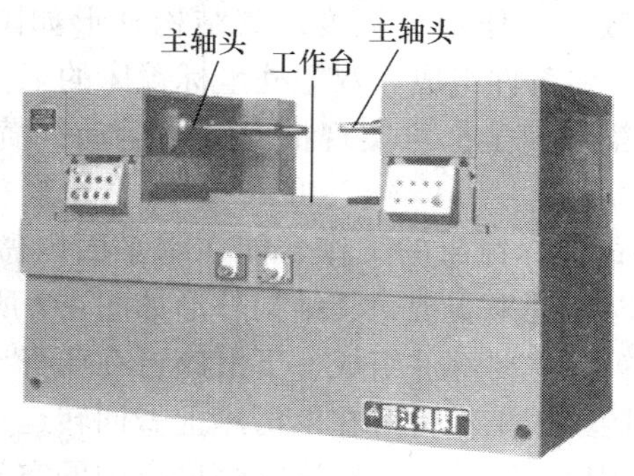

图 4-8　卧式精镗床

第二节　孔加工刀具

【本节学习要点】

1. 掌握孔加工刀具的分类及结构特点。
2. 熟练掌握标准麻花钻的刃磨方法及修磨方法。
3. 掌握镗刀的类别和特点。

孔加工刀具主要有钻头、铰刀、镗刀、拉刀以及复合孔加工刀具等，本节主要讲述在钻床和镗床上加工孔时的常用刀具。

一、钻削刀具

钻床上常用的孔加工刀具主要有麻花钻、扩孔钻、锪钻、铰刀和丝锥等。

1. 麻花钻

（1）麻花钻的组成　标准麻花钻由工作部分、柄部和颈部三部分组成。

1）工作部分。工作部分是钻头的主要组成部分，位于钻头的前半部分，也就是具有螺旋槽的部分。工作部分包括切削部分和导向部分，切削部分主要起切削的作用，导向部分在钻孔时可以引导钻头保持进给运动的方向，起引导作用的是外缘上的两条棱边（刃带）。工作部分有两条螺旋槽，其作用是容纳和排出切屑，并使切削液可以较容易地进入到切削区域，如图 4-9a、图 4-9b 所示。

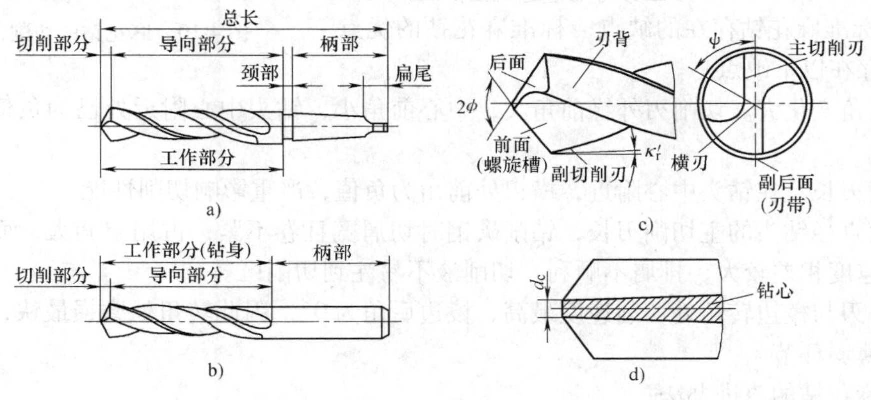

图 4-9　麻花钻的结构

a）锥柄麻花钻　b）直柄麻花钻　c）副偏角　d）钻心

为了提高钻头的强度和刚度，其工作部分的钻心厚度（用一个假设圆直径——钻心直径）一般为（0.125～0.15）d（d 为钻头直径），并且钻心成正锥形，如图 4-9d 所示，即从切削部分朝后方向，钻心直径逐渐增大，增大量在每 100mm 长度上为 1.4～2mm。为了减少导向部分和已加工孔壁之间的摩擦，对直径大于 1mm 的钻头，钻头外径从切削部分朝后方向制造出倒锥，形成副偏角，如图 4-9c 所示，倒锥量在每 100mm 长度上为 0.03～0.12mm。

2）柄部。柄部位于钻头的后半部分，起夹持钻头、传递转矩的作用，如图 4-9a、图 4-

9b 所示。柄部有直柄（圆柱形）和莫氏锥柄（圆锥形）之分，钻头直径在 ϕ16mm 以下做成直柄，利用钻夹头夹持住钻头；直径在 ϕ3mm 以上即可做成莫氏锥柄，利用莫氏锥套与机床锥孔连接。莫氏锥柄后端有一个扁尾榫，其作用是供楔铁把钻头从莫氏锥套中卸下，在钻削时，扁尾榫可防止钻头与莫氏锥套打滑。莫氏锥柄钻号与钻头直径见表 4-2。

表 4-2　莫氏锥柄钻号与钻头直径

号数	1	2	3	4	5	6
钻头直径/mm	3 ~ 15.5	15.6 ~ 23.5	23.6 ~ 32.5	32.6 ~ 49.5	49.6 ~ 65	65.1 ~ 80

3）颈部　如图 4-9a 所示，颈部是工作部分和柄部的连接处（焊接处）。颈部的直径小于工作部分和柄部的直径，其作用是便于磨削工作部分和柄部时砂轮的退刀，颈部也起标记打印的作用。小直径的直柄钻头没有颈部。

（2）麻花钻切削部分的组成　钻头的切削部分由两个前面、两个后面、两个副后面、两条主切削刃、两条副切削刃和一条横刃组成，如图 4-10 所示。

前面（$A\gamma$）：靠近主切削刃的螺旋槽表面。

后面（$A\alpha$）：与工件过渡表面相对的表面。

副后面（$A\alpha'$）：也称刃带，是钻头外圆上沿螺旋槽凸起的圆柱部分。

主切削刃（S）：前面与后面的交线。

副切削刃（S'）：前面与副后面的交线。

横刃：两个后面的交线。

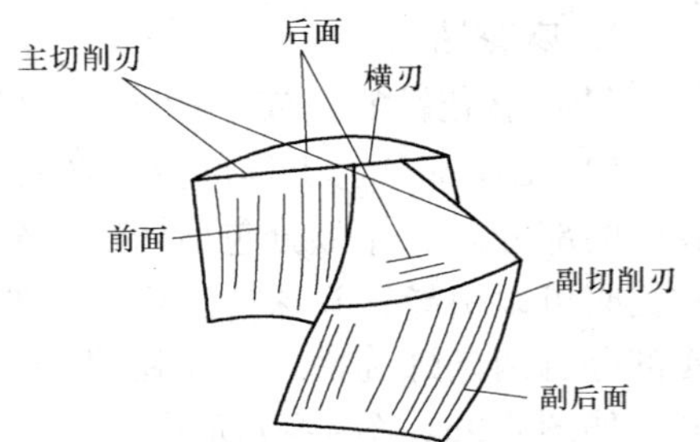

图 4-10　麻花钻的切削部分

（3）标准麻花钻存在的缺点　标准麻花钻的优点较多，但存在以下缺点：

1）前角变化大。切削刃外缘前角大，中心前角小，钻头中心附近处已为负值，切削性能很差。

2）横刃长且在钻头中心附近，横刃处前角为负值，严重影响切削性能。

3）大直径钻头的主切削刃长，钻削碳钢时切屑宽且卷不紧，占用空间大，而且各点切屑的流出速度相差较大，排屑不顺利，切削液不易注到切削区。

4）外刃与棱边转角处切削速度最高，棱边后角为 0°，因此转角处磨损最快，是影响钻头寿命的薄弱环节。

标准麻花钻的改进办法：

1）改变钻头的材料和结构。

2）对标准麻花钻的切削部分进行修磨，这种方法简单易行，效果显著。

麻花钻头的修磨方法：

1）修磨横刃。为提高定心作用，减小钻削时的轴向阻力和挤乱现象，将横刃磨短至原长度的 1/5 ~ 1/3，如图 4-11a 所示。

2）修磨主切削刃。为增加刀尖强度，改善刀尖处散热条件，强化刀尖角，从而提高钻孔的表面质量和钻头的寿命，要修磨出双重顶角（$2\phi_0 = 70° \sim 75°$），如图 4-11b 所示。

3）修磨前面。将主切削刃外缘处的前面磨去一小块，使其前角减小，如图 4-11c 所示，钻削硬材料时可提高刀尖的强度，钻削黄铜等软材料时还可避免由于切削刃过于锋利而引起的扎刀现象。

4）修磨棱边。加工精孔或韧性材料时，为减小棱边与孔壁的摩擦，延长钻头的寿命，可在棱边的前端修磨出副后角（$\alpha_1=6°\sim8°$），保留棱边的宽度为原来的 1/3 ~ 1/2，如图 4-11d 所示。

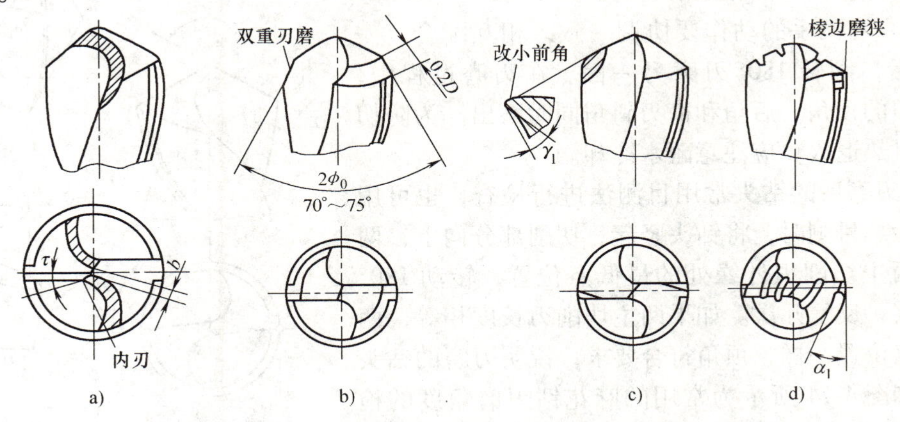

图 4-11　钻头的修磨

5）分屑槽。如图 4-11d 所示，在钻头的两个主后面上磨出几条相互错开的分屑槽，可改变钻头主切削刃长和切屑较宽的不足，使切屑变窄、排屑顺利，尤其适用于钻削钢料。直径大于 15mm 的钻头宜修磨分屑槽。

（4）麻花钻的刃磨　在砂轮上修磨钻头的切削部分，以得到所需要的几何形状及角度称为钻头的刃磨。孔的质量与钻削效率取决于麻花钻的刃磨质量。麻花钻的刃磨，只需刃磨两个后面，但要同时保证后角、顶角、横刃倾角、两个主切削刃的对称度。刃磨质量直接关系到钻孔质量，所以钻头的刃磨比较困难。麻花钻的刃磨方法如图 4-12 所示，其刃磨要求如下：

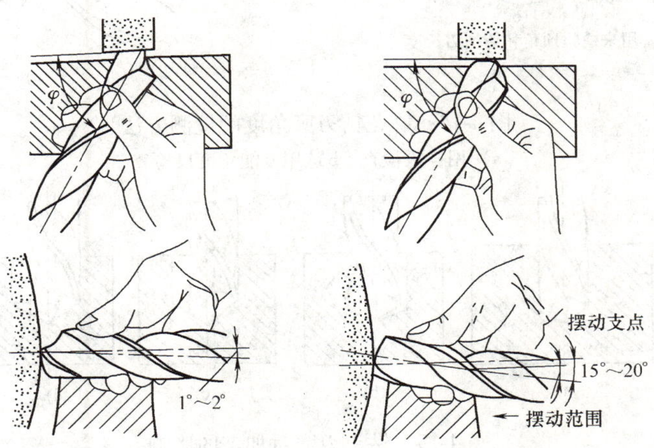

图 4-12　钻头的刃磨方法

1）标准麻花钻的刃磨角度要求如图 4-13 所示。

2）将主切削刃置于水平状态并与砂轮外圆平行。

3）保持钻头中心线和砂轮外圆面成 ϕ 角，如图 4-13 所示。

4）右手握住钻头导向部分前端，作为定位支点，刃磨时使钻头绕其轴心线转动，左手握住钻头的柄部，做上下扇形摆动，磨出后角，同时，掌握好作用在砂轮上的压力。

5）左右两手的动作要协调一致，相互配合。一面磨好后，翻转 180° 刃磨另一面。在刃磨过程中，主切削刃的顶角、后角和横刃斜角同时磨出。为防切削部分过热退火，应注意蘸水冷却。

6）刃磨后的钻头常用目测法进行检查，也可用样板检验。目测时，将钻头竖起，切削部分向上，两眼平视两主切削刃外缘处的最低点位置，转动 180° 后再观察，反复几次。如果两主切削刃长度相等，两个最低点位置一样，顶角符合要求，说明刃磨的钻头正确。如图 4-14 所示为常用的麻花钻刃磨角度的检测方法，图 4-15 所示为刃磨的正确和不正确的钻头加工孔的情况。

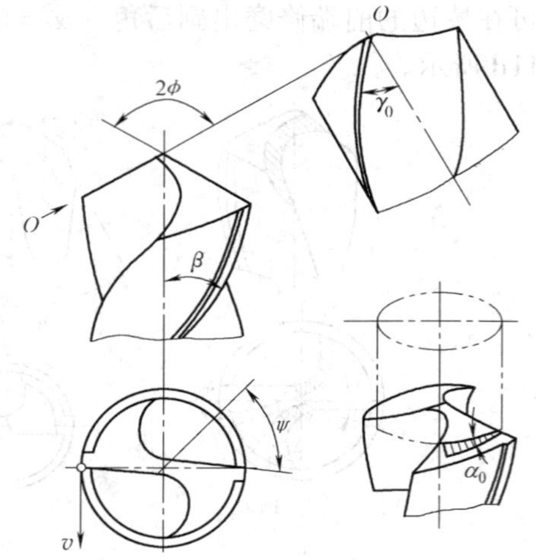

图 4-13　麻花钻的刃磨角度

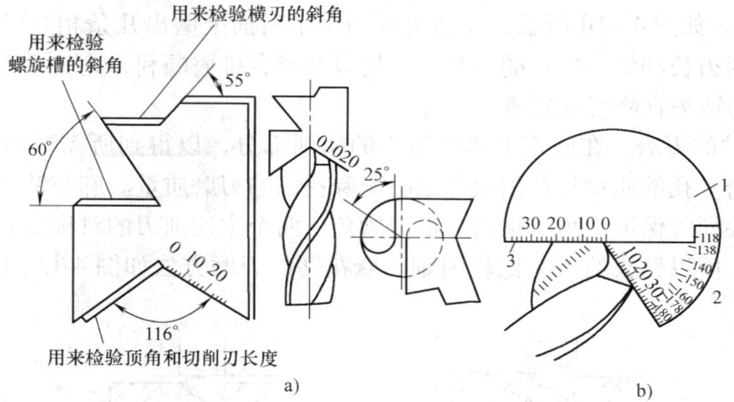

图 4-14　麻花钻刃磨角度的检测方法

a）用样板检查　b）用万能角度尺检查

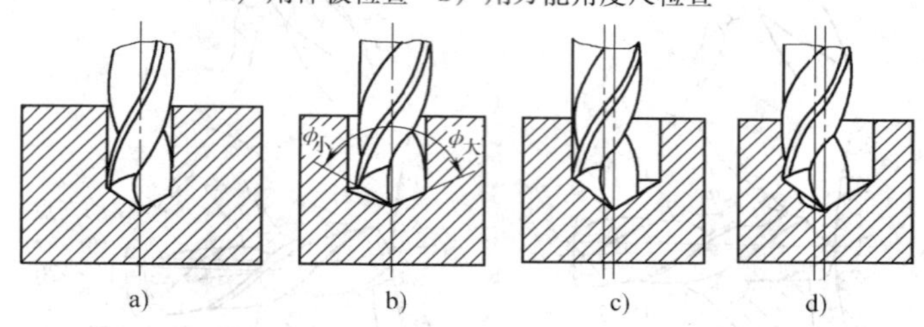

图 4-15　钻头刃磨对加工的影响

a）刃磨正确　b）两 ϕ 角不对称　c）主切削刃长度不一致　d）包含 b）和 c）两个的不足

7）砂轮选择：一般采用粒度为 46 ~ 80# 、硬度为中软级的氧化铝砂轮为宜。砂轮旋转必须平稳，对跳动大的砂轮必须进行修整。

2. 扩孔钻

扩孔钻与麻花钻相似。扩孔钻的工作部分结构简图及切削角度如图4-16所示。

（1）扩孔钻的结构特点

1）齿数较多，一般有3～4齿，因而工作时导向性好。

2）扩孔余量较小，切削刃无需延伸至中心，所以扩孔钻无横刃，改善了切削条件。

3）容屑槽可做得较浅，钻心较厚，扩孔钻的强度和刚度较好，工作时可选择较大的切削用量。

4）背吃刀量较小，扩孔钻的切削角度可选大些，因而扩孔比钻孔省力，具有较高的生产率。

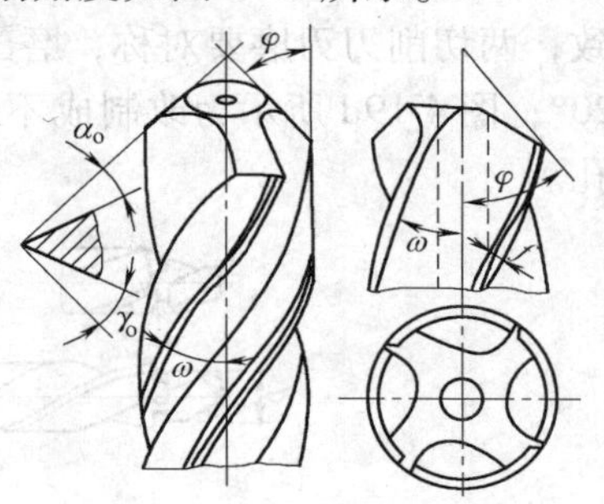

图4-16 扩孔钻的工作部分及切削角度

（2）扩孔钻的分类 扩孔钻按刀体结构分整体式和镶片式两种，按装夹方式分带柄的和套式两类。带柄的扩孔钻又分为直柄和锥柄两种，如图4-17所示。直柄扩孔钻应用在具有钻夹头及弹性夹头的机床上，直径范围 $d=3\sim20$mm；锥柄扩孔钻应用在具有莫氏自锁圆锥内锥孔的机床上，直径范围 $d=7.5\sim50$mm。套式扩孔钻使用前先装在具有1:30锥度的专用心杆上，心杆的尾部具有莫氏自锁圆锥，然后再装入机床的莫氏锥孔内，其直径范围 $d=25\sim100$mm。

3. 锪钻

锪钻有标准锪钻和麻花钻头改制锪钻两大类。

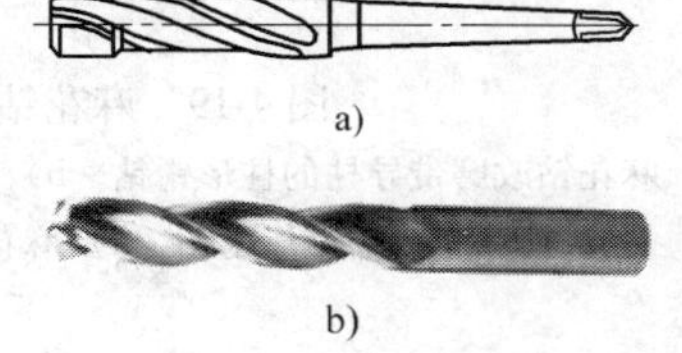

图4-17 扩孔钻的种类

a）锥柄扩孔钻 b）直柄扩孔钻 c）套式扩孔钻

（1）标准锪钻的种类、特点和用途 标准锪钻分为柱形锪钻、锥形锪钻和端面锪钻三种，如图4-18所示。

1）柱形锪钻。柱形锪钻是用来锪圆柱形沉头孔的锪钻，按端部结构分带导柱、不带导柱和带可换导柱的三种。导柱与工件原有孔配合起定心导向作用，端面切削刃为主切削刃，起主要切削作用，外圆上的切削刃为副切削刃，起修光孔壁作用。

2）锥形锪钻。锥形锪钻是用来锪锥形沉头孔的锪钻，按切削部分的锥角分为60°、75°、90°和120° 4种，刀齿齿数为4～12个，钻尖处每隔一齿将切削刃切去一块，以增大容屑空间。

3）端面锪钻。端面锪钻是用来锪平孔端面的锪钻，有多齿形端锪钻和片形端锪钻，其端刀齿为切削刃，前端导柱用来定心和导向，以保证加工后的端面与孔中心线垂直。

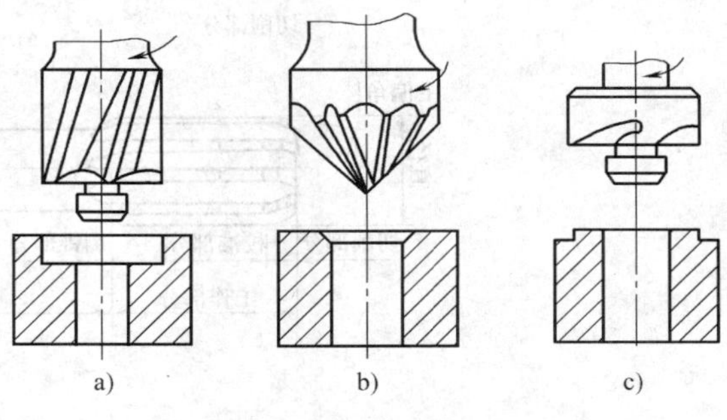

图4-18 锪钻的种类

a）柱形锪钻 b）锥形锪钻 c）端面锪钻

（2）用麻花钻改制的锪钻 锪钻常用麻花钻改制。如图4-19a所示为改制成带导柱的柱形锪钻，导柱直径 d 与工件原有的孔采用基本偏差为f8的间隙配合，端面切削刃需在锯片砂轮上磨出，后角 $\alpha_0=8°$，导柱部分的两条螺旋槽锋口倒钝；图 4-19b 所示为改制的不带导柱的平底锪钻，可用来锪平底盲孔；图 4-19c 所示为改制成锥形锪钻，改磨时，主要是因为钻头的顶角与所要求的锥角一致，两切削刃刃磨要对称，磨出双重后角 $\alpha_0=6°\sim10°$，外缘处的前角适当减小，$\gamma_0=15°\sim20°$；图 4-19d 所示为改制成不带导柱的柱形锪钻，可锪平孔端面，也可以锪圆柱形沉头孔。

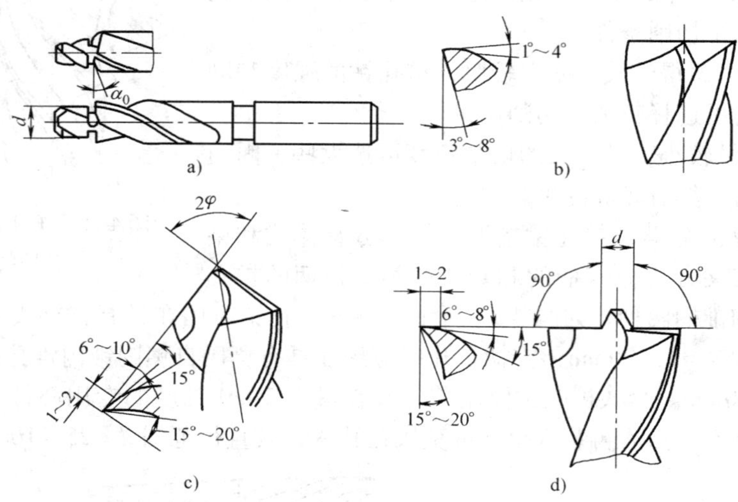

图 4-19　麻花钻改磨锪钻

a）麻花钻改磨带导柱的柱形锪钻　b）麻花钻改磨不带导柱的平底锪钻
c）麻花钻改磨锥形锪钻　d）麻花钻改磨无导柱的柱形锪钻

4. 铰刀

铰刀用于铰削工件上已钻削（或扩孔）加工后的孔，以提高孔的精度和使表面粗糙度值达到 $Ra=1.6\sim2.0\mu m$，是用于孔的精加工和半精加工的刀具，加工余量很小。

（1）铰刀的结构　铰刀主要由工作部分、颈部和柄部组成，如图 4-20 所示。

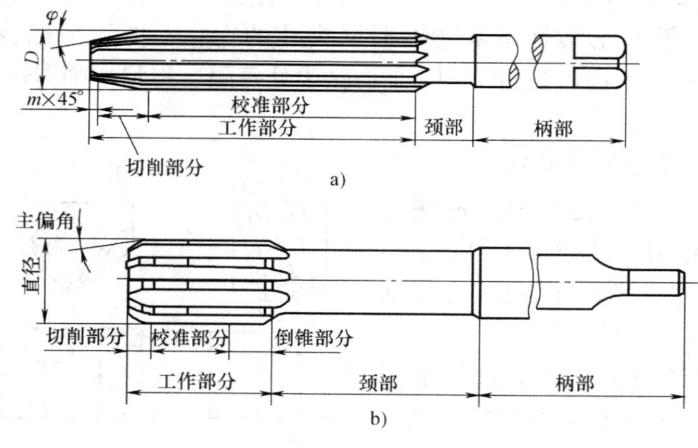

图 4-20　整体圆柱铰刀的结构

a）手用铰刀　b）机用铰刀

1）工作部分。工作部分包括引导部分、切削部分和校准部分，引导部分在切削部分前端，呈45°锥角，其作用是便于铰刀开始铰削时放入孔中，并保护切削刃；切削部分担负主要的切削工作；校准部分用来引导铰孔方向和校准孔的尺寸，也是铰刀的后备部分，一般有0.005～0.04mm的倒锥量，以减少铰刀与孔壁的摩擦。

2）颈部。颈部为磨制铰刀时供退刀使用，也用来刻印商标和规格。

3）柄部。柄部用来装夹和传递转矩，有直柄、锥柄机用铰刀和直柄手用铰刀。

（2）铰刀的种类　铰刀的种类很多，根据制造刀具材料的不同，可分为高速工具钢铰刀和硬质合金铰刀；按其使用方式可分为手用铰刀和机用铰刀；按所铰孔的形状分为圆柱铰刀和锥度铰刀；按铰刀容屑槽的方向分直槽和螺旋槽铰刀；按铰刀结构又可分为整体式铰刀和可调节式铰刀。

1）整体圆柱铰刀，如图4-20所示。

2）可调节手用铰刀，在单件生产和修配工作中用来铰削非标准孔，其结构如图4-21所示。可调节手用铰刀由刀体、刀齿条及调节螺母等组成，刀体上开有六条斜底直槽，具有相同斜度的刀齿条嵌在槽内，并用两端螺母压紧，固定刀齿条。调节两端螺母可使刀齿条在槽中沿斜槽移动，从而改变铰刀直径。

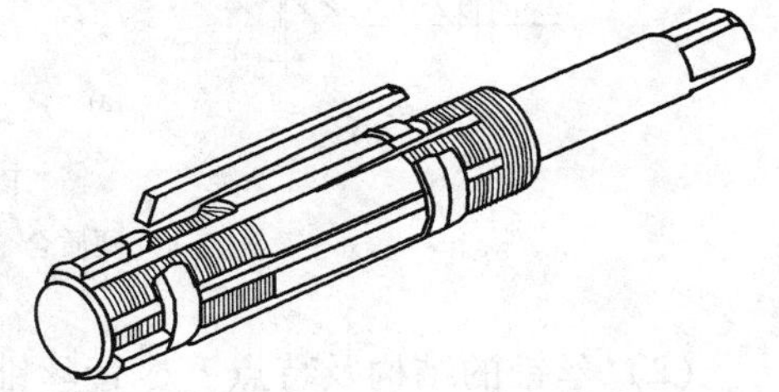

图4-21　可调节手用铰刀

标准可调节手用铰刀的适应加工的直径范围为6.25～44mm，直径的调节范围为0.75～10mm，铰削余量每次为0.05～0.15mm，主要用于铰削非标准孔，如修配中需要铰配的孔等。

3）螺旋槽手用铰刀。螺旋槽手用铰刀的切削刃沿螺旋线分布，如图4-22所示。铰削时，多条切削刃同时与键槽边产生点的接触，切削刃不会被键槽边勾住，铰削阻力沿圆周均匀分布，铰削平稳，铰出的孔光洁。铰刀螺旋槽方向一般是左旋，可避免使铰削时因铰刀顺时针转动而产生自动旋进的现象，左旋的切削刃还能将铰下的切屑推出孔外，适用于铰削带断续表面的孔（如带键槽的孔）及有色金属的孔。

4）锥度铰刀。锥度铰刀是用来铰削圆锥孔的铰刀，如图4-23所示。锥削孔在铰孔前的钻孔直径应比锥铰刀的名义直径 D 小0.1mm。

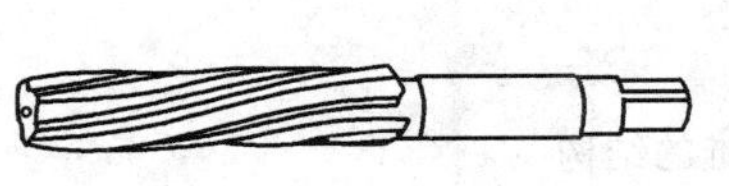

图4-22　螺旋槽手用铰刀

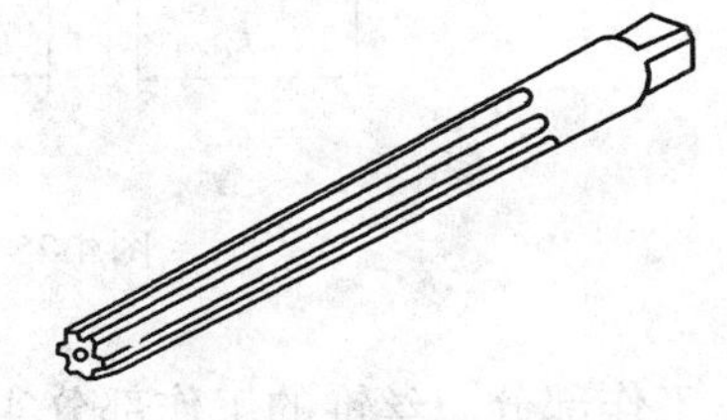

图4-23　锥度铰刀

5）机用铰刀，如图4-24所示，主要用于加工钢材上的孔，钻、铰孔均在立式钻床上进行，铰孔时应用切削液。

5. 丝锥

丝锥是加工各种中小尺寸内螺纹的刀具，它结构简单，使用方便，既可手工操作，也可以在机床上工作，在生产中应用得非常广泛。

（1）丝锥的分类　对于小尺寸的内螺纹来说，丝锥几乎是唯一的加工刀具。丝锥的种类有手用丝锥、机用丝锥、螺母丝锥和挤压丝锥等。

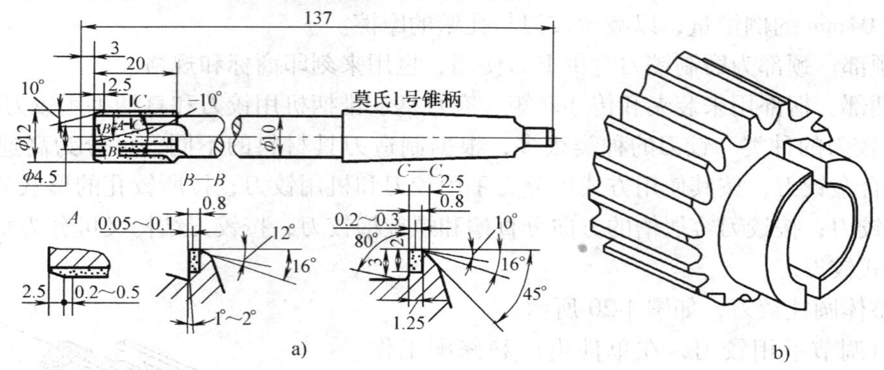

图 4-24　机用铰刀

a）硬质合金机用铰刀　b）套式机用铰刀

（2）丝锥的结构及特点　尽管丝锥的种类很多，但它的结构基本上是相同的，如图 4-25 所示为米制普通螺纹丝锥的结构。丝锥由工作部分和柄部组成，用碳素工具钢制成。手用丝锥一般由两个或三个组成一套，分头锥、二锥和三锥。在一组丝锥中，丝锥的直径都一样，只是切削锥角不同，起到分配切削量的作用。

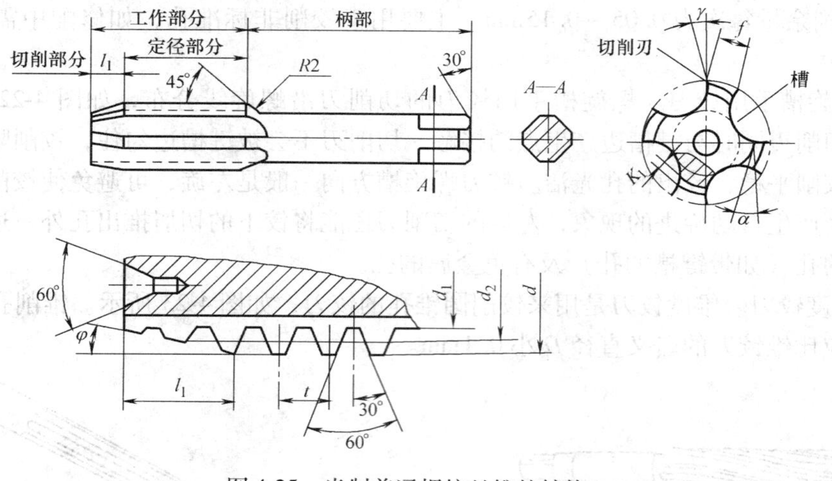

图 4-25　米制普通螺纹丝锥的结构

1）工作部分。丝锥的工作部分实质上类似于表面开有槽的外螺纹，由切削部分和定径部分组成。切削部分的齿形是不完整的，后一刀齿比前一刀齿高，当丝锥做螺旋运动时，每一个刀齿都切下一层金属，丝锥主要的切削工作由切削部分担负。定径部分又称校准部分，齿形是完整的，主要用来校准及修光螺纹廓形，并起导向作用，以引导丝锥沿轴向运动。丝锥工作部分沿轴向开有 3 ~4 条容屑槽，以形成切削刃和排屑。手用丝锥柄部为圆柱形，末端为方棒，供夹持并传递转矩。

2）柄部是用来传递转矩的，其结构形式则视丝锥的用途及规格大小而定。

（3）其他常见丝锥　除了米制普通螺纹丝锥外，其他常用丝锥如下：

1）机用普通丝锥。机用普通丝锥和手用普通丝锥相同，主要分粗牙和细牙两种，用于大量生产或加工孔径较大的普通螺纹孔，它加工出的螺纹精度高、表面粗糙度值小。

2）圆柱管螺纹丝锥。圆柱管螺纹丝锥的外形同普通丝锥，一般为两只一组，牙形为55°圆柱管螺纹，主要用来攻制各种圆柱管螺纹孔。

3）圆锥管螺纹丝锥。圆锥管螺纹丝锥的螺纹锥度为1∶16，牙形有55°圆锥螺纹和60°布氏圆锥螺纹两种，主要用于攻制管螺纹孔。

4）螺旋槽丝锥。螺旋槽丝锥的丝锥槽为螺旋状，有利于排屑，适用于加工精度较高的螺孔。

5）跳牙丝锥。跳牙丝锥每隔一齿磨掉一齿，即减少一半刀齿，从而使每个刀齿的厚度增加一倍，从结构上讲可使切削量增大，且可跨过前道工序产生的冷硬层，故而可减轻丝锥的磨损，减少切屑堵塞，可防止崩刃，适用于强度高、韧性大的材料加工螺纹孔，如不锈钢、耐热合金等。

6）负刃倾角通孔丝锥。负刃倾角通孔丝锥将切削刃的头部磨出－10°的刃倾角，可使切屑呈卷曲状向未加工面排出，提高了切削性能，适用于加工中碳钢及不锈钢工件，可使加工的螺孔表面粗糙度值降低。

二、镗孔刀具

镗刀是镗床上用以镗孔的刀具，具有一个或两个切削部分，专门用于对已有的孔进行粗加工、半精加工或精加工。镗刀可在镗床、车床或铣床上使用。因装夹方式的不同，镗刀柄部有方柄、莫氏锥柄和7∶24 锥柄等多种形式。常用的镗刀主要有单刃镗刀、双刃镗刀和浮动式镗刀等。

1. 单刃镗刀

单刃镗刀按结构形式分整体式单刃镗刀和机夹式单刃镗刀，其外形如图 4-26 和图 4-27 所示。单刃镗刀切削部分的形状与车刀相似。为了使孔获得高的尺寸精度，精加工用单刃镗刀的尺寸需要准确地调整。微调镗刀可以在机床上精确地调节镗孔尺寸，它有一个精密游标刻线的指示盘，指示盘同装有镗刀头的心杆组成一对精密丝杠螺母副机构。当转动螺母时，装有刀头的心杆即可沿定位键做直线移动，借助游标刻度读数精度可达 0.001mm。单刃镗刀的尺寸也可在机床外用对刀仪预调。

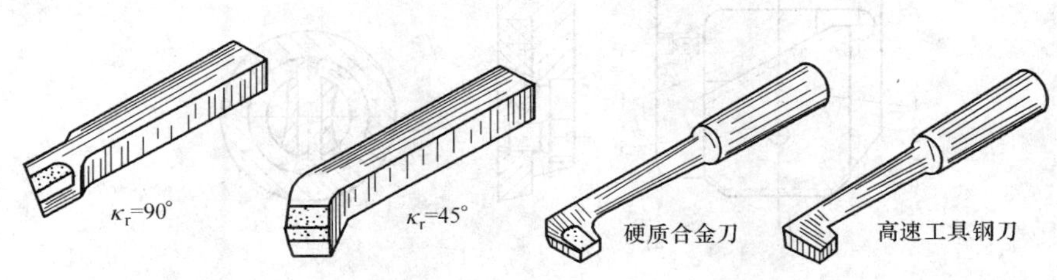

图 4-26　整体式单刃镗刀

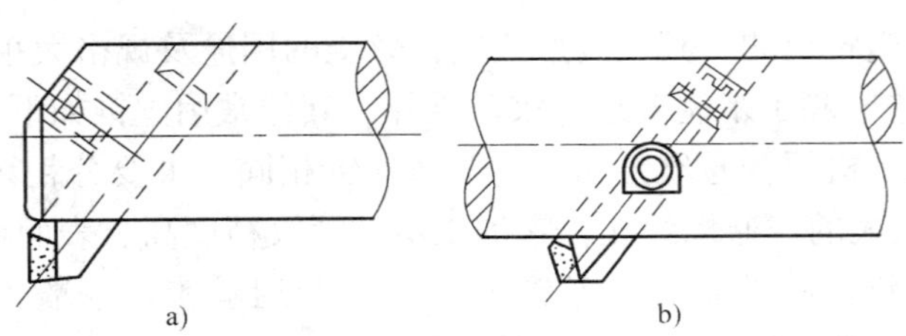

图 4-27　机夹式单刃镗刀

a）不通孔镗刀　b）通孔镗刀

2. 双刃镗刀

双刃镗刀就是镗刀的两端有一对对称的切削刃同时参与切削，切削时可以消除径向切削力对镗杆的影响，工件孔径的尺寸精度由镗刀来保证。双刃镗刀分为固定式和浮动式两种。固定式镗刀块及其安装如图 4-28 所示。

双刃镗刀有两个分布在中心两侧同时切削的刀齿，由于切削时产生的背向力互相平衡，可加大切削用量，生产率高。双刃镗刀按刀片在镗杆上浮动与否分为浮动镗刀和定装镗刀。浮动镗刀适用于孔的精加工，它实际上相当于铰刀，能镗削出尺寸精度高和表面光洁的孔，但不能修正孔的直线性偏差。为了提高重磨次数，浮动镗刀常制成可调结构。

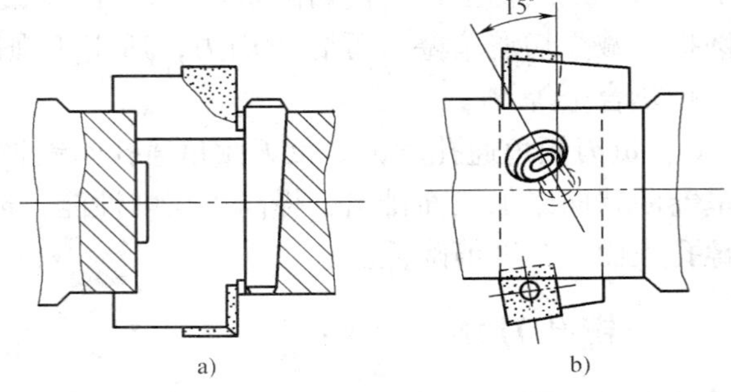

图 4-28　固定式镗刀块及其安装

a）用楔夹紧　b）用双向倾斜螺钉夹紧

3. 浮动式镗刀

浮动式镗刀结构如图 4-29 所示，其镗刀块以间隙配合装入镗杆的方孔中，无需夹紧，而是靠切削时作用于两侧切削刃上的切削力来自动平衡定位，因而能自动补偿由于镗刀块安装误差和镗杆径向圆跳动所产生的加工误差。用该镗刀加工出的孔径精度可达 IT7 ~ IT6，表面粗糙度 Ra 值为 1.6 ~ 0.4μm。浮动式镗刀的缺点是无法纠正孔的直线度误差和相互位置误差。

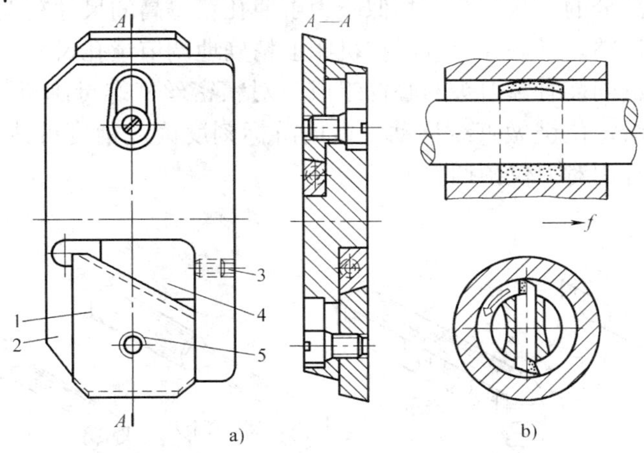

图 4-29　装配式浮动镗刀及使用

a）浮动式镗刀　b）使用情况

1—刀片　2—刀体　3—调节螺钉　4—斜面垫板　5—夹紧螺钉

第三节　孔加工工艺

【本节学习要点】

1. 掌握划线钻孔及工件装夹的方法，正确选择切削用量。
2. 掌握钻孔纠偏的方法。
3. 掌握铰孔方法及铰削用量和切削液的选择方法。
4. 了解铰孔时产生各种缺陷的原因。
5. 掌握攻螺纹底孔直径和套螺纹圆杆直径的确定方法。
6. 掌握攻、套螺纹的方法及切削液选择的方法。

孔加工是用钻头或铰刀、锪钻和镗刀等在工件上加工孔的方法，主要在钻床上加工，也可以在车床、铣床、镗床上进行加工。本节主要讲述钻、镗削加工，其主要内容如图4-30所示。

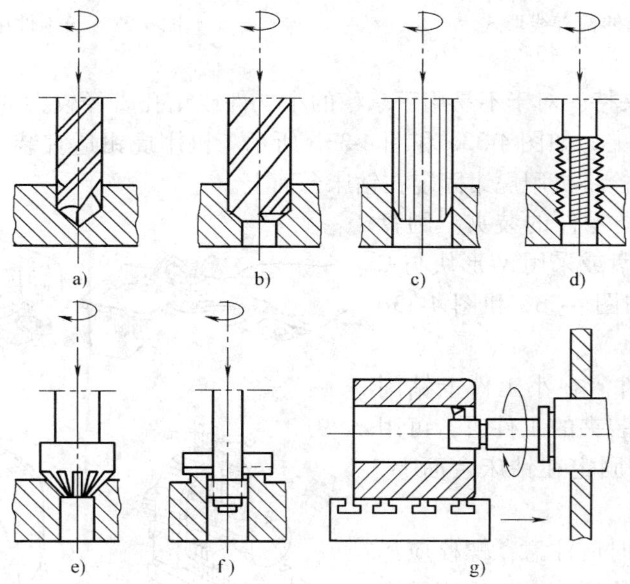

图4-30　钻、镗加工的主要内容

a）钻孔　b）扩孔　c）铰孔　d）攻螺纹　e）锪孔　f）刮平面　g）镗孔

一、钻孔工艺

钻孔是用钻头在实心材料上加工出孔的操作方法。钻孔多在钻床上进行，钻头装夹在钻床上，依靠钻头与工件之间的相对运动来完成切削加工。钻孔时，钻头是按照螺旋运动来钻孔的，并沿着本身轴向运动实现进给。在钻床上钻孔的方法，可分为手工划线钻孔和利用夹具钻孔两大类。

1. 钻孔时的工件划线

钻孔之前首先对工件划线，按图样中的有关位置尺寸要求，划出孔的十字中心线和孔的检查线（检查圆或检查方框，直径≤钻孔直径），如图 4-31 所示，以便试钻时找正，并在孔的中心位置处打好样冲眼，找正孔中心与钻头的相对位置后即可钻削。

2. 工件的装夹

工件装夹在钻床上时，根据工件的不同形状及钻削力的大小等情况，采用不同的方法以保证钻孔的质量和安全。常用的基本装夹方法如下：

1）用手握持。一般钻削直径小于 8mm，且工件能用手握持稳固时，可直接用手攥住工件钻孔。工件较长时，应在钻床台面上用螺栓靠紧，以防工件顺时针转动飞出，如图 4-32 所示。

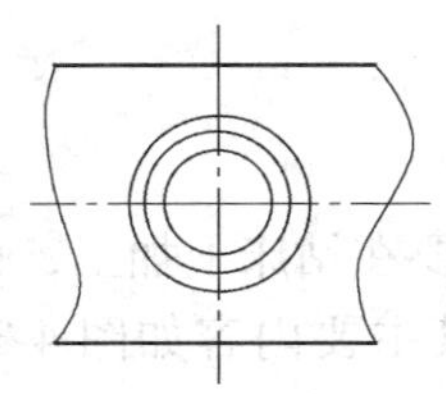
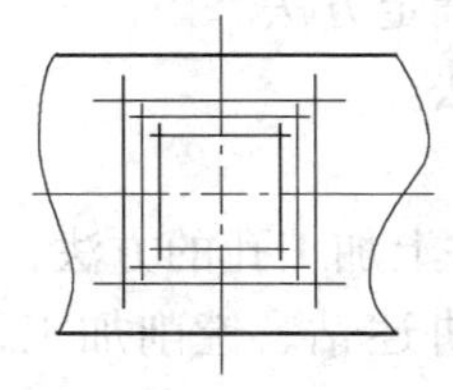

图 4-31　孔的检查线形式

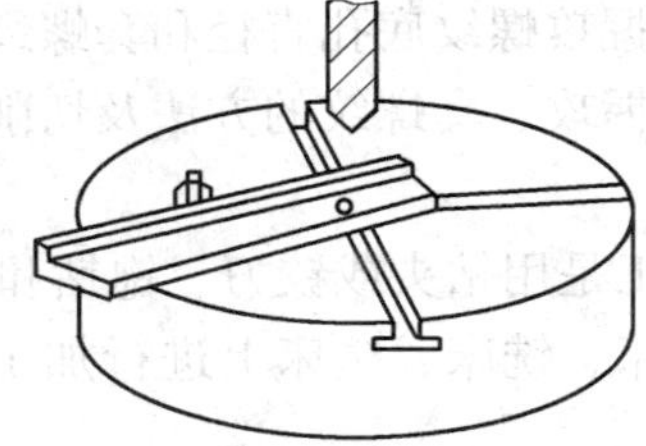

图 4-32　长工件用螺栓靠住

2）用机用虎钳夹持。对于不易用手拿稳的小工件或钻孔直径较大的工件时，必须用手用虎钳或机用虎钳装夹，如图 4-33a 和图 4-33b 所示。机用虎钳适宜装夹外形平整的工件，直径更大时还要用螺栓将机用虎钳固定在钻床台面上。

3）圆盘类或棒类零件的装夹。圆盘类或棒类零件宜用卡盘或采用 V 形块与 C 形夹头配合夹持，如图 4-33c 和图 4-33d 所示。

4）压板装夹工件。在小工件上钻削大孔或不适合用虎钳装夹的工件时，可用螺栓通过压板把工件固定在钻床台面上，如图 4-33e 所示。

用压板装夹工件时应注意：螺栓应尽量靠近工件，以加大压紧力；垫铁应稍高于工件的压紧表面；对已精加工过的表面，压紧时应垫以铜皮等物，以免压出印痕。

5）角铁装夹工件。角铁用于不适合用虎钳装夹的各类角钢及型材的钻孔加工，如图 4-33f 所示。

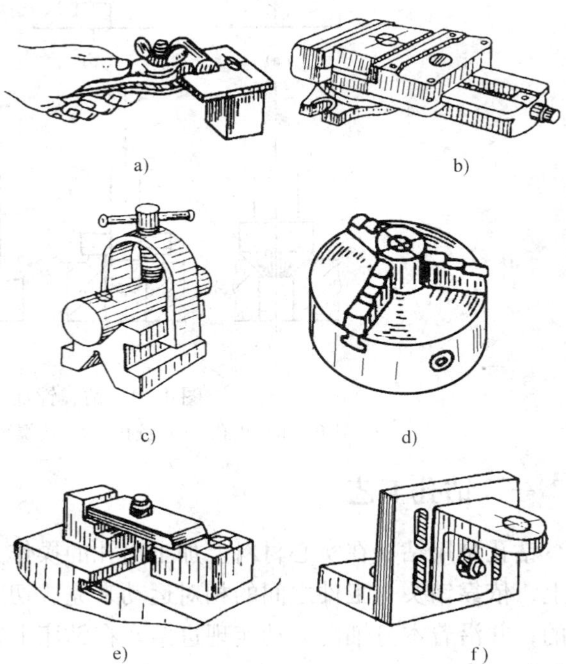

图 4-33　钻孔时工件的装夹方法

a）手用虎钳　b）机用虎钳　c）V 形块装夹　d）自定心卡盘装夹　e）压板装夹　f）角铁装夹

3. 钻头的装夹

钻头柄部的结构分成直柄和锥柄两种，直柄钻头需用带锥柄的钻夹头夹紧，再将钻夹头的锥柄插入钻床主轴的锥孔中。如果钻夹头的锥柄不够大，可套上过渡钻套再插入主轴锥孔。对于锥柄钻头，若其锥柄的规格与主轴锥孔的规格相符，则将钻头的锥柄直接插入主轴锥孔，不相符时也可加用钻套。钻夹头和钻套的外形如图4-34所示。

4. 利用钻模夹具钻孔

如果生产批量较大或孔的位置精度要求较高，则需用夹具（钻模）保证，如图4-35所示，其中图4-35a所示为钻4个均匀分布于工件上的孔的钻模，工件3上固定钻模板2，钻模板上装有4个淬硬的钻套1为钻头导向；图4-35b所示是在轴上钻孔用的钻模，工件4利用夹具体5上的V形槽和挡块1定位，并用弓形架3上的螺钉压紧，带钻套的钻模板2用来保证所钻孔的轴线与工件轴线相交。使用钻模可提高生产率，孔的加工精度一般可比不用钻模钻削提高一级，表面粗糙度 Ra 值也有所减小，孔的位置精度则由钻模保证。钻削较深的孔时，要经常退出钻头，排除切屑，并进行冷却、润滑。为防止因切屑阻塞而扭断钻头，还应采用较小的进给量。

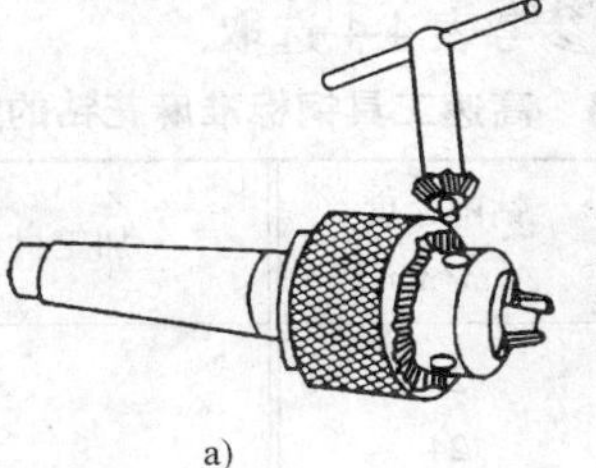

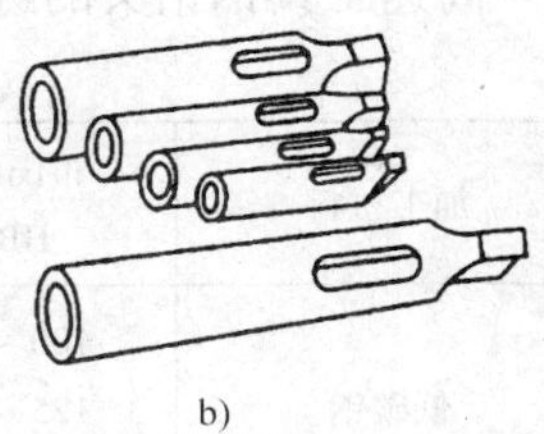

图4-34　钻夹头和钻套

a）钻夹头　b）钻套

5. 使用钻模夹具钻孔的优点

1）减少划线工序，缩短工艺过程和生产周期。

2）钻模夹具是根据工件的形状、特点而设计的定位安装基准和夹紧机构，可使工件的安装迅速而方便，减少了辅助工时。

3）钻模上有钻套以确定钻孔位置，并可限制钻头产生较大的摆动，所以能保证加工孔的正直，保证孔与孔、孔与某一基准面之间的位置精度，提高加工质量。

4）操作简单、安全，容易掌握，可减轻工人的劳动强度。

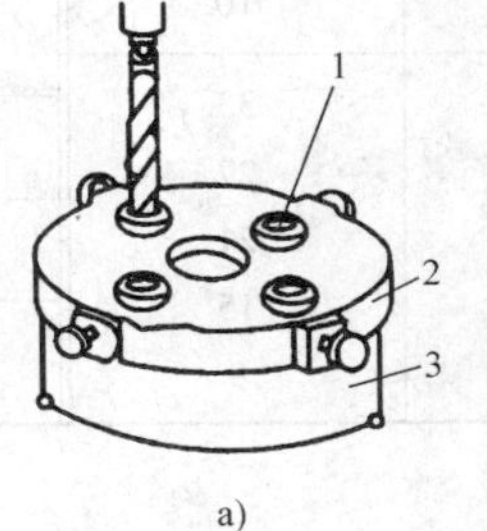

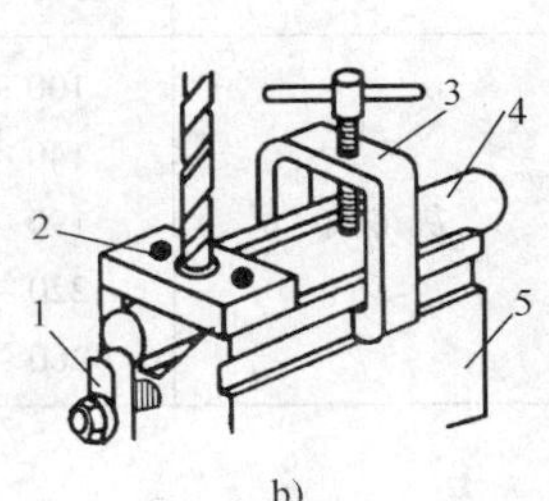

图4-35　用钻模钻孔

a）钻4个均匀分布于工件上的孔的钻模

1—钻套　2—钻模板　3—工件

b）在轴上钻孔用的钻模

1—挡块　2—钻模板　3—弓形架　4—工件　5—夹具体

6. 钻削用量的选择

钻削用量主要包括钻削速度、进给量和切削深度等。

（1）钻削速度 v_c　麻花钻切削刃外缘处的线速度表达式为

$$v_c = \pi dn/1000$$

式中　d——麻花钻直径，单位为mm；

n——麻花钻转速，单位为r/min。

要根据钻削速度的要求选择合适的钻床转速，若用高速工具钢钻头钻削铸铁时，钻削速度 $v_c = 14 \sim 22\text{m/min}$；钻削钢件时 $v_c = 16 \sim 24\text{m/min}$；钻削铜及合金时，$v_c = 30 \sim 60\text{m/min}$。钻削速度 v_c 也可按表4-3选取。

（2）进给量 f　钻削时麻花钻每转一转，钻头与工件在进给方向（麻花钻轴向）上的相对位移为进给量，单位为mm/r。麻花钻为多齿刀具，它有两条切削刃（两个刀齿），其每

齿进给量 f_z（单位 mm/r）为进给量的一半，即

$$f_z = f/2$$

高速工具钢钻头的进给量可参考表 4-4 选取。

表 4-3　高速工具钢标准麻花钻的钻削速度

加工材料	布氏硬度 HBW	钻削速度 /(m/min)	加工材料	布氏硬度 HBW	钻削速度 /(m/min)
低碳钢	100～125 125～175 175～225	27 24 21	可锻铸铁	110～160 160～220 220～240 240～280	42 25 20 12
中、高碳钢	125～175 175～225 225～275 275～325	22 20 15 12	球墨铸铁	140～190 190～225 225～260 260～300	30 21 17 12
合金钢	175～225 225～275 275～325 325～375	18 15 12 10	铸钢	铸造低碳钢 铸造中碳钢 铸造高碳钢	24 18～24 15
灰铸铁	100～140 140～190 190～220 220～260 260～320	33 27 21 15 9	铝、镁合金		75～90
			铜合金		20～48
			高速工具钢	200～250	13

表 4-4　高速工具钢标准麻花钻的进给量

钻头直径 d/mm	<3	3～6	6～12	12～25	>25
进给量 f/(mm/r)	0.025～0.05	0.05～0.10	0.10～0.18	0.18～0.38	0.38～0.62

（3）背吃刀量（钻削深度）a_p　背吃刀量一般指工件已加工表面与待加工表面间的垂直距离。钻孔时的背吃刀量为麻花钻直径的一半，即

$$a_p = d/2$$

a_p 由钻头直径 d 决定，$d<30$mm 的孔可一次钻出；$d=30\sim80$mm 的孔可分两次钻削，先用直径为（0.5～0.7）d 的钻头粗钻，然后用直径为 d 的钻头将孔扩大。

7. 钻孔时的定位与纠偏

1）锥坑定位纠偏。首先使钻头中心对准划线孔中心，先试钻一浅锥坑，若锥坑与所划钻孔控制线不同心，应及时纠正。如偏心量较小，可通过移动工件或钻头（摇臂钻床）来纠偏；当偏心量较大时，可先用錾子或样冲在偏移反方向一侧的锥面上錾出几条径向的小沟槽，以减小此处的切削阻力，然后再移动工件或钻头以实现纠偏，如图 4-36 所示。

2）底孔定位纠偏。首先使钻头中心对准划线孔中心，先打一较小底孔，若底孔中心与钻孔控制线不同心时，采用圆锉对孔偏移的反方向进行修锉，锉削量为孔中心偏移量的两

倍，然后再用较大的钻头扩孔，再对其进行测量，如检测不合格，重复之前工作，直至纠正孔的中心位置，如图 4-37 所示。

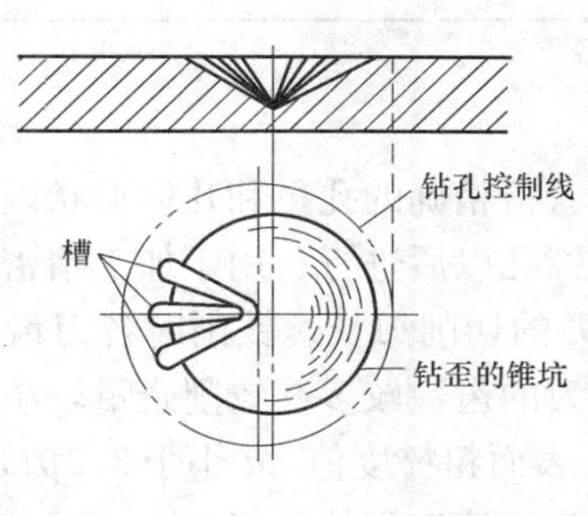

图 4-36 锥坑定位纠偏

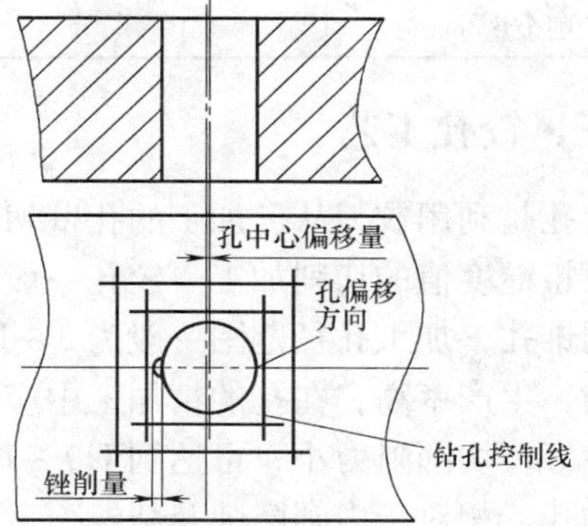

图 4-37 底孔定位纠偏

二、扩孔工艺

用扩孔钻或麻花钻将工件上预加工孔直径进行扩大的加工方法称为扩孔，如图 4-38 所示。

扩孔的背吃刀量 a_p 按下式计算

$$a_p = (D - d)/2$$

式中 D——扩孔后直径，单位为 mm；

d——预加工孔直径，单位为 mm。

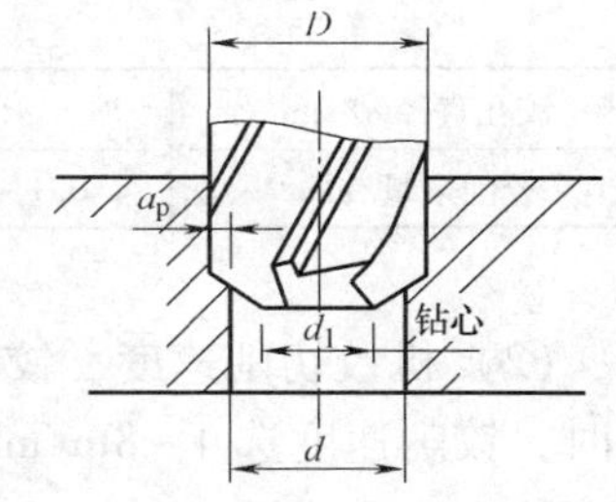

图 4-38 扩孔

1. 扩孔的工艺特点

1）扩孔常用于已铸出、锻出或钻出孔的扩大。

2）扩孔常作为孔的半精加工，是铰孔、磨孔前的预加工，也可以作为精度要求不高的孔的最终加工。

3）扩孔比钻孔的质量好，生产率高。

4）扩孔对铸孔、钻孔等预加工孔的轴线的偏斜有一定的校正作用。

5）扩孔精度一般为 IT9 ~ IT10，表面粗糙度 Ra 值可达 3.2 ~ 6.3μm。

6）当钻削 d >30mm 直径的孔时，为了减小钻削力及转矩，提高孔的质量，一般先用直径为（0.5 ~ 0.7）d 大小的钻头钻出底孔，再用扩孔钻进行扩孔，则可较好地保证孔的精度和控制表面粗糙度值，且生产率比直接用大钻头一次钻出时还要高。

2. 扩孔的注意事项

1）扩孔前钻孔直径的确定。用扩孔钻扩孔时，预钻孔的直径为要求孔径的 0.9 倍；用麻花钻扩孔时，预钻孔的直径为要求孔径的 0.5 ~ 0.7 倍。

2）扩孔钻直径的确定。作为终加工使用的扩孔钻，其直径应等于扩孔后孔的公称尺寸；作为铰孔前使用的扩孔钻，直径应等于铰孔后孔的公称尺寸减去铰削余量。

确定扩孔钻直径用的铰削余量见表 4-5。

3）扩孔的切削用量。扩孔的进给量为钻孔的 1.5 ~ 2 倍，切削速度为钻孔的 0.5 倍。

4）除铸铁和青铜外，其他材料的工件扩孔时，都要使用切削液。

表 4-5　确定扩孔钻直径用的铰削余量

扩孔钻直径 d/mm	<10	10 ~ 18	18 ~ 30	30 ~ 50	50 ~ 100
铰削余量/mm	0.2	0.25	0.3	0.4	0.5

三、铰孔工艺

铰孔是利用铰刀从已加工的孔壁切除薄层金属，以获得精确的孔径和几何形状以及较低的表面粗糙度值的切削加工。铰孔一般在钻孔、扩孔或镗孔以后进行，用于加工精密的圆柱孔和圆锥孔，加工孔径范围一般为 3 ~ 100mm。由于铰刀的切削刃长，铰削时各刀齿同时参加切削，生产率高，在孔的精加工中应用较广。由于铰刀的齿数较多，铰削余量较小，所以导向性好，切削阻力小，可达到 IT7 ~ IT9 的精度等级，表面粗糙度值 Ra 小于 3.2μm。对于较小的孔，相对于内圆磨削及精镗而言，铰孔是一种较为经济实用的加工方法。

1. 铰削用量的选择

铰削时的切削用量包括铰削余量、机铰时的切削速度和进给量。

（1）铰削余量　铰削余量在预加工孔之前就应确定好，且不宜留得太大或太小。选择铰削余量时，应考虑被加工孔的孔径大小、精度和表面粗糙度，材料的软硬，前工序的加工质量和铰刀的类型等因素，可参照表 4-6 选择。

表 4-6　铰削余量的选择

铰孔直径 d/mm	<5	5 ~ 20	21 ~ 32	33 ~ 50	51 ~ 70
铰削余量/mm	0.1 ~ 0.2	0.2 ~ 0.3	0.3	0.5	0.8

（2）机铰切削速度　铰削时，一般应选用较低的切削速度，用高速工具钢铰刀铰削钢件时，铰削速度选 4 ~ 8m/min；铰削铸铁件时，铰削速度选 6 ~ 8m/min；铰削铜件时，铰削速度选 8 ~ 12m/min。

（3）机铰进给量 f　机铰钢件及铸铁件时，f = 0.5 ~ 1mm/r；机铰铜、铝及其合金件时，f = 1 ~ 1.2mm/r。

2. 切削液的选择

铰削加工主要是刀具与孔壁成挤压切削，切屑碎片易留在刀槽或粘在切削刃边上，影响刃带的挤压作用，破坏加工精度和表面粗糙度，增加转矩，还会产生积屑瘤，增加刀具磨损。因此，在铰削过程中必须采用合理的切削液，用以冲掉切屑和消散热量。

铰削时切削液的选用可参考表 4-7。

表 4-7　铰削时切削液的选用

加工材料	切　削　液
钢	①用 10% ~20% 的乳化液；②铰孔要求高时，用 30% 植物油加 70% 肥皂水；③铰孔的精度和表面粗糙度要求更高时，可用柴油及猪油等
铸铁	①可以不用；②低浓度的乳化液；③使用煤油。应注意，煤油会引起孔径收缩，最大收缩量为 0.02 ~ 0.04mm
铝	①煤油；②5% ~8% 乳化液
铜	5% ~8% 乳化液

3. 铰孔操作的要点

1）手工铰孔。铰刀中心线应与孔中心线重合。铰孔时，两手用力均衡，不可晃动铰刀；进给时随铰刀旋转轻轻加力，不要用力压铰杠；禁止在进、退刀时反转铰刀，且不能在同一位置停歇，防止产生振痕。

2）机动铰孔。保证机床主轴、铰刀和工件孔三者之间的同轴度。起铰前先手动进给引导铰孔，再机动进给；铰削过程中保证有充足的切削液；进、退刀时均不可停车；铰通孔时，铰刀标准部分不能全部穿出孔；铰不通孔时，应适时退出铰刀，以清除铰刀上的粘屑和孔内切屑。

3）铰锥孔时，一般以锥孔的小端直径钻底孔，采用试配法控制锥孔尺寸。

4. 铰孔时产生各种缺陷的原因

1）孔表面粗糙度值大。原因是铰孔余量不合理，太大或太小；铰刀的切削刃不锋利，刃口有缺口；没用切削液或切削液选用不当；退刀时反转，手铰时旋转不平稳；切削速度太高，产生积屑瘤或切削刃粘有切屑；容屑槽内切屑阻塞等。

2）孔呈多角形。原因是铰削余量太大，铰刀振动；铰孔前底孔不圆，铰刀发生弹跳现象。

3）孔径缩小。原因是铰刀磨损；铰铸铁时加煤油；铰刀被磨钝。

4）孔径扩大。原因是铰刀轴线与孔中心不重合，铰刀偏摆过大；切削速度太高，铰刀温度上升，直径增大；铰刀选用不当，直径不符合孔径要求；两手用力不均匀；铰削钢件不加切削液；铰削余量过大；铰锥孔时未及时试配检查。

四、锪孔工艺

锪孔是用锪钻刮平孔的端面或切出沉孔的加工方法，如图4-39所示。

锪孔可用于加工埋头螺钉的埋头孔以及锥孔和小凸台面等。锪孔方法与钻孔方法相同，但锪孔时刀具容易振动，特别是使用麻花钻改制的锪钻，容易在所锪端面或锥面产生振痕，影响锪削质量。因此，锪孔时应注意：

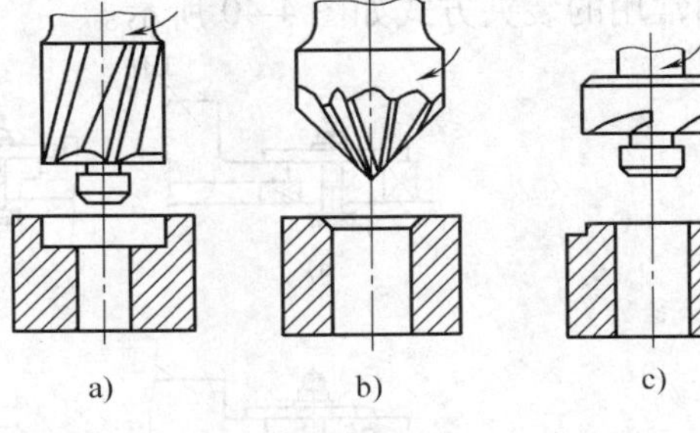

图4-39　锪孔

a）柱形沉头孔　b）锥形沉头孔　c）小凸台面

1）锪钻的刀杆和刀片装夹要牢固，工件夹持稳定。

2）锪孔切削面积小，锪钻切削刃多，锪孔时进给量选钻孔的2～3倍，切削速度为钻孔的1/3～1/2。精锪时，可采用钻床停车惯性来锪孔。

3）用麻花钻改制的锪钻锪孔时，后角和外缘处前角应适当减小，以防扎刀，且两切削刃要对称，以保持切削平稳，尽量选用较短钻头改制，以减少振动。

4）在钢件上锪孔时，可加润滑油润滑。

五、镗孔工艺

镗孔是对锻出孔、铸出孔或钻出孔的进一步加工，镗孔可扩大孔径，提高精度，减小表面粗糙度值，还可以较好地纠正原来孔轴线的偏斜。镗孔可以分为粗镗、半精镗和精镗。精镗孔的尺寸精度可达 IT7 ~ IT8，表面粗糙度 *Ra* 值 0.8 ~ 1.6μm。

镗削加工的主运动是镗刀的转动，进给运动是工件或刀具的移动。镗孔主要是加工箱体工件上的孔系。

1. 镗刀的安装及对刀

1）刀杆伸出刀架外的长度应尽可能短，以增加刚性，避免因刀杆弯曲变形而使孔产生锥形误差。

2）刀尖应略高于工件的旋转中心，以减小振动和扎刀现象，防止镗刀下部碰坏孔壁，影响加工精度。

3）刀杆要装正，不能歪斜，以防止刀杆碰坏已加工表面。

4）校正刀尖伸出量又叫对刀。对刀时可用对刀表座进行。对刀表座为一 V 形体，将 V 形面放置在镗刀杆上，用百分表的测量头顶在刀头尖上，调整百分表零位，通过敲刀头来测量和调整刀尖的尺寸位置。对刀时应该注意对刀表座 V 形面必须要紧贴镗刀杆，不能倾斜，百分表测量头不可与刀尖进行剧烈摩擦。

2. 工件的安装

1）铸孔或锻孔毛坯工件，装夹时一定要根据内外圆找正，既要保证内孔有加工余量，又要保证与非加工表面的相互位置要求。

2）装夹薄壁孔件，不能夹得太紧，否则加工后的工件会产生变形，影响镗孔精度。对于精度要求较高的薄壁孔类零件，在粗加工之后、精加工之前，稍将卡爪放松，但夹紧力要大于切削力，再进行精加工。

3）当被加工孔的轴线与基准平面平行时，可将工件直接用压板、螺栓固定在镗床工作台上；当被加工孔的轴线与基准平面垂直时，则可在工作台上用弯板（角铁）装夹工件。镗削常用的装夹方式如图 4-40 所示。

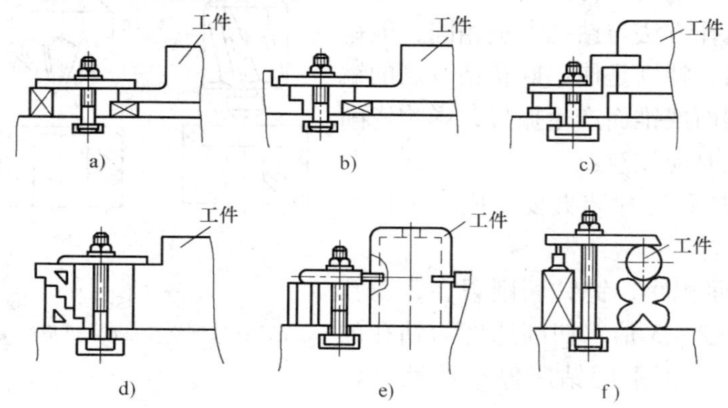

图 4-40　镗削工件常用的夹紧方式

a)、b)、c)、d) 压板、螺栓夹紧方式　e) 螺栓、定位销钉夹紧方式　f) 螺栓、V 形块夹紧方式

4）在成批生产中，对孔系的镗削常将工件装夹于镗床夹具（镗模）内，以保证孔系的位置精度和提高生产率。如图 4-41a 所示，工件 4 以底面定位装夹于镗模 5 中，导套为镗刀杆 3 定位并导向，万向接头 2 保证镗刀杆与主轴 1 成浮动连接。图 4-41b 所示为万向接头的

示意图，其莫氏锥柄与主轴莫氏锥孔配合连接。

3. 镗孔方法

（1）粗镗和精镗

1）粗镗。粗镗主要是对工件的毛坯孔（如铸造孔）或对钻削、扩削后的孔进行初加工。粗镗时采用较大的镗削用量以切除工件表面不规则的硬层部分，为下一步半精镗、精镗加工打好基础。

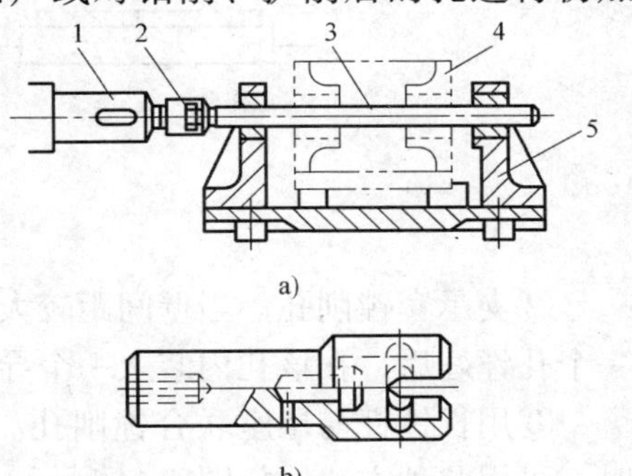

图 4-41 工件用镗模装夹

1—主轴 2—万向接头 3—镗刀杆 4—工件 5—镗模

粗镗加工后一般单边留 2 ~ 3mm 作为半精镗或精镗孔的加工余量。对于精密的箱体类工件，在粗镗加工后还应进行回火和时效处理，以消除工件内应力，最后才进行精镗。

2）半精镗。半精镗是精镗的预备工序，主要是切除粗镗加工时留下的余量不均匀部分。半精镗后一般留精镗余量为 0.3 ~ 0.4mm。对精度要求不高的孔，可直接进行精镗，不必增设半精镗工序。

3）精镗。精镗是镗削加工孔时的最后工序，其目的是保证镗削孔的尺寸精度、孔的形状精度和较小的表面粗糙度值。精镗时采用较高的切削速度，以较小的进给量切削掉前面工序所留下的加工余量。精镗时镗刀及切削用量的要求如下：

采用单刃镗刀进行精镗时，镗刀的几何角度选用前角 $\gamma_0 = 8° \sim 15°$，后角 $\alpha_0 = 5° \sim 12°$，主偏角 $K_r = 90°$，副偏角 $K_r' = 0° \sim 10°$，刃倾角 $\lambda = -4° \sim 0°$。

使用单刃硬质合金镗刀镗削铸铁材料，精度达到 IT6 时，切削速度 $v_c = 70 \sim 90$m/min，进给量 $f = 0.12 \sim 0.15$mm/r；镗削钢材，切削速度 $v_c = 100 \sim 150$m/min，进给量 $f = 0.12 \sim 0.15$mm/r；镗削铝及其合金，切削速度 $v_c = 150 \sim 400$m/min，进给量 $f = 0.06 \sim 0.1$mm/r。

（2）镗削的工艺特点

1）镗刀刀杆刚性差，加工时容易产生变形和振动，为了保证镗孔质量，精镗时一定要采用试切方法，并选用比精车外圆更小的背吃刀量 a_p 和进给量 f，并要多次走刀，以消除孔的锥度。

2）镗台阶孔和不通孔时，应在刀杆上用粉笔或划针作记号，以控制镗刀进入的长度。

3）镗孔生产率较低，但镗刀制造简单，大直径和非标准直径的孔都可加工，通用性强，多用于单件小批量生产中。

（3）镗孔加工的类型

1）穿镗法镗削。穿镗法镗削是利用一根镗杆，从孔壁一端进行镗孔加工，逐渐深入，它又包括悬伸镗削法、支承套镗削孔和用长镗杆与尾座联合镗孔三种方法。

①悬伸镗削法。悬伸镗削法包括主轴送进镗削法和工作台送进镗削法。主轴送进镗削法是主轴旋转做主运动的同时沿轴向做进给运动，如图 4-42a 所示。工作台送进镗削法是主轴做旋转运动，工作台连同工件沿镗床导轨做进给运动，如图 4-42b 所示。

工作台送进镗削法适用于精度要求较高的孔加工或用于精镗加工。在选定镗削类型时，应该视工件的结构形状及工艺系统的刚度而定。

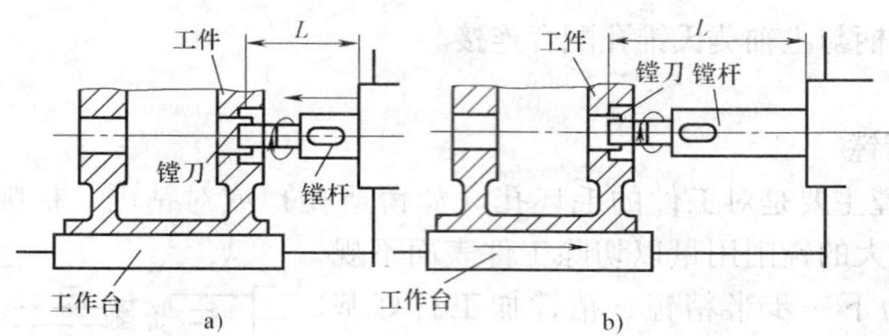

图 4-42 悬伸镗削法

②支承套镗削孔。当壁间距较大或镗同一轴线上的几个同轴孔时，可以将距主轴最近的一个孔镗好后，在该孔内装上一个导向套作为支承，镗削其余同轴孔，如图 4-43 所示。

③用长镗杆与尾座联合镗削孔。当一轴线上有两个以上同轴孔，而且同轴度要求较高时，可用此种方法，如图 4-44 所示。

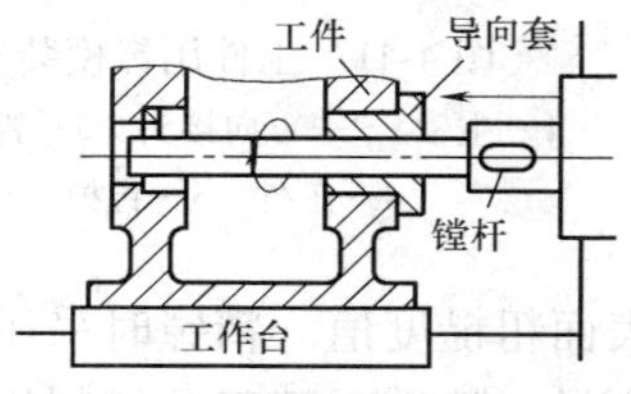

图 4-43 用导向支承套镗孔

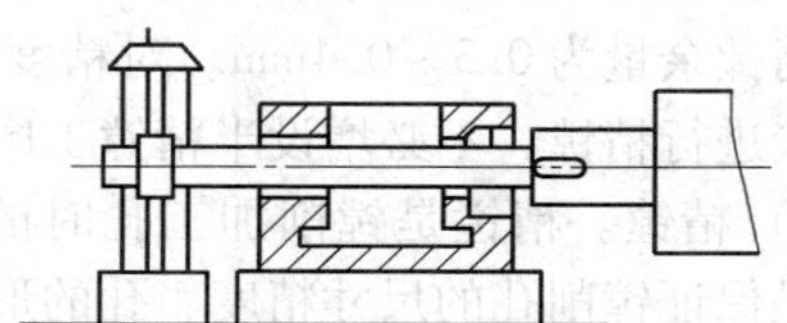

图 4-44 用长镗杆与尾座联合镗孔

2）调头镗。调头镗是分别从工件孔壁两端进行镗孔，完成同轴孔的加工，其特点是镗杆伸出短，刚性好，镗孔时可选用较大的切削用量，故生产率较高。调头镗一般适用于中小型工件的镗孔。

第四节 典型孔加工实例

【本节学习要点】

1. 掌握在斜面上钻孔、在圆柱上钻孔、在球面上钻孔及钻相割孔和半圆孔的方法。
2. 掌握镗单孔和箱体上孔系的镗削方法。

一、钻孔工艺实例

1. 钻斜面上的孔

下面讲述三种在斜面上钻孔的方法，如图 4-45 所示。

方法一：先用铣刀在斜面钻孔处铣出一个平台，然后用钻头钻孔。

方法二：用錾子在钻孔的斜面上錾一个很小的水平面，打一个样冲眼，先用中心钻钻出较大的锥坑或用小钻头钻孔。钻头有了定心坑，便不会钻偏了。

方法三：先用中心钻在孔中心钻出中心孔，为消除中心孔斜面 A 对钻头的妨碍，用短的平刃钻头加工出一个平面 B，然后再正式钻孔。

2. 钻相割孔

如图 4-46 所示为钻两相割孔的方法，先钻出完整的大孔，在已加工好的大孔中嵌入与工件材料相同的金属棒后再钻孔，可避免产生钻孔不垂直和折断钻头的现象。

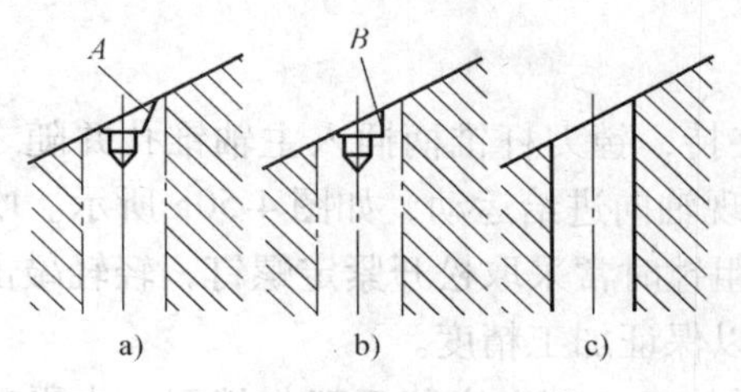

图 4-45　斜面钻孔

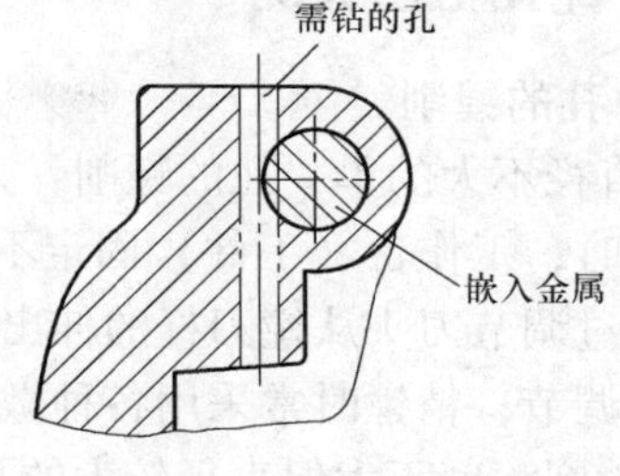

图 4-46　钻相割孔

3. 钻半圆孔

如图 4-47 所示半圆孔的加工方法如下：

方法一：先加工完整的孔，再去掉一半。

方法二：将两个半圆孔工件合在一起加工出孔来。

方法三：选择一块与工件材料相同的块状零件，与工件装夹在一起钻孔。

4. 在球面上钻孔

如图 4-48 所示，将球体工件 2 放在加工了孔全角的螺纹管 1 上，拧紧螺盖 3，钻头便可通过螺盖上的导孔对球体工件钻孔。批量生产时，可在螺盖上加钻套。

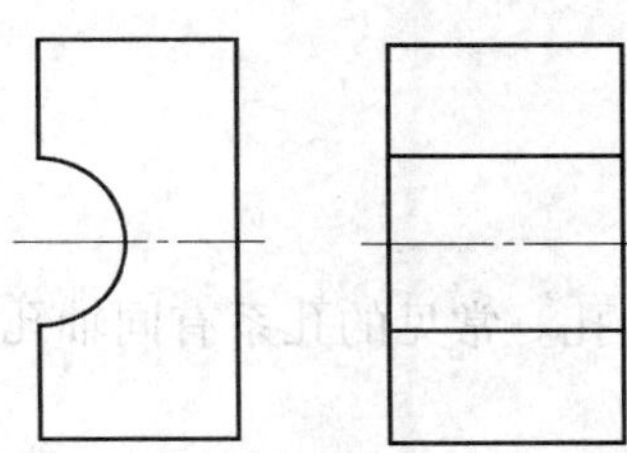
图 4-47　钻半圆孔

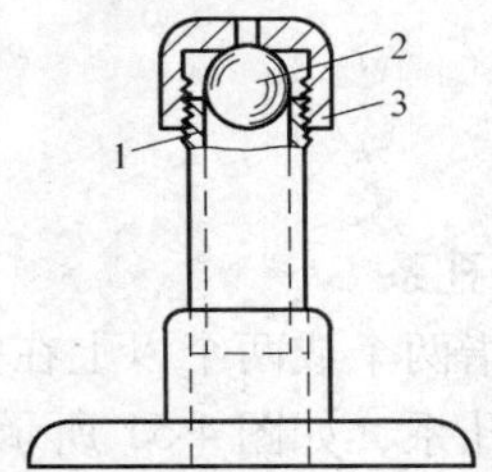

图 4-48　在球面上钻孔
1—螺纹管　2—工件　3—螺盖

5. 在圆柱工件上钻孔

用定心工具定位，钻削孔中心与工件中心线有对称度要求的孔，如图 4-49 所示。

将定心工具装夹在钻卡头中，用百分表找正其圆锥部分与钻床主轴间的同轴度，使振摆在 0.01 ~ 0.02mm，然后下降主轴，使工具的圆锥部分与 V 形块贴合，再用压板固定 V 形块位置。把工件置于 V 形块上，用直角尺或其他工具找正工件的钻孔位置，装上钻头，压紧工件即可钻削。

钻削时先钻一浅孔，观察中心位置是否准确，应把钻孔中心与工件中心线的对称度误差控制在 0.1mm 以内。

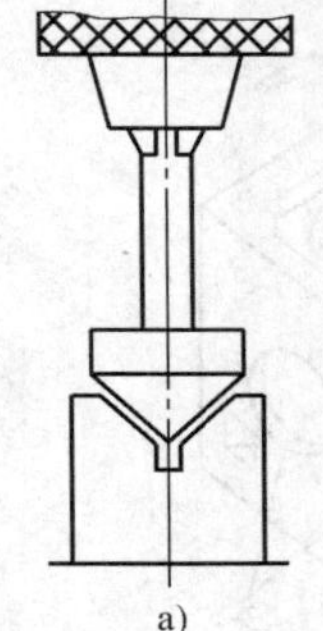

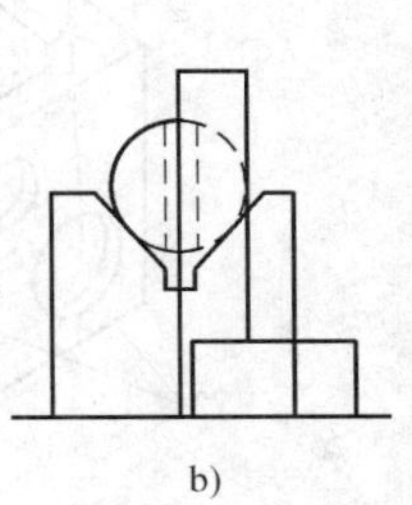

图 4-49　在圆柱面上钻孔
a）用定心工具找正 V 形块位置　b）找正钻孔位置

二、镗孔工艺实例

1. 单孔的镗削

1）直径不大的单一孔的镗削，刀头用镗刀杆夹持，镗刀杆锥柄插入主轴锥孔并随之回转。加工时，工作台（工件）固定不动，由主轴实现轴向进给运动，如图 4-50a 所示。吃刀量大小通过调节刀头从镗刀杆的伸出长度来控制，粗镗时常采取松开紧定螺钉，轻轻敲击刀头来实现调节；精镗时常采用各种微调装置调节，以保证加工精度。

2）镗削深度不大但直径较大的孔时，可使用平旋盘，其上安装刀架与镗刀，由平旋盘回转带动刀架和镗刀回转做主运动，工件由工作台带动做纵向进给运动，如图 4-50b 所示。吃刀量用移动刀架溜板调节。此外，移动刀架溜板做径向进给，还可以加工孔边端面，如图 4-50c 所示。

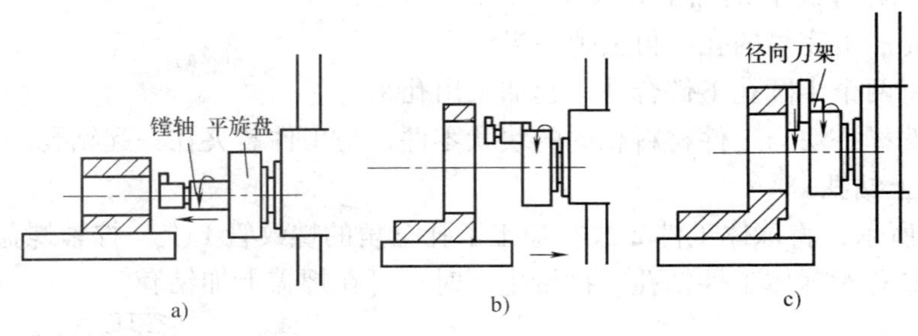

图 4-50　单孔镗削例图

2. 镗削孔系

孔系是指两个或两个以上在空间具有一定相对位置的孔。常见的孔系有同轴孔系、平行孔系和垂直孔系，如图 4-51 所示。

（1）镗削平行孔系　若两平行孔的轴线在同一水平面内，在镗削完一个孔后，将工作台（工件）横向移动一个孔距，即可进行另一孔的镗削。

若两平行孔轴线在同一垂直平面内。则在镗削完一个孔后，将主轴箱沿主立柱垂直移动一个孔距，即可对另一个孔进行镗削，如图 4-52 所示。

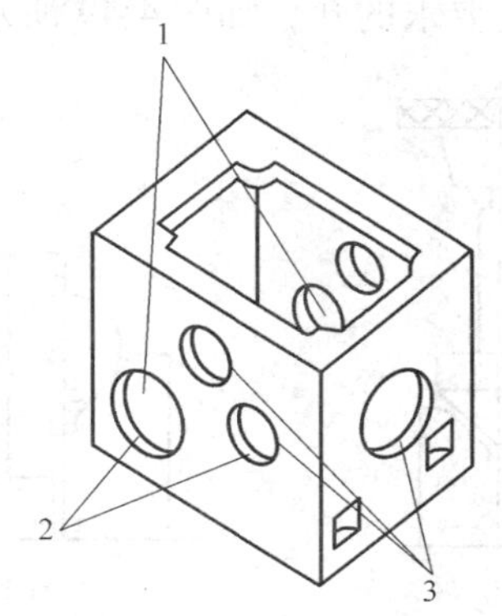

图 4-51　箱体上的孔系

1—同轴孔系　2—平行孔系　3—垂直孔系

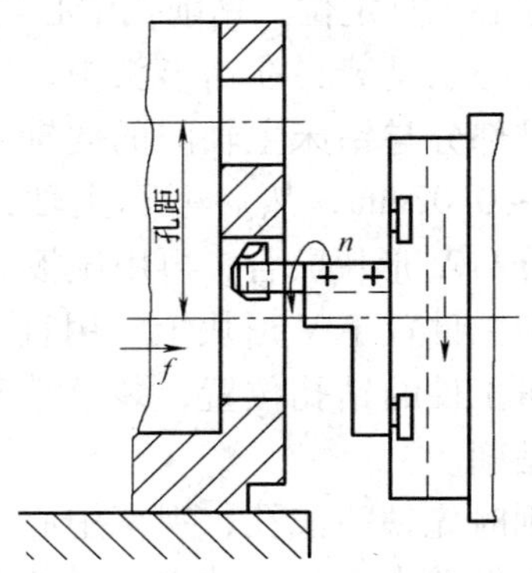

图 4-52　镗削轴线在同一垂直平面内的平行孔系

若两平行孔轴线既不在同一水平面内，又不在同一垂直平面内，可在加工完一个孔后，用横向移动工作台，再垂直移动主轴箱的方法，确定工件与刀具的相对位置。

（2）镗削垂直孔系　将工件装夹在工作台上，按侧面或基准面找正，使待加工孔的轴线与镗刀杆轴线同轴。

若两孔轴线在同一水平面内相交垂直，在镗削完第一个孔后，将工作台连同工件回转90°，再按需要横向移动一定距离，即可镗削第二个孔，如图4-53所示。

若两孔轴线呈空间交错垂直，则在上述调整方法的基础上，再将主轴箱沿主立柱向上（下）移动一定距离后，再进行第二个孔的镗削。

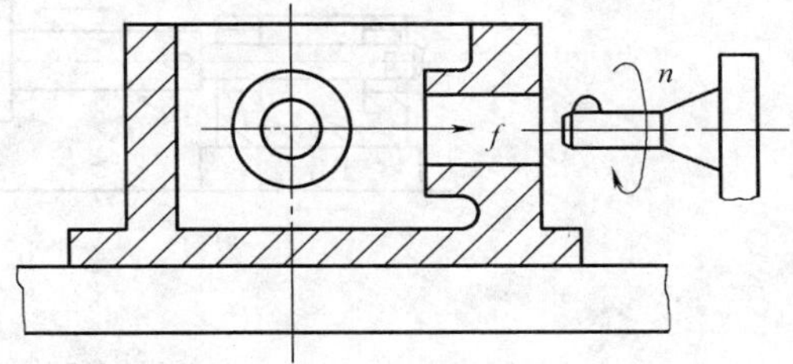

图4-53　镗削垂直孔系

（3）镗削同轴孔系

1）支承镗削法。使用长镗刀杆（一般是工件长度的两倍），一端插入主轴锥孔，另一端穿越工件预加工孔由尾立柱支承，主轴带动镗刀回转做主运动，工作台带动工件做纵向进给运动，即可镗出直径相同的（两）同轴孔，如图4-54所示。镗削单一深度大的孔的方法与此相同。

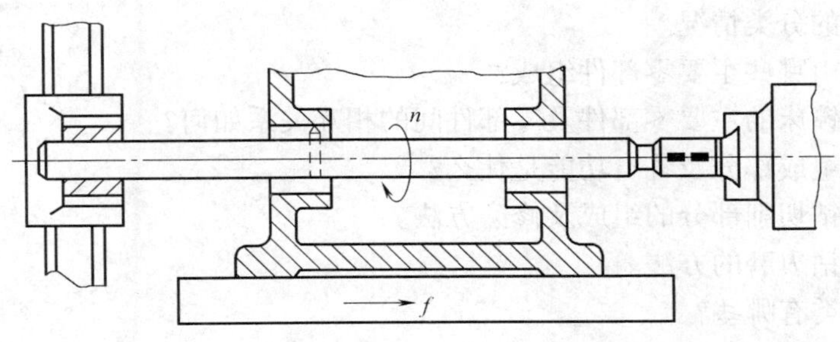

图4-54　镗削同轴孔系

若同轴孔系诸孔直径不等，可在镗刀杆轴向相应位置，安装几把镗刀，将同轴孔先后或同时镗出。

2）悬伸镗削法。悬伸镗削同轴孔系，镗孔时分加导向套和不加导向套两种。如图4-55a所示，主轴和镗刀杆的悬伸长度不变，镗刀杆不用导向套。采用工作台进给时，孔系轴线的直线度取决于工作台纵向进给方向直线度的大小。当镗床不能做纵向移动时，或对于没有工作台的镗床，可采用主轴送进。由于镗刀杆只固定了一端，刀具系统的刚性较差，只适用于镗削浅孔。

如图4-55b所示，镗削同一轴线上的各孔时，所用刀杆的长度不同，第一孔加工后，将短刀杆换为长刀杆。从加工第二孔开始，在已加工的孔内安装导向套，以增加刀具的刚度及抗振性，可采用工作台进给，亦可采用主轴送进。这种方法适用于轴心线同轴度要求较高的孔系的加工。

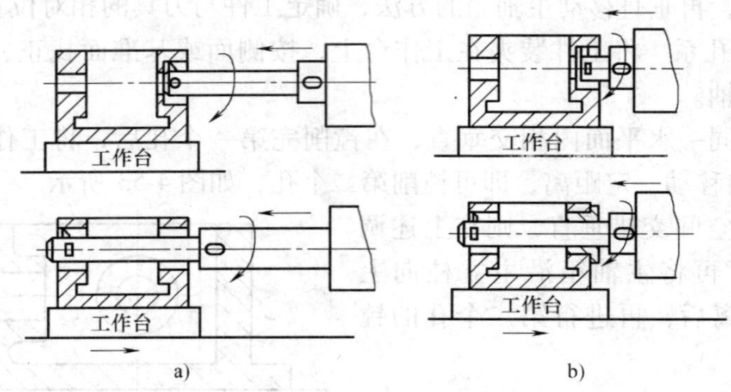

图 4-55　悬伸镗削同轴孔

a）无导向套　b）有导向套

习　题

1. 钻床是如何分类的？立式钻床和摇臂钻床的结构各有何特点？
2. 钻床的安全操作规程是什么？
3. 简述镗床的分类情况。
4. 卧式镗床由哪些主要零部件组成？
5. 卧式坐标镗床的主要零部件及零部件间的相互关系如何？
6. 麻花钻的组成部分及各自功能是什么？
7. 简述麻花钻切削部分的组成及修磨方法。
8. 简述麻花钻刃磨的方法。
9. 锪钻的种类有哪些？
10. 试述铰刀的组成及各部分的功能。
11. 试述铰刀的分类。
12. 试述丝锥的主要组成部分及其功能。
13. 常用镗刀的种类有哪些？
14. 钻孔时工件装夹的方法有哪些？
15. 使用钻模夹具钻孔的优点有哪些？
16. 钻孔时的主运动和进给运动是什么？
17. 钻削用量如何选择？
18. 试述扩孔的工艺特点及切削用量的选择。
19. 如何选择铰削用量？
20. 试述铰孔的工艺特点。
21. 试述铰孔产生各种缺陷的原因。
22. 锪孔时的注意事项有哪些？
23. 攻螺纹底孔和套螺纹圆杆的直径如何确定？
24. 攻螺纹和套螺纹的加工方法各有哪些？

25. 攻螺纹和套螺纹时切削液如何选择？
26. 镗刀的安装要求有哪些？
27. 镗孔时工件的装夹方法有哪些？
28. 粗、精镗的工艺特点是什么？
29. 镗孔加工的类型有哪些？
30. 在斜面上钻孔的方法有哪些？
31. 在球上钻孔的方法有哪些？
32. 箱体上加工孔系的方法有哪些？

第五章

磨削加工技能训练基础

【学习目标】

1. 熟练掌握磨床的结构及基本操作。
2. 熟悉磨床的加工方法及范围，了解磨工基本工艺。
3. 掌握一般模具零件的磨削加工方法。

第一节　磨床基础知识

【本节学习要点】

1. 熟悉磨床的结构及主要部件的名称和作用。
2. 熟练掌握主轴转速和进给速度的调整方法。
3. 熟练掌握磨床的基本操作。

磨削加工是指用磨料来切除材料的加工方法。随着科学技术的进步，磨削加工已发展成为多种形式的加工工艺。

磨削是用高速旋转的砂轮作为切削工具对工件进行切削加工的方法。经过磨削的工件可获得较高的精度和较小的表面粗糙度值。磨削广泛地用于各类机器制造中的精细加工。

一、磨床的组成

1. M1432A 万能外圆磨床

M1432A 万能外圆磨床主要由床身、工作台、头架、尾座、砂轮架、横向进给手轮等组成，如图 5-1 所示。

2. M7120A 平面磨床

M7120A 平面磨床是卧轴矩台平面中比较常见的一种机床，如图 5-2 所示，它由床身、工作台、立柱和砂轮等部件组成。

（1）床身　床身 1 为箱形铸件，上面有 V 形导轨及平面导轨，工作台 3 安装在导轨上。床身前侧装有工作台手动机构、垂直进给机构、液压操纵板及电器按钮板。液压操纵板用以控制机床的机械与液压传动；电器按钮板装有液压泵起动按钮、砂轮变速起动开关、电磁吸盘工作状态开关及总停开关，并装有退磁插座。在床身后部的平面上，装有立柱及垂直进刀机构和减速器。

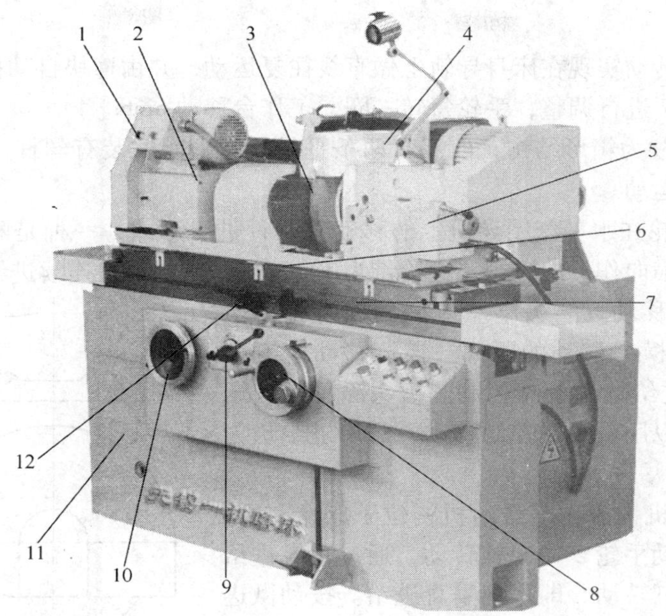

图 5-1　M1432A 万能外圆磨床

1—传动变速机构　2—头架　3—砂轮　4—砂轮架　5—尾座　6—上工作台
7—下工作台　8—横向进给手轮　9—快速手柄　10—工作台手轮
11—床身　12—撞块

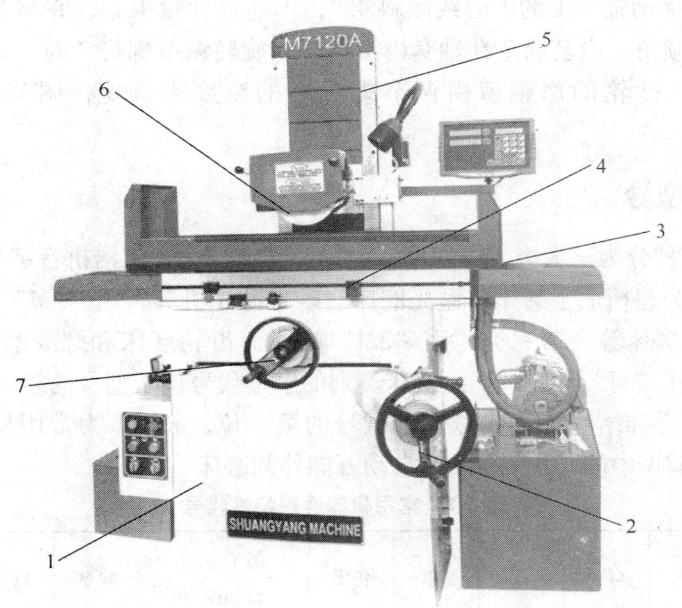

图 5-2　M7120A 平面磨床

1—床身　2、7—手轮　3—工作台　4—撞块　5—立柱　6—砂轮修整器

(2) 工作台　工作台3是一个盆形铸件，上部有长方形的台面，表面经过磨削，并有一条T形槽，用以固定工作物和电磁台面，在台面两端装有防护罩，以防止切削液的飞溅，下面有凸出的导轨。

工作台由液压传动实现在床身导轨上做直线往复运动，并由撞块自动控制换向。工作台也可利用摇动手轮7进行调整，手轮每转一圈，工作台移动6mm。

(3) 立柱　立柱为箱形结构，前部有两条平导轨，中间安装有丝杠，通过螺母固定滑板沿平导轨做垂直运动。

(4) 砂轮　砂轮在水平燕尾导轨上的移动有两种进给形式，一种是断续进给，即工作台每换一次，磨头横向作一次进给，进给量为1～2mm；另一种是连续进给，磨头在水平燕尾导轨上往复连续移动。磨头座左侧槽内装有行程撞块，用以控制磨头横向移动的距离。连续移动速度为0.3～3m/min，由进给选择旋钮控制。磨头除了由液压传动控制外，也可以用手轮7控制移动，每格进给量为0.01mm。

(5) 垂直进给机构　垂直进给机构位于床身前面，固定在床身上。摇动手轮2带动轴转动，通过垂直进给减速器齿轮，使丝杠转动，即得到垂直进给。按动微进给按钮，磨头作垂直微进给，每按动一次，进给0.005mm。垂直进给最大量为345mm，手轮转一圈移动量为1mm。

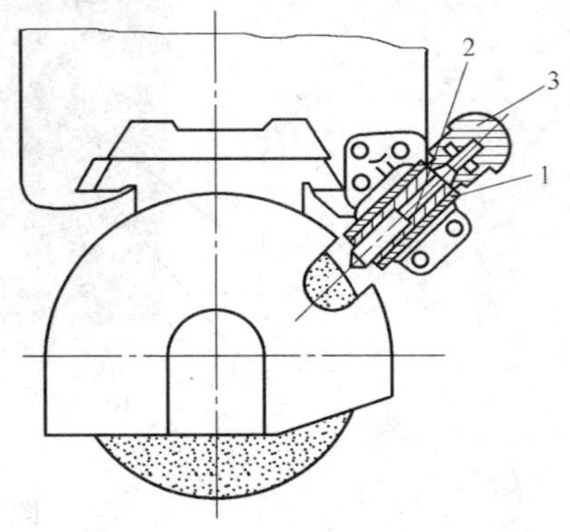

图5-3　砂轮修整器

1—可移动轴套　2—内套筒　3—调节螺母

(6) 砂轮修整器　砂轮修整器6装在滑板前面，如图5-3所示，其可移动轴套1的中心线倾斜45°，不通过砂轮中心，并与金刚石尖端及砂轮中心连线成10°的倾角。内套筒2在轴套内滑动，当旋转调节螺母3时，通过左旋螺纹使内套筒做直线运动。砂轮的修整值由调节螺母上的刻度来确定，调节螺母每分度值为0.01mm。

二、磨床的型号

我国将磨床品种分为三大类，一般磨床为第一类，用大写汉语拼音字母“M”表示，读作“磨”；第二类为超精加工磨床、抛光磨床、砂带抛光机等，用“2M”表示；轴承套圈、滚子、钢球、叶片磨床等为第三类，用“3M”表示。齿轮磨床和螺纹磨床则分别用“Y”和“S”表示，读作“牙”和“丝”。机床类别的字母代号位于型号的第一位。

磨床的通用特性和结构特性代号位于型号的第二位，表5-1为常用机床的通用特性代号，如型号MB1432A中的“B”表示半自动万能外圆磨床。

表5-1　常用机床通用特性代号

通用特性	高精度	精密	自动	半自动	数控	仿形	加工中心（自动换刀）	轻型	数显	简式或经济型	高速
代号	G	M	Z	B	K	F	H	Q	X	J	S
读音	高	密	自	半	控	仿	换	轻	显	简	速

磨床型号还指明机床的主要规格参数，一般以机床上加工的最大工件尺寸或工作台面宽度（或直径）的1/10表示，曲轴磨床则表示最大回转直径的1/10；无心磨床则表示基本参数本身（如M1080表示最大磨床直径为ϕ80mm）。

机床结构性能的重大改进用顺序A、B、C……表示，加于型号的末尾。

目前，我国工厂中使用的一部分老机床型号用三位数表示，例如M131W表示工作台最大磨削直径为ϕ315mm的万能外圆磨床。

常见磨床型号如M7475B和MGB1432D，其字母与数字的含义如下：

“M”为“磨”字的汉语拼音的第一个字母，直接读音为“磨”。

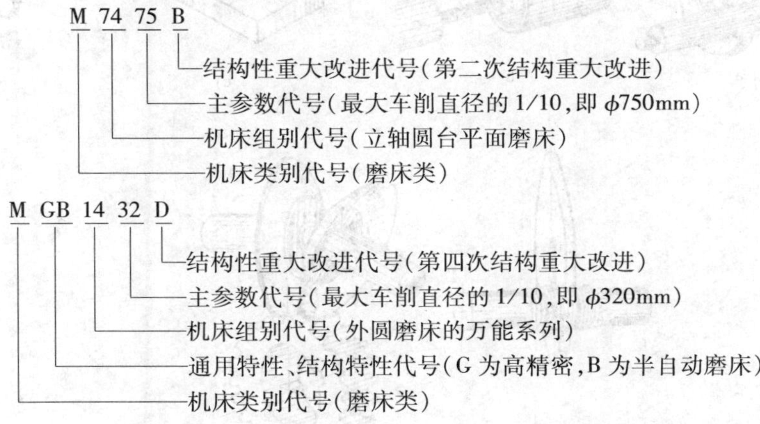

三、磨床的主要技术参数

M7120A的主要技术参数见表5-2。

表5-2 M7120A的主要技术参数

技术规格	单位	技术参数值
磨削工件最大尺寸（长×宽×高）	mm×mm×mm	500 × 200 × 330
工作台纵向移动量	mm	520
工作台横向移动量	mm	220
工作台面至主轴中心最大距离	mm	430
工作台最大承重	kg	100
工作台台面尺寸（长×宽）	mm×mm	500 × 200
工作台T形槽	mm×n	12×1
工作台速度	m/min	0~22
前后手轮进给量	mm/格	0.02
砂轮尺寸（外径×宽度×内径）	mm×mm×mm	200×16 ×31.75
主轴转速	r/min	2900
微调机构每圈长降量	mm	0.04
微调机构每格进给量	mm	0.001
主轴电动机功率	kW	1.1
机床外形尺寸（长×宽×高）	mm×mm×mm	1670×1350×1780
包装箱尺寸（长×宽×高）	mm×mm×mm	1760× 1370×1990
毛重、净重	t	1.6、1.5

四、磨床的加工范围

磨床除能磨削外圆、内圆、平面和成形面外，还能磨削螺纹、齿轮、刀具、模具、曲轴等复杂零件的表面，如图5-4所示。

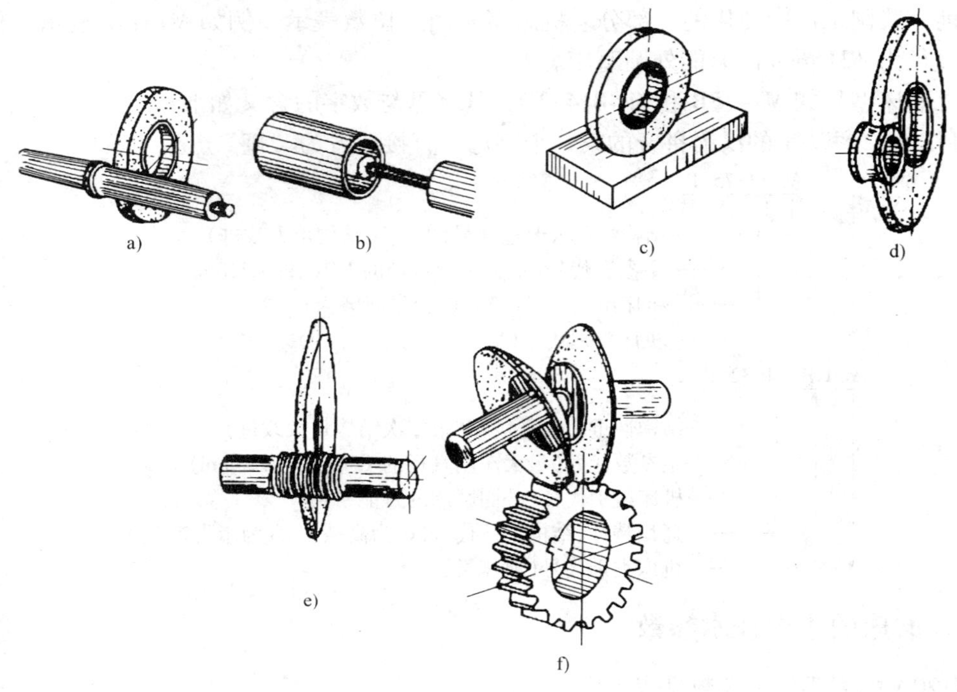

图5-4 常见的磨削加工
a）外圆磨削 b）内圆磨削 c）平面磨削 d）成形磨削 e）螺纹磨削 f）齿轮磨削

五、平面磨床的基本操作方法

1. 操作前的准备工作和检查

1）操作前检查所使用的设备、工具和作业现场，保证安全可靠。

2）开动机床前应检查磨床的机械、液压和电气等传动系统是否正常，砂轮、挡铁、砂轮罩壳等是否坚固，防护装置是否齐全；起动砂轮时，人不应正对砂轮站立。

2. 磨削前的检查

1）检查砂轮是否锋利，如砂轮表面粘有一些黑色的金属就应该用金刚笔进行修整。

2）用金刚笔修整砂轮时，要让金刚笔与砂轮接触的点偏向砂轮轴心的左边约3~5mm，这样才能确保修整砂轮时的安全。

3）砂轮应经过2s空运转实验，确定砂轮运转正常时，才能开始磨削。

3. 平面磨削工作

1）把要磨削的工件表面用砂布、废砂轮等简单地磨去飞边、披锋等工作表面不平的东西，作为基准面放到磁力台上。

2）打开磁力开关，把工件牢牢地吸在磁力台上，并用手推、拉，检查是否吸牢。

3）操纵横向和纵向手柄，将工件调整到砂轮的下方。

4）摇动垂直升降手柄，使砂轮的外轮廓靠近工件约 2～3mm 的位置，并移动工作台，确认没有碰擦工件。

5）起动磨头，使砂轮旋转，摇动左右移动手柄，使工作台即工件运动，同时缓慢摇动垂直升降手柄，让砂轮逐渐接近工件。当看到火花时，立即停止砂轮的垂直下降。

6）摇动前后移动手柄，使工件与砂轮错开，然后垂直进给 5 小格（即 0.025mm）。每次垂直进给最多 5 小格，也可根据磨床砂轮罩上的说明进给。

7）工作台向左右摇动进行磨削，同时摇动纵向手柄，当工件移动至左边或右边时，进行纵向进给。

8）当需要磨垂直面、斜面、圆弧或其他异形面时，要使用精密机用虎钳、R 修整器、正弦磁力台等机床附件。

第二节　磨削加工基本常识

【本节学习要点】

1. 熟悉磨削加工的三个要素。
2. 熟练掌握切削用量的选择原则。
3. 了解磨床加工所能达到的精度及表面粗糙度。
4. 了解切削液的作用、种类和选择原则。

一、磨削用量的基本概念

1. 磨削加工的相对运动

在磨削过程中，为了切除工件表面多余的金属，必须使工件和刀具做相对运动。如图 5-5 所示为外圆、内圆和平面磨削的运动。

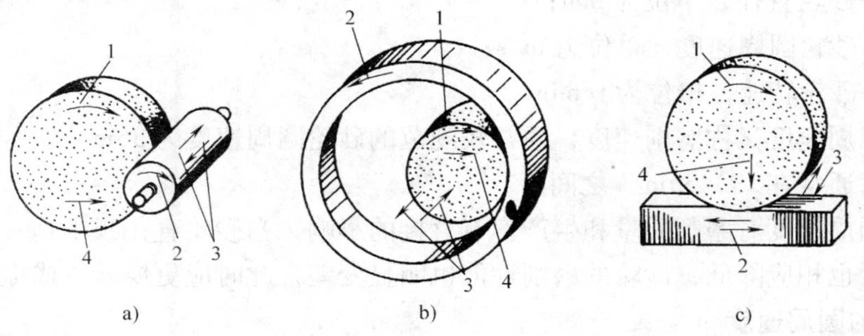

图 5-5　磨削运动

a）外圆磨削　b）内圆磨削　c）平面磨削

1—主运动　2、3、4—进给运动

（1）磨削运动的分类

1）主运动。主运动是直接切除工件表面金属，形成工件新表面（已加工表面）的运动。主运动一般为一个，如图 5-5 中的砂轮旋转运动为主运动，其运动的速度较高、消耗的切削功率较大。

2）进给运动。进给运动是使新的金属不断投入磨削的运动。如图5-5中的2、3、4，均为进给运动，视磨削方式的不同，其运动方向有所区别。

（2）不同磨削方式的进给运动

1）外圆磨削（见图5-5a）的进给运动为工件的圆周进给运动2、工件的纵向进给运动4和砂轮的横向进给运动3。

2）内圆磨削（见图5-5b）的进给运动与外圆磨削相同。

3）平面磨削（见图5-5c）的进给运动为工件的纵向（往复）进给运动2、砂轮或工件的横向进给运动3和砂轮的垂直进给运动4。

2. 磨削用量

磨削用量即磨削时的切削用量，是切削过程中磨削速度和进给量的总称。以外圆磨削为例，其磨削用量包括砂轮圆周速度、工件圆周速度、工件纵向进给量和砂轮横向进给量四个参数，其方向如图5-6所示。

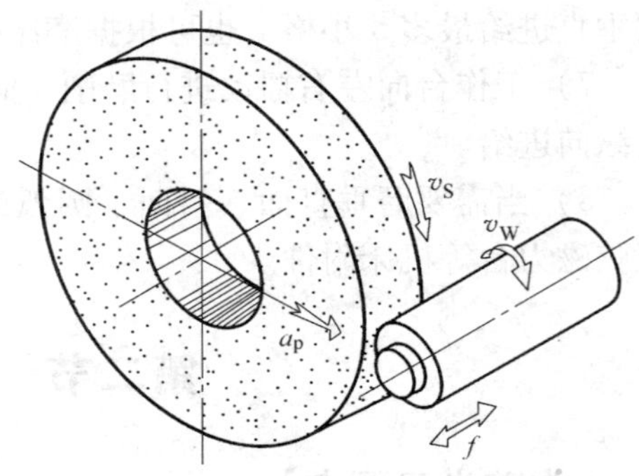

图5-6　外圆磨削用量

二、砂轮磨削的磨削用量

1. 砂轮的圆周速度

砂轮外圆表面上任意一点在单位时间内所经过的路程，称为砂轮的圆周速度，用 v_s 表示，其单位为m/s。砂轮的圆周速度可按下列公式计算

$$v_s = \pi D_s n/(1000 \times 60)$$

式中　D_s——砂轮直径，单位为mm；

v_s——砂轮圆周速度，单位为m/s；

n——砂轮转速，单位为r/min。

砂轮的圆周速度又称磨削速度，通常较规范的砂轮圆周速度为35m/s，不同磨削方式的砂轮圆周速度通常在19～35m/s之间。

砂轮的圆周速度对磨削质量和生产率有直接的影响。当砂轮直径减小到一定数值时，砂轮的圆周速度也相应降低，砂轮的磨削性能也明显变差，此时应更换砂轮或提高砂轮转速。

2. 工件的圆周速度

工件被磨削表面上任意一点在单位时间内所经过的路程，称为工件的圆周速度，用 v_w 表示，其量值比砂轮圆周速度低得多，故单位取m/min，其计算公式为

$$v_w = \pi d_w n/1000$$

式中　d_w——工件的外圆直径，单位为mm；

v_w——工件的圆周速度，单位为m/min；

n——工件转速，单位为r/min。

工件的圆周速度一般为10～30m/min。实际生产中按加工精度来选择工件的圆周速度，加工精度较高的工件通常取低值；反之，取高值。

3. 纵向进给量

工件每转一周相对砂轮在纵向移动的距离，称纵向进给量，用f表示（见图5-7），其单位为mm/r。由于纵向进给量受到砂轮宽度的约束，故其计算公式为

$$f=(0.2\sim0.8)B$$

式中　f——纵向进给量，单位为mm/r；

B——砂轮宽度，单位为mm。

通常纵向进给量按加工精度和粗、精磨要求选定，在粗磨时取较大值，精磨时则相反。实际操作时，则可按纵向进给与纵向进给量之间有如下关系

$$v_{纵}=fn_w/1000$$

式中　$v_{纵}$——工作台速度，单位为m/min；

n_w——工件转速，单位为r/min。

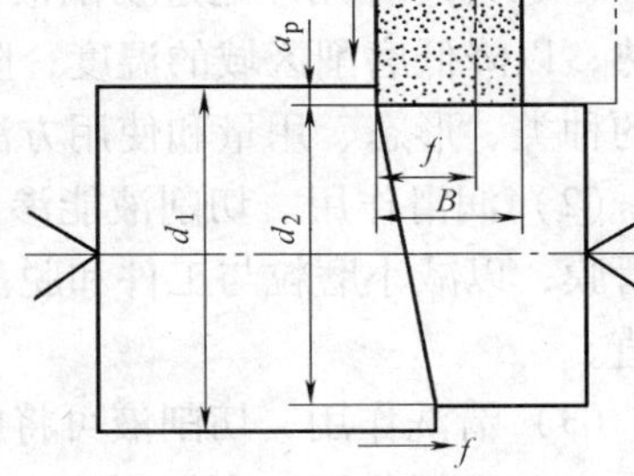

图5-7　纵向进给量和背吃刀量

4. 横向进给量

在工作台每次行程终了时，砂轮在横向移动的距离称横向进给量（又称背吃刀量），用a_p表示（见图5-7），单位为mm。横向进给量可按下式计算

$$a_p=(d_1-d_2)/2$$

式中　a_p——背吃刀量，单位为mm；

d_1——吃刀前工件直径，单位为mm；

d_2——吃刀后工件直径，单位为mm。

外圆磨削的背吃刀量较小，一般取0.005～0.05mm，精磨时取小值，粗磨时则取较大值。

切削速度、进给量、背吃刀量通常称为切削三要素，磨削时应合理选择。

磨削用量的选择原则是：粗磨时以提高生产率为主，选用大的背吃刀量和纵向进给量；精磨时以保证精度和表面粗糙度要求为主，选择较小的背吃刀量和纵向进给量；同时还要考虑磨床、工件等具体情况，再综合分析确定。

三、磨床的加工精度及表面粗糙度

磨削加工的尺寸精度较宽，一般可达IT9～IT5，精密磨削时可达IT6～IT5，表面粗糙度Ra（轮廓算术平均高度）数值的范围一般是10～0.01μm。常用磨削的精度和相应的表面粗糙度值见表5-3。

表5-3　常用磨削的精度和相应的表面粗糙度值

加工类别	加工精度	相应表面粗糙度值 Ra/μm
粗磨	IT9～T8	10～1.25
精磨	IT8～IT6	1.25～0.63
精密磨	IT6～IT5	0.16～0.01

四、切削液的选用

1. 切削液的作用

切削液主要用来降低磨削热度和较少摩擦。合理地使用切削液，有利于降低磨削热、减小工件表面粗糙度值和延长砂轮的寿命。切削液主要有以下作用：

（1）冷却作用　通过切削液的热传导作用，能有效地改善散热条件，带走绝大部分磨削热，以降低磨削区域的温度，防止发生烧伤工件和工件的热变形。冷却作用的大小与切削液的种类、形态、用量和使用方法有关。

（2）润滑作用　切削液能渗入到磨粒与工件的接触面之间，并粘附在金属表面上形成润滑膜，以减小磨粒与工件和脱落的磨粒间的摩擦，提高砂轮寿命，并减小工件的表面粗糙度值。

（3）清洗作用　切削液可将磨屑冲洗掉，防止工件磨削表面被划伤。

（4）防锈作用　在切削液中加入皂类和各种防锈添加剂，可以起到防锈作用，以免工件和机床被氧化锈蚀。

2. 切削液的种类及应用

切削液的化学成分要纯，化学性质要稳定，不宜变质，不应含有毒性物质。切削液的酸度 pH 应呈中性，以免刺激人的皮肤和腐蚀工件、砂轮、机床。切削液应具有较好的冷却润滑作用，而且还应有一定的透明度。

切削液分油类、水溶性和乳化液三大类。各种切削液的特点比较见表 5-4。

表 5-4　各种切削液的特点

性能	油类	水溶性	乳化液
润滑性	最好	比油差	比油差
冷却性	差	较好	好
稳定性	好	差	好
清洗性	差(轻质好)	较差	好
防锈性	好	差	较好
磨削用量	大	大	较大
砂轮寿命	好	好	中
磨削阻力	最小	小	小
表面粗糙度值	最小	小	小
表面层变质	少	多	少
防火性	差	好	好
发泡性	较小	小	大
使用期	长	短	较长

（1）乳化液　乳化液又称肥皂水，由乳化油加水稀释而成。乳化油有多种配方，常见的配方见表 5-5，使用时，取 2% ~5% 的乳化油和 95% ~98% 的水配制即可。低温季节，可先用少量温水将乳化油溶化，然后再加入冷水调匀。根据不同的工件材料和加工要求，可适

当调配其浓度。例如磨削不锈钢工件时，可采用较高浓度；磨削铝制工件时，如浓度过高，则会产生腐蚀作用；精磨时，乳化液的浓度比粗磨时高，有利于减小工件的表面粗糙度值。

表 5-5　乳化油配方（质量分数）

配方一	石油酸钠(乳化剂)	12%
	石油硫酸钡(防锈剂)	1%
	环烷酸钠(乳化、防锈剂)	16%
	L-AN10 全损耗系统用油	71%
配方二	石油硫酸钡(防锈剂)	10%
	磺酸油(乳化剂)	10%
	三乙醇胺(乳化清洗剂)	10%
	油酸(乳化清洗剂)	2.4%
	氢氧化钾(乳化清洗剂)	0.6%
	水	3%
	L-AN5 全损耗系统用油	64%

（2）合成液　合成液是一种新型切削液，由添加剂、防锈剂、低泡油性剂和清洗剂配制而成。使用合成液后，磨削的工件表面粗糙度值可达 $Ra0.025\mu m$，砂轮的寿命可提高 1.5 倍，使用期在一个月左右。

（3）极压机械油　极压机械油为油性切削液，用于螺纹磨床和齿轮磨床等。极压机械油的配方见表 5-6。

表 5-6　极压机械油的配方

成　分	质量分数(%)	成　分	质量分数(%)
石油磺酸钡(防锈剂)	2	L-AN15 全损耗系统用油	72
氟化石蜡(挤压剂)	10	L-AN32 全损耗系统用油	
环烷酸铝(挤压剂)	6	L-AN5 全损耗系统用油	10

3. 切削液的使用注意事项

1）切削液应直接浇注在砂轮与工件接触的部位。

2）切削液的流量应充足，一般取 10～30L/min，并应均匀喷射到砂轮整个宽度上。

3）切削液应有一定的压力。

4）切削液应保持清洁，尽量减少切削液中杂质的含量，定期更换切削液，尤其是变质的切削液要及时更换。

4. 切削液的喷注方式

切削液的喷注方式有外喷注冷却方式和内喷注冷却方式两种，如图 5-8 所示。

5. 对切削液的要求

磨削用的切削液应满足以下要求：

1）切削液的化学成分要纯，化学性质要稳定，无毒性，其酸碱度应呈中性，以免刺激皮肤和腐蚀机床、工件和砂轮。

2）有良好的冷却性能。切削液的热导率要大，应有一定压力和充足的流量，便于发挥冷却作用。

3）有较好的润滑性。切削液粘度要低，与金属亲和力要强，便于渗透与形成润滑膜，以降低摩擦系数。

4）切削液应与水均匀混合，在水箱中不起泡沫，并经常保持清洁，不使用变质的切削液。

5）切削液应根据磨削工件材料的不同合理选用，尽量使用磨削效果好、价格低廉的切削液。

6）超精磨削中，应选用透明度较高及净化的切削液，便于观察和测量，以保证工件的表面质量。

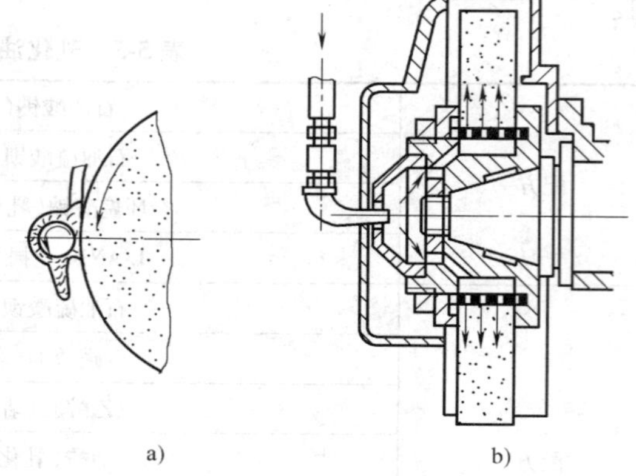

图 5-8 切削液的喷注方式

a）外喷注方式 b）内喷注方式

第三节 砂 轮

【本节学习要点】

1. 了解砂轮的结构组成。
2. 掌握砂轮的一般特性及选择原则。
3. 掌握砂轮的检测、平衡和修整的方法。

一、砂轮的结构

砂轮是由磨料和结合剂经压坯、干燥、烧结而成的疏松体，烧结后需经过车削成形、静平衡、硬度测定及最高工作速度试验等一系列工序，以保证砂轮的质量。砂轮是由磨料、结合剂和空隙（气孔）三部分组成的，如图 5-9 所示。砂轮磨料暴露在表面部分的尖角即为切削刃；结合剂的作用是将众多磨料粘结在一起，并使砂轮具有一定的形状和强度；气孔在磨削中主要起容纳切屑和切削液以及散发切削液的作用。

二、砂轮的特性

1. 衡量砂轮特性的要素

砂轮的工作特性由以下几个要素衡量：磨料、粒度、结合剂、硬度、组织形状和尺寸等，各种特性都有其适用的范围。

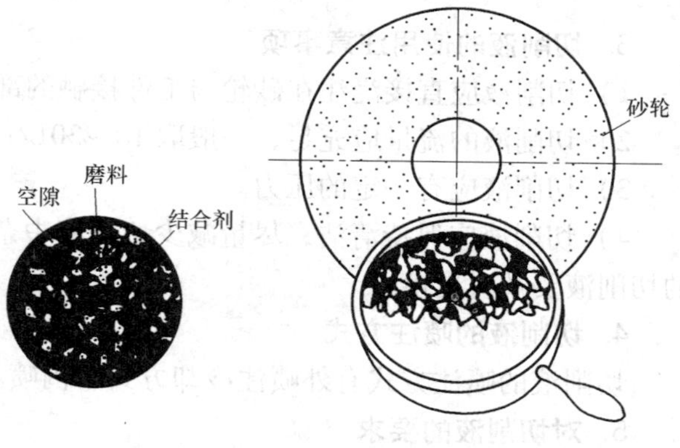

图 5-9 砂轮的结构

（1）磨料 磨料是砂轮的主要成分，它直接担负切削工作，应具有很高的硬度和锋利的棱角，并要有良好的耐热性。常用的磨料有氧化物系、碳化物系和高硬磨料系三种，其代号、性能及应用见表5-7。

表5-7 常用磨料的代号、性能及应用

系列	磨料名称	代号	特性	适用范围
氧化物系 Al_2O_3	棕色刚玉	A	硬度较高、韧性较好	磨削碳钢、合金钢、可锻铸铁、硬青铜
	白色刚玉	WA		磨削淬硬钢、高速工具钢及成形磨
碳化物系 SiC	黑色碳化硅	C	硬度高、韧性差、导热性较好	磨削铸铁、黄铜、铝及非金属等
	绿色碳化硅	GC		磨削硬质合金、玻璃、玉石、陶瓷等
高硬磨料系 CBN	人造金刚石	SD	硬度很高	磨削硬质合金、宝石、玻璃、硅片等
	立方氮化硼	CBN		磨削高温合金、不锈钢、高速工具钢等

（2）粒度 粒度用来表示磨料颗粒的大小。一般直径较大的砂粒称为磨粒，其粒度用磨粒所能通过的筛网号表示；直径极小的砂粒称为微粉，其粒度用磨粒自身的实际尺寸表示。一般粗磨和磨软材料时，选用粗磨粒；精磨或磨硬而脆的材料时，选用细磨粒。常用磨料的粒度号为30～100#，粒度号越大，磨料越细。

（3）结合剂 结合剂的作用是将磨粒粘结在一起，并使砂轮具有所需要的形状、强度、耐冲击性和耐热性等。粘结愈牢固，磨削过程中磨粒就愈不易脱落。常用的结合剂有陶瓷结合剂、树脂结合剂和橡胶结合剂。

（4）硬度 硬度是指砂轮表面上的磨粒在磨削力的作用下脱落的难易程度。磨粒容易脱落，则砂轮的硬度低，称为软砂轮；磨粒难脱落，则砂轮的硬度就高，称为硬砂轮。砂轮的硬度主要取决于结合剂的粘结能力及含量，与磨粒本身的硬度无关。

选择砂轮的硬度主要依据工件的材料特性和磨削条件，一般磨削软材料时，应选用硬砂轮；磨削硬材料时，应选用软砂轮；成形磨削和精密磨削也应选用硬砂轮。

（5）组织 砂轮的组织是指磨粒和结合剂的疏密程度，它反映了磨粒、结合剂、气孔三者之间的比例关系。按照GB/T 2484—1994的规定，砂轮组织分为紧密、中等和疏松三大类15级，如图5-10所示。

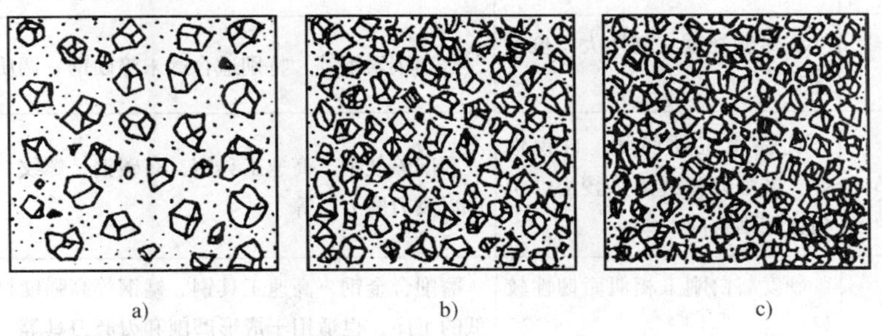

图5-10 砂轮的组织
a）疏松 b）中等 c）紧密

砂轮的组织对磨削生产率和工件表面质量有直接影响。一般的磨削加工广泛使用中等组织的砂轮；成形磨削和精密磨削则采用紧密组织的砂轮；而平面端磨、内圆磨削等接触面积较大的磨削以及磨削薄壁零件、有色金属、树脂等软材料时，应选用疏松组织的砂轮。

（6）砂轮的形状和尺寸　为适应各种磨床结构和磨削加工的需要，砂轮可制成各种形状与尺寸。砂轮的常用形状有平形砂轮（P）、双斜边砂轮（PSX）、双面凹砂轮（PSA）、杯形砂轮（B）、碗形砂轮（BW）、碟形砂轮（D）、薄片砂轮（PB）和筒形砂轮（N）。

2. 砂轮特性代号

砂轮特性代号的含义如下：

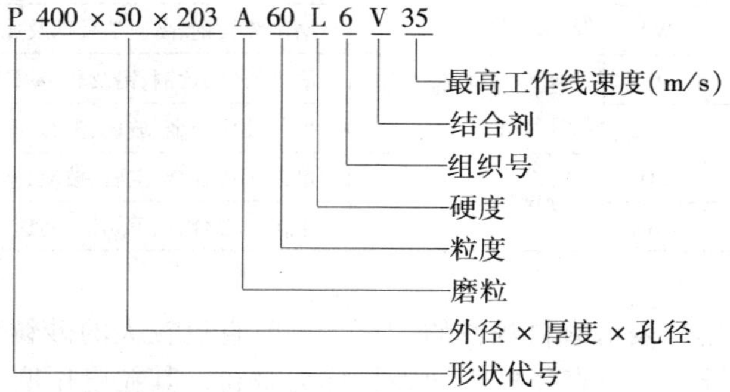

3. 砂轮特性选择的一般原则

（1）磨料的选择　应按工件材料及其热处理方法来选择磨料。通常要使磨料的硬度大于工件材料的硬度，即磨料具有良好的切削性能。

磨料的一般选择原则是：

1）工件材料为碳素结构钢或优质碳素结构钢，选用棕刚玉。

2）工件材料为淬火钢、低合金钢或合金结构钢、高速工具钢和铬轴承钢，选用白刚玉。

3）工件材料为硬质合金，可选用人造金刚石或绿碳化硅。

4）工件材料为铸铁、黄铜，可选用黑碳化硅。

5）刃磨高速工具钢及模具制造，可选用立方氮化硼。

表 5-8 可供选择磨料时参考。

表 5-8　磨料的选择

磨料名称	代号	特　点	适　用　范　围
棕刚玉	A	有足够硬度、韧性大，价格便宜	磨削碳素钢等，特别适合磨未淬硬钢、调质钢以及粗磨
白刚玉	WA	比棕刚玉硬而脆，自锐性好，磨削力和磨削热较小，价格比棕刚玉高	磨削淬硬钢、高速工具钢、高碳钢、螺纹、齿轮、薄壁薄片零件以及刃磨刀具等
铬刚玉	PA	硬度与白刚玉相似而韧性较好	磨削合金钢、高速工具钢、锰钢等高强度材料以及粗糙度要求低的工序，也适用于成形磨削和刃磨刀具等
单晶刚玉	SA	硬度和韧性都比白刚玉高	磨削不锈钢和高钒高速工具钢等硬度高、韧性大的材料
微晶刚玉	MA	强度高、韧性和自锐性好	磨削不锈钢、轴承钢和特种球磨铸铁等
黑碳化硅	C	硬度比白刚玉高但脆性大	磨削铸铁、黄铜、软青铜以及橡胶、塑料等非金属材料

（续）

磨料名称	代号	特 点	适 用 范 围
绿碳化硅	GC	硬度和黑碳化硅相近，而脆性更大	磨削硬质合金、光学玻璃等
人造金刚石	SD	硬度最高，磨削性能好，价格昂贵	磨削硬质合金、光学玻璃等高硬度材料
立方氮化硼	CBN	性能与金刚石相近，磨难磨钢材性能比金刚石好	磨削钛合金、高速工具钢等高硬度材料

（2）粒度的选择　应按工件表面粗糙度和加工精度来选择粒度，见表5-9。

表5-9　粒度的选择

粒度代号	适用范围	工件表面粗糙度值 Ra/μm
40～60#	一般磨削	2.5～1.25
60～80#	半精磨或精磨	0.63～0.2
100～240#	精密磨削	0.16～0.1
240～W20#	超精密磨削	0.08～0.012
W14～W10#	超精密、镜面磨削	0.04～0.008

（3）硬度的选择　砂轮硬度是衡量砂轮自锐性的重要指标之一。磨削硬材料时，磨粒容易变钝，应选用软砂轮；反之，宜选用硬砂轮。磨削软而韧的材料时，砂轮容易堵塞，应选用较软的砂轮，具体情况如下：

1）磨削韧性大的有色金属工件、刃磨硬度高的刀具、磨削薄壁件及易堵塞砂轮的材料时，应选用较软的砂轮；镜面磨削应选择超软砂轮。

2）工件材料相同，纵向磨削与切入磨削，周边磨削与端面磨削，外圆磨削与内圆、平面磨削，湿磨与干磨，精磨与粗磨，断续表面磨削与连续表面磨削等，前者均要选用比后者较硬的砂轮。

3）高速、高精度磨削，钢坯荒磨，工件去飞边等，应选择较硬的砂轮。

4）磨削时自动进给比手动进给硬度高些，树脂结合剂砂轮比陶瓷结合剂砂轮磨削后硬度高些。

4. 结合剂的选择

结合剂直接影响到砂轮的强度和硬度。各类结合剂的适用范围见表5-10。

表5-10　结合剂的适用范围

结合剂名称	代号	适 用 范 围
陶瓷结合剂	V	适用于内、外圆磨，无心磨，平面磨，螺纹磨削与成形磨削以及刃磨、研磨与超精磨等；适用于对碳钢、合金钢、不锈钢、铸铁、有色金属以及玻璃陶瓷等材料进行加工
菱苦土结合剂	Mg	适于磨削热传导性差的材料以及砂轮与工件接触面较大的工件，还广泛用于石材加工
树脂结合剂	B	适用于荒磨、切断和自由磨削，如磨钢锭和打磨铸、锻件飞边等
橡胶结合剂	R	适用于制造无心磨导轮，精磨、抛光砂轮，超薄型切割用片状砂轮以及轴承精加工砂轮

三、砂轮的检查、平衡和修整

1. 砂轮的检查

砂轮安装前一般要进行裂纹检查，严禁使用有裂纹的砂轮。已通过外观检查确认无表面裂纹的砂轮，一般还要用木锤轻轻敲击，声音清脆的为没有裂纹的好砂轮。

2. 砂轮的平衡

(1) 砂轮不平衡的原因　引起砂轮不平衡的原因主要有以下两方面：

1) 砂轮的制造误差，如砂轮组织不均匀，砂轮内、外圆轴线不同轴和端面歪斜等。按国家标准 GB/T 2492—2003《普通磨具　交付砂轮允许的不平衡量　测量》规定，砂轮制造厂应对新砂轮作静平衡检验。

2) 砂轮在法兰盘上安装所产生的不平衡量。

(2) 静平衡使用的工具　手工操作的静平衡需使用平衡架、水平仪、平衡心轴和平衡块等工具。

1) 平衡架。常用的平衡架有圆棒式和圆盘式两种。如图 5-11 所示为圆棒导柱式平衡架，主要由支架 2 和导柱 1 组成，导柱为静平衡心轴滚动的导轨面，对导柱的表面素线的直线度和两导柱的平行度都有较高的精度要求。

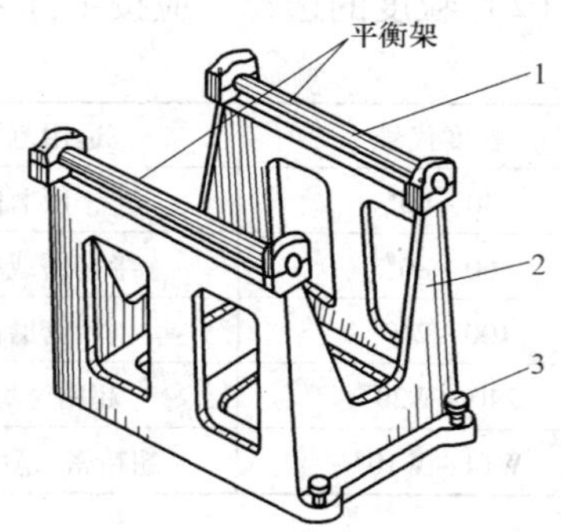

图 5-11　圆棒导柱式平衡架
1—导柱　2—支架　3—螺钉

2) 水平仪。常用的水平仪有框式水平仪（见图 5-12a）和条形水平仪（见图 5-12b）两种。水平仪由框架 1 和水准器 2 组成。水准器外表采用硬玻璃制成，在其内部盛有液体，留有一个气泡，当测量面倾斜时，气泡偏向高的一侧。常用水平仪的分度值为 0. 02mm/1000mm，即相当于倾斜 4″。水平仪用于调整平衡架导柱面的水平位置。

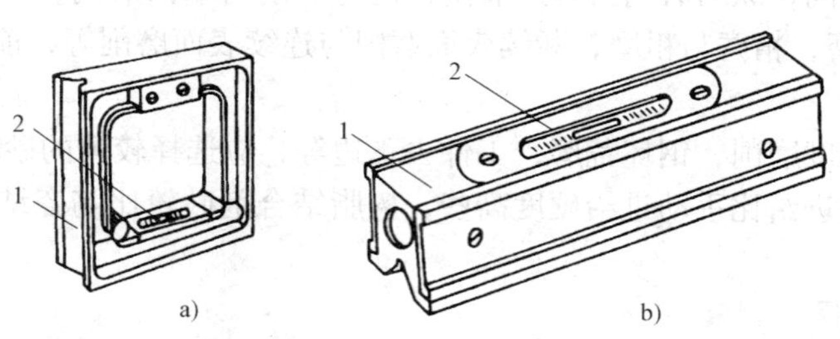

图 5-12　水平仪
a) 框式水平仪　b) 条形水平仪
1—框架　2—水准器

3) 平衡心轴。平衡心轴由心轴 1、垫圈 2 和螺母 3 组成，如图 5-13 所示。心轴两端的等直径圆柱面作为平衡时滚动的轴心，故对其同轴度有较高的要求。心轴的外锥面与砂轮法兰锥孔相配合，要求有 80% 以上的接触面。

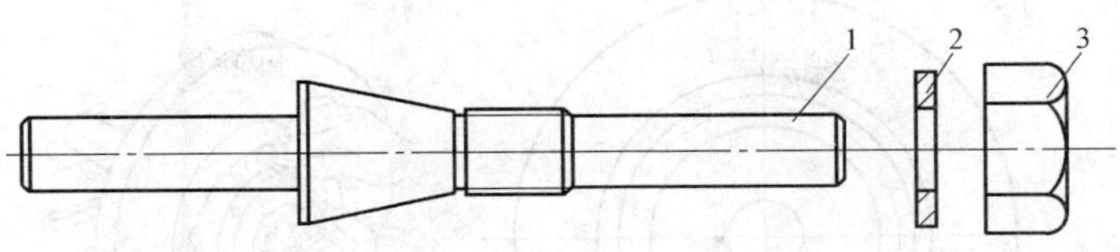

图 5-13　平衡心轴
1—心轴　2—垫圈　3—螺母

4）平衡块。大小不同的砂轮，有不同的平衡块，如图 5-14 所示为平衡块安装在法兰盘的环形槽内。按平衡需要可安置若干个平衡块，不断调整平衡块在圆周上的位置，即可达到平衡的目的。砂轮平衡后需将平衡块上的螺钉拧紧，以防发生移动。

（3）静平衡的方法及要求　由于砂轮各部分密度不均匀、几何形状不对称以及安装偏心等原因，往往造成砂轮重心与其旋转中心不重合，即产生不平衡现象。不平衡的砂轮在高速旋转时会产生振动，影响磨削质量和机床精度，严重时还会造成机床损坏和砂轮碎裂。因此在安装砂轮前都要进行平衡。砂轮的平衡有静平衡和动平衡两种。一般情况下，只需作静平衡，但在高速磨削（线速度大于 50m/s）和高精度磨削时，必需进行动平衡。

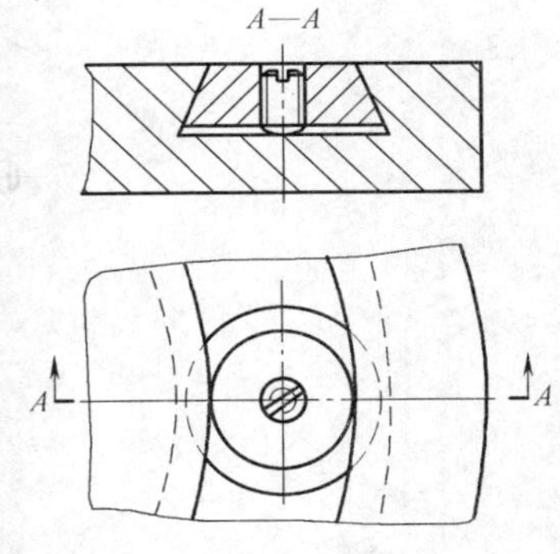

图 5-14　平衡块

平衡前，用水平仪调整平衡架导柱面至水平面内。如图 5-15 所示为平衡架横向位置的调整，图 5-16 所示为平衡架纵向位置的调整，应使水平仪气泡偏移在一格以内，然后将平衡心轴连同砂轮放在平衡架的圆柱形导轨上作缓慢滚动。若砂轮不平衡，则砂轮会来回摆动（见图 5-17a），直至摆动停止时，其不平衡量必然在砂轮下方。此时，在砂轮另一侧作一记号 A，在相应部位装上第一块平衡块 1（见图 5-17b），并在其对称两侧装上另外两块平衡块 2 和 3，再将 A 点置于水平位置上，若不平衡，砂轮仍会摆动，调整平衡块 2 和 3，直至砂轮在任何位置都能静止即砂轮平衡（见图 5-17c）。一般新安装的砂轮需作两次平衡，即砂轮经修整后再作第二次平衡，一般要达到使砂轮圆周八个对应点平衡。

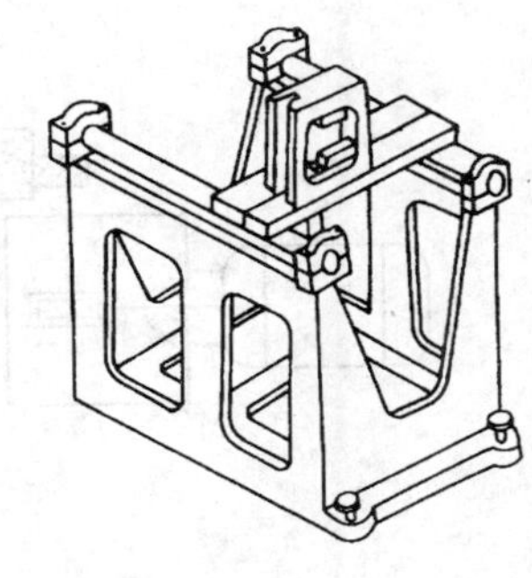

图 5-15　调整平衡架横向位置

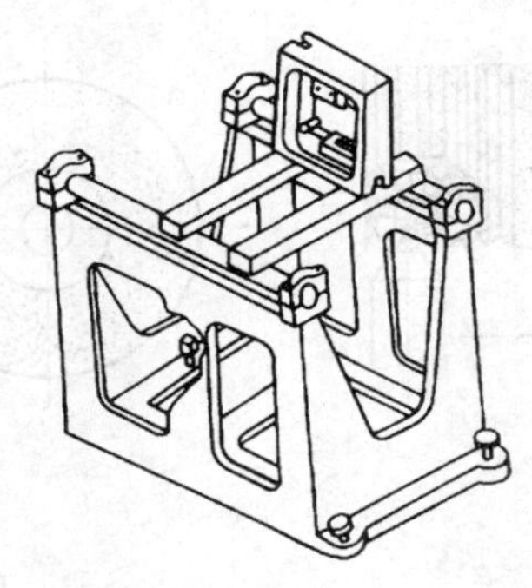

图 5-16　调整平衡架纵向位置

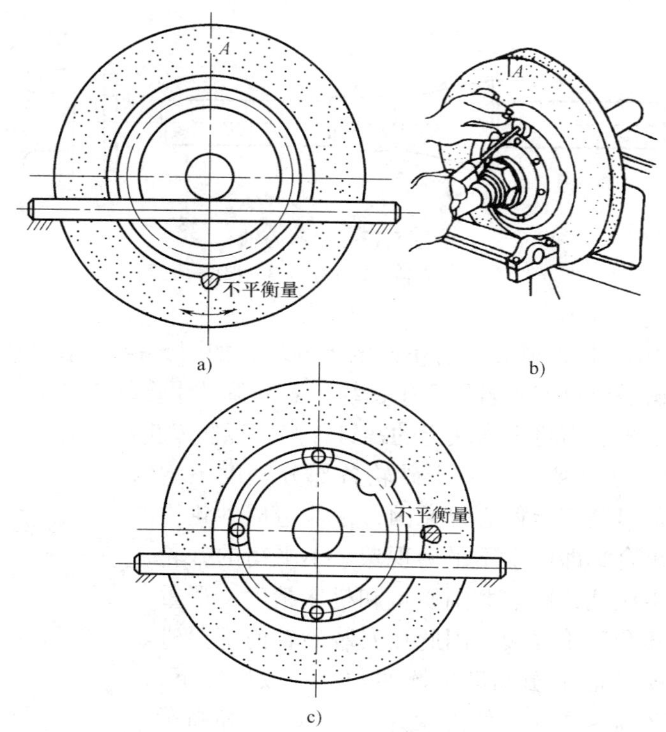

图 5-17　砂轮平衡的方法
a）求不平衡位置　b）装平衡块　c）平衡

3. 砂轮的修整

砂轮工作一定时间后，出现磨粒钝化、表面气孔被磨屑堵塞、外形失真等现象时，必须除去表层的磨料，重新修磨出新的刃口，以恢复砂轮的切削能力和外形精度。砂轮修整一般利用金刚石工具采用车削法、滚压法或磨削法进行。

（1）砂轮修整的原理　用砂轮修整工具将砂轮工作面已磨钝的表层修去，以恢复砂轮的切削性能和正确的几何形状的过程，称为砂轮的修整。修整层厚度一般为 0.1mm 左右，如图 5-18 所示为各种修整法的原理。

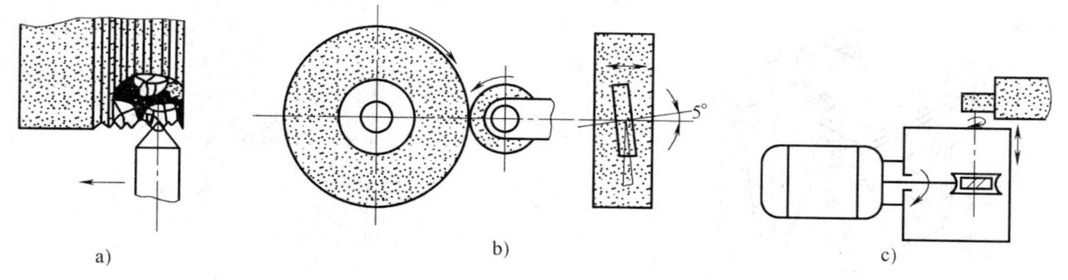

图 5-18　修整砂轮的原理
a）车削法　b）滚压法　c）磨削法

图 5-18a 所示为利用尖锐的高强度金刚石颗粒作刀头车削砂轮表面，修去砂轮的磨钝层。

图 5-18b 所示为利用高硬度材料制成的滚轮与砂轮相滚压，滚轮轴线相对砂轮轴线倾斜5°左右，滚轮由砂轮带动高速旋转，滚压修除砂轮的磨钝层。

图 5-18c 所示的滚轮，另由电动机驱动，磨削砂轮表面，以修除砂轮的磨钝层。

（2）修整砂轮的方法

1）金刚石刀车削法。金刚石刀是将大颗粒的金刚石镶焊在特制的刀杆上，金刚石尖端成 70°～80°尖角（见图 5-19）。修整时，砂轮磨粒碰到金刚石坚硬的尖角，就会碎裂形成微刃。金刚石越尖，与砂轮的接触面就越小，引起的弹性变形也越小，可获得精细平整的表面。此法为目前广泛应用的一种方法。

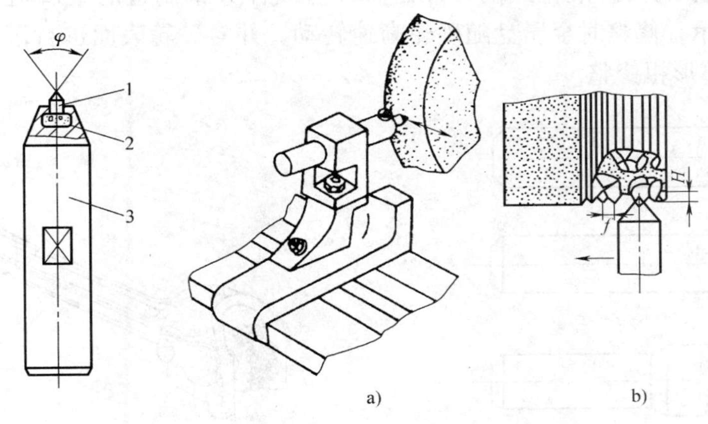

图 5-19　金刚石刀

1—金刚石　2—焊料　3—刀杆

金刚石刀修整砂轮时应注意如下几点：

①应根据砂轮的直径选择金刚石颗粒的大小。一般情况下，砂轮直径为 ϕ100mm 以下时，可选 0.25 克拉的金刚石；砂轮直径为 ϕ300～ϕ400mm 时，选用 0.5～1 克拉的金刚石。

②金刚石的价格昂贵，使用时应检查其焊接是否牢固，以免失落。金刚石刀在修整时，要不间断地加注切削液，以免使金刚石碎裂。

③金刚石刀的安装角度一般取 10°～15°，如图 5-20 所示。金刚石的安装高度要低于砂轮中心 1～2mm，且装夹要牢固，以防止金刚石刀振动或扎入砂轮。

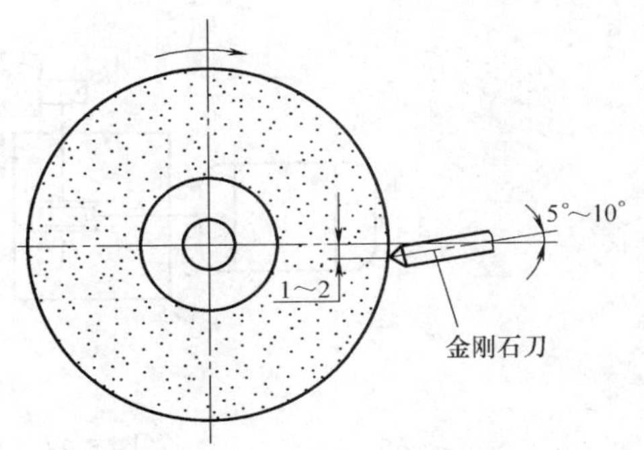

图 5-20　金刚石刀的安装角度

④根据加工要求选择修整用量。粗修整时，可以增大修整的背吃刀量和纵向进给速度，以获得尖锐的微刀；精修整时则相反。精修整时，一般需作 2～3 次吃刀，然后在无吃刀的情况下作一次纵向进给。修整时的修整用量为：

粗修整时：背吃刀量取 0.01～0.03mm，纵向速度取 0.4m/min；精修整时，背吃刀量取 0.005～0.01mm，纵向速度取 0.05～0.2m/min。

⑤修整时应进行充分的冷却。

2）特制金刚石笔车削法。金刚石笔由较小颗粒的金刚石或金刚石粉用结合力很强的合金结合并压入金属刀杆而制成。根据金刚石的分布情况，金刚石笔有三种：层状金刚石笔、链状金刚石笔和粉状金刚石笔，如图 5-21 所示。金刚石笔的使用方法与金刚石刀相同，它可在某些工序中代替金刚石刀修整砂轮，其中粉状金刚石笔主要用于修整细粒度砂轮。

3）滚轮式刀滚压法。滚轮式割刀片是多片渗碳淬火钢制造的金属盘，其形状为尖角形，如图 5-22 所示，修整时金属盘随砂轮高速转动，并对砂轮表面进行滚压。这种工具只用于大型砂轮的整形粗修整。

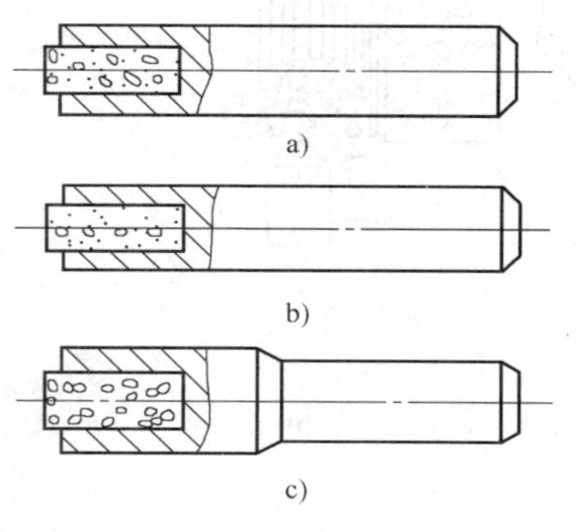

图 5-21　特制金刚石笔
a）层状　b）链状　c）粉状

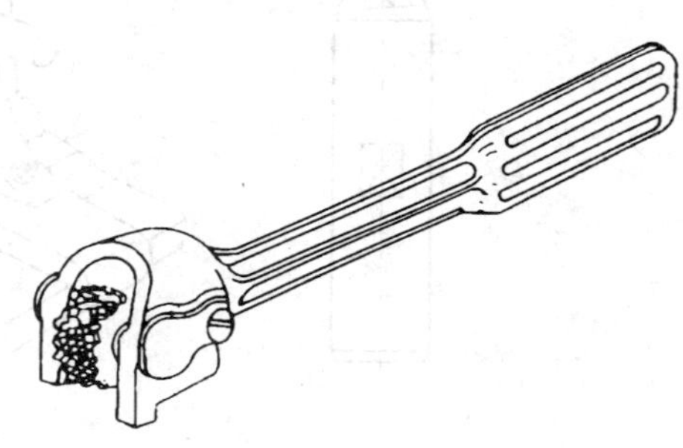

图 5-22　滚轮式割刀片

4）金刚石滚压磨削法。金刚石滚压一般用电镀法，将细小金刚石颗粒 2 均匀地粘固在滚轮轮体 1 表层，如图 5-23 所示。金刚石滚轮由电动机传动，具有较高的修整精度，但由于价格昂贵，一般很少使用。

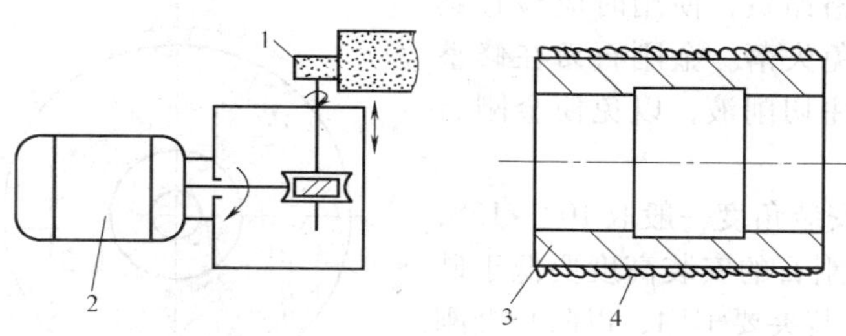

图 5-23　金刚石滚压磨削法
1—滚轮　2—电动机　3—轮体　4—金刚石颗粒

第四节　外 圆 磨 削

【本节学习要点】

1. 了解并掌握外圆磨削的方法。
2. 掌握磨削夹具的选用方法。
3. 熟悉外圆磨削砂轮的选择、使用和安装方法。
4. 掌握典型外圆磨削实例的操作要领。

一、外圆磨削的方法

外圆磨削是磨工最基本的工作内容之一，常用来磨削轴、套筒与其他类型的外圆柱面以及台阶的端面，磨削后的尺寸公差等级可达到 IT7 ~ IT6 级，表面粗糙度值可达 $Ra0.8 \sim 0.2\mu m$。

外圆磨削的形式主要有普通外圆磨削、端面外圆磨削和无心外圆磨削三种，如图 5-24 所示。

常用的外圆磨削方法有纵向磨削法、切入磨削法、分段磨削法和深切缓进磨削法。磨削时可根据工件的形状、尺寸、磨削余量及加工要求选择合适的方法。

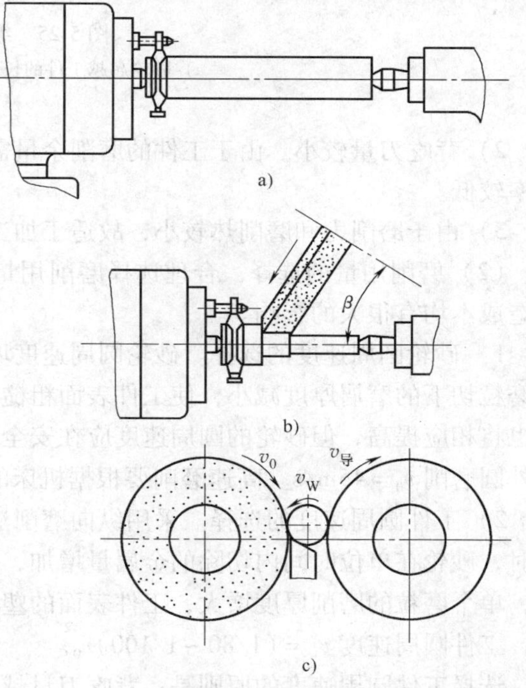

图 5-24　外圆磨削的形式

a）普通外圆磨削　b）端面外圆磨削　c）无心外圆磨削

1. 纵向磨削法

纵向磨削法是最常用的外圆磨削方法。磨削时，工作台作纵向往复进给，砂轮作周期性横向进给，工件的磨削余量要在多次往复行程中磨除。若每纵向往复运动一次，作一次横向进给，磨去一部分余量，称为单进给；若在每往返行程时，各作一次横向进给，则称为双进给。

砂轮超越工件两端的长度一般取砂轮宽度 B 的 1/3 ~ 1/2（见图 5-25a）。这个长度不宜过大，如果太大，工件两端的直径会被磨小。若磨削轴肩旁的外圆时，要调整挡铁位置，控制好工件台行程。当砂轮磨削至台肩一边时，要使工件台停留片刻，以防出现凸缘或锥度（见图 5-25b）。

最终的“光磨”是为了减小工件表面粗糙度值，提高工件表面的几何精度，对尺寸的影响甚小。光磨的方法是在不作横向进给的情况下，工作台纵向运动。

（1）纵向磨削法的特点

1）纵向磨削时，在砂轮的整个宽度上，磨粒的工作状况不同。砂轮的左端面（或右端面）尖角担负主要的切削作用，切除工件绝大部分余量，而砂轮宽度上的大部分磨粒则担负减小工件表面粗糙度值的作用。纵向磨削法产生的磨削力和磨削热较小，可获得较高的加工精度和较小的表面粗糙度值。如适当增加“光磨”时间，可进一步提高加工质量。

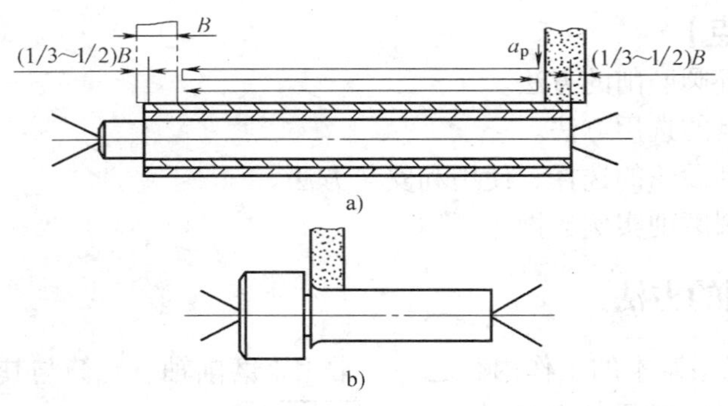

图 5-25　纵向磨削法

a）砂轮超越工件的长度　b）磨轴肩旁外圆

2）背吃刀量较小。由于工件的磨削余量需经多次纵向进给切除，故机动时间较长，生产率较低。

3）由于磨削力和磨削热较小，故适于加工细长、高精度或薄壁的工件。

（2）磨削用量的选择　合理选择磨削用量对工件的加工精度、表面粗糙度、生产率和制造成本均有很大的影响。

1）砂轮圆周速度的选择。砂轮圆周速度增加时，磨削生产率会明显提高，同时由于每颗磨粒切下的磨屑厚度减小，使工件表面粗糙度值也减小。随着磨粒负荷的减小，砂轮的寿命也将相应提高，但砂轮的圆周速度应在安全工作速度以下，一般外圆磨削 $v_0=35\text{m/s}$，高速外圆磨削 $v_0=45\text{m/s}$。高速磨削要根据机床的性能并采用高强度的砂轮进行。

2）工件圆周速度的选择。采用纵向磨削法，工件的转速不宜过高。当工件圆周速度增加时，砂轮在单位时间内切除的金属量增加，能提高磨削生产率，但随着工件圆周速度的提高，单个磨粒的磨削厚度增大，工件表面的塑性变形也相应增大，使表面粗糙度值增加。通常，工件圆周速度 $v_w=(1/80\sim1/100)v_0$。

选择工件圆周速度的原则是：背吃刀量越大，工件越重，材料越硬，工件越细长，则工件转速应越慢。工件圆周速度与工件直径的关系见表 5-11。

表 5-11　工件圆周速度与工件直径的关系

工件直径/mm		20	30	50	80	120	200	300
粗磨	工件圆周速度/(m/min)	10~20	11~22	12~24	13~26	14~28	15~30	17~34
	工件转速/(r/min)	161~232	117~234	77~154	52~104	37~74	24~48	18~36
精磨	工件圆周速度/(m/min)	20~30	22~35	25~40	30~50	35~60	40~70	50~80
	工件转速/(r/min)	320~478	213~382	159~254	120~200	93~159	64~112	63~85

3）背吃刀量的选择。背吃刀量增大时，工件表面粗糙度值增大，生产率提高，但砂轮寿命降低。通常，背吃刀量 $a_p=0.01\sim0.03\text{mm}$；精磨时，$a_p<0.01\text{mm}$。

4）纵向进给量的选择。纵向进给量加大，对提高生产率、加快工件散热、减轻工件烧伤有利，但不利于提高加工精度和降低表面粗糙度值，特别是磨削细、长、薄的工件时，易发生弯曲变形。一般粗磨时，纵向进给量 $f=(0.4\sim0.8)B$；精磨时，$f=(0.2\sim0.4)B$（B 为砂轮宽度）。

2. 切入磨削法

切入磨削法又称横向磨削法，如图 5-26 所示，当砂轮宽度大于工件长度时，砂轮可横向切入连续磨削，磨去全部的余量。粗磨时可用较高的切入速度，但砂轮压力不宜过大；精磨时切入速度要低。磨削时无纵向运动。

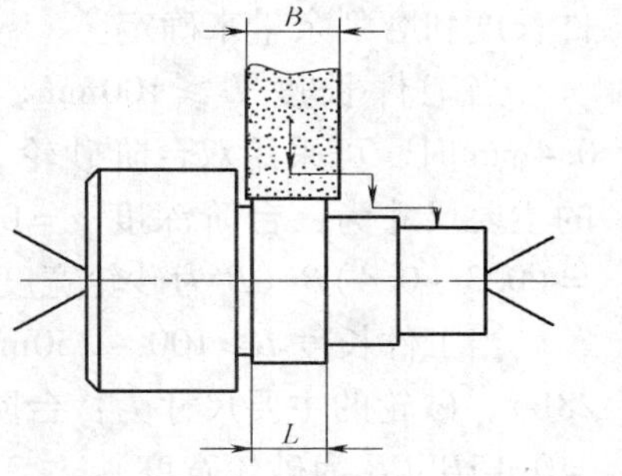

图 5-26　切入磨削法

切入磨削法的特点：

1）磨削时，砂轮工作面上磨粒负荷基本一致，充分发挥了所有磨粒的切削作用。同时，由于采用连续的横向进给，缩短了机动时间，在一次磨削循环中，可分粗、精、光磨，故生产率高。

2）由于无纵横向进给运动，砂轮表面的形态（修整痕迹）会反映在工件表面上，表面粗糙度值较大，可达 $Ra0.16\sim0.32\mu m$。为了消除这一缺陷，可在切入法终了时，作微量的纵向移动。

3）砂轮整个表面连续横向切入，排屑困难，砂轮易堵塞和磨钝，同时磨削热大，散热差，工件易烧伤和发热变形，因此切削液要充分。

4）磨削背向力大，工件易弯曲变形，不宜磨细长件，适宜磨削长度较短的外圆表面、两边都有台阶的轴颈及成形表面。

3. 分段磨削法

分段磨削法又称综合磨削法或混合磨削法，是切入磨削法和纵向磨削法同时应用于磨削一个工件的方法，其特点是：

1）先用切入磨削法将工件分段粗磨，相邻两段有 5～15mm 的重叠，工件留有 0.01～0.03mm 的余量，最后用纵向磨削法在整个长度上精磨至尺寸，如图 5-27 所示。

2）既有切入磨削法生产率高的优点，又有纵向磨削法加工精度高的优点，适用于磨削余量大、刚性好的工件。

3）考虑到磨削效率，分段磨削时，应选用较宽的砂轮，当加工长度为砂轮宽度 2～3 倍且有台阶的工件时，用此法最为适合。分段磨削法不宜加工长度过长的工件，通常分段数大多为 2～3 段。

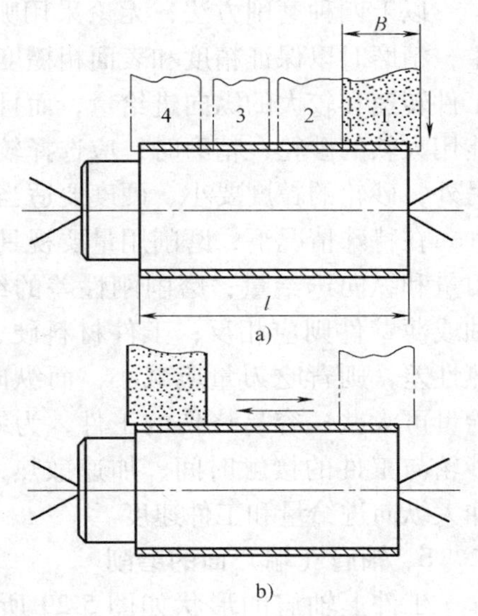

图 5-27　分段磨削法
a）分段切入　b）纵向精磨

4. 深切缓进磨削法

深切缓进磨削法是采用较大的背吃刀量以缓慢的进给速度在一次纵向走刀中磨去工件全部余量的磨削方法，如图 5-28 所示，其特点为：

1）生产率高。由于此方法粗、精磨一次完成，机动时间可大大缩短，故生产率高，适于大批量工件的加工。

2）由于磨削的负荷集中在砂轮尖角处，受力状态较差，为此，需将砂轮外表面修成台阶形状或将前缘修成倒角，这样可使砂轮台阶的前导部分起主要切削作用。台阶砂轮的台阶数及台阶的深度由工件长度和磨削余量来确定。

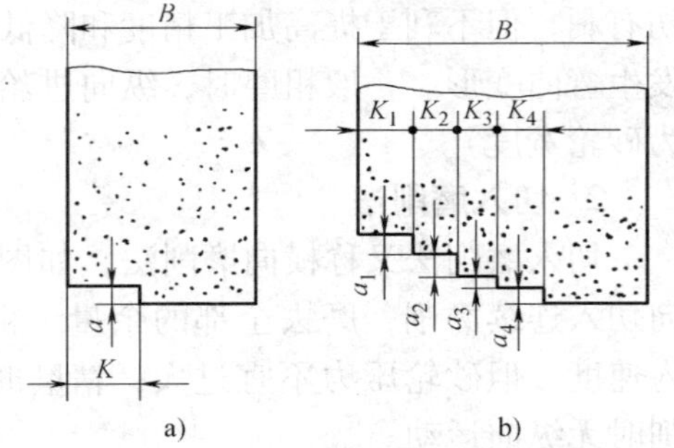

图 5-28 深切缓进磨削法

a）双台阶砂轮 b）五台阶砂轮

当工件长度 $L \geqslant 100$mm、磨削余量为 0.3 ~ 0.4mm 时，可采用双台阶砂轮（见图 5-28a），砂轮的主要尺寸为：台阶深度 $a=0.05$mm，台阶宽度 $K=(0.3 \sim 0.4)B$（B 为砂轮宽度）。

当工件长度 $L \geqslant 100 \sim 150$mm、磨削余量大于 0.5mm 时，则采用五台阶砂轮（见图 5-28b），砂轮的主要尺寸为：台阶深度 $a_1=a_2=a_3=a_4=0.05$mm，台阶宽度 $K_1=K_2=K_3=K_4=0.15B$（B 为砂轮宽度）。

砂轮修成台阶状或前缘倒角能改善砂轮的受力状态，可使磨削精度稳定地达到公差 IT7 级，表面粗糙度值达到 $Ra0.63\mu m$ 左右。

3）背吃刀量大，纵向进给量小。深切缓进磨削时，背吃刀量可达 0.2 ~ 0.6mm，纵向进给量较小，$f=(0.08 \sim 0.15)B$（B 为砂轮宽度），且纵向行程缓慢，因此适于磨削加工余量大、刚性好的工件。

深切缓进磨削法应注意以下事项。

1）磨床应具有较大的功率和较好的刚度。

2）磨削时要锁紧尾座套筒，防止工件脱落。

3）磨削时要注意充分的冷却。

以上四种磨削方法，无论采用哪种，选取磨削用量的原则都是粗磨时以提高生产率为主，精磨时以保证精度和表面粗糙度为主。为此，粗磨时尽量选择较大的背吃刀量、较高的工件转速和较大的纵向进给量，而且要选择粒度大、硬度软、组织松的砂轮，但切入磨削不能用太软的砂轮；精磨时，应选择较小的背吃刀量、较慢的工件转速和较小的纵向进给量，另外，砂轮的粒度要小、硬度要适当提高、组织要相应紧密些。

在特殊情况下，磨削用量要视具体情况选用。如磨刚性好的工件时，可进一步加大背吃刀量和纵向进给量；磨削刚性差的细长轴或薄壁件则应相反；工件材料硬、导热性差，则背吃刀量应减小，而纵向进给量可大些；容易烧伤的工件，为缩短砂轮与工件的接触时间、加速散热，应加大纵向进给量和工件速度。

5. 轴肩（端）面的磨削

工件上轴肩的形状如图 5-29 所示，其中图 5-29a、图 5-29b 所示为退刀槽的轴肩，一般用于端面对外圆轴线有垂直

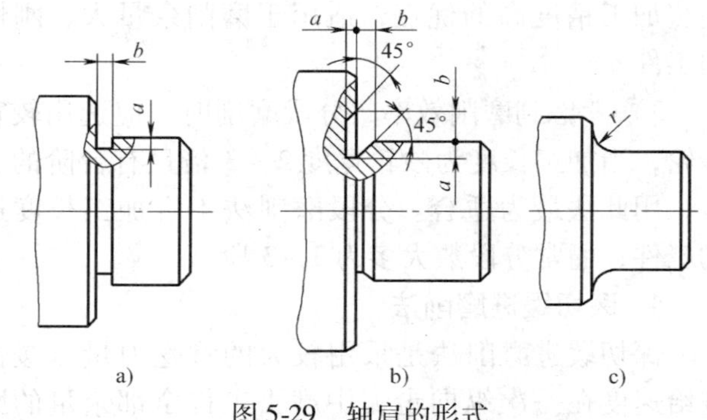

图 5-29 轴肩的形式

a）、b）带退刀槽的轴肩 c）带圆弧的轴肩

度要求的零件；图5-29c所示为带圆弧的轴肩，常用于强度要求较高的零件。

（1）带退刀槽轴肩的磨削　工件的轴肩磨削可在磨好外圆以后进行。磨削时，将砂轮退离外圆表面0.1mm左右，用工作台纵向手轮来控制工作台纵向进给，借砂轮的端面磨出轴肩端面。手摇工作台纵向进给手轮，待砂轮与工件端面接触后，作间断均匀的进给，进给量要小，可通过观察火花来控制（见图5-30）。当砂轮靠近轴肩端面时，应将砂轮退出0.1mm左右，并将砂轮端面修成内凹形，以减少砂轮与工件的接触面积，提高磨削质量。磨削过程中，需注意喷注充分的切削液，以免烧伤工件。

（2）带圆弧轴肩的磨削　磨削带圆弧的轴肩时，应将砂轮一尖角修成圆弧面，工件外圆柱面的长度较小时，可先用切入法磨削外圆，留0.03～0.05mm的余量，接着把砂轮靠向轴肩端面，再切入圆角和外圆，将外圆磨至尺寸（见图5-31），这样可使圆弧连接光滑。

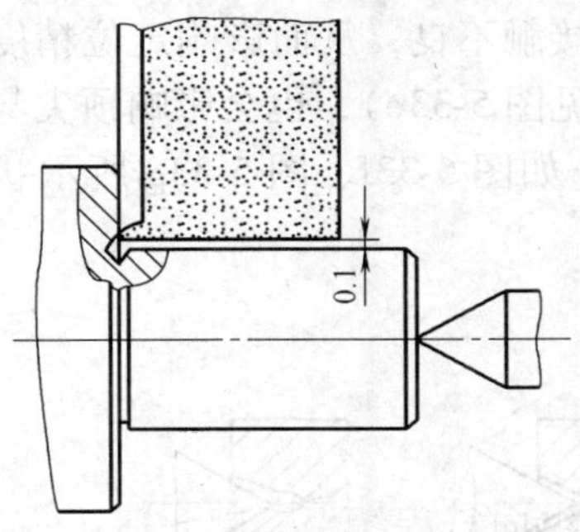

图5-30　带退刀槽轴肩的磨削

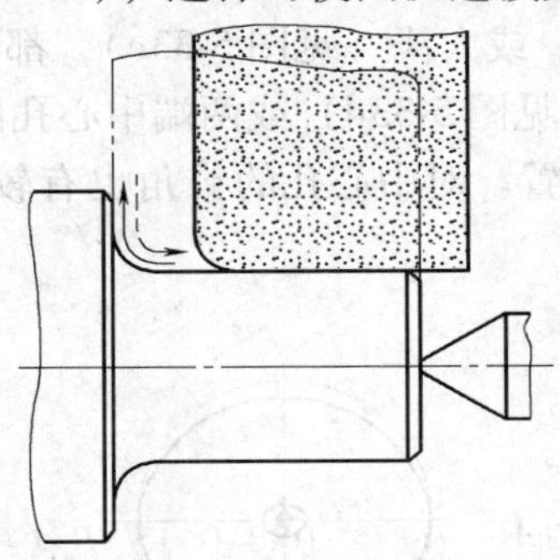

图5-31　磨带圆弧的轴肩

二、工件的装夹

在外圆磨床上磨削零件，需十分重视工件的装夹。工件的装夹包括定位和夹紧两部分。工件定位是否正确，夹紧是否牢固，会影响加工精度和操作的安全。工件一般用顶尖装夹，有时也用夹头或卡盘装夹，有内孔的则用磨用同心轴装夹。

1. 中心孔

磨削装夹前要清理或修研中心孔，以保证工件正确的定位。

（1）中心孔的种类和结构　中心孔按其形状分为普通中心孔、有保护锥的中心孔及有内螺纹和保护锥的中心孔三种，如图5-32所示。

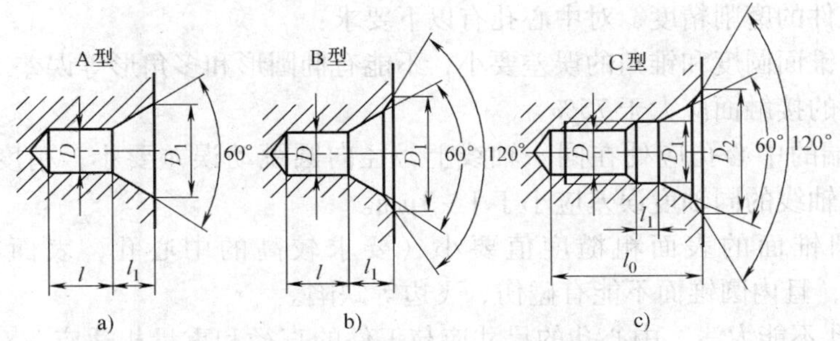

图5-32　中心孔的种类和结构

a）普通中心孔　b）有保护锥的中心孔　c）有内螺纹和保护锥的中心孔

普通中心孔由圆锥孔和圆柱孔两部分组成，其60°圆锥面是中心孔的工作部分，它与顶尖的60°锥面接触，起定中心孔和承受磨削力、重力的作用。圆锥孔前端的小圆柱孔可使中心孔与顶尖有良好的接触并且可以储存润滑剂，以减少顶尖与中心孔的摩擦。

具有保护锥的中心孔多用于精加工，且加工工序较长的零件，如主轴、心轴等，其120°锥面可保护60°圆锥孔的边缘，使其免受碰伤。

有内螺纹和保护锥的中心孔可供旋入钢塞，以长期保护中心孔，适用于贵重的零件。

（2）对中心孔的技术要求　中心孔是工件的定位基准，因此它在外圆磨削中占有非常重要的地位。中心孔的形状误差和其他缺陷，如圆度、碰伤、拉毛等都会影响工件的加工精度。

当中心孔为椭圆形时，工件也会被磨成椭圆形（见图5-33a）；若中心孔钻得太深（见图5-33b）或太浅（见图5-33c），都会使顶尖与中心孔接触不良，从而影响定位精度；中心孔钻偏（见图5-33d）或两端中心孔的同轴度误差大（见图5-33e），也会影响顶尖与中心孔的接触位置。对中心孔的锥角也有较高的要求，需防止如图5-33f、图5-33g所示状态的产生。

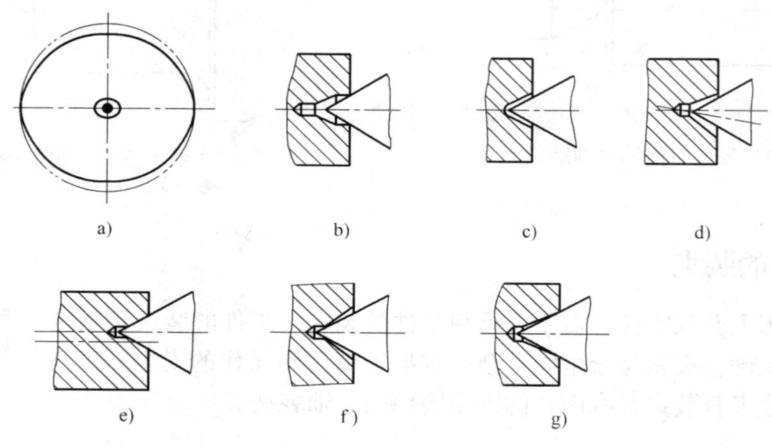

图5-33　中心孔的误差

a）中心孔为椭圆形　b）中心孔太深　c）中心孔太浅
d）中心孔钻偏　e）两端中心孔同轴度误差大　f）、g）锥角有误差

为了保证工件的磨削精度，对中心孔有以下要求：

1）60°内圆锥面圆度和锥角的误差要小，不能有椭圆形和多角形等误差。中心孔用涂色法检验，与顶尖的接触面应大于75%。

2）工件两端的中心孔应处在同一轴线上，径向圆跳动误差要小；精度要求较高的工件，两端中心孔轴线的同轴度误差应小于1~3μm。

3）60°内圆锥面的表面粗糙度值要小（要求较高的中心孔，表面粗糙度值应在$Ra0.4\mu m$以上），且内圆锥面不能有碰伤、飞边等缺陷。

4）小圆柱孔不能太浅。中心孔的尺寸应与工件的直径和重量相适应，对直径大且较重的工件，应取较大的中心孔。

5）对特殊零件，可采用特殊结构的中心孔（见图5-34）。例如磨削大型零件精密转子轴，由于其两端硬度较低，精度要求较高，磨削时若用普通中心孔装夹则不能承受较大的压力，易产生变形，用特殊结构的中心孔则可防止变形，该中心孔用淬硬钢制成，并用螺纹装入工件轴的两端。

6）对于精度要求较高的轴，淬火前、后要修研中心孔。

（3）中心孔的修研　修研中心孔的方法很多，常用的有如下几种：

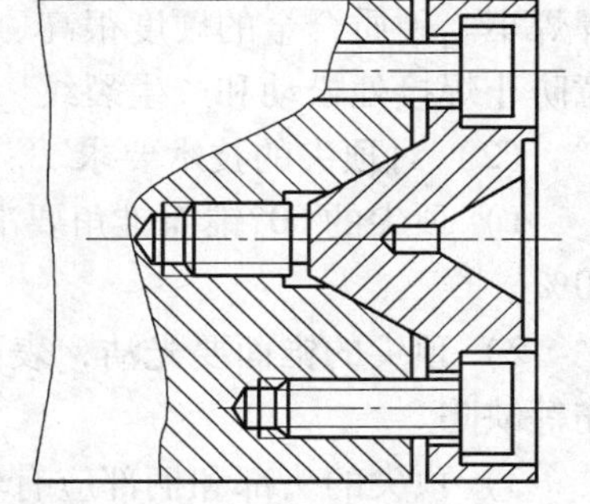

图 5-34　特殊结构的中心孔

1）用石油或橡胶砂轮在车床上修研。

2）用铸铁顶尖在车床上修研。

3）用成形内圆砂轮在内圆磨床或万能外圆磨床上修研。

4）用四棱硬质合金在顶尖中心孔研磨机上刮研。

5）用中心孔磨床磨削。

2. 顶尖

用两端顶尖安装工件是磨削时最常用的方法，特点是装夹方便、定位精度高。只要顶尖和中心孔的形状位置正确、装夹合理，就可以使工件回转轴线固定不变，获得很小的形状和位置误差。

（1）顶尖的种类和结构　顶尖由头部、颈部和柄部组成。顶尖头部成 60°锥面，用来支承工件。顶尖的柄部制成莫氏锥体，使顶尖能精确地在头架和尾座的锥孔安装，如锥孔是莫氏 3 号锥度，则顶尖柄部也使用同样锥度号锥体。

如图 5-35 所示为各种不同种类的顶尖，以适应不同工件的装夹。固定顶尖（见图 5-35a）适用于一般工件的装夹；在磨削直径较小的工件时，可以使用半顶尖（见图 5-35b），顶尖的缺口部分可使砂轮越出工件端面，有时也可用长颈顶尖（见图 5-35e）；一些小直径工件装夹时，可使用反顶尖（见图 5-35c）；大头顶尖（见图 5-35d）则用于大中心孔或大孔壁的工件。

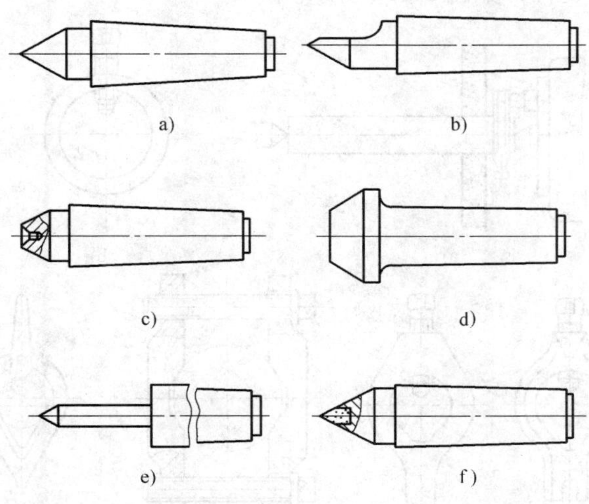

图 5-35　顶尖的种类

a）固定顶尖　b）半顶尖　c）反顶尖　d）大头顶尖　e）长颈顶尖　f）硬质合金顶尖

由于顶尖与工件中心孔之间会产生滑动摩擦，而固定顶尖易磨损，因此近年来，在精密或超精密磨削中已广泛采用了硬质合金顶尖（见图5-35f），是将硬质合金压入顶尖以后用铜焊焊牢。硬质合金的硬度很高、耐磨性好、有很高的定心精度，但其脆性较大，使用时需注意防止焊接处松动和产生裂纹。

（2）对顶尖的技术要求

1）顶尖的60°锥面锥角要准确（可用量规检查），与工件中心孔配合的接触面积应大于80%。

2）顶尖的锥面要光洁，表面粗糙度值一般为$Ra0.4\mu m$或更低，表面无飞边和压痕、碰伤等缺陷。

3）顶尖的头部和柄部应有较高的同轴度，一般控制在$5\mu m$以内，柄部的莫氏锥体与机床锥孔配合的接触面积也应大于80%。

4）操作中应注意对顶尖工件的保养，发现损伤应及时进行修磨。

（3）用两顶尖装夹工件应注意的事项

1）两顶尖安装后，要检查头架顶尖与尾座顶尖的对正情况。

2）注意清理中心孔内的残留杂物，防止用硬物撞击中心孔端部。

（4）用半顶尖装夹工件应注意的事项

1）使用半顶尖时，要防止削扁部分刮伤中心孔。

2）合理调节顶紧力。尾座的顶紧力太大，会引起细长工件的弯曲变形，并且会加快中心孔磨损；磨削大型工件时，则需要较大的顶紧力。磨削时需将尾座套筒锁紧。磨削一批工件时，需逐件调整顶紧力。

3）要注意夹头偏重对加工的影响，防止将工件磨成心脏形。

3. 夹头

夹头主要起传动作用。磨削时，将夹头套在工件的一端，用螺钉直接顶紧或间接夹紧工件，并由拨盘带动工件旋转，如图5-36a所示。

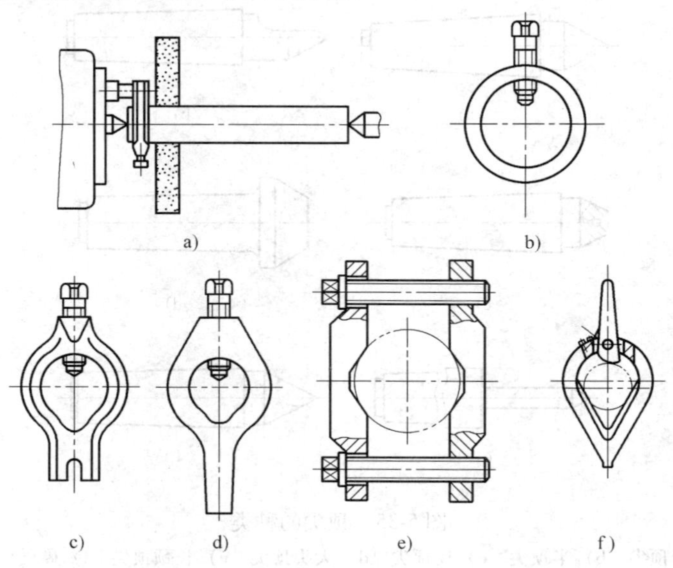

图5-36　工件用夹头装夹

a）磨削时工件的装夹　b）圆形夹头　c）曲尾鸡心夹头　d）直尾鸡心夹头　e）方形夹头　f）自夹夹头

（1）常用夹头的种类　夹头的种类很多，分别适用于不同的场合。常用的夹头有以下几种：

1）圆形夹头。用于一般工件的装夹（见图5-36b）。

2）鸡心夹头。用于中小型工件的装夹，有曲尾鸡心夹头（见图5-36c）和直尾鸡心夹头（见图5-36d）两种形式。

3）方形夹头。用于大型工件的装夹（见图5-36e）。

4）自夹夹头。夹头由偏心杆自动夹紧，适于批量加工（见图5-36f）。

（2）使用夹头的注意事项

1）夹持工件时，螺钉不宜拧得过紧，以免损伤工件表面；夹持精密的表面时，应衬垫铜片，以保护工件表面。

2）紧固工件表面的螺钉不宜过长，以免影响安全，最好能改用沉头螺钉。

3）当工件轴端面有槽时，工件可由专用拨销直接传动，如图5-37所示。

4）拨盘。拨盘装在主轴上，并拨动夹头，以带动工件旋转。带有缺口的拨盘，适于和曲尾鸡心夹头配套使用。

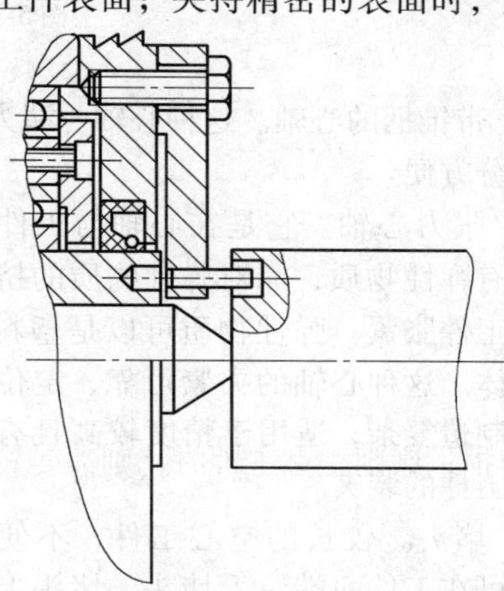

图5-37　工件由拨销直接传动

4. 卡盘

在万能外圆磨床或内圆磨床上，利用卡盘在一次装夹中磨削外圆或内圆，可保证较精确的同轴度误差。

卡盘通常有自定心卡盘和单动卡盘两种。自定心卡盘是自动定心夹具，适于装夹没有中心孔的圆柱工件；单动卡盘除了可以装夹没有中心孔的圆柱形工件外，还可以装夹外形不规则的工件。用卡盘装夹时，需按工件的加工要求采用划针盘或百分表找正工件位置。用卡盘装夹工件的方法，已在第三节中讲述，此处略。

5. 磨用心轴

磨削空心工件外圆常用心轴装夹，即工件套在心轴上，心轴再装夹在两个顶尖之间或主轴的锥孔内，或将心轴一端用卡盘装夹，另一端则用顶尖装夹（俗称“一夹一顶”），然后进行磨削。使用磨用心轴可节省装夹时间、保证加工精度，适于批量工件的加工。

（1）磨用心轴的种类　磨用心轴的种类很多，具体可根据工件的尺寸和加工要求选用。常用的磨用心轴有以下几种：

1）圆柱心轴。圆柱心轴有不带台肩和带台肩的两种，前者由三段构成，分别起导入、定心和紧固的作用；后者则用螺母将工件锁紧在心轴上，如图5-38所示。

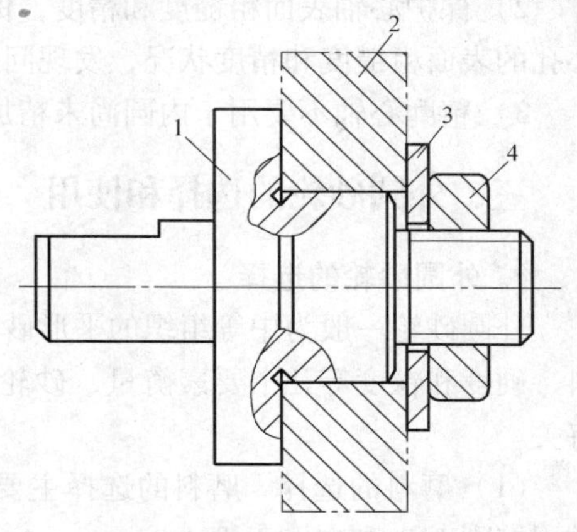

图5-38　带台肩的圆柱心轴

1—心轴　2—工件　3—垫圈　4—螺母

2）微锥心轴。微锥心轴有很小的锥度（通常为1∶5 000～1∶10 000），靠工件装在心轴上所产生的弹性变形来定位并胀紧工件。

3）带圆柱套的心轴。带圆柱套的心轴靠螺母对工件加以轴向锁紧，如图5-39所示，适用于内孔尚未精加工的工件。

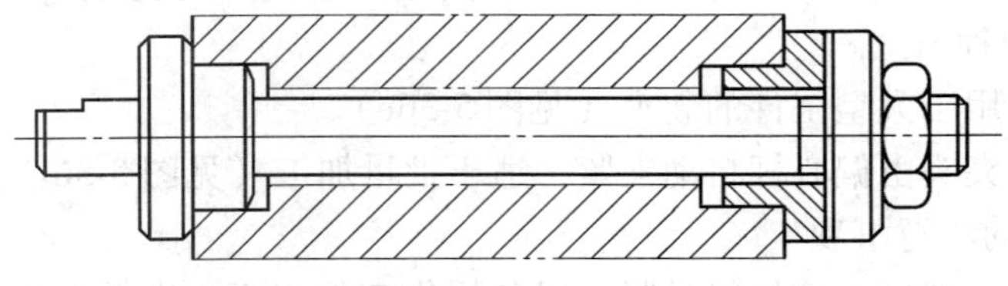

图5-39 带圆柱套的心轴

4）带锥柄的心轴。这种心轴一端为莫氏锥度锥柄，可装夹在磨床头架主轴的锥孔中，装夹十分方便。

5）胀力心轴。它是在心轴与工件内孔之间装有弹性物质，靠对弹性物质的挤压变形而将工件胀紧。弹性物质可以是塑料、橡胶或液体。这种心轴的夹紧可靠、定位精度高，但制造复杂，适用于精度较高且有一定批量的工件的装夹。

6）堵头。较长的空心工件，不便使用心轴，可在工件两端装上堵头。堵头上有中心孔，可代替心轴装夹，如图5-40所示。

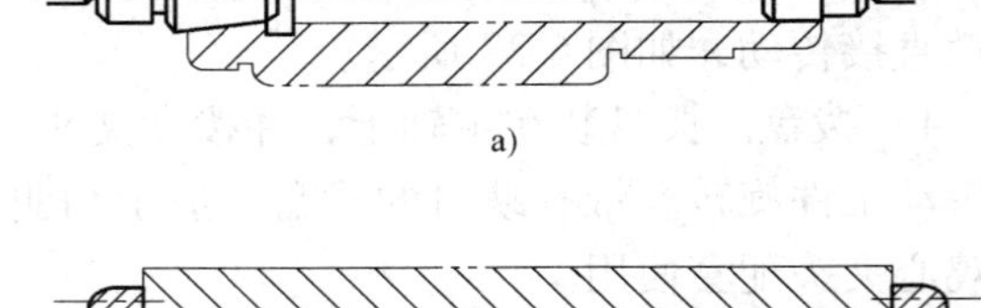

a)

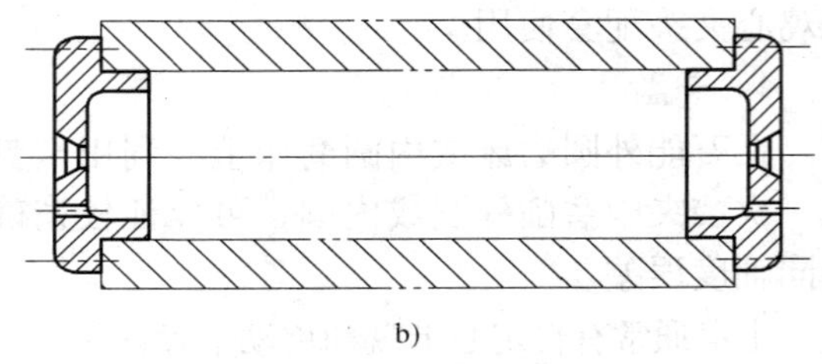

b)

图5-40 堵头

a）圆柱、圆锥堵头 b）法兰盘式堵头

（2）使用磨用心轴的注意事项 磨用心轴是高精度的夹具，使用时应注意以下事项：

1）保持心轴及其附件的清洁、完整，不用时应擦拭干净、涂油防护，较小的心轴可浸在专用油池中。

2）保护心轴表面粗糙度和精度，保护好中心孔，转批生产前要认真检查心轴外圆和中心孔的表面粗糙度和精度状况，发现问题应及时修磨。

3）精磨心轴不要用于内圆尚未精加工的工件，以免损伤心轴的精度和表面粗糙度。

三、外圆砂轮的选择和使用

1. 外圆砂轮的选择

外圆砂轮一般为中等组织的平形砂轮，砂轮尺寸按机床规格选用。砂轮的主要特征由磨料、硬度和粒度等几个要素衡量，砂轮特性的选择与加工材料和磨削要求（粗磨或精磨）有关。

（1）磨料的选择 磨料的选择主要与被加工的材料和热处理方法相对应，外圆磨削中常用棕刚玉A和白刚玉WA。

（2）硬度的选择 除应遵循选择硬度的一般原则外，还应考虑砂轮的自锐性和微刃的等高性的影响。磨削易变形工件时，应选用较软的砂轮，如磨削细长轴或薄壁套外圆，为了减少磨削力和磨削热，防止工件变形，砂轮的硬度要低一些；精磨时，砂轮的硬度应高于粗磨，这样能使砂轮工作面较长时间保持微刃的等高性，即保持正确的外形。在需要生产率比较高的情况下，可选用比较软的砂轮。

（3）粒度的选择　砂轮磨粒的粗细程度直接影响到砂轮的磨削性能和工件的表面粗糙度。精磨时应选择较细的粒度，粗磨则相反。磨削容易变形的工件时，粒度也要选得粗些。

2. 外圆砂轮的安装

砂轮的安装是一项很重要的工作。一般外圆砂轮呈脆性，如果安装不当，会使砂轮失去平衡而引起振动，影响加工的质量和机床的精度，严重时则可能使砂轮碎裂，造成安全事故。

（1）砂轮在法兰盘上的安装

1）砂轮安装的基本要求：平形砂轮一般在法兰盘上安装。法兰盘主要由法兰底盘、端盖、衬垫和螺钉组成，如图5-41所示。

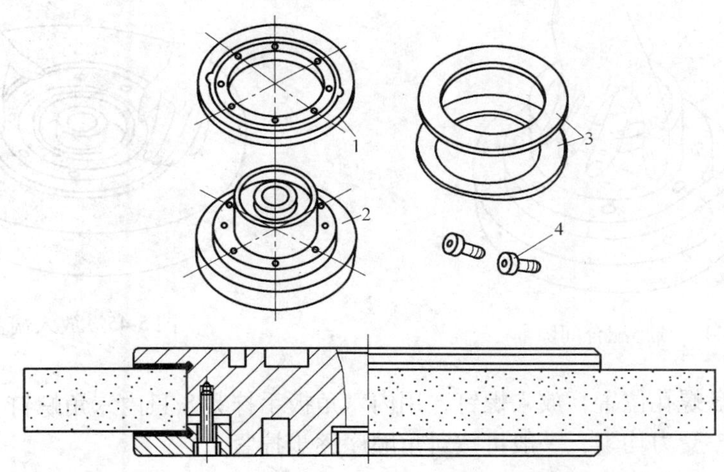

图5-41　外圆砂轮的安装

1—端盖　2—法兰底盘　3—衬垫　4—内六角螺钉

砂轮安装的基本要求为：

①砂轮的安装基面应无明显缺陷。

②砂轮的轴线相对法兰盘轴线不能有明显的歪斜或偏心。

③一般用厚纸垫作为衬垫，以保证在压紧法兰时，压力能均匀分布在整个砂轮端面上。

2）砂轮的安装：砂轮安装之前，首先要仔细检查砂轮是否有裂纹，方法是将砂轮吊起，用木锤轻敲听其声音。无裂纹的砂轮发出的声音清脆，有裂纹的砂轮则声音嘶哑。发现表面有裂纹或者敲击时声音嘶哑的砂轮，应停止使用。

砂轮安装的步骤如下：

①擦净法兰盘，在法兰盘底座上放一片衬垫，并将法兰盘垂直放置，如图5-42所示。

②按图5-43所示装入砂轮，检查砂轮内孔与法兰盘底座定心轴颈之间的配合间隙（应为0.1~0.2mm）是否适当，如过小可用力压入。

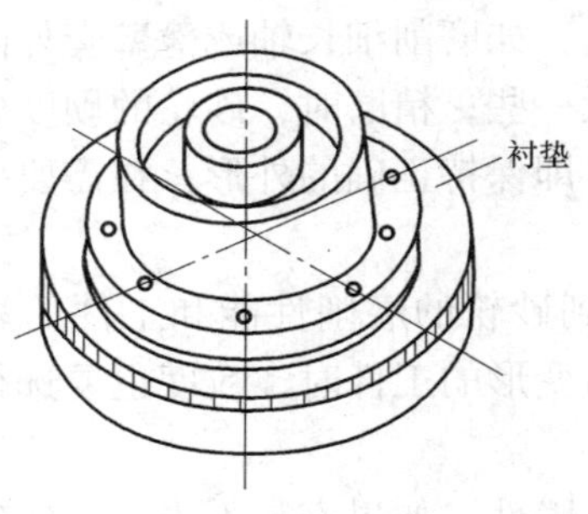

图 5-42　法兰盘垂直放置

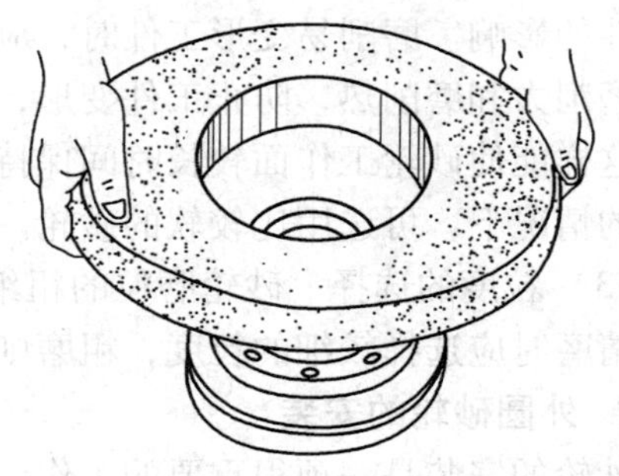
图 5-43　装入砂轮

③减小配合间隙。当砂轮内孔与法兰盘底座定心轴颈之间的间隙较大时，可在法兰盘底座下轴颈处粘一层胶带，以减少配合间隙，防止砂轮偏心，如图 5-44 所示。

④放入端盖和衬垫，如图 5-45 所示。

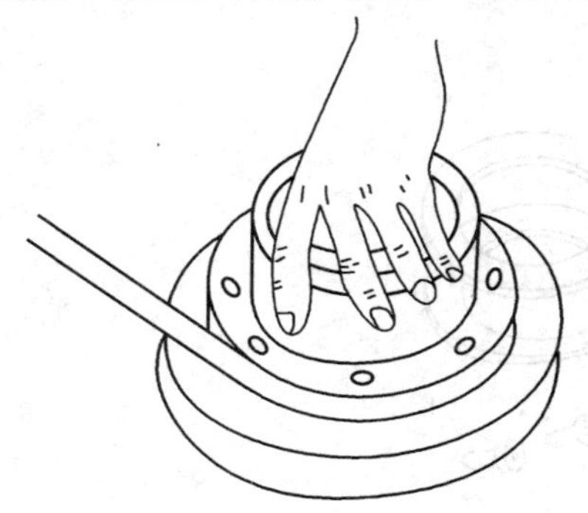
图 5-44　减小配合间隙

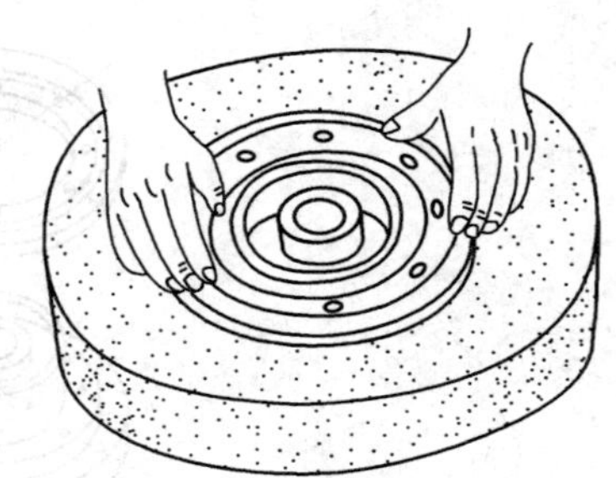
图 5-45　放入端盖

⑤对准法兰盘螺孔位置，放入螺钉，用内六角扳手拧紧 8 只内六角螺钉。紧固时，用力要均匀，以使砂轮受力均匀，一般可按对角顺序逐步拧紧。

砂轮安装后，应作初步平衡，再将砂轮装于磨床主轴端部。

3）安装砂轮的注意事项。

①安装前，认真测量砂轮孔径和法兰盘底座定心轴颈的尺寸，安装中严格控制两者的间隙。

②法兰盘端部面应平整。

③衬垫破损时，需重新制作。

④安装时不得敲击砂轮。

（2）砂轮在主轴上的安装

1）安装步骤。

①打开砂轮罩壳盖，如图 5-46 所示。

②清理罩壳内壁。

③擦净砂轮主轴外锥面及法兰盘内锥孔表面。

④将砂轮套在主轴锥体上，并使法兰盘内锥孔与砂轮主轴外锥面配合，如图 5-47 所示。

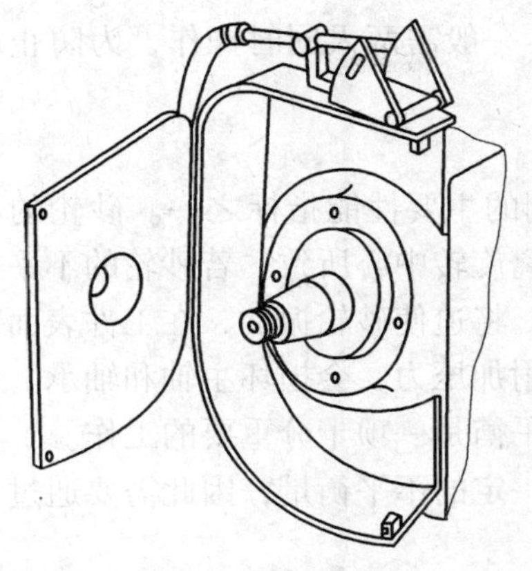
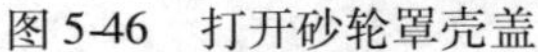

图 5-46 打开砂轮罩壳盖

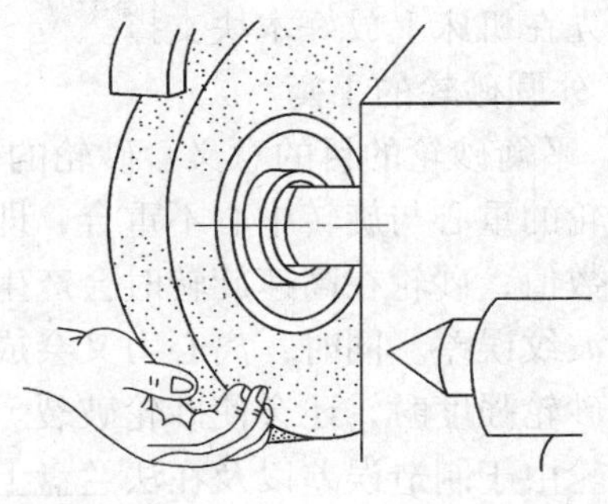

图 5-47 砂轮套上主轴锥体

⑤放上垫圈，拧上左旋螺母，并用套筒扳手按逆时针方向拧紧螺母。

⑥合上砂轮罩壳盖。

2）注意事项。

①安装时要使法兰盘内锥孔与砂轮主轴外锥面接触良好。

②注意主轴端螺纹的旋向（该螺纹为左旋），以防止损伤主轴轴承。

③安装前要检查砂轮法兰的平衡块是否齐全、紧固是否可靠。

④安装时要防止损伤砂轮，不能用铁锤敲击法兰盘和砂轮主轴。

3. 在主轴上拆卸砂轮

（1）拆卸步骤

1）用套筒扳手拆卸螺母。

2）按顺时针方向选择拔头，将砂轮从主轴上拆下，如图 5-48 所示。

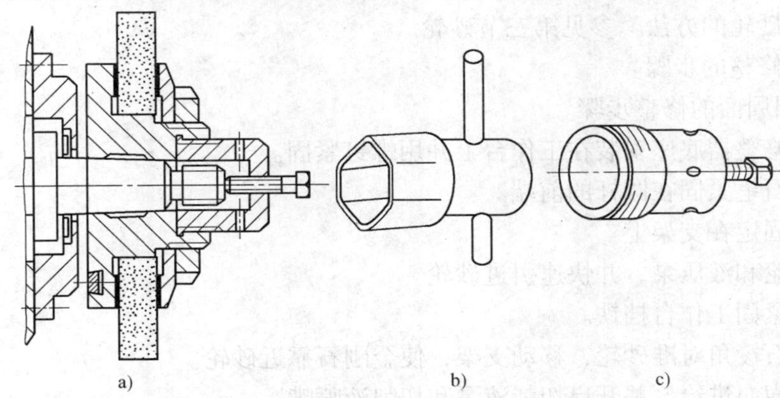

图 5-48 从主轴上拆卸砂轮及其专用工具

a）从主轴上拆卸砂轮 b）套筒扳手 c）拔头

（2）拆卸砂轮的注意事项

1）由于砂轮主轴与法兰盘是锥面配合，具有一定的自锁性，拆卸时可使用专用工具（见图 5-48b、图 5-48c），以方便地将砂轮拉出。

2）要注意安全操作，防止损伤机床主轴和砂轮，一般需两人同时操作，为防止砂轮掉落，可先在机床上放好木块支撑。

4. 外圆砂轮的平衡

1）平衡砂轮的目的意义。砂轮的平衡程度是磨削的主要性能指标之一。砂轮的不平衡是指砂轮的重心与旋转中心不重合，即不平衡质量偏离旋转中心所致。若砂轮的不平衡量超过一定数值，砂轮在高速旋转时会产生巨大的离心力，将迫使砂轮振动，在工件表面产生多角形的波纹误差。同时，离心力又会成为砂轮主轴的附加压力，会损坏主轴和轴承。当离心力大于砂轮强度时，还会使砂轮破裂。因此，砂轮的平衡是一项十分重要的工作。

砂轮由于制造误差以及在法兰盘上的安装产生了一定的不平衡量，因此需要通过作静平衡来消除。

2）静平衡的工具。参见第三节砂轮。

3）砂轮静平衡的步骤。参见第三节砂轮。

4）砂轮静平衡的注意事项。

①平衡前先检查平衡架的导轨面，应无明显缺陷。

②应调整好平衡架的横向水平和纵向水平，调整后需再复查一次。

③平衡时应特别注意加平衡块和调整平衡块，一般要使砂轮达到八个对应点平衡。

④平衡时要防止砂轮从平衡架上滚落下来，注意保护砂轮免受损伤。

5. 外圆砂轮的修整

（1）修整砂轮的目的　修整砂轮的目的是用砂轮修磨工具将砂轮不适用的表层修去，以消除砂轮的外形误差或恢复砂轮的切削性能。

砂轮修整一般有两种情况，一是新安装的砂轮需作整形修整，以消除砂轮外形的误差对砂轮平衡的影响；二是修整工作过的砂轮已磨钝的表层，以恢复砂轮的切削性能和正确的几何形状。两者都是很重要的工作。

（2）修整砂轮的方法　参见第三节砂轮。

（3）砂轮修整的步骤

1）砂轮圆周面的修整步骤。

①将砂轮修整器底座安装在工作台上并用螺钉紧固。

②将金刚石笔紧固在圆杆的前端。

③将圆杆固定在支架上。

④起动砂轮和液压泵，并快速引进砂轮。

⑤调整并紧固工作台挡铁。

⑥使金刚石棱角对准砂轮，移动支架，使金刚石靠近砂轮。

⑦砂轮作横向进给，并开启切削液泵和切削液喷嘴。

⑧起动工作台液压纵向进给按钮。

2）砂轮端面的修整步骤。

①安装金刚石笔杆于圆杆上垂直轴线的孔中，并用螺钉紧固。

②调整并紧固圆杆，使金刚石尖端低于砂轮中心 1 ~ 2mm，紧固支架。

③手摇工作台纵向进给手轮，使金刚石靠近砂轮端面。

④在金刚石与砂轮端面接触后，停止工作台纵向进给，手摇砂轮架横向进给手轮，使金

刚石在砂轮端面上前后往复移动。

⑤经多次进给修整，将砂轮端面修成内凹端面，并在砂轮端面上留出 3mm 左右的环形窄边。修整时需将砂轮架逆时针方向旋转 1°~2°。

（4）修整砂轮的注意事项

1）注意金刚石笔杆的刚性，以防止修整时金刚石发生振动。

2）金刚石的安装高度要低于砂轮中心 1~2mm，以防止金刚石扎入砂轮。

3）修整时，一般先修整砂轮端面，然后再修整砂轮的圆周面。

4）修整时应注意充分的冷却。

在生产实践中，人们常用碳化硅碎砂轮块来修整刚玉砂轮。由于碳化硅硬度高于刚玉，故可取得一定的修整效果，而且此法一般用于粗修整和砂轮端面的修整。修整时，操作者要站在砂轮的侧面，注意安全。

四、外圆磨削实例

磨一般光滑轴。

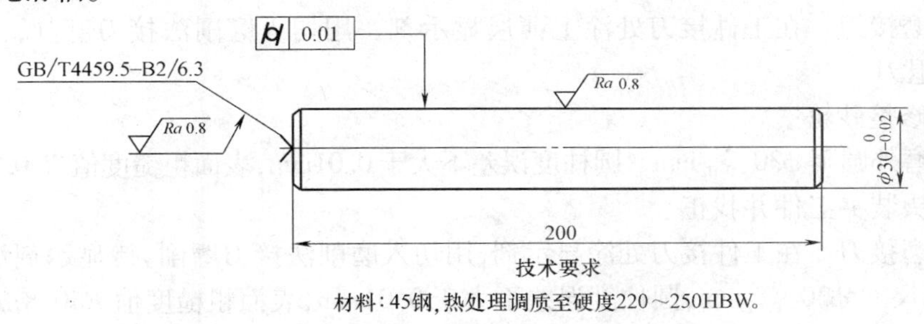

图 5-49　光滑轴

1. 图样和技术要求分析

如图 5-49 所示为光滑轴工件，材料 45 钢，热处理调质 220~250HBW，外圆尺寸为 $\phi 30_{-0.02}^{0}$mm，圆柱度公差为 0.01mm，表面粗度值 $Ra0.8\mu m$。

根据加工要求和工件材料，进行如下选择和分析。

（1）砂轮的选择　所选砂轮的特性为：磨料 WA~PA，粒度 40~60#，硬度 L~M，结合剂 V，修整砂轮用金刚石笔。

（2）装夹方法　一般光滑轴要分两次安装，调头磨削才能完成，该工件因两端有中心孔，安装前需修研中心孔。

（3）磨削方法　采用纵向磨削法，又由于需两次调头装夹，故要进行接刀磨削，可通过调整工作台行程挡铁位置来控制砂轮的接刀长度（见图 5-50），接刀长度应尽量短一些。

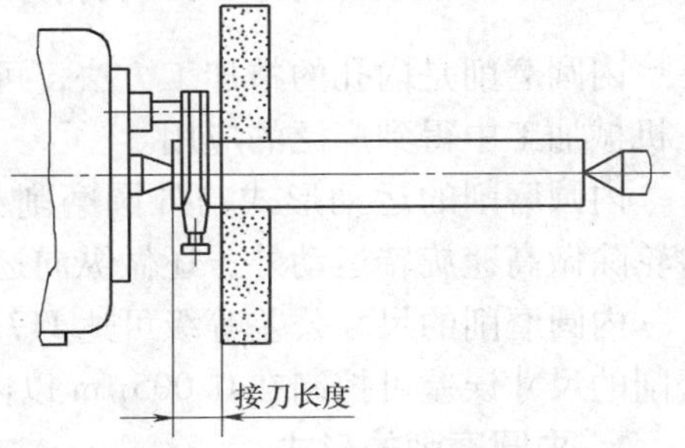

图 5-50　接刀长度的控制

磨削时应先进行试磨，并划分粗、精加工。试磨时，用尽量小的背吃刀量，磨出外圆表面，用百分表检查工件圆柱度误差。若超出要求，则调整找正工作台至理想位置，以保证圆柱度误差。粗、精磨接刀均采用切入磨削法磨削。

（4）切削液的选择　选用乳化液切削液，并注意充分冷却。

2. 操作步骤

在 M1432A 型万能外圆磨床上进行操作，步骤如下：

（1）操作前的检查准备

1）检查工件中心孔，如不符要求，需修磨正确。

2）找正头架、尾座的中心，不允许偏移。

3）粗磨整砂轮。

4）检查工件的磨削余量。

5）将工件装夹于两顶尖间。

6）调整工作台行程挡铁的位置，以控制砂轮的接刀长度和砂轮越出工件的长度。

（2）试磨　磨出外圆表面，圆柱度误差不大于 0.01mm。

（3）粗磨外圆　留精磨余量 0.03 ~ 0.05mm，圆柱度误差不大于 0.01mm。

（4）工件调头装夹

（5）粗磨接刀　在工件接刀处涂上薄层显示剂，用切入磨削法接刀磨削，当显示剂消失时，立即退刀。

（6）精修整砂轮

（7）精磨外圆至 $\phi30_{-0.02}^{\ 0}$mm　圆柱度误差不大于 0.01mm，表面粗糙度值 $Ra0.8\mu m$ 以内。

（8）调头装夹工件并找正

（9）精磨接刀　在工件接刀处涂显示剂，用切入磨削法接刀磨削，待显示剂消失，立即退刀，保证外圆尺寸 $\phi30_{-0.02}^{\ 0}$mm，圆柱度误差不大于 0.01mm，表面粗糙度值 $Ra0.8\mu m$ 以内。

第五节　内 圆 磨 削

【本节学习要点】

1. 了解并掌握内圆磨削的方法。
2. 熟悉并掌握内圆磨削夹具的选用方法。
3. 熟悉内圆磨削砂轮的选择、使用和安装方法。
4. 掌握典型内圆磨削实例的操作要领。

一、内圆磨削的形式、特点和方法

内圆磨削是内孔的精加工方法，可以加工零件的通孔、不通孔、台阶孔和端面等，因此在机械加工中得到广泛的应用。

内圆磨削的运动形式与外圆磨削相同，工件安装在卡盘（或花盘）上，由主轴传动，砂轮除做高速旋转运动外，还做纵向运动和横向进给运动。

内圆磨削的尺寸公差等级可达 IT7 ~ IT6 级，表面粗糙度值可达 $Ra0.8 \sim 0.2\mu m$。高精度磨削的尺寸误差可控制在 0.005μm 以内，表面粗糙度值可达 $Ra0.02 \sim 0.01\mu m$。

1. 内圆磨削的形式

内圆磨削主要分为中心内圆磨削、行星内圆磨削和无心内圆磨削三种，如图 5-51 所示。

（1）中心内圆磨削　中心内圆磨削是指在普通内圆磨床或万能外圆磨床上磨削内孔（见图5-51a），磨削时工件绕头架主轴的中心线旋转。这种磨削方式适用于套筒、齿轮、法兰盘等零件内孔的磨削，生产中应用普遍。

（2）行星内圆磨削　行星内圆磨削时，工件固定不动，砂轮除了绕自己的轴线做高速旋转外，还绕所磨孔的中心线低速度旋转，以实现圆周进给。此外，砂轮还做进给运动和周期性进给（见图5-51b），砂轮的横向进给是依靠加大行星运动的回转半径R来实现的，目前生产中还应用得很少。

（3）无心内圆磨削　在无心磨床上，工件以它经过精加工的外圆支承在支持轮和压轮上，并由导轮传动使其旋转（见图5-51c）。这种磨削方式适宜磨削薄壁环形零件的内圆。

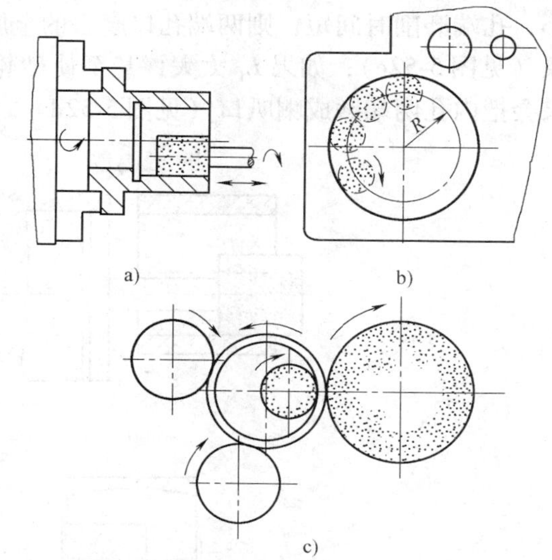

图5-51　内圆磨削的形式

a）中心内圆磨削　b）行星内圆磨削　c）无心内圆磨削

除这三种内圆磨削形式以外，还有一种电磁无心内圆磨削，主要是利用电磁无心夹具装夹和驱动工件，可在普通内圆磨床或万能外圆磨床的头架主轴上实现无心内圆磨削，可获得较高的形状位置精度，一般用于磨削滚动轴承套圈的内圆。

2. 内圆磨削的特点

与外圆磨削相比，内圆磨削有以下特点：

1）内圆磨削时，由于受到工件内孔的限制，所以砂轮直径较小，砂轮转速又受到内圆磨具转速的限制（目前一般内圆磨具的转速在10 000～20 000r/min），因此磨削速度不高，一般在20～30m/s之间。因其磨削速度较低，工件的表面粗糙度值不易减小。

2）内圆磨削时，砂轮外圆与工件内孔成内切圆接触，其接触弧比外圆磨削大，因此磨削力和磨削热都比较大，磨粒容易磨钝，工件容易发热或烧伤、变形。

3）内圆磨削时，冷却条件较差，切削液不易进入磨削区域，磨屑也不易排出。当磨屑在工件内孔中积聚时，容易造成砂轮堵塞，并影响工件的表面质量，特别在磨削铸铁等脆性材料时，磨屑和切削液混合成糊状，更容易使砂轮堵塞，影响砂轮的磨削性能。

4）砂轮接力轴的刚性比较差，容易产生弯曲变形和振动，对加工精度和表面粗糙度都有很大的影响，同时也限制了磨削用量的提高。

3. 内圆磨削的方法

内圆磨削常用纵向磨削法和切入磨削法。

（1）纵向磨削法　内圆磨削的纵向法与外圆纵向磨削法相同。磨削通孔时，先根据工件孔径和长度选择直径和接长轴。接长轴的刚性要好，其长度只需略大于孔的长度，如图5-52a所示。若接长轴太长，磨削容易产生振动，影响磨削效率和加工质量。砂轮和接长轴选择后，便着手调整工作台行程长度。工作台行程长度L应根据工件孔长L'和砂轮越出孔

端长度 L_1 计算（见图5-52b）。砂轮越出孔端长度 L_1，一般是砂轮宽度 B 的1/3～1/2。若 L_1 太小，孔端磨削时间短，则两端孔口磨去的金属就较小，从而使内孔产生中间大、两端小的现象（见图5-52c）；如果 L_1 太大，甚至使砂轮全部越出工件孔口，则接长轴的弹性消失，结果会把内孔两端磨成喇叭口（见图5-52d）。内圆纵向磨削法适于磨削长孔。

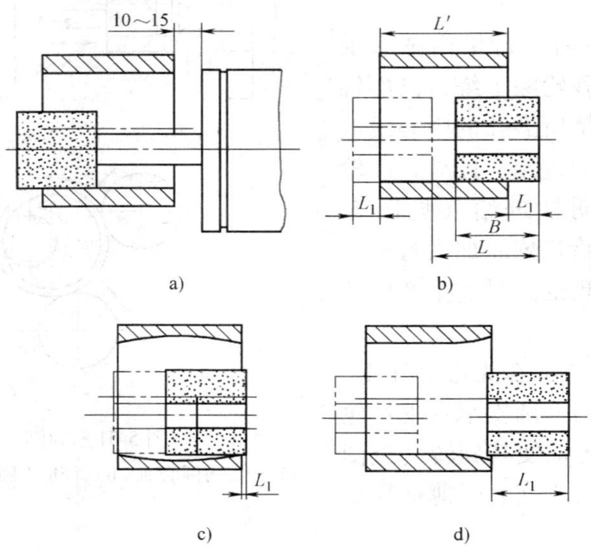

图5-52　纵向磨削法

a）接长轴的长度　b）调整工作台行程长度

c）砂轮越出孔端长度太小　d）砂轮越出孔端长度太大

（2）切入磨削法　内圆磨削的切入法也与外圆切入磨削法相同，适用于磨削内孔长度较短的工件，生产率较高。

内圆切入磨削法无纵向进给运动，只有横向进给运动，砂轮的宽度略大于被磨工件孔的长度。采用此法磨削时，接长轴的刚性要好，砂轮在连续进给中容易堵塞、磨钝，应及时修整砂轮，精磨时应采用较低的切入速度，如图5-53所示。

（3）纵向磨削法和切入磨削法的注意事项

1）磨削时应划分粗磨和精磨，粗磨时可采用较大的切削用量，磨除大部分余量；精磨时可以使砂轮接长轴在最小的弹性变形状态下工作，以提高磨削的精度。粗磨后的精度余量一般为0.04～0.08mm。

2）磨削过程中切削液要充分、清洁。充分、清洁的切削液有利于冷却，以减小磨削热的影响。

3）磨不通孔时，要经常清除孔中磨屑，防止磨屑的积累、堵塞。

4）砂轮退出内孔表面时，要经常将砂轮从横向退出，然后再在纵向进给方向退出，以免工件产生螺旋痕迹。

5）要注意控制内孔的锥度。磨削时砂轮不宜在孔端停留过久，以免孔口产生正锥度或倒锥度。

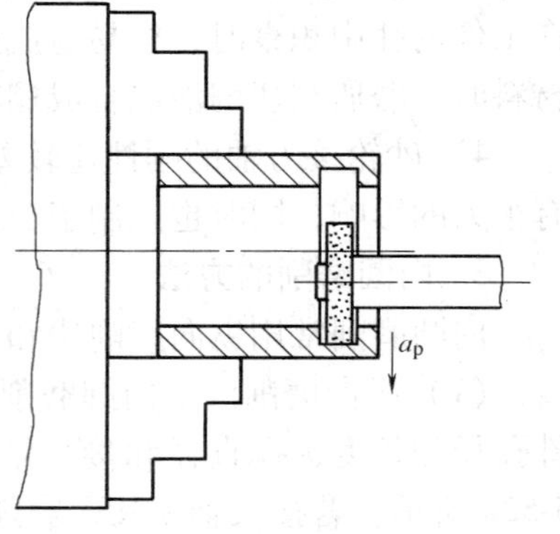

图5-53　切入磨削法

二、工件的装夹

内圆磨削时，工件的装夹方法很多，常用自定心卡盘、单动卡盘、花盘和组合夹具装夹以及用中心架装夹和带动，具体可根据工件的形状、尺寸等来选用适合的装夹方法。

1. 用自定心卡盘装夹

（1）自定心卡盘的结构　自定心卡盘的结构如图5-54a所示，三个卡爪装在卡盘体的径向槽内，成三等分分布。卡爪背面的螺旋齿与丝盘的阿基米德螺纹啮合，用扳手转动齿轮时，丝盘会转，三个卡爪即径向等速移动，将工件夹紧或松开。自定心卡盘的卡爪可根据工件直径调换方向，作正爪夹紧、反爪夹紧（见图5-54b）和反撑夹紧（见图5-54c），适于装夹圆柱工件和盘类工件。

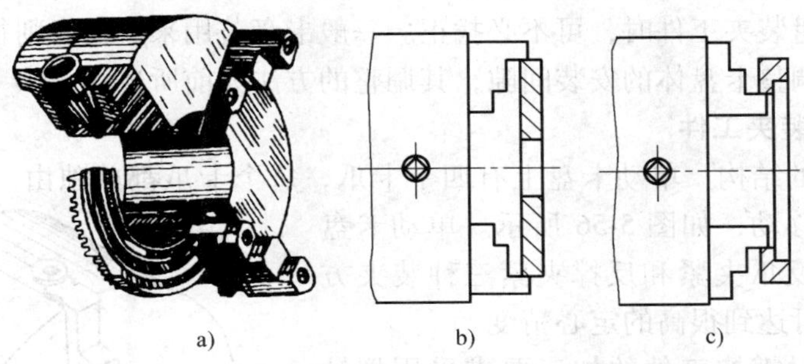

图5-54　自定心卡盘
a）自定心卡盘的结构　b）反爪夹紧　c）反撑夹紧

（2）工件的装夹　用自定心卡盘装夹工件的方法如下：

1）较短工件的装夹。用自定心卡盘装夹较短的工件时，工件端面易倾斜，需用百分表找正，如图5-55a所示。找正时，先用百分表测量出工件的端面圆跳动量，然后用铜棒敲击工件端面圆跳动的最大处，直到跳动量符合要求为止。

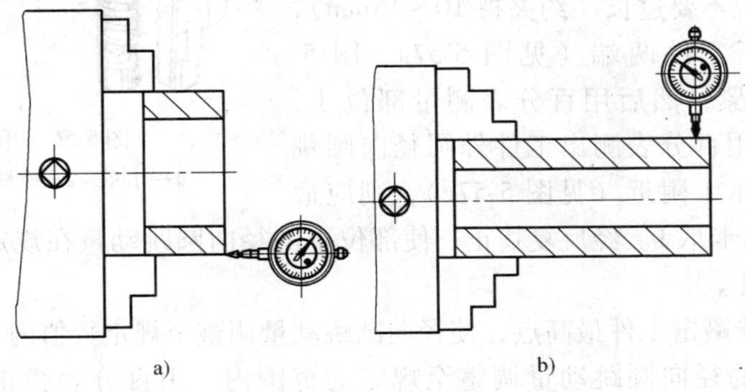

图5-55　工件在卡盘上装夹找正
a）较短工件的装夹找正　b）较长工件的装夹找正

2）较长工件的装夹。用自定心卡盘装夹较长的工件时，工件的轴线容易发生偏斜，需要找正工件远离卡盘端外圆的径向圆跳动误差。找正时，用百分表测量出工件外圆径向圆跳动量的最大处，然后用铜棒敲击跳动量最大处，直到跳动量符合要求为止（见图5-55b）。

3）用反爪装夹工件。当工件外圆较大时，可采用反爪装夹工件，其找正方法与前述相同，但使用时应拆卸卡盘卡爪，然后再改装为反爪形式。拆卸时退出卡爪后要清理卡爪、卡盘体和丝盘，并加润滑油，再将卡爪对号装入。

（3）使用自定心卡盘的注意事项

1）经常保持卡盘卡爪和丝盘啮合处的清洁。使用一段时间后，可将三个卡爪拆卸一次，清除丝盘上的磨屑，使卡爪移动灵活。

2）卡爪的夹持部分要注意保护，找正时不能敲击卡爪，卡爪夹持部分如有“塌角”，允许适当修磨，以提高定心精度。精密工件装夹时，要在三个卡爪和工件间垫上同样厚度的铜垫片。

3）自定心卡盘本身的定心精度较低，工件夹紧后的径向圆跳动量为0.08mm左右。精度较高的自定心卡盘装夹工件时，可不必找正。一般卡盘若用来成批磨削径向圆跳动允许误差较小的工件，应调整卡盘体的安装间隙，其调整的方法如前所述。

2. 用单动卡盘装夹工件

（1）单动卡盘的结构　单动卡盘上有四个卡爪，每个卡爪都单独由一个螺杆啮合，因而任一卡爪可单独移动，如图5-56所示。单动卡盘同样有正爪夹紧、反爪夹紧和反撑夹紧三种装夹方法，经仔细校正，可达到很高的定心精度。

单动卡盘装夹时需按工件的加工要求采用划针盘或百分表找正工件位置。单动卡盘除可以装夹圆柱形工件外，还可以装夹外形不规则的工件以及定心精度要求高的工件。

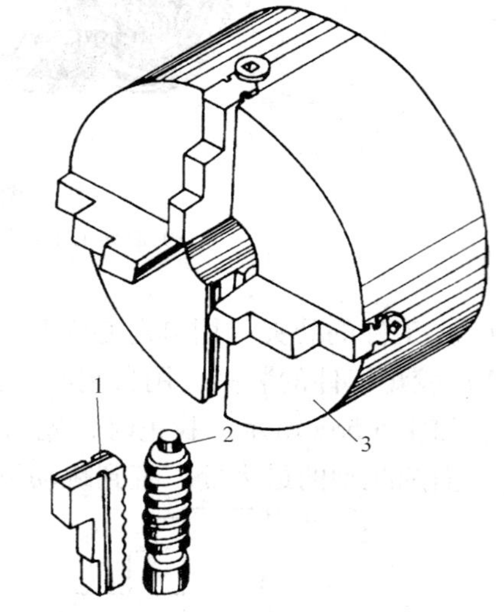

图5-56　单动卡盘
1—卡爪　2—螺杆　3—卡盘体

（2）工件的装夹　用单动卡盘装夹工件的方法如下：

1）较长工件的装夹。用单动卡盘装夹较长的工件时，工件夹持部位不要过长（约夹持10～15mm），装夹时一般要找正工件两端（见图5-57a、图5-57b），并将工件夹紧，然后用百分表测量部位Ⅰ，调整卡爪位置。若用百分表测出工件外圆径向圆跳动量的最大处在卡爪1附近（见图5-57c），则应适当放松卡爪3，夹紧卡爪1。经反复找正，使部位Ⅰ的径向圆跳动量在规定数值内，再用同样的方法找正部位Ⅱ。

找正时，用铜棒敲击工件最高点，使径向圆跳动量调整至规定数值内。上述步骤需反复进行，才能将工件的径向圆跳动量调整至规定的范围内。用百分表找正时，精度可达到0.005mm以下。

2）盘形工件的装夹。盘形工件一般以外圆和端面作为找正基准，如图5-58所示，端面找正时，按百分表读数，哪一点高，就用铜棒敲击哪一点。外圆的找正仍用百分表测量，调整有关卡爪的松紧来找正，经反复找正后即可达到预定的要求。

3）外形不规则工件的装夹。有些工件的一端外形呈不规则状，另一端则需要磨削内圆，这类工件适于用单动卡盘装夹外形不规则的一端。装夹时，先用划针盘找正待磨削一端的外圆表面，初定回转中心，再用百分表测量外圆及内圆的径向圆跳动量，调整卡爪的松紧来进行找正，使之达到规定的范围，如图 5-59 所示。

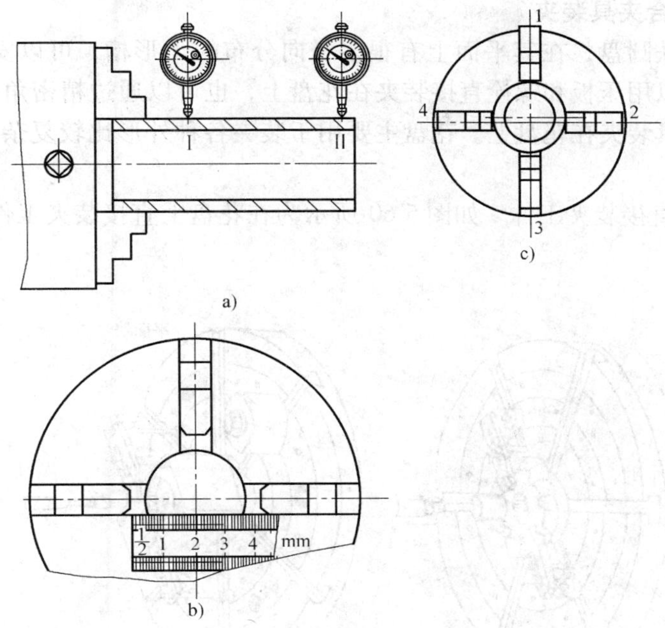

图 5-57　较长工件在单动卡盘上的装夹找正

a）找正部位　b）卡爪位置的初步调整　c）部位 I 的找正

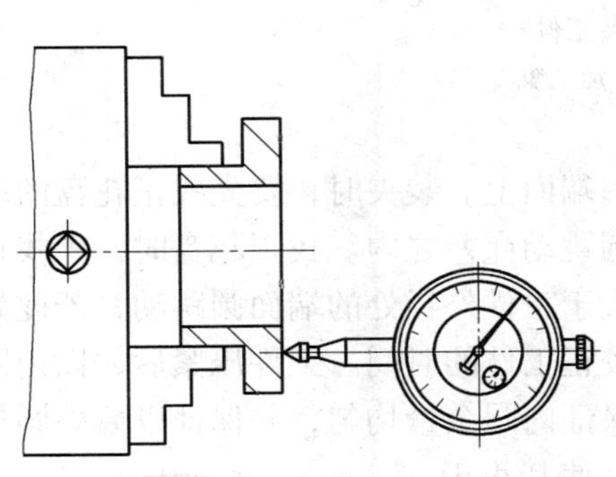

图 5-58　盘形工件在单动卡盘上的装夹找正

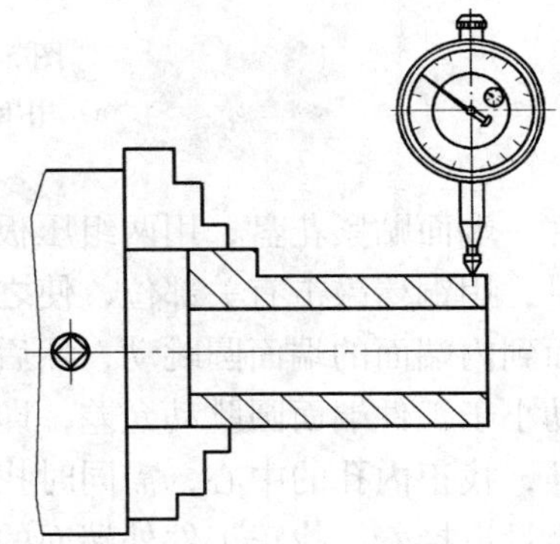

图 5-59　不规则外形工件在单动卡盘上的装夹找正

（3）使用单动卡盘的注意事项

1）卡爪松夹时，要防止工件脱落。在装夹较重零件时，可将一卡爪转至垂直向下，以支承工件重量，然后夹紧上面对应的卡爪和两侧卡爪。

2）在卡爪和工件间可垫上铜衬片，这样既能避免卡爪损伤工件已加工面，又利于工件找正。

3）夹紧力要适当，要防止薄壁工件产生夹紧变形。

4）卡盘钥匙用后应立即取下，以防开机造成事故。

5）做好卡盘的定期拆卸保养工作。

3. 用花盘和组合夹具装夹

花盘是一种铸铁圆盘，在其平面上有很多径向分布的T形槽，可以安插各种螺栓，以夹紧工件。工件可以用压板和螺栓直接装夹在花盘上，也可以通过精密角铁装夹在花盘上，还可以使用组合夹具装夹在花盘上。花盘主要用于装夹各种外形比较复杂的工件，如铣刀、支架和连杆等。

（1）在花盘上直接装夹工件　如图5-60所示为在花盘上直接装夹工件，对不对称工件需预加平衡块。

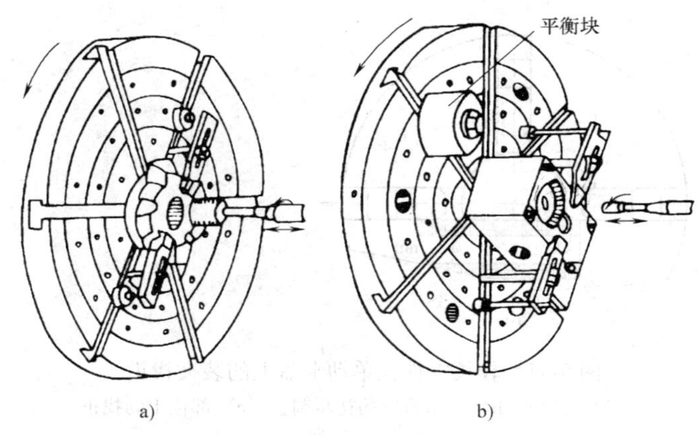

图5-60　用花盘装夹工件

a）用压板螺钉压紧　b）加平衡块

工件一端面贴紧花盘，用两组压板螺钉压在另一端面上。装夹时，要先找正花盘的端面圆跳动量，用铜棒敲击有关部位，使之在工件端面圆跳动允差之内。找正花盘时，先找正花盘外端面到内端面的端面圆跳动，然后重点找正略大于工件外径处的端面圆跳动，若此处端面圆跳动小于工件端面圆跳动允差，即可减小直接校正工件的时间。工件压紧后，以内圆表面为基准，找正内孔的中心，需同时找正外圆，以保证内圆余量均匀，并保证以后外圆加工的磨削余量。接着，找正工件外端面的端面圆跳动，使其小于规定的误差范围。调整的方法是，将工件底面与花盘面之间垫上厚薄不均的铜皮压紧，经反复找正，使之达到规定要求，且可保证所磨削内孔与端面的垂直度要求。

（2）在花盘上通过精密角铁装夹工件　如图5-61所示，工件装在精密角铁上，精密角铁用螺栓、螺母固定在花盘的T形槽内。装夹时，用调整角铁位置的方法来找正工件的回转中心。安装前，需先找正花盘的端面圆跳动量，且角铁的垂直面要精准，才能保证工件的磨削精度。

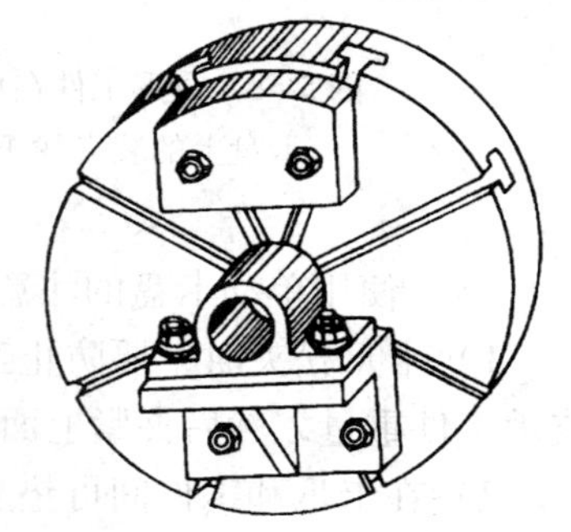

图5-61　用花盘和精密角铁装夹工件

（3）工件用花盘和组合夹具装夹　工件在花盘上除了通

过精密角铁装夹外，还可用组合夹具进行装夹。

组合夹具是由一套预先制造好的，由各种不同形状、不同规格尺寸的标准元件和合件组装而成的。这些元件相互配合部分的尺寸公差小、硬度高，且有完全的互换性。利用这些元件，根据被加工零件的工艺要求，可以很快地组装成专用夹具，且夹具使用完毕后，可以拆开，将元件擦净涂油后保管，待组装新夹具时使用。

使用组合夹具比精密角铁更方便、灵活，而且能更好地保证工件的定位和相互位置精度。

（4）用花盘装夹工件的注意事项　用花盘装夹工件时，装夹精度取决于花盘本身的精度和装夹找正的精度，还与压板夹紧力的方向及装夹后的平衡状况有关，因此需注意如下事项：

1）装夹前，应找正花盘的端面圆跳动量，使之不大于工件端面圆跳动量的允许范围。

2）用花盘装夹时，要合理选择压板的数量和压紧位置，压板最好均匀或对称分布，并正确采用装夹方法。

3）用花盘装夹不对称工件时，应在花盘上工件的相对位置加一平衡块，并适当调整它的位置，以使花盘保持平衡，如图 5-60b 所示。

三、内圆砂轮的选择和安装

1. 内圆砂轮的选择

（1）砂轮直径的选择　在内圆磨削中，砂轮直径的选择是一个比较复杂的问题。为了获得较理想的磨削速度，最好采用接近孔径尺寸的砂轮。但是，当砂轮直径增大后，砂轮与工件的接触弧也随之增大，致使磨削热增大，且冷却和排屑更加困难。为了取得良好的磨削效果，砂轮直径与被磨工件孔应有适当的比值，这一比值通常在 0.5 ~ 0.9 之间。当工件孔径较小时，主要矛盾是砂轮圆周速度低，此时可取较大的比值；当工件孔径较大时，砂轮的圆周速度较高，而发热量和排屑成为主要问题，故应取小的比值。表 5-12 列出了孔径 $\phi 12 \sim \phi 100$mm 范围内选择砂轮直径的参考数据。工件直径大于 $\phi 100$mm 时，要注意砂轮的圆周速度不应超过砂轮的安全圆周速度。

表 5-12　内圆砂轮直径的选择　（单位：mm）

被磨孔的直径	砂轮直径 D_0	被磨孔的直径	砂轮直径 D_0
12 ~ 17	10	45 ~ 55	40
17 ~ 22	15	55 ~ 70	50
22 ~ 27	20	70 ~ 80	65
27 ~ 32	25	80 ~ 100	75
32 ~ 45	30		

（2）砂轮宽度的选择　采用较宽的砂轮，有利于减小工件表面粗糙度值和提高生产率，并可降低砂轮的磨损，但砂轮也不能选得太宽，否则会使磨削力增大，从而引起砂轮接长轴的弯曲变形。在砂轮接长轴的刚性和机床功率允许的范围内，砂轮宽度可以按工件长度选择，参见表 5-13。

表 5-13　内圆砂轮宽度的选择

磨削长度/mm	14	30	45	>50
砂轮宽度/mm	10	25	32	40

（3）砂轮硬度的选择　内圆磨削接触面较大，工件散热条件差，只有充分发挥砂轮的自锐性，才能减小磨削力和磨削热，所以应该选用较软的砂轮。通常，内圆磨削所用砂轮比外圆磨削所用硬度要低 1 ~2 小级。在磨削长度较长的小级时，为避免工件产生锥度，砂轮的硬度则不宜太低。一般内圆砂轮的硬度为 K ~ N。

（4）砂轮粒度的选择　为了提高磨粒的切削能力，同时避免烧伤工件，应选用较粗的粒度。内圆磨削常用 36#、46#和 60#。

（5）砂轮组织的选择　内圆磨削排屑困难，为了有较大的空隙来容纳磨屑，避免砂轮过早堵塞，内圆磨削所用砂轮的组织应比外圆磨削所用砂轮的组织疏松 1 ~2 号。

（6）砂轮形状的选择　内圆磨削常用的砂轮形状有平形砂轮和单面凹形砂轮两种。单面凹形砂轮除可磨削内孔外，还可磨削台阶孔的端面。

2. 内圆砂轮的安装

内圆砂轮一般都安装在砂轮接长轴的一端，而接长轴的另一端与磨头主轴连接，也有些磨床内圆砂轮是直接安装在内圆磨具的主轴上的。

（1）内圆砂轮的紧固　砂轮的紧固有用螺纹紧固和用粘结剂紧固两种。

1）用螺纹紧固。用螺纹紧固是内圆砂轮常用的安装方法，如图 5-62a、图 5-62b 所示。由于螺纹紧固有较大的夹紧力，故可以使砂轮安装得比较牢固。

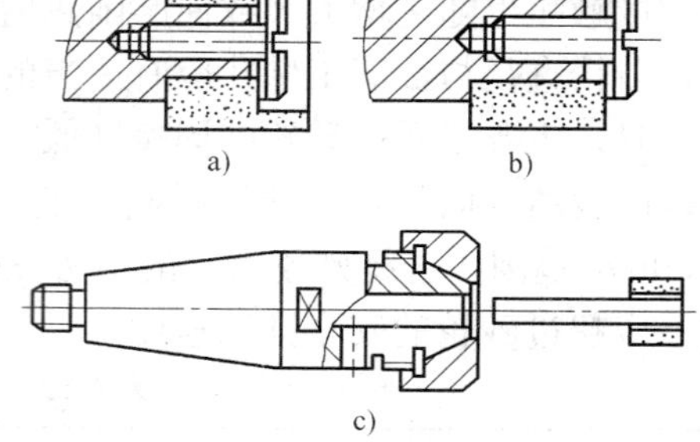

图 5-62　内圆砂轮的安装

a）、b）用螺纹紧固联接　c）用粘结剂紧固

用螺纹紧固内圆砂轮应注意以下事项：

①砂轮内孔与接长轴的配合间隙要适当，不要超过 0.2mm。如果间隙过大，可以在砂轮内孔与长轴间垫入纸片，以免砂轮因偏心而产生振动造成砂轮工作时松动。

②砂轮的两个端面必须垫上黄纸片等软性衬垫，衬垫厚度以 0.2 ~0.3mm 为宜，这样可以使砂轮夹紧力均匀、紧固可靠。

③承压砂轮的接长轴端面平整，接触面不能太小，否则会减小摩擦面积，不能保证砂轮紧固的可靠性。

④紧固螺钉的承压端面与螺纹要垂直，以使砂轮受力均匀。

⑤紧固螺钉旋转的方向应与砂轮的旋转方向相反，这样在磨削力作用下，可以保证砂轮不会松动。

2）用粘结剂紧固：直径 ϕ15mm 以下的小砂轮，常用粘结剂紧固，如图 5-62c 所示。

常用的粘结剂是用磷酸溶液（H_3PO_4）和氧化铜（CuO）粉末调配而成的一种糊状混合物。粘结时，接长轴与砂轮应有 0.2 ~0.3mm 的间隙，为提高砂轮的粘牢程度，可以将接长轴的外圆压成网纹状，粘结剂应充满砂轮与接长轴之间的间隙，待自然干燥或烘干，冷却 5min 左右即可。

用粘结剂紧固砂轮时应注意以下事项：

①调配时需将氧化铜粉末放在瓷质容器内，渐渐注入磷酸溶液，同时不断搅拌，要调拌均匀，浓度要适当。

②粘结剂一定要充满砂轮孔与接长轴之间的间隙。

③粘结剂凝固后可用电炉烘干，但时间不宜太长，否则磷酸铜在电炉加热快速凝固的过程中，体积会急剧膨胀，使砂轮胀裂。加热时，可用肉眼观察粘结剂的颜色，当粘结剂显出暗绿色时，应立即停止加热。

粘结剂的配方很多，例如有的工厂用万能胶粘接，但由于砂轮磨削时发热，砂轮会脱落，因此效果较差；也有采用硫黄作粘结剂，方法是先将硫黄化为液体涂在接长轴与砂轮内孔间，冷却5min左右即可使用。

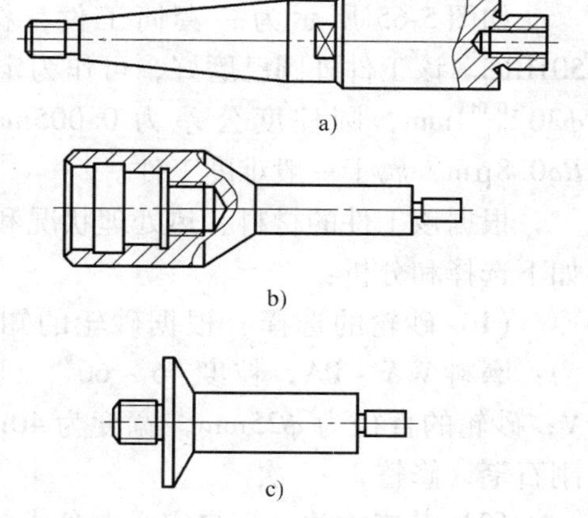

图 5-63　内圆砂轮接长轴
a）锥柄接长轴　b）锥孔接长轴　c）圆柱柄接长轴

（2）内圆砂轮接长轴　在内圆磨床或万能外圆磨床上，都使用接长轴安装砂轮。常用的接长轴形式如图 5-63 所示。各类接长轴可以按经常被磨孔的孔径和长度配制成不同规格，以备应用。

多数磨床使用带外锥的砂轮接长轴，锥体规格一般为莫氏锥度或 1∶20 锥体。接长轴一般用 40Cr 钢制造，并经过热处理淬硬，为提高刚性，还可用 W18Cr4V 高速工具钢制造接长轴。

使用接长轴时，应注意以下事项：

1）从主轴上装拆接长轴时，要弄清接长轴螺纹的旋向。当内圆砂轮逆时针旋转时，螺纹是右旋；反之，则是左旋。

2）接长轴的锥面与磨头主轴的接触面要好，一般应大于90%，表面不应有拉毛痕迹。

3）接长轴各旋转表面的同轴度误差要小，一般其误差应控制在 0.01mm 以内，以保证砂轮平稳地高速旋转。

3. 内圆砂轮的修整

在内圆磨削过程中，要及时修整砂轮，使砂轮经常保持锋利的状态。如果用钝化了的砂轮磨削，由于砂轮切削能力丧失，砂轮与工件间的摩擦会加剧，易使工件产生振动和烧伤波纹，增大工件表面粗糙度值。

内圆砂轮通常用金刚石笔进行修整，修整用的金刚石笔尖必须锋利，笔尖的位置要顺着砂轮旋转方向向下偏移 1 ~ 1.5mm，且金刚石笔轴线要与砂轮水平中心线成 12° ~ 15°夹角，如图 5-64 所示。

修整直径较小的砂轮，应将主轴缩短，以增强接长轴的刚性，确保修出正确形状的砂轮。

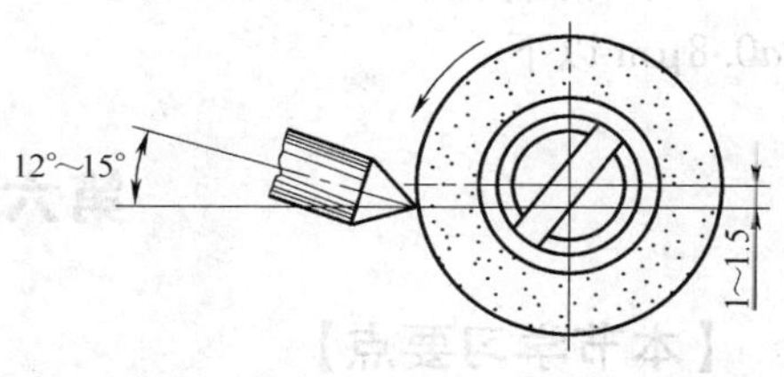

图 5-64　内圆砂轮的修整

当修整新安装的内圆砂轮时，可先用碳化硅砂轮的碎块对砂轮作粗略的修整，这样可以避免砂轮与接长轴因同轴度误差而引起的砂轮跳动，保证砂轮用金刚石笔修整时的平稳性。用砂轮碎块修整时，应注意安全操作，砂轮旋转时应用点动法。

四、内圆磨削实例

磨削如图 5-65 所示的导套。

1. 图样和技术要求分析

如图 5-65 所示为一套筒工件，材料为 40Cr 合金钢，经淬火热处理，硬度为 46 ~ 50HRC。该工件外圆已磨好，可作为定位基准，其孔尺寸为 $\phi30^{+0.013}_{0}$mm，圆柱度公差为 0.005mm，表面粗糙度值为 $Ra0.8\mu m$，属于一般难度工件。

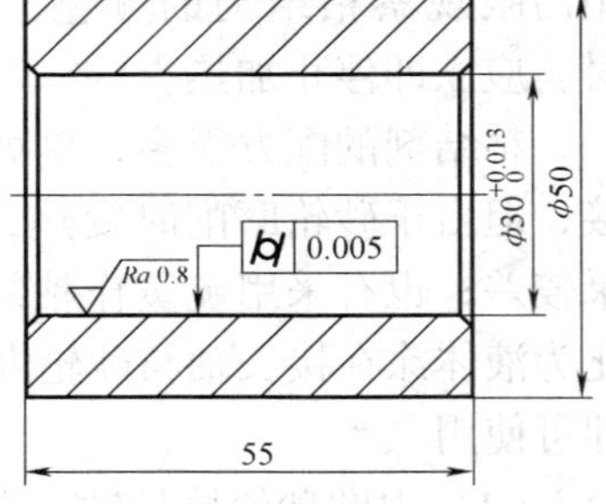

图 5-65 导套

根据该工件的材料、热处理状况和加工技术要求，进行如下选择和分析：

（1）砂轮的选择　根据砂轮的知识，选用的砂轮特性为：磨料 WA ~ PA，粒度 46 ~ 60#，硬度 K ~ L 级，结合剂 V；砂轮的直径为 $\phi25$mm，宽度为 40mm；修整砂轮选用金刚石笔，修整 2 ~ 3 次。

（2）装夹方法　用自定心卡盘或单动卡盘装夹工件，装夹时要进行找正。

（3）磨削方法　采用纵向法磨削，磨削时要合理调整工作台的行程，正确控制砂轮越出工件孔口的长度，不能使砂轮完全越出，以免形成喇叭口。一般，砂轮越出孔口的长度为砂轮宽度的 1/3 ~ 1/2。磨削时，注意控制工件内孔的圆柱度。当精度高时，若工件局部圆柱度误差较大，可作局部的修正，即在局部适当地增加砂轮的纵向进给时间。

（4）切削液的选择　切削液选用卤化液，磨削过程中要充分冷却。

2. 操作步骤

在 M2110 型内圆磨床上进行操作。

（1）操作前的检查、准备

1）用自定心卡盘装夹工件。

2）找正工件外圆，其径向圆跳动误差应不大于 0.005mm。

3）修整砂轮。

4）检查内圆加工余量。

5）调整工作台行程挡铁位置，砂轮越出孔口的长度为 15 ~ 20mm。

（2）粗磨内圆　磨至 $\phi29.95$mm，圆柱度误差不大于 0.005mm，表面粗糙度值 $Ra0.8\mu m$ 以下。

（3）精修整砂轮　最后光修 2 ~ 3 次。

（4）精磨内圆　保证尺寸 $\phi30$mm，圆柱度误差不大于 0.005mm，表面粗糙度值 $Ra0.8\mu m$ 以下。

第六节　平面磨削

【本节学习要点】

1. 了解平面磨削的方式、特点和方法。

2. 掌握工件的装夹方法。
3. 掌握典型平面磨削实例的操作步骤、要领与平面精度的检验方法。

机器零件除了有圆柱、圆锥表面外，还经常由各种平面组成。这类工件的主要技术要求是尺寸精度和形状位置精度，如平面度、平行度和垂直度等。平面磨削通常在平面磨床上进行，小型的平面工件也可在工具磨床上加工。

在平面磨床上磨削平面，精度一般可达公差等级 IT7～IT6 级，表面粗糙度值可达 $Ra0.63 \sim 0.16\mu m$。精密平面磨床，其磨削表面粗糙度值可达 $Ra0.1\mu m$，平行度误差在 1000mm 长度内为 0.01mm。

一、平面磨削的形式

1. 平面磨床的类型简介

按照平面磨床磨头和工作台的结构特点，可将平面磨床分为五种类型，即卧轴矩台平面磨床、卧轴圆台平面磨床、立轴矩台平面磨床、立轴圆台平面磨床及双端面磨床等。如图 5-66 所示为这五种平面磨床磨削的示意图。

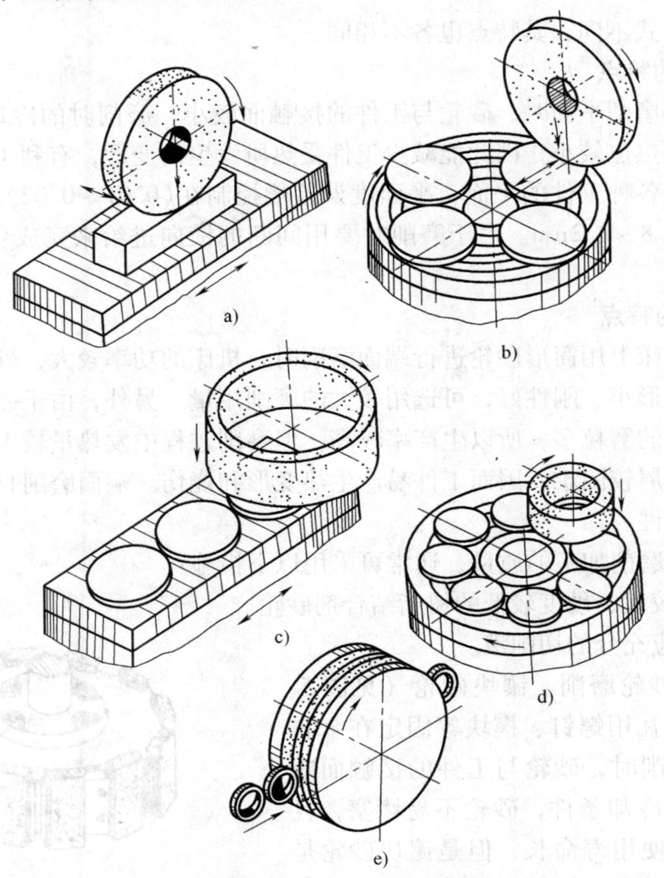

图 5-66 各种平面磨床的磨削

a）卧轴矩台平面磨床磨削 b）卧轴圆台平面磨床磨削 c）立轴矩台平面磨床磨削 d）立轴圆台平面磨床磨削 e）双端面磨床磨削

2. 平面磨削的形式

若以砂轮工作表面来分，平面磨削可划分为周边磨削、端面磨削及周边—端面磨削三种形式。

（1）周边磨削　周边磨削又称圆周磨削，是用砂轮的圆周面进行磨削，卧轴的平面磨床均属于这种形式（见图5-66a、图5-66b）。在刀具磨床上磨削小平面或沟槽平面，也是周边磨削。

（2）端面磨削　端面磨削是用砂轮在端面进行磨削。立轴的平面磨床均属于这种形式（见图5-66c、图5-66d）。在磨削台阶轴或台阶孔端面时，采用的也是端面磨削；在刀具磨床上磨削槽侧，也用端面磨削。大尺寸圆盘的端面，亦可在万能外圆磨床上用转动头架的方法进行端面磨削。

（3）周边—端面磨削　同时用砂轮的圆周面和端面进行磨削称为周边—端面磨削。磨削台阶面时，若台阶不深，可在卧轴矩台平面磨床上用砂轮进行周边—端面磨削；小尺寸的台阶面或沟槽，其底面和侧面亦可在刀具磨床上进行周边—端面磨削。

二、平面磨削的特点

平面磨削的形式不同，其特点也各不相同。

1. 周边磨削的特点

用砂轮圆周面磨削平面时，砂轮与工件的接触面较小，磨削时的冷却和排屑条件较好，产生磨削力和磨削热也较小，因此能减少工件受热所发生的变形，有利于提高工件的磨削精度。它适用于磨削各种工件的平面，平面度误差能控制在(0.01～0.02)mm/1000mm，表面粗糙度值可达*Ra*0.8～0.2μm。由于磨削时要用间断的横向进给来完成各工件表面的磨削，所以生产率较低。

2. 端面磨削的特点

在立轴平面磨床上用筒形砂轮进行端面磨削时，机床的功率较大，砂轮主轴主要承受进给力，因此弯曲变形小、刚性好，可选用较大的磨削用量。另外，由于砂轮与工件接触面积大，同时参加切削的磨粒多，所以生产率较高。但磨削过程中发热量较大，切削液不易直接浇注到磨削区，排屑较困难，因而工件易产生热变形和烧伤。端面磨削只适用于磨削精度不高且形状简单的工件。

为了改善端面磨削加工的质量，通常可采用以下措施：

1）选用粒度较大、硬度较低的树脂结合剂砂轮。

2）磨削时供应充分的切削液。

3）采用镶块砂轮磨削。镶块砂轮（见图5-67）由几块扇形砂瓦用螺钉、楔块等固定在金属法兰盘上构成。磨削时，砂轮与工件的接触面减少，改善了排屑与冷却条件，砂轮不易堵塞，且可更换砂瓦，砂轮使用寿命长，但是镶块砂轮是间断磨削，磨削时易产生振动，因此加工表面的粗糙度值较大。

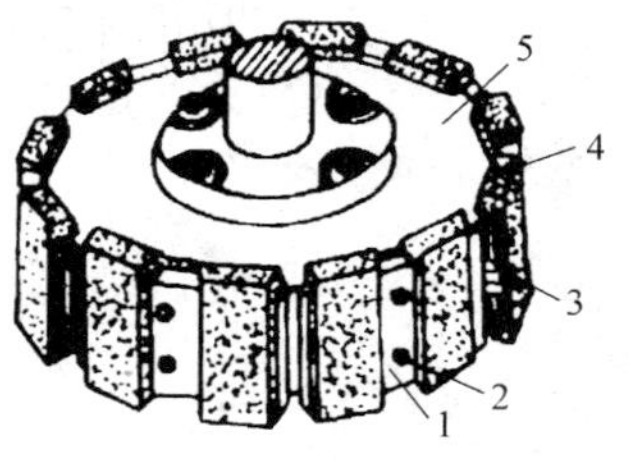

图5-67　镶块砂轮
1—楔块　2—螺钉　3—平衡块
4—砂瓦　5—法兰盘

4）将砂轮端面修成内锥面或者使磨头倾斜

一个微小角度，以减少砂轮与工件的接触面积，改善散热条件（见图 5-68），但磨头倾斜后磨出的平面略呈凹形，其中凹值 A 可按下式计算

$$A = N\tan\alpha = \frac{1}{2}(D_0 - \sqrt{D_0^2 - B^2})\tan\alpha$$

式中　N——砂轮与工件在 X—X 方向的接触长度，单位为 mm；

D_0——砂轮直径，单位为 mm；

B——磨削表面宽度，单位为 mm；

α——磨头倾斜角度；

A——中凹值，单位为 mm。

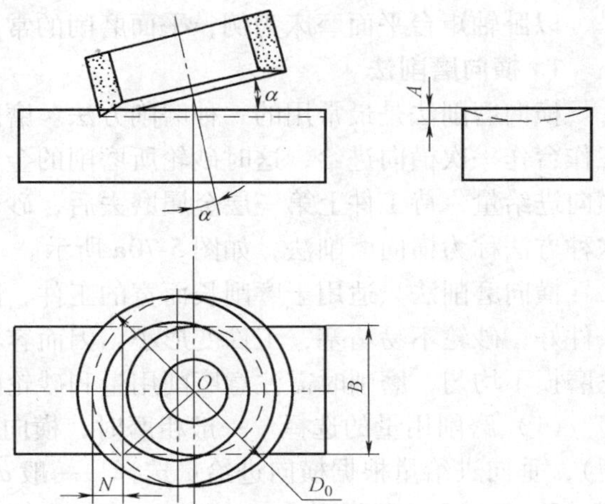

图 5-68　磨头偏斜对加工精度的影响

从上式可知，磨头偏斜角 α 和磨削宽度 B 增大时，中凹值可增加；砂轮直径增大时，中凹值减小。

由此可见，磨头偏斜对磨削平面的平面度误差影响很大，所以精磨时必须使磨头轴线与工作台面相互垂直，以保证加工面的平面度要求。粗磨时，磨头的倾斜角一般不要超过 30′。

磨头与工作台面是否垂直一般可用两种方法检查。第一种方法是用千分表测量，将千分表座吸附在磨头砂轮架上，工作台上放一块垂直度误差极小的平垫铁，将千分表量头压在平垫铁侧面，磨头垂直升降，看千分表读数的变化，即可知磨头与工作台的垂直度误差。若工作台上放一块平行度极小的平垫铁，先移动工作台，用千分表测量一下工作台的水平度，再用千分表测量一下平垫铁上平面的两端高低，将检测平垫铁的读数误差值与工作台的读数误差值相比较，也可换算出磨头与工作台面的垂直度误差。第二种方法是直接通过观察加工面的磨削痕迹来判断，若磨头与工件台面相互垂直，则磨痕为正反相交叉的双纹或称双刀花；若磨头倾斜，则磨痕是不相交的单纹或称单刀花，如图 5-69 所示。

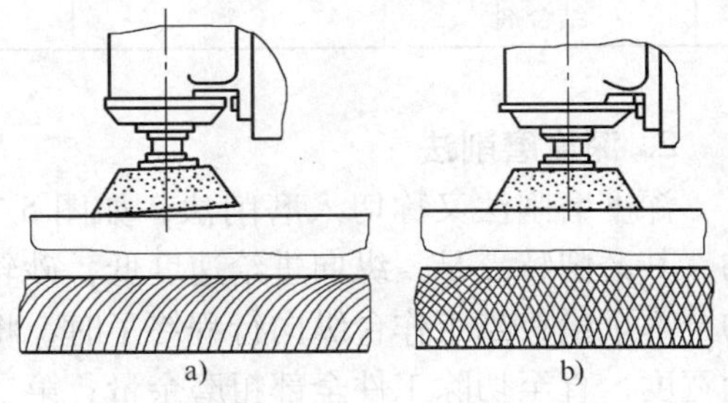

图 5-69　端面磨削的痕迹

a）单纹　b）双纹

3. 周边—端面磨削的特点

周边—端面磨削最终需使砂轮的圆周面与端面同时与工件表面接触，磨削条件较差，产生的磨削热较大，所以磨削用量不宜过大。在卧轴矩台平面磨床上磨台阶面时，通常先用周边磨削磨出水平面，在接近台阶侧面处调整控制好工作台行程挡铁，使砂轮不与台阶端面碰撞，同时需将砂轮端面修成内凹形，用手摇工作台纵向进给手轮，缓慢匀速地进给，并观察端面磨削的火花，控制磨削进给量。在精磨时，适当增加光磨时间，以保证周边—端面磨削的精度，磨削时注意供应充分的切削液进行冷却。如果工件有一定批量，可选用粒度较大、硬度较软的树脂结合剂砂轮。在刀具磨床上进行周边—端面磨削时，因为多用干磨，所以应选用弹性较好的树脂结合剂砂轮或橡胶结合剂砂轮，可避免烧伤工件。

三、平面磨削的方法

以卧轴矩台平面磨床为例，平面磨削的常用方法有以下几种。

1. 横向磨削法

横向磨削法是最常用的一种磨削方法。磨削时，当工作台纵向行程终了时，砂轮主轴或工作台作一次横向进给，这时砂轮所磨削的金属层厚度就是实际的背吃刀量，磨削宽度等于横向进给量，待工件上第一层金属磨去后，砂轮重新作垂向进给，直至切除全部余量为止，这种方法称为横向磨削法，如图5-70a所示。

横向磨削法只适用于磨削长而宽的工件，因其磨削接触面积小，发热较少，排屑、冷却条件好，砂轮不易堵塞，工件变形小，因而容易保证工件的加工质量，但其生产率较低，砂轮磨损不均匀，磨削时需注意磨削用量和砂轮的正确选择。

（1）磨削用量的选择　一般粗磨时，横向进给量为(0.1～0.48)B/双行程（B为砂轮宽度），垂向进给量根据横向进给量选择，一般a_p为0.015～0.05mm；精磨时，横向进给量为(0.05～0.1)B\ 双行程，a_p=0.005～0.01mm。

（2）砂轮的选择　一般用平形砂轮、陶瓷结合剂。由于平面磨削时砂轮与工件的接触弧比外圆磨削大，所以砂轮的硬度应比外圆磨削时稍低些、粒度更大些。平面磨削砂轮的选择参见表5-14。

表5-14　平面磨削砂轮的选择

工件材料		非淬火的碳素钢	调质的合金钢	淬火的碳素钢、合金钢	铸　　铁
砂轮特性	磨料	A	A	WA	C
	粒度	36～46	36～46	36～46	36～46
	硬度	L～N	K～M	J～K	K～M
	组织	5～6	5～6	5～6	5～6
	结合剂	V	V	V	V

2. 深度磨削法

深度磨削法又称切入磨削法，如图5-70b所示。它是在横向磨削法的基础上发展起来的，其磨削特点是：纵向进给速度低，砂轮只作两次垂向进给。第一次垂向进给量等于粗磨的全部余量，当工作台纵向行程终了时，将砂轮或工件沿砂轮轴线方向移动3/4～4/5的砂轮宽度，直至切除工件全部粗磨余量；第二次垂向进给量等于精磨余量。其磨削过程与横向磨削法相同。

此法能提高生产率，因为粗磨时的垂向进给量和横向进给量都较大，缩短了机动时间。深度磨削法适用于功率大、刚度好的磨床磨削较大型的工件。磨削时需注意装夹牢固，且供应充足的切削液进行冷却。

3. 台阶磨削法

如图5-70c所示为台阶磨削法，是根据工件磨削余量的大小，将砂轮修整成阶梯形，使其在一次垂向进给中磨去全部余量。砂轮的台阶数目按磨削余量的大小确定，用于粗磨的各阶梯长度和深度要相同，其长度和一般不大于砂轮宽度的1/2，每个阶梯的深度在0.05mm左右，砂轮的精磨台阶（即最后一个台阶）的深度等于精磨余量，约为0.02～0.04mm。

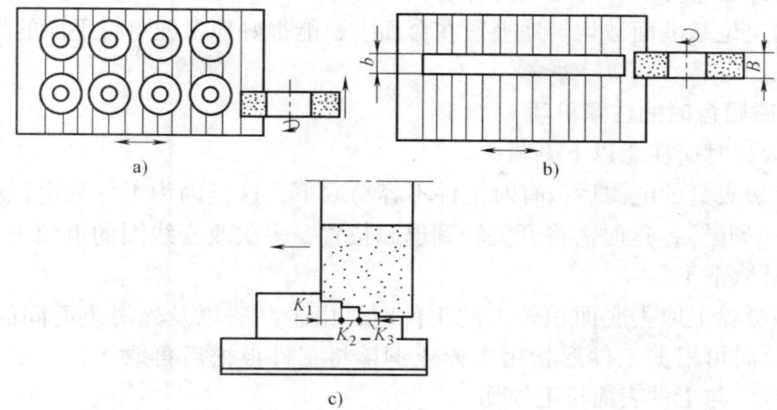

图 5-70　平面磨削的方法

a）横向磨削法　b）深度磨削法　c）台阶磨削法

用台阶磨削法加工时，由于磨削用量较大，为了保证工件质量和提高砂轮的使用寿命，横向进给应缓慢一些。

台阶磨削法生产率较高，但修整砂轮比较麻烦，且机床需具有较高的刚度，所以在应用上受到了一定的限制。

四、工件的装夹

平面磨削时工件的装夹方法应根据工件的形状、尺寸和材料而定，可用电磁吸盘装夹、相邻面夹持及粘附装夹。

1. 电磁吸盘及其使用

电磁吸盘是最常用的夹具之一，凡是由钢、铸铁等材料制成的有平面的工件，都可用它装夹。

电磁吸盘是根据电的磁效应原理制成的。在由硅钢片叠成的铁心上绕有线圈，当电流通过线圈时，铁心即被磁化，成为带磁性的电磁铁，这时若把铁块引向铁心，立即会被铁心吸住。当切断电流时，铁心磁性中断，铁块就不再被吸住。电磁吸盘的工作原理如图 5-71 所示，图中 1 为钢制吸盘体，在它的中部凸起的心体 5 上绕有线圈 2，钢制盖板 3 被绝缘层 4 隔成一些小块。当线圈 2 通过直流电时，心体 5 就被磁化，磁力线由心体经过工作台盖板、工件，再经过工作台板、吸盘体、心体而闭合（见图 5-71 中虚线），工件被吸住。绝缘层由铝、铜或巴氏合金等非磁性材料制成，其作用是使绝大部分磁力线都能通过工件回到吸盘体，而不至于通过盖板回去，以构成完整的磁路。

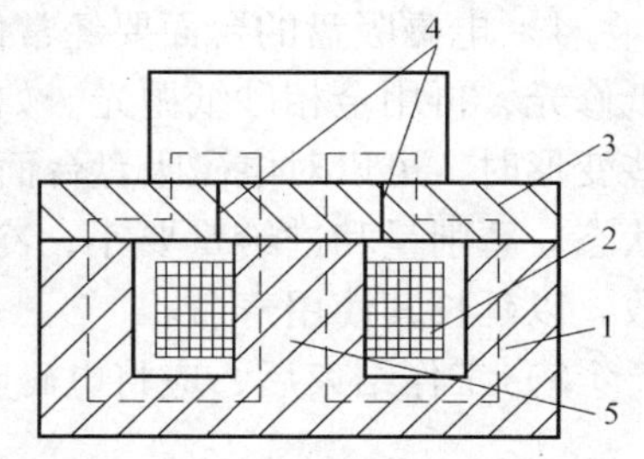

图 5-71　电磁吸盘的工作原理

1—吸盘体　2—线圈　3—盖板

4—绝缘层　5—心体

电磁吸盘的外形有矩形和圆形两种，分别用于矩形工作台平面磨床和圆形工作台平面磨床。

2. 使用电磁吸盘装夹工件的特点

使用电磁吸盘装夹工件有以下特点：

1）工件装卸迅速方便，并可以同时装夹多个工件。

2）工件的定位基准面被均匀地吸紧在台面上，能很好地保证平行平面的平行度公差。

3）装夹稳固可靠。

3. 使用电磁吸盘时的注意事项

使用电磁吸盘时应注意以下事项：

1）关掉电磁吸盘的电源后，有时工件不容易取下，这是因为工件和电磁吸盘上仍会保留一部分磁性（剩磁），这时需将开关转到退磁位置，多次改变线圈的电流方向，把剩磁去掉，工件就容易取下了。

2）从电磁吸盘上取去底面积较大的工件时，由于剩磁以及光滑表面间的粘附力较大，不容易取下，这时可根据工件形状用木棒或铜棒将工件扳松后再取下，切不可用力硬拖工件，以防工作台面与工件表面拉毛损伤。

3）用电磁吸盘装夹工件时，工件定位表面盖住绝缘层的条数应尽可能地多，以便充分利用磁性吸力。小而薄的工件应放在绝缘中间（见图5-72b），要避免放成如图5-72a所示位置，并在其左右放置挡板，以防止工件松动（见图5-72c）。装夹高度较高而定位面积较小的工件时，应在工件的四周放上面积较大的挡板，其高度略低于工件，这样可避免因吸力不够而造成工件翻倒，如图5-73所示。

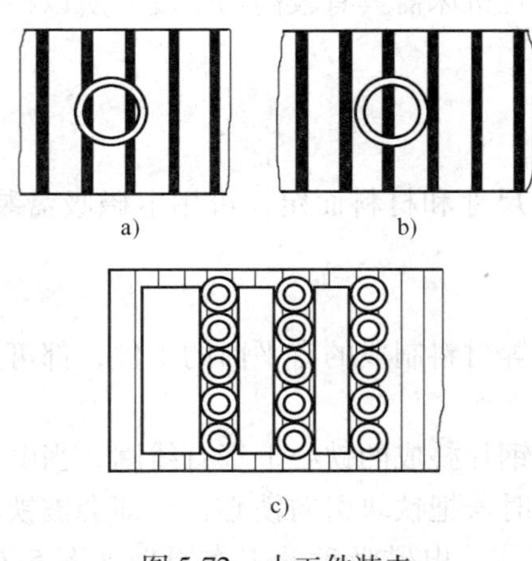

图5-72　小工件装夹

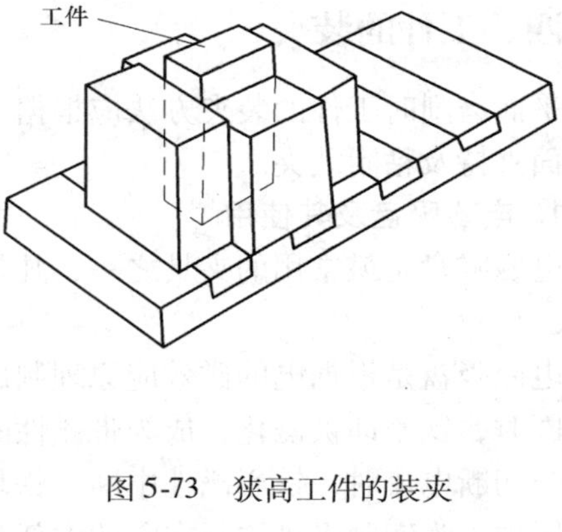

图5-73　狭高工件的装夹

4）电磁吸盘的台面要经常保持平整光洁，如果台面上出现拉毛，可用三角油石或细砂纸修光，再用金相砂纸抛光。如果台面使用时间较长，表面上划纹和细麻点较多，或者有某些变形时，可以对电磁吸盘台面作一次修磨。修磨时，电磁吸盘应接通电源，使它处于工作状态。磨削量和进给量要小，冷却要充分，待磨光至无火花出现即可，应尽量减少修磨次数，以延长其使用寿命。

5）工作结束后，应将电磁吸盘台面擦净。

五、相邻面夹持

磨削工件平面不能直接以定位基准面在电磁吸盘上装夹时（主要是定位基准面太小，或底面倾斜，或底面为不规则表面等），可采用相邻面夹持。

1. 相邻面中有与被磨平面垂直表面的工件的夹持

若被磨平面有与其垂直的相邻面，可用下列方法夹持。

（1）用侧面有吸力的电磁吸盘装夹　有一种电磁吸盘不仅工作台板的上平面能吸住工件，而且其侧面也能吸住工件。若被磨平面有与其垂直的相邻面，且工件体积又不大时，用此法装夹比较方便可靠。

（2）用导磁直角铁装夹　导磁直角铁（见图5-74）由纯铁1和黄铜片2制成，它的四个工作面是相互垂直的，黄铜片间隔分布，间隔距离与电磁吸盘上的绝磁层的间隔距离相等，由铜螺栓3装配成整体。使用时，使导磁直角铁的黄铜片与电磁吸盘的绝磁层对齐，电磁吸盘上的磁力线就会延伸到导磁直角铁上，因而当电磁吸盘通电时，工件的邻近侧面就被吸在导磁直角铁的侧面上。

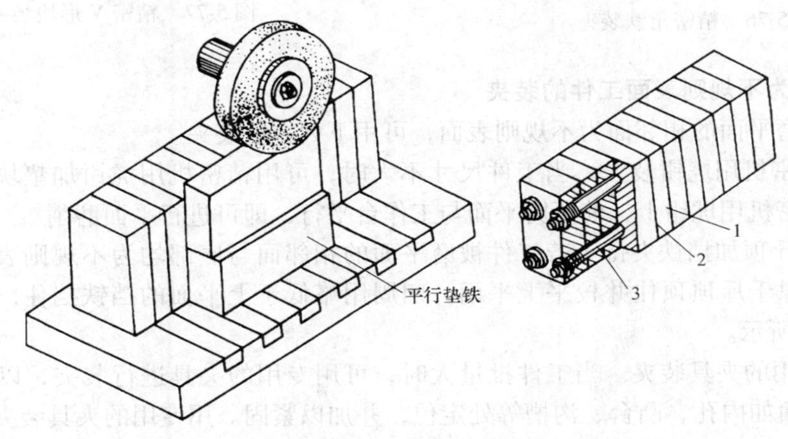

图5-74　导磁直角铁

1—纯铁　2—黄铜片　3—铜螺栓

（3）用精密机用虎钳装夹　如图5-75所示为精密机用虎钳，其精密的固定钳口、凸台和平口钳体为整体结构，凸台内装有螺母，转动螺杆，活动钳口即可夹紧工件。精密平口的平面对侧面有较小的垂直度公差，角度偏差为30°±30″。精密机用虎钳适用于装夹小型或非磁性材料的工件，被磨平面的相邻面为垂直平面装夹的效果。

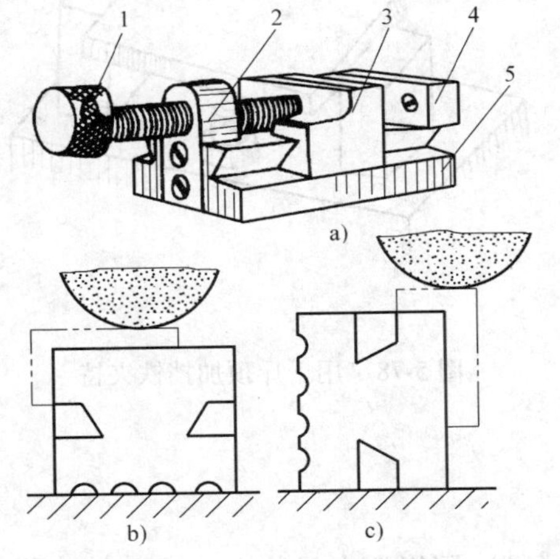

图5-75　精密机用虎钳

1—螺杆　2—凸台　3—活动钳口　4—底座

5—平口钳体

（4）用精密角铁装夹　精密角铁具有两个相互垂直的工作平面，其垂直度公差为0.05mm，磨削平面时，相邻的垂直平面表面在角铁上定位，并用螺钉压板夹紧，如图5-76所示。

（5）用精密V形块装夹　磨削圆柱形工件的表面时，可用精密V形块装夹，如图5-77所示。此法可保证端面对圆柱轴线的垂直度公差，适用于加工较大的圆柱端面工件。

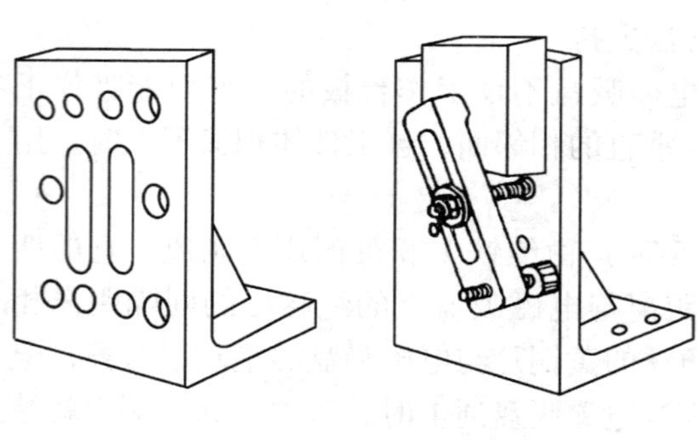

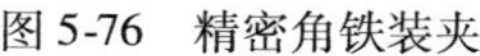

图 5-76　精密角铁装夹

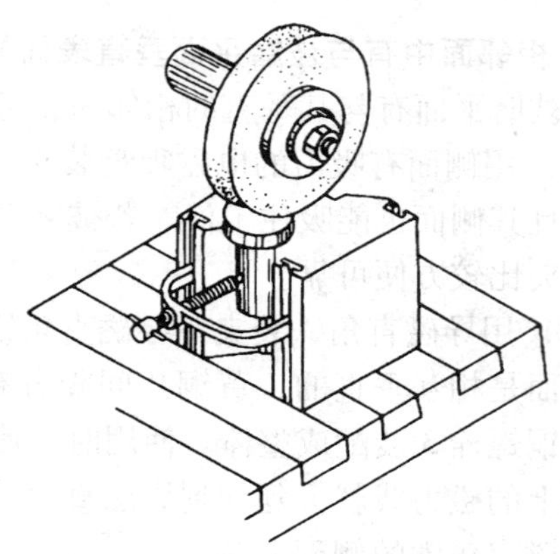

图 5-77　精密 V 形块装夹

2. 相邻面为不规则表面工件的装夹

若工件被磨平面的相邻面为不规则表面，可用下列方法装夹。

（1）用精密机用虎钳装夹　当工件尺寸不大时，可用精密机用虎钳加垫块、圆棒等将工件装夹在精密机用虎钳上，使所磨平面与工作台平行，即可进行平面磨削。

（2）用千斤顶加挡铁夹持　若工件被磨平面的相邻面与底部均为不规则表面，可在电磁吸盘上用三只千斤顶顶住并校平上平面，四周用略低于上平面的挡铁挡住，以便进行磨削，如图 5-78 所示。

（3）用专用的夹具装夹　当工件批量大时，可用专用的夹具进行装夹，以与工件平面相邻的特征平面如内孔、凸台、沟槽等处定位，并加以紧固。用专用的夹具装夹可保证所磨平面与相邻面之间的位置精度。如图 5-79 所示为磨削叶片叶顶平面的专用磨削夹具。

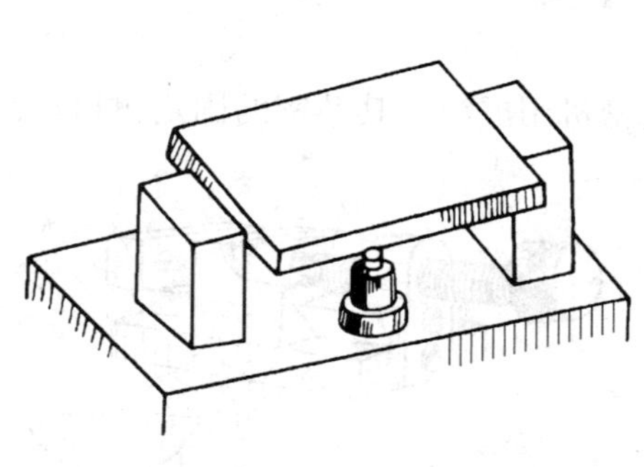

图 5-78　用千斤顶加挡铁夹持

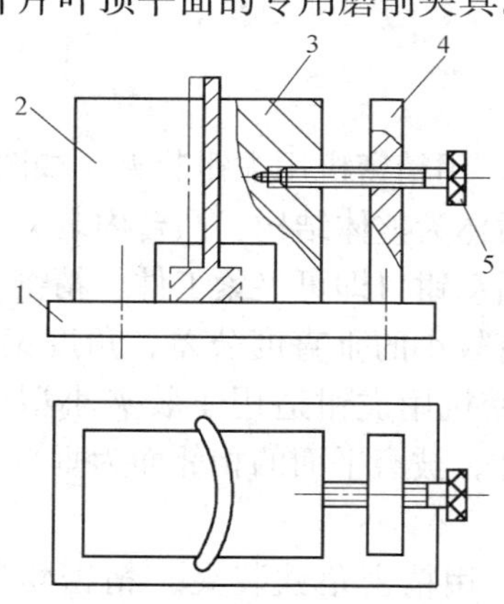

图 5-79　磨叶片叶顶夹具

1—底板　2—固定型面垫块　3—活动型面压块　4—支板　5—紧固螺钉

（4）用组合夹具装夹　对单件小批量工件，磨削平面时，可用组合夹具装夹。组合夹具可根据平面相邻面的形状和加工条件进行组装，定位可靠，使用方便。如图 5-80 所示为磨连接轴中间平面的组合夹具。

用相邻面夹持工件时，要注意工件的平稳，需对所磨平面进行找正，并能够方便测量。

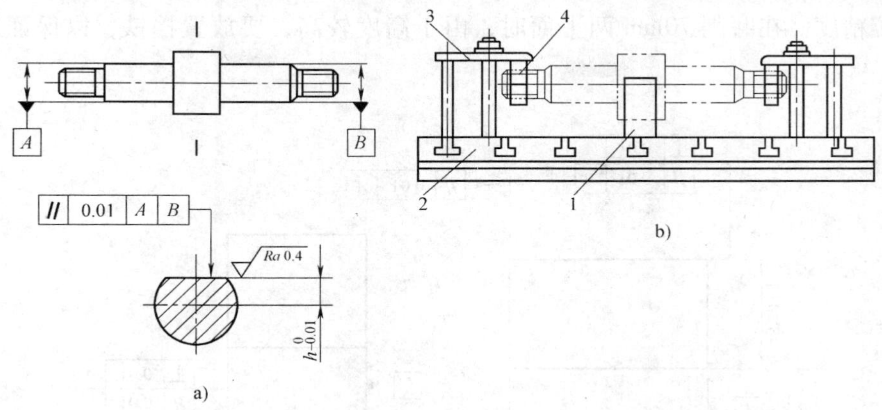

图 5-80　磨连接轴中间平面的组合夹具

1—V 形定位块　2—底板　3—压板组　4—螺母

六、粘附装夹

磨削薄片工件平面时，易发生翘曲变形，主要是由于磨削力、磨削热而引起的。此时，为减少变形，可采用粘附装夹。

粘附装夹是采用低熔点材料如石蜡（熔点 52℃）、松香及低熔点合金（熔点 150 ~ 170℃）等粘结剂将工件粘附在特制的底座上，这些粘结剂都有一定的粘结力，工件被粘附后，磨削时几乎不发生变形（见图 5-81）。

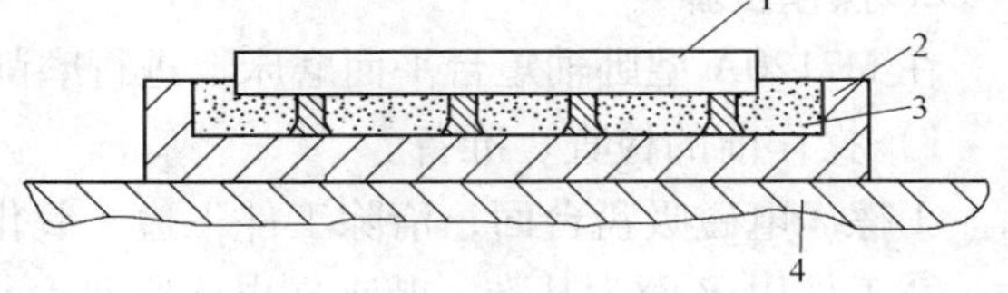

图 5-81　薄片工件的粘附装夹

1—工件　2—夹具　3—粘结剂　4—磁性工作台

低熔点合金粘结力较大，成本较高，粘接前底座需预热到 150 ~ 200℃，加工后需加热才能清除净，但可以多次使用。松香的粘结力次于低熔点合金，石蜡更次之。松香性脆，加工完毕易于清除，也可以和石蜡混合使用。粘结剂的粘结力与所粘面积成正比，粘附时溶液应一次浇满，粘固前应将工件和底座清洗干净，磨削时需充分冷却，以减少磨削热引起的变形。

七、平行面磨削实例

磨削如图 5-82 所示的六面体。

1. 图样和技术要求分析

如图 5-82 所示为六面体工件，材料为 HT200，40mm ± 0. 01mm 两面平行度公差为 0. 01mm，70mm ±0. 01mm 右侧对左侧平行度公差为 0. 01mm，50mm ± 0. 01mm 两面平行度公差为 0. 01mm，对左侧基准面 *A* 的垂直度公差为 0. 01mm，且上平面对基准面 *A* 的垂直度公差也为 0. 01mm。六面的表面粗糙度值均为 *Ra*0. 8μm。

根据工件材料和加工技术要求，进行如下选择和分析：

（1）砂轮的选择　所选砂轮特性为 C36MV 的平行砂轮，修整砂轮用金刚石笔。

（2）装夹方法　用电磁吸盘装夹。在平行面磨好后，准备磨削垂直面时，应清除飞边，以保证定位精度。在磨削 70mm 两平面时，由于高度较高，要放置挡铁，以保证磨削的安全。

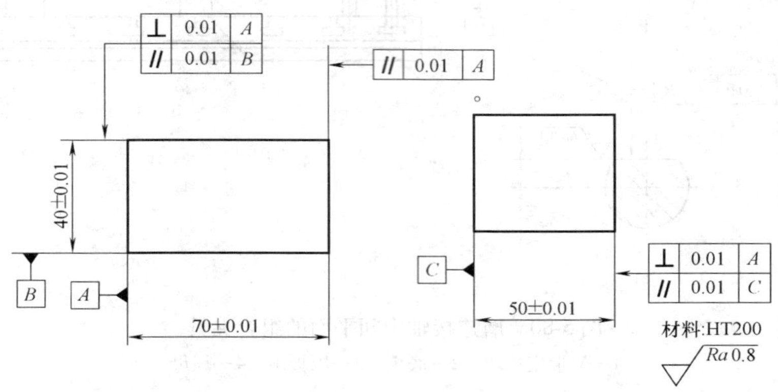

图 5-82　六面体

（3）磨削方法　采用横向磨削法。由于工件尺寸精度和位置精度有较高的要求，需反复装夹与找正，且需划分粗、精加工。

（4）切削液的选择　选用乳化液切削液。由于铸铁磨削易与切削液混合成糊状，所以切削液流量要大，以利排屑和散热。

2. 操作步骤

在 M7120A 型卧轴矩台平面磨床上进行磨削操作。

1）操作前的检查、准备。

①擦净电磁吸盘台面，清除工件飞边、氧化皮，检查磨削加工余量。

②工件以 *B* 面为基准，装夹在电磁吸盘上。

③修整砂轮。

④调整工作台行程挡铁位置。

2）粗磨 *B* 面上平面，留 0.08 ~ 0.10mm 精磨余量，表面粗糙度值为 *Ra*0.8μm。

3）翻身装夹，装夹前清除飞边。

4）粗磨 *B* 面，留 0.08 ~ 0.10mm 精磨余量，保证平行度误差不大于 0.01mm，表面粗糙度值 *Ra*0.8μm。

5）清除工件飞边。

6）以 *A* 面为基准将工件装夹在电磁吸盘上。

7）用百分表找正 *B* 面与工作台纵向运动方向平行，即将百分表架底座吸附于砂轮架上，百分表量头压入工件，手摇工作台纵向移动，观察百分表指针的摆动情况，在 *B* 面全长上误差不大于 0.005mm。找正后用精密挡铁紧贴工件 *B* 面。

8）粗磨 *A* 面，留 0.08 ~ 0.10mm 精磨余量，保证平行度误差不大于 0.01mm，对 *B* 面的垂直度误差不大于 0.01mm，表面粗糙度值 *Ra*0.8μm。

9）清除工件飞边，以 *C* 面为上平面，留 0.08 ~ 0.10mm 余量。

10）清除飞边，翻身装夹，仍以 *B* 面紧贴挡铁。

11）粗磨 *C* 面，留 0.08 ~ 0.10mm 精磨余量，保证平行度误差不大于 0.01mm，对 *A*、*B* 面的垂直度误差不大于 0.01mm，表面粗糙度值 *Ra*0.8μm 。

12）精修整砂轮。

13）擦净电磁吸盘工作台面，清除工件飞边。

14）装夹 *B* 面，装夹时找正 *C* 面或 *A* 面，方法同步骤 13）。

15）精磨 *B* 面上平面，表面粗糙度值为 *Ra*0.8μm，并保证 *B* 面的磨削余量。

16）翻身、去飞边、装夹、找正。

17）精磨 *B* 面，磨至尺寸 40mm ±0.01mm，保证平行度误差不大于 0.01mm，表面粗糙度值 *Ra*0.8μm。

18）去飞边，装夹 *A* 面，找正 *B* 面。

19）精磨 *A* 面上平面，表面粗糙度值 *Ra*0.8μm，并保证 *A* 面有余量。

20）翻身、去飞边、装夹、找正。

21）精磨 *A* 面，磨至尺寸 70mm ±0.01mm，表面粗糙度值为 *Ra*0.8μm，保证平行度误差不大于 0.01mm。

22）去飞边，装夹 *C* 面，找正 *B* 面或 *A* 面。

23）精磨 *C* 面上平面，表面粗糙度值 *Ra*0.8μm，并保证 *C* 面有余量。

24）翻身、去飞边、装夹、找正。

25）精磨 *C* 面，磨至尺寸 50mm ±0.01mm，表面粗糙度值 *Ra*0.8μm，保证平行度、垂直度误差不大于 0.01mm。

八、平面工件的精度检验

平面工件的精度检验包括尺寸精度、形状精度和位置精度三种。尺寸精度可用游标卡尺，内、外径千分尺，量块等通用长度量具直接测量，而形状、位置精度的检验则可有多种方法。

1. 直线度误差的检验

平面工件通常只在两个相交平面（平面和平面或斜面）的棱边或指定的直线段有直线度的要求，其误差可用百分表检测，方法如下：

将工件底面放在磨床工作台面或电磁吸盘上，把百分表架的磁性底盘吸附在砂轮架上，用百分表找正与所测棱边或直线段平行的平面。将百分表的测量头顶在所测棱边或直线段上，然后移动工件（随工作台移动），得出百分表读数的变动量；再将百分表测量头水平方向顶住所测棱边或直线段，移动工件，得出百分表读数的变动量。由于直线度的公差带是一个圆柱，这两个方向测的变动量就是直线度误差。

2. 平面度误差的检验

平面度误差的检验一般有以下几种方法。

（1）涂色法检验平面度　在工件的平面上涂上一层极薄的显示剂（红丹粉或蓝油），然后将工件放在精密平板上，前后左右平稳地移动几下，再取下工件仔细地观察摩擦痕迹的分布情况，就可以确定工件平面度的误差大小。

（2）用透光法检验平面度　工件的平面度也可以用样板平尺测量。样板平尺有切削刃式、宽面式和楔式等几种，其中以切削刃式最为准确、应用最广，这种尺也叫直刃尺，如图5-83所示。

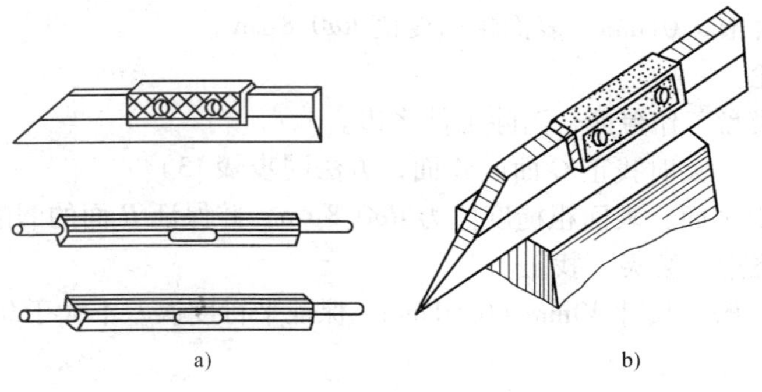

图5-83　样板平尺
a）样板平尺的形式　b）直刃尺的使用

测量时，将样板平尺的刃口放在被检验平面上并且对着光源，观察刃口与工件平面之间的缝隙透光是否均匀。若各处都不透光，表明工件平面度误差很小；若有个别段透光，则可凭操作者的经验，估计出平面度误差。

（3）用千分表检验平面度　如图5-84所示，在精密平板上用三只千斤顶顶住工件，并且用千分表把工件表面上的 *A*、*B*、*C*、*D* 四点调至高度相等，误差不大于0.005mm，然后再用千分表测量整个平面，其读数的变动量就是平面度误差值。测量时，平板与千分表底座要清洁，移动千分表时要平稳。这种方法测量精度较正确，而且可以得到平面度误差值，但测量时需有一定的技能。

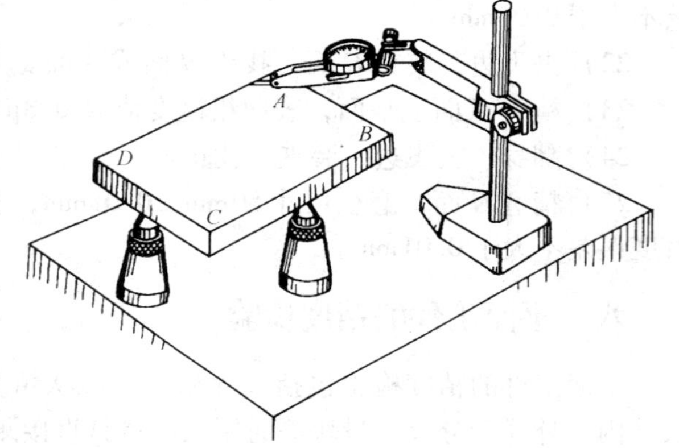

图5-84　用千分表检验平面度

3. 平行度误差的检验

工件两平面之间的平行度误差可以用下面两种方法检验。

（1）用外径千分尺（或杠杆千分尺）测量　在工件上用外径千分尺测量相隔一定距离的厚度，测出几点厚度值，其差值即为平面的平行度误差值。

（2）用千分表（或百分表）测量　将工件和千分表支架都放在平板上，把千分表的测量头顶在平面上，然后移动工件，让工件整个平面均匀通过千分表测量头，其读数的差值即为工件平行度的误差值，如图5-85所示。测量时，应将工件、平板擦拭干净，以免拉毛工件平面或影响平行度误差测量的准确性。

4. 垂直度误差的检验

工件平面间垂直度误差的检验有以下几种方法。

（1）用直角尺测量　检验小型工件两平面的垂直度误差时，可以用直角尺的两个尺边接触工件的垂直平面。测量时，可以把直角尺的一个尺边贴紧工件一个面，然后移动直角尺，让另一个尺边逐渐接近并靠上工件的另一个面，根据透光情况来判断垂直度误差，如图5-86所示。

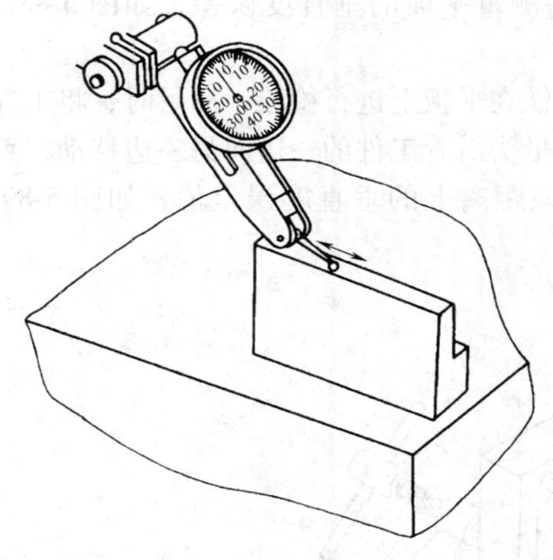

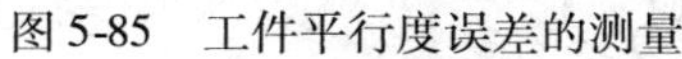
图5-85　工件平行度误差的测量

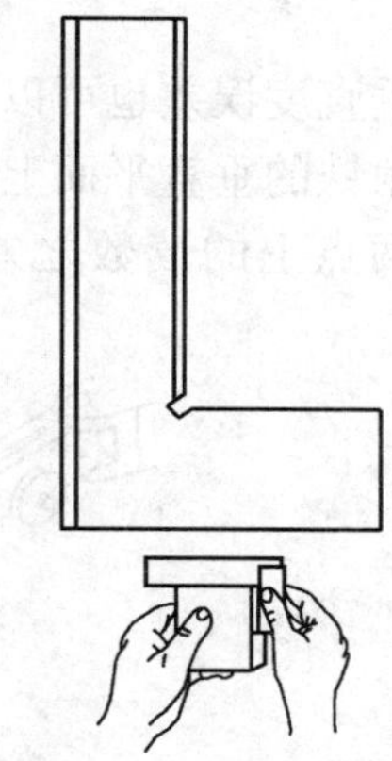
图5-86　用直角尺检验垂直度误差

工件尺寸较大时，可以将工件和直角尺放在平板上，直角尺的一边紧靠在工件的垂直平面上，根据尺边与工件表面的透光情况判断垂直度误差。

（2）用圆柱角尺测量　在实际生产中，广泛采用圆柱角尺测量工件的垂直度误差，如图5-87所示。

将圆柱角尺放在精密平板上，被测量工件慢慢向圆柱角尺的素线靠拢，根据透光情况判断垂直度误差。这种测量法基本上清除了由于测量不当而产生的误差。由于一般的圆柱角尺的高度都要超过工件高度一至几倍，因而测量精度高，测量也方便。

（3）用百分表（或千分表）测量　为了确定工件垂直度误差的具体数据，可采用百分表（或千分表）测量，如图5-88a所示。测量时，应事先将工件的平行度误差测量好，将工件的平面轻轻向圆柱测量棒靠紧，此时，可从百分表上读出数值。将工件转动180°，将另

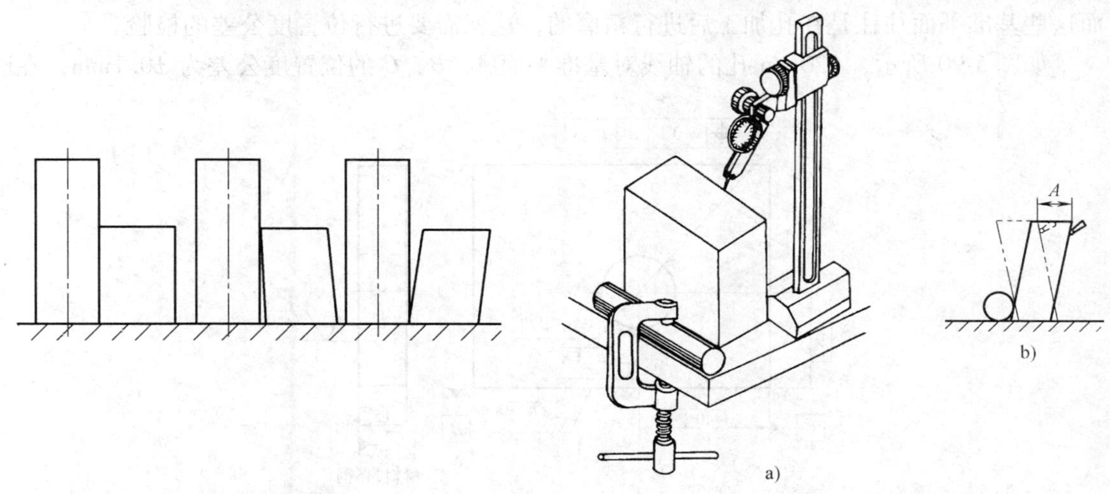

图5-87　用圆柱角尺测量垂直度误差

图5-88　用百分表测量垂直度误差

一平面也轻轻靠上圆柱量棒，从百分表上可读出数值（工件转向测量时，要保证百分表、圆柱的位置固定不变），两个读数差值的1/2即为测量平面的垂直度误差，如图5-88b所示。

两平面的垂直度误差也可以用百分表和精密角铁在平板上进行检验。测量时，将工件的一面紧贴精密角铁的垂直平面上，然后使百分表测量头沿着工件的一边向另一边移动，百分表测量在全长两点上的读数之差，就等于工件在该距离上的垂直度误差值，如图5-89所示。

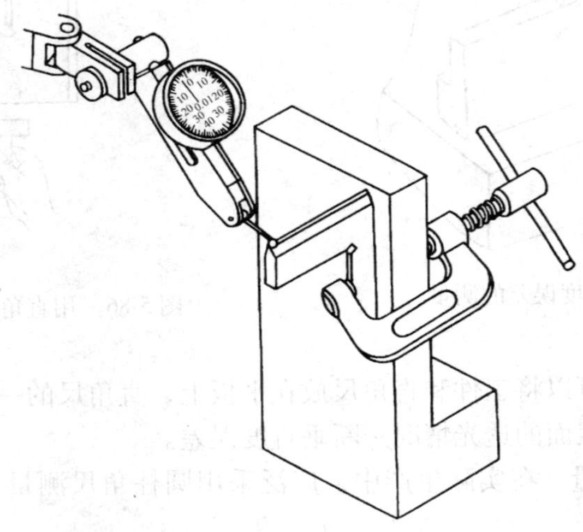

图5-89　用精密角铁检验垂直度误差

检验垂直度误差时，应注意清除工件的飞边，擦拭测量平板及有关测量工具，以免影响测量精度。

5. 位置度公差的检验

在平面工件中，工件上的某些要素（如孔的轴线）对基准平面有位置度公差的要求，而这些基准平面往往是在孔加工后进行精磨的，这就需要进行位置度公差的检验。

如图5-90所示，ϕ20mm孔的轴线对基准平面*A*、*B*、*C*的位置度公差为ϕ0.1mm，在磨

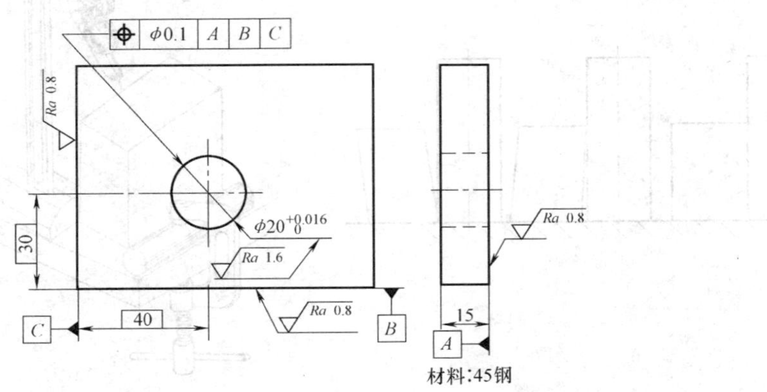

图5-90　平面工件的位置度公差

削平面时和磨削后均需检验位置度公差。

磨削时，可先磨削 A 基准平面及对面，粗磨后留 0.10 ~ 0.14mm 的精磨余量，再粗磨 B、C 两基准平面，与 A 基准面相互垂直，垂直度误差不大于 0.01mm，每面留精磨余量 0.05 ~ 0.07mm。用游标卡尺测量 ϕ20mm 孔至 B、C 面的距离，先测 A 面一端，再反身测 A 面的对面一端，根据测量结果进行找正后，再精磨 A 基准面两侧及 B 面和 C 面。

加工后位置度公差的检验可在精密平板上进行。用一根 ϕ20mm 的圆柱插入 ϕ20mm 的孔中，根据 ϕ20mm 孔中心至 B、C 面的理论正确尺寸 30mm 和 40mm 组成两组量块 40mm 和 50mm。测量时，将 B、C 面轮流放在平板上，用百分表量头压在量块组上，调整表针至零位，再用百分表量头测量圆柱最上面素线，先测量 A 面一侧，再测量 A 面对面一侧，根据百分表的读数变化，可计算出位置度公差值。

习　题

1. 磨削加工有哪些特点？
2. 按加工对象分，磨削方式有哪几种？
3. 万能外圆磨床有哪些主要部件？各部件有什么作用？
4. 外圆磨削、内圆磨削、平面磨削各有哪些基本运动？
5. 磨床常见的传动形式有哪些？
6. 组成砂轮的三要素是什么？砂轮有哪些特性要素？
7. 什么叫砂轮的硬度、组织和强度？
8. 磨料选择应考虑哪些因素？选择原则是什么？
9. 粒度选择应考虑哪些因素？选择原则是什么？
10. 硬度选择应考虑哪些因素？选择原则是什么？
11. 切削液有哪些作用？
12. 试述切削液的种类、特点和适用范围。
13. 使用切削液应满足哪些要求？
14. 外圆磨削的方法有哪几种？各有什么特点？
15. 合理选择外圆磨削砂轮的原则有哪些？
16. 如何选择外圆磨削砂轮的磨料、硬度和粒度？
17. 试述砂轮在法兰盘上安装的步骤。安装时有哪些注意事项？
18. 试述砂轮在主轴上安装的步骤。安装时有哪些注意事项？
19. 试述砂轮静平衡的步骤。有哪些注意事项？
20. 外圆砂轮修整的方法有哪些？
21. 试述外圆砂轮修整的步骤。修整时有哪些注意事项？
22. 内圆磨削有哪几种形式？
23. 内圆磨削有哪些特点？
24. 内圆磨削的方法有哪几种？各适用于磨削什么工件？
25. 用纵向磨削法和切入磨削法磨削内圆时有哪些注意事项？

26. 内圆磨削工件装夹的方法有哪几种？
27. 平面磨床有哪几种类型？各有什么特点？
28. 平面磨削有哪几种类型？各有什么特点？
29. 平面磨削常用的方法有哪几种？各有什么特点？每种磨削方法适用于什么范围？
30. 平面磨削的装夹方法有哪几种？各适用于什么场合？

参 考 文 献

［1］ 王兴民，等．钳工工艺学［M］．北京：中国劳动出版社，1996.
［2］ 周炳章，等．铣工工艺学［M］．北京：中国劳动出版社，1996.
［3］ 张培钧，等．铣工生产实习［M］．北京：中国劳动出版社，1996.
［4］ 瓮承恕．车工生产实习［M］．北京：中国劳动出版社，1997.
［5］ 劳动部教材办公室．车工工艺学［M］．北京：中国劳动出版社，1999.
［6］ 劳动部职业技能开发司．铣工工艺学［M］．北京：中国劳动出版社，1998.
［7］ 劳动部教材办公室．钳工生产实习［M］．北京：中国劳动社会保障出版社，2000.
［8］ 劳动部教材办公室．磨工工艺学［M］．北京：中国劳动社会保障出版社，2000.
［9］ 劳动部教材办公室．磨工生产实习［M］．北京：中国劳动社会保障出版社，2000.
［10］ 机械工业职业技能鉴定指导中心．初级磨工技术［M］．北京：机械工业出版社，2000.
［11］ 黄锦清．机加工实习［M］．北京：机械工业出版社，2002.
［12］ 邱言龙，李德富．磨工入门［M］．北京：机械工业出版社，2002.
［13］ 机械工业职业技能鉴定指导中心．钳工技能鉴定考核试题库［M］．北京：机械工业出版社，2003.
［14］ 葛金印．机械制造技术基础［M］．北京：高等教育出版社，2004.
［15］ 张连凯．机械制造工程实践［M］．北京：化学工业出版社，2004.
［16］ 姜波．钳工工艺学［M］．北京：中国劳动社会保障出版社，2005.
［17］ 陈海魁．铣工工艺学［M］．北京：中国劳动社会保障出版社，2005.
［18］ 冯斌．磨工基本技能［M］．北京：中国劳动社会保障出版社，2005.
［19］ 技工学校机械类通用教材编审委员会．车工工艺学［M］．北京：机械工业出版社，2006.
［20］ 李新生．机械加工技术基础［M］．北京：机械工业出版社，2007.
［21］ 苏伟．机械加工基础［M］．北京：机械工业出版社，2008.
［22］ 周晓邑，涂序斌．机械制造基础［M］．北京：北京理工大学出版社，2008.
［23］ 何建民．铣工基本技能［M］．北京：机械工业出版社，2008.
［24］ 杭明峰．铣工快速入门［M］．北京：北京理工大学出版社，2008.
［25］ 苏伟．机械加工基础［M］．北京：机械工业出版社，2008.
［26］ 胡家富．铣工技能［M］．北京：机械工业出版社，2009.